固液两相流泵理论与设计

Solid-liquid Two-phase Flow Pump Theory and Design

权　辉　李仁年　著

机 械 工 业 出 版 社

本书系统地阐述了固液两相流泵基本理论与设计方法，主要内容包括固液两相流基础知识，固液两相流泵概述，杂质泵，无堵塞泵，固液两相流泵水力设计，固液两相流泵工作特性，固液两相流泵水动力特性，固液两相流泵内固液两相流动特性与结构，固液两相流泵磨蚀、腐蚀机理与防护，固液两相流泵试验测试，固液两相流泵计算机辅助设计，固液两相流泵数值分析。本书内容翔实，基础理论与实践紧密结合，选取案例均来自作者科研实践，具有很高的实用性。本书对固液两相流泵水力设计、性能评估、结构优化、内流场测试、磨蚀与腐蚀防护等具有较高的参考价值。

本书可供流体机械与流体工程、排灌工程、水利工程等领域中从事固液两相流泵研究、设计与生产的技术人员参考，也供高等学校能源动力工程专业师生参考。

图书在版编目（CIP）数据

固液两相流泵理论与设计/权辉，李仁年著. —北京：机械工业出版社，2021.12（2023.7重印）

ISBN 978-7-111-69553-0

Ⅰ.①固…　Ⅱ.①权…②李…　Ⅲ.①二相流动-泵-介绍　Ⅳ.①TH3

中国版本图书馆CIP数据核字（2021）第225155号

机械工业出版社（北京市百万庄大街22号　邮政编码100037）
策划编辑：陈保华　　　　责任编辑：陈保华　王彦青
责任校对：樊钟英　张　薇　封面设计：马精明
责任印制：郜　敏
北京富资园科技发展有限公司印刷
2023年7月第1版第2次印刷
169mm×239mm · 18.5印张 · 376千字
标准书号：ISBN 978-7-111-69553-0
定价：99.00元

电话服务　　　　　　　　　网络服务
客服电话：010-88361066　　机　工　官　网：www.cmpbook.com
　　　　　010-88379833　　机　工　官　博：weibo.com/cmp1952
　　　　　010-68326294　　金　　书　　网：www.golden-book.com
封底无防伪标均为盗版　　机工教育服务网：www.cmpedu.com

序

多相流体流动是广泛存在于动力、化工、石油、制冷、宇航等工程领域中的重要流动现象。多相流体动力学是流体力学的一个重要分支，主要研究气液、液液、气固、液固或气液固等多种流体流动时的动力学特性问题，以及流体间相互作用与影响。鉴于多相流动的复杂性，多相流体理论及测试技术均属前沿课题，具有广阔的发展空间。

中国的长江、黄河等都属于多泥沙河流，河水中的含沙量很大，特别是华北地区和西北地区，大多数江河流域包括了广阔的黄土高原和丘陵地区。由于黄土缺乏密实结构，颗粒很细，同时汛期暴雨频繁，大量泥沙被地表径流带走，故而江河中的泥沙含量极大，而且泥沙中坚硬颗粒较多，容易对引水、输水设备及系统造成极大破坏。因此，含沙水流固液两相流动已成为水力资源管理及应用的重要课题。

目前，固液两相流泵行业总体还处于发展阶段，各类引水、输水工程中所使用的固液两相流泵大多采用清水一元理论进行设计。这类泵用于输送如含沙水等固液两相流介质时，最显著的特征就是效率低下、磨蚀严重，导致泵使用周期较短。深入研究固液两相流流动特性及能量转换机理，对于提高固液两相泵的设计水平、运行效率及其安全和稳定性具有重要意义。

本书系统阐述了固液两相流的基础理论、固液两相流泵的水力设计及固液两相流泵内部流动特性，并进一步阐明和给出了固液两相流泵的磨蚀与防护、流场测试与性能预估方法。相信本书对于大专院校师生及相关专业技术人员具有重要的参考价值与启发作用。

日本大学教授　彭国义

于日本　郡山

前　言

固体物料的水力输送是固液两相流动典型的工程应用，固液两相流泵是针对固液两相流动的特点而开发和应用的，其在输送固液两相流体时具有突出的优越性，如高效、耐磨、抗堵塞等。固液两相流泵的叶轮在输送固液两相流体时的能量转化机理和非定常流体动力学行为是流体机械和多相流体力学新的研究方向。不论是固液两相流泵内的固液两相流动特性，还是旋转水力机械内的非定常多相流动流体，其动力学行为都是目前和今后水力机械和多相流体动力学研究领域亟待研究的热点和最具挑战性的课题之一。

本书基于固液两相流理论，通过试验测试和数值计算的方法研究固液两相流泵内非定常固液两相流动特性和能量转化机理，系统地给出了固液两相流泵的设计方法，以及固液两相流泵内两相流非定常流动特性和叶轮的能量转化机理，为该类泵设计理论的完善和应用提供参考依据。鉴于固液两相流泵种类繁多，本书以固液两相流泵中具有代表性的泵种作为主要讲解对象，其中，杂质泵主要选渣浆泵，无堵塞泵以螺旋离心泵、旋流泵为代表，分别分析和总结固液两相流泵基本理论、水力设计、工作特性和水动力特性等，得出其输送固液两相流时非定常流动特性和叶片的能量转化机理，促进该类固液两相流体泵内部流动理论和水力设计理论的深入研究，使该类泵的优化设计和工程应用具有重要的意义。本书的研究成果进一步夯实了固液两相流水力机械的非定常流动理论，并促进了固液两相流科学在水力输送等工程领域的应用。

特别感谢国家自然科学基金项目（51579125、51969014、51609113、51079066、52179086）、甘肃省杰出青年人才计划（20JR10RA204）、甘肃省自然科学基金（20JR5RA456）和兰州理工大学红柳优秀青年人才支持计划等资助。

衷心感谢日本大学彭国义教授对本书提出宝贵建议，同时，也感谢水力机械多相流课题组各位同仁的大力支持，感谢韩伟博士、李琪飞博士、申正精博士、杜媛英博士、史凤霞博士、郭艳磊博士、黄祺博士、龚成勇博士和李兵、苏吉鑫等硕士。本书还得到兰州理工大学流体机械及工程系其他教师的支持，感谢课题组的杨雪玲、孙晨曦、刘晓艺、傅百恒、李瑾、王仁本、李光贤、张正杰、柴艺、袁仕芳、郭建慧、柴小煜和王鹏业等硕士研究生。在本书撰写过程中，参考和引用了国内外相关文献，在此对这些文献的作者一并表示真挚的谢意。

作　者

目录

第1章　固液两相流基础知识

在航空航天、核能工程、水利工程、石油化工和环保等领域都存在由于固体颗粒而导致泵的效率低和磨损失效快的问题，固液两相流的输送不仅是多相流体动力学的一个重要研究领域，而且其本身具有广泛的实际工程应用背景。近年来，随着科学技术的进步与发展，用泵输送各种固液两相流的领域在不断扩大。另外，还有一部分工程领域多相混合流体需要泵输送时，对固态物质不能产生破坏或分离，液态物质不能空化，如在医学上血液的泵送、渔业鱼的输送方面，要求尽可能地保持血液和鱼的物理形态，这使得传统离心式或旋流式的杂质泵不能满足上述工程领域的要求，固液两相流泵正是为适应这种需要而得到迅速发展的。

固液两相流理论是研究固液两相流泵的基础，本章重点介绍固液两相流基础知识。

1.1　固液两相流基本理论

1.1.1　相与相现象

1. 相的定义

根据研究方向的不同，“相”有两种不同的定义：一是物理意义的“相”，指具有相同成分和相同物理、化学性质的均匀物质部分，各相之间具有明显可分的界面；另一种是动力学意义的“相”，指动力学性质相似，可用同一组动力学方程描述即为同一相。

学术界对自然界物质的分类方法有两种：一种是分为气态、液态和固态三类；另外一种认为自然界的物质除了分为气态、液态和固态三相外，还有一相为等离子体。第二种分法是由古希腊著名学者亚里士多德提出的“四元素说”，他认为所有物质都是由土、水、空气和火四种元素组成，即我们所说的固体（土）、液体（水）、气体（空气）和等离子体（火）。

从表观上来说，物质的不同状态或相所拥有性质的显著差别在于：

1）固体若不受外界干扰或外界干扰不足时，其形状不变。

2）液体形态受其边界影响，在其水平自由面以下，与其边界形状保持一致。

3）气体不能用边界约束，它可充满所能占据的整个空间。

需要说明的是，相只是人们根据形态不同来区分和认识物质的，具有一定的宏观性。相同元素的不同形态以及形成结构极有可能属于不同的相，人们常见的水和冰，则分属于两个相；两块晶型相同的硫磺属于一个相，两块晶型不同的硫磺（如斜方晶型和单斜晶型）属于不同的相；并且，随着外界条件的变化，相与相之间可以转变，比如在一般情况下，在0℃以下，水由液相转变为固相，以海平面为基准时，100℃的水由液相转变为气相。

2. 常见的多相流现象

在不同的学科中，根据研究对象的不同特点，对相各有特定的规定。比如物理学中，单相物质的流动称为单相流，两种混合均匀的气体或液体的流动也属于单相流。为了研究自然界中的流体问题，引出两相流和多相流概念，必须同时考虑物质多相共存且多相间具有明显相界面的混合物流动问题称为多相流，由此，必须同时考虑两相共存且两相间具有明显相界面的混合物流动问题称为两相流。

在自然界中，流体往往均包含气固液三相形态。在现实中，根据各相所占的比重，又分为气液、气固和固液两相流，图1-1中的城市雾霾、沙尘暴和水电站排沙

a) 城市雾霾

b) 沙尘暴

c) 水电站排沙洞放水排沙

图1-1　自然界气液、气固和固液两相流现象

洞放水排沙分别属于气液、气固和固液两相流现象。

3. 工程应用中的多相流现象

工程应用中的多相流现象如图 1-2 所示，固液两相的水煤浆水力输送管线、气液固的涡轮发动机和活塞发动机多相流流体输送等，均是属于多相流应用的范围。有些应用对于多相流甚至难以界定，可根据实际情况来确定，比如火电站在实际应用中有可能出现气液、固液、气固、气固液等。

a) 水煤浆水力输送管线

b) 气液固的涡轮发动机

c) 活塞发动机多相流流体输送

图 1-2　工程应用中的多相流现象

1.1.2　固液两相流简介

两相流现象无论是在自然界，还是在生产实践中都随处可见。在两相流研究中，把物质分为连续介质和离散介质。因为颗粒可以是不同物态、不同化学组成、不同尺寸或不同形状的颗粒，这样定义的两相流不仅包含了多相流动力学中所研究的流动，而且把复杂的流动概括为两相流动，使问题得到简化。

自然界和工业中典型的固液两相流实例有夹带泥沙的江河海水，动力、化工、采矿、建筑等工业中广泛使用的水力输送，矿浆、纸浆、泥浆、胶浆等流体，其他像火电厂锅炉的水力除渣管道中的水渣混合物，污水处理与排放中的污水管道流动等也属于固液两相流。其中，河流中含沙水即为典型的固液两相流，表 1-1 为我国主要江河中含沙情况。

早在 1877 年，Boussinesq 就已经系统地研究明渠水流中泥沙的沉降和输送。19 世纪末，人们已经开始关注两相流，并做了初步的研究。20 世纪初，有许多经验

表 1-1 我国主要江河中含沙情况

河流	年流量/10^8 m^3	年输沙量/10^8 t	平均含沙量/(kg/m^3)
黄河	432	16.4	37.5
金沙江	1441	2	1.4
嘉陵江	651	1.8	2.8
汉江	268	0.6	2.2
闽江	969	0.6	0.6

和研究成果分散在各个生产部门，但交流不多。直到 20 世纪 40 年代以后，大家才有意识地总结归纳所遇到的各种现象和规律，用两相流的统一观点系统地加以分析研究。

1956 年，Baker 研究了颗粒群阻力系数与单颗粒阻力系数的差别，总结出描述颗粒群阻力系数的经验公式；1961 年，Streeter 主编的《流体动力学手册》用专门一节介绍两相流；20 世纪 60 年代以后，越来越多的研究者从不同角度探索并描述两相流运动规律的基本方程，丰富了两相流甚至多相流的理论和实践应用。20 世纪 80 年代以来，国内也陆续出版了一些两相流相关的专著，如车得福、李会雄等编写出版的《多相流及其应用》，郭烈锦编写出版的《两相与多相流动力学》，倪晋仁编写出版的《固液两相流基本理论及其最新应用》，刘大有编写出版的《两相流体力学》，岳湘安编写出版的《液固两相流基础》，陈次昌等编写出版的《两相流泵的理论与设计》，吴玉林、唐学林等编写出版的《水力机械空化和固液两相流体动力学》等一系列专著丰富了两相流研究成果。由于两相流具有复杂性，两相流动力学和运动学理论及机理研究仍有很长的一段路要走。

1.1.3 固液两相流发展史及研究方法

1. 发展历史

多相流体力学起源于流体力学，是流体力学的一个重要分支，并且许多计算还涉及流体力学的基本内容。其中，流体力学开始形成一门独立的科学约始于 18 世纪，尤其是蒸汽机的发明引起的工业革命，以及航海、水利等工业工程的发展，推动了流体力学的进一步发展。

莱昂哈德·欧拉（Leonhard Euler，1707—1783 年）奠定了经典流体力学，丹尼尔·伯努利（Daniel Bernoulli，1700—1782 年）首次将能量守恒方程应用于流体中，使得流体力学得到进一步的发展。其中，赫尔曼·路德维希·斐迪南德·冯·亥姆霍兹（Hermann Ludwig Ferdinand Von Helmholtz，1821—1894 年）和约瑟夫·约翰·汤姆逊（Thomson Joseph John，1856—1940 年）提出流体中的旋涡理论；纳维（Navier，1785—1836 年）和斯托克斯（Stokes，1819—1903 年）在欧拉运动方程式基础上建立了考虑黏性的实际流体流动方程式；奥斯本·雷诺（Osborne Reynolds，1842—1912 年）进行了雷诺试验，表明了流体的流态，提出了流体流态判别式（雷诺数 *Re*），形成了流体力学基本框架。

多相流体力学的形成是和 18 世纪詹姆斯·瓦特（James Watt，1736—1819 年）发明蒸汽机密切相关的。18 世纪，瓦特发明蒸汽机。19 世纪末期 20 世纪初期，由于航空技术的发展，流体力学形成一门成熟的科学，并出现了一些分支。随后，人们研究了船用锅炉中的水循环与传热特性和声波在泡沫液体中传播时声波的衰减。在 1920—1940 年间，气液两相流不稳定性及锅炉水循环中气液两相流动问题的经典论文发表。

1949 年，两相流（two-phase flow）概念正式被提出，1974 年国际多相流杂志 *International Journal of Multiphase Flow* 创刊，1982 年首部多相流手册 *Handbook of Multiphase System* 出版。至此，两相流理论得到了大力发展和进一步完善。

2. 研究和处理方法

两相流动问题的研究主要在于两相之间比重和相特性不同，导致各自动力学作用下运动非同步性。与普通流体动力学类似，传统的两相流问题研究方法主要有理论分析和试验研究，随着计算机和数值理论进一步发展，推动了数值分析在两相流研究中的应用。

（1）理论分析　从理论分析方法来看，仍然存在微观和宏观两种观点。

1）微观分析法就是从分子运动论出发，利用 Boltzman 方程和统计平均概念及其理论，建立两相流中各相的基本守恒方程。微观分析法在描述流动问题上有许多概念上的优点，但由于物理上和数学求解上的许多困难，目前很难使用分子运动论来处理实际流动问题。

2）宏观分析法就是以连续介质假设为基础，将两相流中各相都视为连续介质流体，根据每一相的质量、动量和能量宏观守恒方程以及相间相互作用，建立两相流的基本方程组，再利用这些两相流基本方程去研究分析各种具体的两相流问题。由此，宏观分析法可以分为三类：第一类扩散模型法，即假定相互扩散作用是连续进行，其基本观点是两相流混合物体中的每一点都同时被两相所占据，混合物的热力学和输运特性取决于各相的特性和含量，各相因密度不同故以不同速度运动，相间相互扩散作用反映在模型内；第二类有限容积法，假定过程处于平衡状态，可用平衡方程式进行描述，基本方法是认为流动是一维的，对一个有限容积写出质量、动量和能量守恒方程，同时，守恒方程既可按混合物写出，也可按单独相列出；第三类平均法，假定过程处于平衡状态，用平均的守恒方程进行描述，类似低通滤波的方法。

上述三种方法的共同点就是不考虑局部的和瞬时的特性，仅考虑相界面上流体微粒集中的相互作用，即宏观动力学。

（2）数值方法　多相流理论及数值理论方法研究主要集中在如何建立多相流动模型和基本方程组，分析各相的压力、速度、温度、表观密度、体积分数、悬浮物的尺寸及分布等，研究多相流动的稳定性、临界态以及相间相互作用等。

20 世纪 40 年代末，出现了单颗粒动力学模型。该模型简单粗糙，以 Eulerian-lagranrian 方法研究问题，不考虑颗粒对于流体相的影响，颗粒的运动只考虑阻力与重力的作用，后来改进的模型中又考虑了虚拟质量力、压力梯度力、Basset 力、Mugnus 力、Saffman 力等。该模型主要应用于管道水力输送、燃烧射流等领域。

20 世纪 70 年代，Drew（1971 年）、Ishii（1975 年）等从基本守恒原理出发，经严格的数学演绎导出了两相流基本方程，但并未被广泛接受。20 世纪 70 年代末，出现了颗粒轨道模型。该模型简单但比较完善，以 Eulerian-lagranrian 方法研究问题，考虑了颗粒对于流体相的影响和相间耦合，颗粒的受力分析比较复杂。该模型假设颗粒各自沿着自身的轨迹运动互不干扰，同时沿各轨迹的颗粒数为常数，意味着忽略了湍流扩散的影响，与实际不符。该模型主要应用于燃烧射流、反应釜搅拌流等领域。随后又出现了扩散模型、单流体模型、双流体模型和统计群模型等。

两相流数值模型架构的难点在于本构关系的构造（固液、固固）以及控制方程组的封闭。对于固液两相流数值分析，常用的模型主要有单流体模型、双流体模型和统计群模型。

1）单流体模型，又称无滑移模型。该模型将两相掺混均匀的流动视为单相流体处理，可概化为均质（连续介质）模型和扩散模型，沿用经典水力学方法进行分析。由于单流体模型没有考虑两相速度滑移，计算结果往往与实际偏差较大，在实际问题解决中应用较少。

2）双流体模型，又称连续介质模型。对于两相比例相当的情况，分别建立单相各自的数学物理方程，其中考虑了相间的阻力、相对位移、动量和热量的交换（传递）等物理因素。在固液两相流模拟中，该模型应用越来越广，其缺点在于无法描述固体颗粒之间的相互作用。

3）统计群模型。对于颗粒群悬浮体两相流，引用随机分析建立统计群（颗粒群）模型。

（3）试验及试验测试方法　由于多相流动现象、过程和机理目前还不甚清楚，其工程设计只能依靠大量观察和测量建立起来的经验关系式，因此，试验分析与试验测量在两相流领域目前仍占据着无可替代的首要地位。

对于两相流动现象，主要凭借物理模型进行试验测量，其中测量技术至关重要，许多新仪器、新技术在多相流测试中得到了应用，中国计量测试学会于 1992 年 10 月成立了多相流测试专业委员会，推动了多相流测试技术的发展。目前，两相流试验测试方法主要包括流型-流态观测、流速测量和气泡检测等方法，比如观测流型、流态用高速摄影、全息照相、流动显示技术等；测量速度用激光流速仪（LDV）、粒子图像测速技术（PIV）、高速动态摄像机等；检测液流中气泡量用光纤传感器（探针），测气流中固体颗粒含量用 BP 神经网络系统，测断面平均含量用放射性同位素法等。

对于两相流动问题研究，以上三种方法各有优势，相互无法取代。两相之间动力学特性的改变，使其具有不同于单相流动的复杂流动过程和现象。由于数值分析具有高效性和测试试验具有可视化的特点，所以数值分析和试验研究相结合的研究方法，成为探究两相流和多相流动的主要手段。

1.2 固液两相流基本物性

固液两相流中固相的基本参数，决定了其物质特性，以下为常用的一些固相基本特征参数。

1.2.1 单颗粒基本参数

由于固体颗粒形状的不规则性，研究固液两相流动问题时，在有些情况下可以理想化处理，将颗粒视为球形，其体积 V、表面积 S 和比表面积 S_a 等可以按球形计算方法获得。此处根据固液两相流研究需要，只列出非球形颗粒表征参数意义及计算。

1. 球形度 φ

球形度 φ 反映颗粒形状的因数，其定义为与颗粒等体积的一个球体的表面积与颗粒的表面积之比。

$$\varphi=\frac{\text{与该颗粒体积相等的球体表面积}}{\text{颗粒的表面积}}\leqslant 1 \tag{1-1}$$

2. 当量直径 d_e

（1）等体积当量直径 $d_{e,V}$　与颗粒体积 V 相等的圆球直径，称为该颗粒的等体积当量直径，应用较为普遍。

$$d_{e,V}=\sqrt[3]{\frac{6V}{\pi}} \tag{1-2}$$

（2）等表面积当量直径 $d_{e,S}$　与颗粒表面积 S 相等的圆球直径，称为该颗粒的等表面积当量直径。

$$d_{e,S}=\sqrt{\frac{S}{\pi}} \tag{1-3}$$

（3）等比表面积当量直径 $d_{e,a}$　与颗粒比表面积 S_a 相等的圆球直径，称为该颗粒的等比表面积当量直径。

$$d_{e,a}=\frac{6}{S_a} \tag{1-4}$$

3. 颗粒比表面积 S_a

颗粒比表面积 S_a 是指颗粒表面积 S 与其体积 V 之比，它间接反映了颗粒受到的物理化学作用与重力作用的相对大小。

$$S_a = \frac{S}{V} = \frac{6}{\varphi d_{e,V}} \tag{1-5}$$

1.2.2 两相流基本参数

1. 固体的密度及相对体积质量

固体的密度是指单位体积中密实固体所具有的质量，用符号 ρ_s 表示，常用单位为 g/cm^3。

固体的相对体积质量是固体（密度为ρ_s）的质量与同体积纯水（温度4℃，密度为ρ_f）的质量之比，用 S_s 表示。因此，相对体积质量是一个无量纲的物理量。由固体的相对体积质量定义可知：

$$S_s = \frac{\rho_s}{\rho_f} \tag{1-6}$$

在工程上，近似地把水看成是不可压缩流体，密度近似等于 1.0g/cm^3，相对体积质量 $S_f = 1$。

2. 两相流体的密度和相对体积质量

单位体积两相流体的质量称为两相流体的密度，用 ρ_m 表示。

两相流体的质量与同体积纯水的质量之比是两相流体的相对体积质量，用 S_m 表示。

$$S_m = \frac{\rho_m}{\rho_f} \tag{1-7}$$

3. 固相粒径

实际输送的固体物料颗粒形状不规则、大小不等，可用粒径来表示颗粒大小。粒径是两相流中一个重要参数。对形状不规则的固体物料，常用粒径、颗粒分布、形状、密度、流动性、堆积密度和比表面积等参数表示其颗粒特性，其中，应用大小（尺寸）、形状和比表面积表示颗粒大小的几何参数。

（1）等容粒径　等容粒径是指体积与颗粒体积相等的球体的直径。如某一固体颗粒的体积为 V，则颗粒的等容粒径 d_s 为

$$d_s = \sqrt[3]{\frac{6V}{\pi}} \tag{1-8}$$

如果已知颗粒的质量为 m，密度为 ρ_s，则

$$d_s = \sqrt[3]{\frac{6m}{\pi \rho_s}} \tag{1-9}$$

（2）筛分粒径　通过具有标准筛孔的筛子区分颗粒的大小。该方法仅指明固体颗粒大小介乎上、下两个筛孔之间。在这上、下两筛孔范围的平均尺寸 d_i 可以用代数平均值（d_1+d_2）/2 或几何平均值 $\sqrt{d_1 d_2}$（d_1、d_2 分别为上、下筛孔孔径）表示。

在工业上，常用这种筛分方法确定粒径。采用的标准筛孔径用“目”表示，泰勒制“目”与筛孔径的关系见表 1-2。

表 1-2　泰勒制“目”与筛孔径的关系

泰勒制“目”	4	6	8	10	16	20	28	35
筛孔径/mm	4.76	3.37	2.38	1.68	1.19	0.84	0.60	0.42
泰勒制“目”	48	65	100	150	200	270	400	
筛孔径/mm	0.21	0.15	0.15	0.105	0.074	0.053	0.037	

（3）等沉降速度直径　等沉降速度直径是指密度与颗粒密度相同且在静水中的沉降速度与颗粒沉降速度相等的球体的直径。由于 0.1mm 以上的较粗颗粒沉降太快，不易测准，故这种确定粒径的方法适用于 0.1mm 以下的细颗粒。根据沉降速度 v_t 确定粒径 d_s 的公式为

$$d_s=\frac{3C_D v_t^2}{4g(S_s-1)} \tag{1-10}$$

式中　C_D——颗粒在水中下沉时的阻力系数。

（4）非球形颗粒　对于不规则形状的颗粒可按某种规定的线性尺寸表示其大小，如采用球形、立方体、长方体、圆柱体等表示尺寸。通常定义与各种现象相对应的当量直径表示其大小。

4. 颗粒形状

颗粒形状不仅与颗粒物性（如颗粒的堆积、流动、摩擦等性能）有密切关系，还直接影响颗粒在操作单元中的行为，如颗粒的储存与输送、混合与分离、结晶与烧结、流态化等操作单元设计与操作中，颗粒形状是须考虑的重要因素，尤其是固液两相流中颗粒形状对流体机械的磨损，是非常重要的影响因素。

对于颗粒几何形状，通过使用数据包括三轴方向颗粒大小的代表值，其中以形状指数和形状系数表示。形状指数是颗粒大小的各种无因次组合，形状系数是立体几何各变量的关系。

下面是形状系数各个表征参量。

1）体积形状系数 ϕ_V 按下式计算：

$$\phi_V=\frac{V}{d_p^3} \tag{1-11}$$

式中　d_p——颗粒直径（μm）。

对于球形，$\phi_V=\pi/6$；对于立方体，$\phi_V=1$。

2）表面积形状系数 ϕ_S 按下式计算：

$$\phi_S=\frac{S}{d_p^2} \tag{1-12}$$

ϕ_S 表征颗粒形状对于球形的偏离，对于球形，$\phi_S=\pi$；对于立方体，$\phi_S=6$。

3）比表面积形状系数 ϕ_{SV} 按下式计算：

$$\phi_{SV}=\frac{\phi_S}{\phi_V} \tag{1-13}$$

5. 固相群粒径

颗粒群的粒径分布是指颗粒群中不同粒径大小的颗粒所占百分比，可用表格、图形和函数表示。颗粒群的粒径分布如图1-3所示。

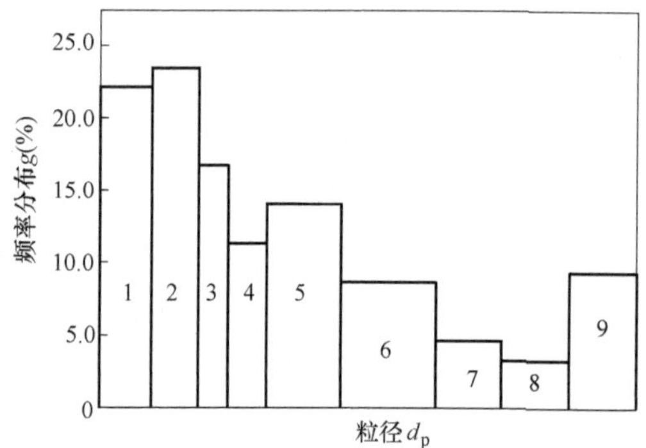

图1-3 颗粒群的粒径分布

频率分布 g：在粒径 $d_p\sim(d_p+\Delta d_p)$ 之间的颗粒质量（或个数）占颗粒群总质量（或总个数）的百分比。

$$g=\frac{\Delta m}{m_o}\times100\%$$

$$\sum g=100\% \tag{1-14}$$

式中 Δm——粒径 $d_p\sim(d_p+\Delta d_p)$ 间隔内颗粒质量（g）；

m_o——样品的总质量（g）。

频率密度分布 f：单位粒径间隔宽度的频率分布，见图1-4，可由式（1-15）计算。

$$f=\frac{g}{\Delta d_p} \tag{1-15}$$

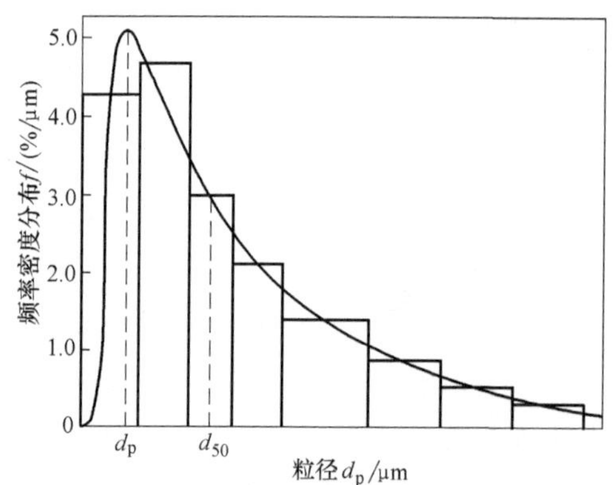

图1-4 频率密度分布

筛下累积率 D：指小于某一粒径 d_p 的颗粒质量（或个数）占颗粒群总质量或总个数的百分比，如图1-5所示。

$$D=\sum_0^{d_p}g=\sum_0^{d_p}f\Delta d_p$$

筛上累积率 R：指大于某一粒径 d_p 的颗粒质量（或个数）占颗粒群总质量或总个数的百分比。

$$R = \sum_{d_p}^{\infty} g = \sum_{d_p}^{\infty} f \Delta d_p$$

$$R + D = 1 \tag{1-16}$$

对于颗粒系统（颗粒群），其表示方法很多，下面列举两种。

1）质量平均直径 $\overline{d_s}$，即各粒径 d_i 与其质量分数 X_i 乘积的总和。

$$\overline{d_s} = \sum X_i d_i \tag{1-17}$$

2）中值粒径 d_{50}，颗粒百分数达到50%所对应的颗粒尺寸。无论是质量平均粒径还是中值粒径，都不能反映颗粒组成的不均匀程度，而后者对管道输送和固液两相流泵的性能有很重要的影响。

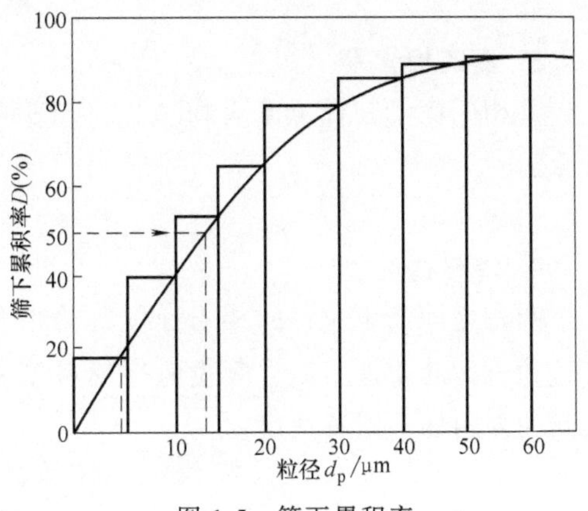

图1-5　筛下累积率

6. 固相含量表示

（1）体积分数　两相流体中固体体积流量 Q_s 和两相流体体积流量 Q_m 之比称为体积分数，用 C_V 表示。

$$C_V = \frac{Q_s}{Q_m} \tag{1-18}$$

（2）质量分数　两相流中固体质量流量（$\rho_s Q_s$）和两相流体质量流量（$\rho_m Q_m$）之比称为质量分数，用 C_m 表示。

$$C_m = \frac{\rho_s Q_s}{\rho_m Q_m} \tag{1-19}$$

所以质量分数与体积分数有以下关系：

$$C_m = \frac{\rho_s}{\rho_m} C_V \tag{1-20}$$

（3）含沙量　在水利部门，习惯用含沙量 γ 来表示固液两相流体中（一般为砂水混合物）固体的含量，定义为单位体积两相流体中固体的质量，通常以 kg/m^3 为单位。含沙量与体积分数的关系为

$$\gamma = C_V \rho_s \tag{1-21}$$

除体积分数、质量分数外，也可用稠度、含沙量等来表示两相流体中固体的含量。

7. 各相真实流速

各相体积流量 Q_i 除以流动中各相所占流通截面积 A_i 即为各相真实流速 v_i：

$$v_i = Q_i / A_i \tag{1-22}$$

8. 真实相含率

某相的流动在任意流通截面上所占通道截面积 A_g 与总截面之比 A 即为真实相含率 α：

$$\alpha = A_g / A \tag{1-23}$$

9. 滑移速度

两相之间产生位移的相对速度称为滑移速度 v_D。对于固液两相流，由于固体颗粒和流体的密度不同，颗粒的运动速度 v_s 因小于流体得到的运动速度 v_1，二者之间的差值即为滑移速度：

$$v_D = v_1 - v_s \tag{1-24}$$

对于固液两相流，其他表征参数及参量可以查阅相关文献。

1.2.3 颗粒粒度测量方法

粒度是颗粒占据空间大小的线性尺度，测量方法繁多，因原理不同，所测粒径范围及参数差异，应根据使用目的及方法的实用性做出选择。测量与表达粒径的方法可分为长度、重量、投影面积、表面积及体积等，前面已经提到过。需要说明的是，由于测量的多样性，粒度测定的结果应指明所用方法和表示法。

1. 筛分法

筛分法是让颗粒通过一系列不同筛孔的标准筛，将其分离成若干粒级，然后分别称重，求得质量分数表示粒度的分布。筛分法适用于 0.02～100mm 之间的粒度分布，电成形筛（微孔筛）可达 0.005mm。图 1-6 所示为目前常用的筛分方法及仪器。

a) 丝网筛

b) 电沉积仪

图 1-6 目前常用的筛分方法及仪器

将几个筛子按筛孔大小的次序从上到下叠置起来，筛孔尺寸最大的放在上面，筛孔尺寸最小的放在下面，底下放一无孔底盘。将称量过的颗粒样品放在上部筛子

上，有规则地摇动一段时间，较小的颗粒通过各个筛的筛孔依次往下落。对各层筛网上的颗粒计量，即得筛分分析的基本数据。

筛分操作完成后，应检查各粒级的质量总和与取样量的差值（损失），不应超过2%。由于制造工艺等原因，出厂筛子筛孔尺寸难保一致，使用过程中变形导致筛孔尺寸不准，使用一段时间后需要校准。

2. 显微镜和图像分析

显微镜是唯一可以直接观测单个颗粒形状和粒度的方法。光学显微镜的测量范围为0.8~150μm，电子显微镜的测量最小为0.001μm。显微镜测量的颗粒粒度为Feret粒径、Martin粒径和周边粒径的面积径。

3. 光散射与衍射法

光束通过颗粒不均匀介质时，将向各个方向散射，部分产生衍射，应用衍射、散射原理的测定仪，利用光电器件接收信息，经放大、模数转换后用计算机处理，给出测定结果。

光衍射法测试原理：当光入射颗粒时，会产生衍射，小颗粒衍射角大，而大颗粒衍射角小，某一衍射角的光强度与相应粒度的颗粒多少有关。光衍射法测试原理如图1-7所示。

目前的激光法粒度仪基本上都同时应用了弗朗霍夫衍射理论和米氏衍射理论，前者适用于颗粒直径远大于入射波长的情况，即用于几微米至几百微米的测量，后者用于几微米以下的测量。

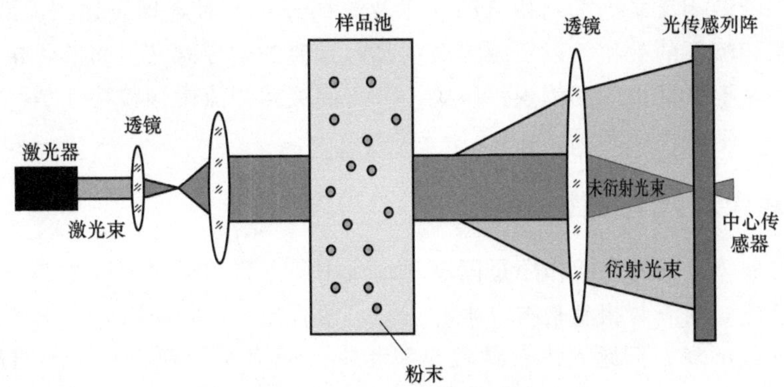

图1-7　光衍射法测试原理

4. 沉降法

沉降法的测试原理是，在具有一定黏度的粉末悬浊液内，大小不等的颗粒自由沉降时，其速度是不同的，颗粒越大沉降速度越快。如果大小不同的颗粒从同一起点同时沉降，经过一定距离（时间）后，就能将粉末按粒度差别分开。

重力沉降法的特点：适合测量粒径为1~50μm的粒子。

离心沉降法的特点：与重力沉降法相比，离心沉降法的时间缩短。该方法可测粒径粒子的尺寸下限一般为0.1μm。

两种沉降法都只能测相同密度的粒子，其重复性好。

5. 电感应法

将被测颗粒分散在导电的电解质溶液中，在该导电液中置一开有小孔的隔板，并将两电极分别于小孔两侧插入导电液中。在压差作用下，颗粒随导电液逐个地通过小孔，产生的电阻变化表现为一个与颗粒体积或直径成正比的电压脉冲。仪器对脉冲按其大小归档（颗粒体积或粒度的间隔）进行计数，因此可以给出颗粒体积或粒度（体积直径）的个数分布；同时，也可以给出单位体积导电液中的总粒数和各档的粒数。

对于同一种样品，不同方法测量的结果不同。这是由于测量或计算的定义本来就不同，或是分散状态不同，应根据数据的应用场合来选择。比如，测量感光底片用卤化银溶胶颗粒大小通常选用光学法，水文地质学中砂石的沉降通常选用沉降法。根据粒度性质数据的用途和所测样品的粒度范围、被测颗粒本身存在的形式特点、准确度和精密度、常规和非常规测试、仪器价格等来选择测量方法。

综上所述，对于测量方法的选择，应从应用场合、颗粒特性、粒度范围、可用被测介质、要求精度和经济性等方面综合考虑。

1.3 固液两相流中颗粒特性

了解固液两相流泵内部两相流动规律及流场分布，对合理设计固液两相流泵、提高固液两相流泵的效率，以及减少磨损都有重要的指导意义。固液两相流不同于单相介质的主要特性由固相体现，因此，分析固液两相流中颗粒特性是研究固液两相流在泵内流动特性的基础。

1.3.1 颗粒动力学特性

颗粒与液体之间的相间作用是固液两相流中最主要的动力学特性之一，相间作用力模型是建立固液两相流基本方程的关键。两者之间的相间阻力作用往往是从单颗粒绕流（或沉降）问题入手，颗粒在液相中的阻力是两者相互作用的最基本形式。因此，相间的阻力关系式是固液两相流研究中最重要的封闭方程之一，若没有这一封闭方程，固液两相流研究便无法进行。

1. 颗粒与主相流体的相互作用

将低浓度固液两相流体视为颗粒与主相流体占据同一空间且相互渗透的拟流体，不考虑温度和相变作用时，低浓度固液两相流体相间则可分为颗粒与主相流体的相互作用和颗粒与颗粒之间的相互作用。

固液两相流体颗粒与主相流体的相互作用主要包括黏性阻力、压力梯度力、附加质量力、Basset加速度力、Magnus力和Saffman力等。

（1）黏性阻力　球形颗粒的黏性阻力有 Stokes 阻力和 Ossen 阻力两种。

1）Stokes 阻力系数。半径为 R 的圆球在无界均匀流场中运动时，将受到流体黏性力的作用。圆球阻力系数 C_D 为

$$C_D = \frac{F_{dz}}{\frac{1}{2}\rho_f u_{f\infty}^2 \pi R^2} \tag{1-25}$$

式中　F_{dz}——球面所受的表面力之和（N）；

ρ_f——水的密度（kg/m^3）；

$u_{f\infty}$——无穷远处的来流速度（m/s）；

R——固体颗粒粒径（m）。

式（1-25）是 Stokes 公式，当雷诺数 $Re<1$ 时，由式（1-25）计算得到的结果与试验结果吻合较好。

2）Ossen 阻力系数。当 Re 增大时，流体的惯性力效应增强，此时忽略惯性所得到的 Stokes 阻力系数会导致较大的误差。因此，Ossen 在部分保留惯性力的基础上得到 Ossen 阻力系数为

$$C_D = \frac{24}{Re}\left(1+\frac{3}{16}Re\right) \tag{1-26}$$

使用式（1-26）所得到的结果，在 $Re<5$ 的范围内，都能得到与试验比较吻合的结果。

3）非圆球的阻力系数。在实际应用中，很多情况下固体颗粒的形状与圆球相差很远，如果使用圆球的计算公式会导致较大的误差。此时，要考虑固体颗粒的非圆球性。非圆球固体颗粒在流场中所受的阻力强烈地依赖于固体颗粒的尺寸、形状、取向，以及流体介质的黏度、固体颗粒和流体的密度比。

目前，研究作用在非圆球固体颗粒上阻力的方法主要有两种：一种方法是对于确定形状和取向固体颗粒的阻力研究，如对椭球体、圆柱体、圆盘的研究。无疑，由这些研究所得到的阻力表达式对于对应形状的固体颗粒有较好的计算结果，但是要推广到其他形状和取向的固体颗粒却行不通。第二种方法是考虑各种非圆球固体颗粒形状和取向，通过类比再对圆球的阻力表达式进行修正。

（2）压力梯度力 F_p　固体颗粒在有压力梯度的流场中运动时，其表面除了存在流体绕流引起的不均匀分布压力外，还存在一个由于流场压力梯度引起的附加非均匀分布的压力。压力梯度力 F_p 的计算公式为

$$F_p = -\frac{4}{3}\pi R^3 \Delta p_f \tag{1-27}$$

式中　p_f——固体颗粒表面由于压力梯度所引起的压力分布。

（3）附加质量力 F_a　附加质量力 F_a 是由于要使颗粒周围流体加速而引起的附加作用力。

当颗粒在流体中做加速运动时，它要引起周围流体做加速运动。由于流体有惯性，表现为对颗粒有一个反作用力。这时，推动颗粒运动的力将大于颗粒本身的惯性力，就好像颗粒质量增加了一样，所以这部分大于颗粒本身惯性力的力称为附加质量力 F_a，可按式（1-28）计算。

$$F_a = -\frac{2}{3}\pi R^3 p_f a_p \tag{1-28}$$

式中　a_p——固体颗粒加速度（m/s^2）。

（4）Basset 加速度力 F_B　Basset 曾估计了由于流谱偏离定常状态而引起的对固体颗粒的作用，得到相应的 Basset 力为

$$F_B = 6R^2\pi\mu\rho_f\int_{t_{p0}}^{t_p}\frac{\frac{d}{d\tau}(\bar{u}-\bar{u}_p)}{t_p-\tau}d\tau \tag{1-29}$$

Basset 力是固体颗粒在黏性流体中作急剧加速运动或非稳态运动时受到的力。因此，若固体颗粒的加速度不大，则该力的影响可以忽略。

由式（1-29）可见，当 $\bar{u}<\bar{u}_p$ 时，Basset 力使固体颗粒减速；当 $\bar{u}>\bar{u}_p$ 时，Basset 力使固体颗粒加速。

（5）Magnus 力 F_M　若在流场中存在速度梯度，该速度梯度会引起固体颗粒旋转。此外，速度梯度使得网格两侧存在速度差因而导致压力差，该压力差使固体颗粒向压力小的一侧移动，产生这种移动的力称为 Magnus 力 F_M。

Rubinow 和 Keller 计算了旋转球上的 Magnus 力：

$$F_M = \pi R^3\rho_f\omega(\bar{u}-\bar{u}_p)[1+o(Re_p)] \tag{1-30}$$

式中　ω——固体颗粒的角速度（rad/s）；

Re_p——固体颗粒的雷诺数，定义为 $2R|\bar{u}-\bar{u}_p|/v$。

（6）Saffman 力 F_S　当一个固体颗粒处在一个有速度梯度的流场中时，即使它没有旋转，也会受到一个横向升力，该力称为 Saffman 力 F_S，表示为

$$F_S = 81.2R^2(\rho_f u)^{\frac{1}{2}}k^{\frac{1}{2}} \tag{1-31}$$

式中　k——速度梯度的模。Saffman 力倾向于将固体颗粒推向低速区域。

2. 颗粒与颗粒之间的相互作用

低浓度固液两相流体中颗粒与颗粒之间的相互作用，如颗粒间因碰撞和湍流引起的动量变化 $F_{p,i}$ 按式（1-32）计算：

$$F_{p,i} = \rho v_{Tj}\left(\frac{\partial u_i}{\partial x_j}+\frac{\partial u_j}{\partial x_i}\right) \tag{1-32}$$

式中　v_{Tj}——颗粒的扩散系数；

u_i——在 i 方向的运动速度（m/s）；

u_j——在 j 方向的运动速度（m/s）。

1.3.2 颗粒群特性

1. 颗粒分布函数

颗粒分布函数在一定程度上可以反映图像中颗粒分布状况，如图 1-8 所示。

由图 1-8 可以看出：

1）对应某一尺寸 $d_{p,i}$ 的 F_i 值表示直径小于 $d_{p,i}$ 的颗粒占样品的质量分数。

2）该批颗粒的最大直径处，分布函数为 1.0。

2. 筛分结果表示

筛分结果用频率函数表示，对于固体颗粒群，其频率函数如图 1-9 所示。

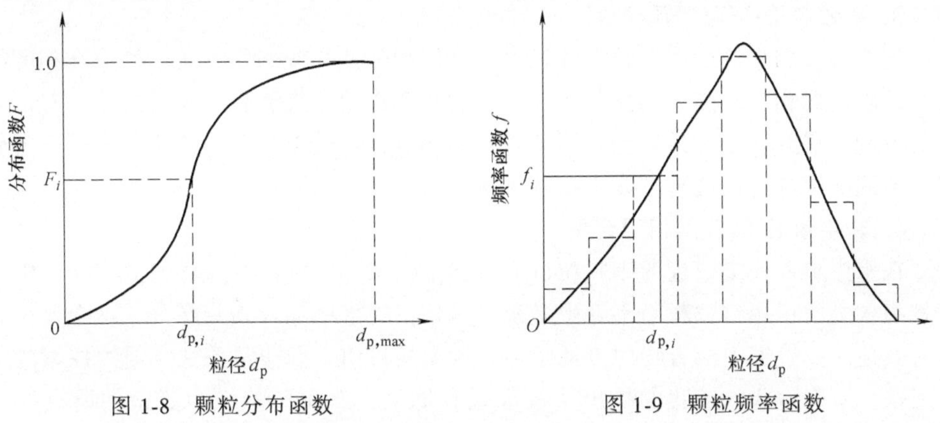

图 1-8 颗粒分布函数　　图 1-9 颗粒频率函数

由图 1-9 可以看出，某一粒度范围内的颗粒占全部样品的质量分数等于该粒度范围内频率函数下的面积，频率函数曲线下的全部面积等于 1.0。

1.4 固液两相流分类

由于固液两相流的组成、内部结构及状态的复杂性，至今尚无统一的分类标准。本书根据其组成给出以下四种分类。

1.4.1 按固液两相组成分类

1. 牛顿型均匀混合物

这类混合物是指颗粒尺寸很小，其体积分数很小，且均匀地分布在液相中，形成一种具有牛顿流变性的稀悬浮体。早在 20 世纪初，Einstein 就开拓性地研究了这类细颗粒稀悬浮体的有关问题，他应用统计物理理论与平衡系的统计性质，从理论上导出了颗粒布朗扩散系数的计算公式。随后又研究了少量细颗粒对混合物有效黏度的影响，得出有效黏度 v_e 的表达式

$$v_e = v[1+2.5C_V+o(C_V^2)] \tag{1-33}$$

式中　v——液相实际黏度（Pa·s）；

C_V——固体颗粒体积分数（%）。

式（1-33）说明，对于 $C_V \ll 1$ 的极稀微粒混合物，相当于其黏度增大（$1+2.5C_V$）倍的单相液体。这些研究成果，为以后的细颗粒低体积分数悬浮体研究奠定了理论基础。

2. 非牛顿型悬浮体

这类固液流体的特点是其固体颗粒尺寸很小，体积分数较高，颗粒与液相一般不发生相对运动，如泥浆、染料、纸浆等均属于此类。从力学研究的角度，这类混合物完全可以视为一种单相连续介质，即非牛顿液体。

3. 牛顿液-固液两相混合物

这类混合物中的固体颗粒尺寸较大，其体积分数呈非均匀分布，且存在相间滑移。颗粒间的相互碰撞、颗粒与壁面之间的相互作用、绕流阻力及外力等都对混合物的流动规律具有很大的影响，不容忽略。显然，对这类混合物的流动问题进行研究所遇到的困难将远远超过非牛顿液体流动。

4. 非牛顿液-固液两相混合物

在水中加入一定数量的细颗粒后形成非牛顿浆体，可以在降低的流速下正常输送较高含量的粗颗粒物料而不发生淤积。另外，在水中加入某些高分子聚合物，可以有效地减少管道中混合物的流动阻力，这便是目前人们非常关注、努力探索的减阻问题。所有这些，给我们提出了一个很有价值，然而又是极为复杂的研究课题——非牛顿固-液两相混合物的流动。

1.4.2　按颗粒尺寸分类

按颗粒直径 d_p 的大小将固液混合物分成以下5种：

1）$d_p<40\mu m$，当含量较小时属于牛顿液体。

2）$d_p<40\mu m$，当含量较高时属于非牛顿液体。

3）$40\mu m<d_p<150\mu m$，为拟均匀或不均匀混合物，只能在湍流中输送。颗粒运动受液相黏滞作用影响较大。

4）$150\mu m<d_p<1.5mm$，为不均匀混合物，只能在湍流中输送。颗粒运动形式主要为跳跃、悬浮、沙垅及散射。

5）$d_p>1.5mm$，为不均匀混合物。颗粒运动形式主要为滑动和滚动。

1.4.3　按颗粒雷诺数 Re_p 分类

定义颗粒雷诺数 Re_p 为

$$Re_p = \frac{d_p u_p}{\nu} \tag{1-34}$$

式中 u_p——颗粒的沉降速度（μm/s）；

ν——液相运动黏度（μm/s）。

按 Re_p 的大小可将固液混合物分为：

1）$Re_p<0.02$，为非牛顿流体的含颗粒浆体。

2）$0.02<Re_p<2.0$，为牛顿流体的含颗粒浆体。

3）$2.0<Re_p<525$，为有沉淀的颗粒悬浮体，颗粒无跳跃运动。

4）$Re_p>525$，为有沉淀的颗粒悬浮体，颗粒具有跳跃运动。

1.4.4 按固相体积分数分类

按固相体积浓度分类如下：

1）固相体积分数很小时（$C_V \ll 1$），固液两相流动为水力学的沉积问题。

2）中等体积分数时，为固液两相混合物悬浮液。

3）固液体积分数很大时，为流经多孔介质的渗流问题。

1.5 浆体基本参数

浆体因黏度大而不同于其他固液混合物，浆体泵也是应用最广泛的固液两相流泵之一。

1.5.1 浆体主要表征参数

1. 浆体密度

浆体密度是指固体物均匀分布的单位体积浆体所具有的质量，以符号 ρ_m 表示，单位为 kg/m^3。

2. 浆体相对密度

浆体相对密度是指浆体密度 ρ_m 与清水密度 ρ_w 的比值，以符号 S_m 表示。

$$S_m=\frac{\rho_m}{\rho_w} \tag{1-35}$$

3. 浆体含量

浆体含量常用的两种表示方法：一种是单位时间流过的固体体积与浆体的体积之比，称为体积分数 C_V；另一种是单位时间流过的固体质量与浆体质量之比，称为质量分数 C_m。

具体表示为以下两种形式：

$$C_V=\frac{Q_s}{Q_m}\times 100\% \tag{1-36}$$

$$C_m=\frac{SQ_s}{S_m Q_m}\times 100\% \tag{1-37}$$

式中　C_V——浆体的体积分数（%）；

C_m——浆体的质量分数（%）；

Q_s、Q_m——固体、浆体的体积流量（单位时间内流过的体积）（L/s 或 m^3/h、m^3/s）。

4. 含量和相对密度之间的函数关系

当水与固体物混合时，浆体的体积分数、质量分数、浆体相对密度、固体物相对密度之间的关系如图 1-10 所示。当知道其中任意两个参数时，可由图 1-10 可查得另外两个相应的参数。

具体做法是：已知某两个参数值，在图 1-10 中找出对应坐标上的数值，通过这两个数值对应的点绘制一条直线与另外两个参数坐标相交，其交点对应的数值即为另外两个参数值。

当浆体由其他液体与固体物质组成时，相对密度与含量之间的关系由式（1-38）~式（1-41）表示。

$$S_m = S_1 + \frac{C_V}{100}(S - S_1) = \frac{S_1}{1 - \frac{C_m}{100}\left(\frac{S - S_1}{S}\right)} \tag{1-38}$$

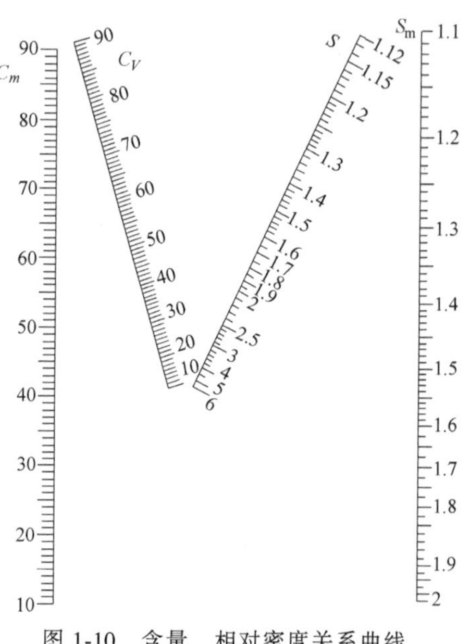

图 1-10　含量、相对密度关系曲线

$$S_m = \frac{100 - C_V}{100 - C_m} = S\frac{C_V}{C_m} \tag{1-39}$$

$$C_m = \frac{100}{1 + \frac{S_1}{S}\left(\frac{100 - C_V}{C_V}\right)} \tag{1-40}$$

$$C_V = \left(\frac{S_m - S_1}{S - S_1}\right) \times 100\% \tag{1-41}$$

式中　S_1——液体或载体相对密度。

5. 浆体黏性

浆体或流体流动时内部产生摩擦力或切应力的这种性质称为流体的黏性。对于牛顿浆体符合关系式：

$$\tau = \mu \frac{\mathrm{d}u}{\mathrm{d}y} \tag{1-42}$$

式中　τ——浆体流动时产生的切应力（Pa）；

μ——浆体的动力黏度或简称黏度（Pa·s），对于给定的流体在给定的温度和压力下，μ 是常数；

$\frac{du}{dy}$——垂直于流动方向上的速度梯度（s^{-1}）。

当固体颗粒很小（粒径小于 0.1mm），浆体流动时是一种均质流体。一般浆体的黏性比水的黏性大。当固体含量越大时黏性增加的也就越多，此时浆体的黏性不符合牛顿黏性定律，称为非牛顿浆体，其典型的代表性浆体为宾汉体（见图 1-11），并符合关系式

$$\tau=\eta_0\frac{du}{dy}+\tau_0 \tag{1-43}$$

式中　η_0——刚性系数（高切变率下的黏度）（Pa·s）；

τ_0——初始切应力（Pa）。

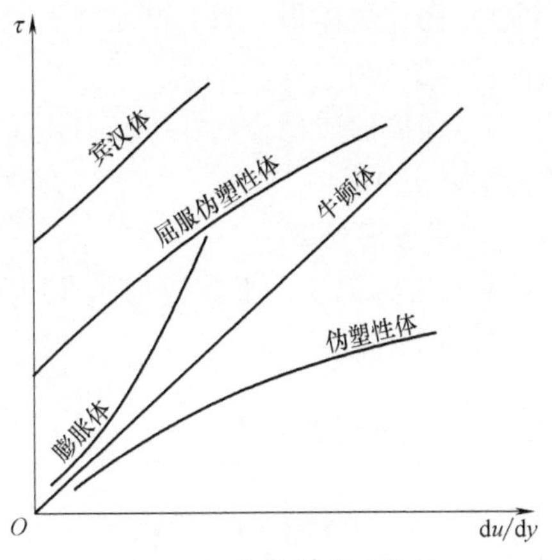

图 1-11　浆体的流变特性

1.5.2　泥浆的基本参数

1. 表观黏度

表观黏度表示非牛顿泥浆在一定切应变速度下的黏性，也可应用于牛顿流体。

2. 临界运送速度

在特定管道中特定泥浆的中间速度，高于使固体保持悬浮状态的速度，低于出现固体与液体分离时的速度称为临界运送速度。

3. 有效颗粒直径

有效颗粒直径是指单个或平均颗粒直径的尺寸，通常表示在泥浆中不同大小颗粒的混合物的状态。

4. 摩擦特性

摩擦特性用于描述对流动中不同比率的固体-液体混合物的阻力。

5. 混合物泥浆

混合物分为不均匀混合物、均匀流体、均匀混合物、非均匀流体、非沉淀泥浆及沉淀泥浆。其中不均匀混合物是在固体和液体的混合物中固体分布不均匀的混合物；均匀流体（完全悬浮的固体）是这样一种泥浆流：固体完全混合在平滑流中，并且沿管壁滑行的固体颗粒数是可以忽略不计的；均匀混合物是在固体和液体的混合物中固体分布均匀的混合物；非均匀流体（部分悬浮的固体）是这样一种泥浆流：里面的固体是分层的，有一部分固体沿着导管内壁滑行，有时称为“不均匀流体”或“有部分悬浮固体的流体”；非沉淀泥浆是指泥浆中的固体不会沉淀在容

器或导管的底部，在很长时间没有搅动的情况下仍然会保持悬浮状态；沉淀泥浆是指在泥浆中，固体会以可辨别的速度移动到容器或管的底部，但如果泥浆经常被搅动，它仍然保持悬浮状态。

6. 泥浆中固体含量表示

1）固体的体积分数：给定体积的泥浆所含固体的实际体积除以给定泥浆的体积，乘以100%。

2）固体的质量分数：给定体积的泥浆中干燥固体的质量除以该泥浆的总质量，乘以100%。

7. 平方根规律

对给定的泥浆，平方根规律常用于近似计算管道尺寸增大是临界运送速度的增长。其规定如下：

$$v_L = v_S = \left(\frac{D_L}{D_S}\right)^{\frac{1}{2}} \tag{1-44}$$

式中 v_L——大管中的临界运送速度（m/s）；

D_L——大管的直径（m）；

v_S——小管中的临界运送速度（m/s）；

D_S——小管的直径（m）。

8. 塑变值

很多非牛顿泥浆开始变形的应力并且在这个应力作用下泥浆两相邻的微粒中没有相对的运动。

1）固液混合物或泥浆的相对密度 S_m 按下式计算：

$$S_m = \frac{S_s S_l}{S_s + C_m(S_l - S_s)} \tag{1-45}$$

式中 S_m——混合物或泥浆的相对密度；

S_l——液体状态的相对密度；

S_s——固体状态的相对密度；

C_m——固体的质量分数（%）。

一般来说，固液两相流泵输送介质较为复杂，多为含有固体颗粒的混合物，往往需要根据输送介质来选择泵过流部件的材料。对于泥浆泵，通常用固体质量分数和固体体积分数来描述混合物组成，以确定正确类型的泵和材料。

$$C_m = \frac{\text{干的固体的质量}}{\text{干的固体的质量}+\text{液体状态的质量}} \tag{1-46}$$

$$C_V = \frac{\text{干的固体的体积}}{\text{干的固体的体积}+\text{液体状态的体积}} \tag{1-47}$$

2）泥浆流量 Q_m 为

$$Q_m=\frac{4\times 干的固体(t/h)}{C_V S_m} \tag{1-48}$$

式中 Q_m——泥浆流量（USgal/min）（1USgal=3.78541dm^3）。

1.6 沉降流速

固体颗粒在混合物中的沉降性是固液两相流中的一个重要物理量。沉降是指两相流体或多相流体中，由于力场的作用，分散相与连续相之间的密度差异使得分散相逐渐运动到底部的现象。

1.6.1 固液两相流沉降概况

对于单个颗粒而言，影响颗粒流动特性的主要因素是沉降速度和阻力系数。如果固液两相流泵中固相的沉降速度大于泵进口混合相速度，固体颗粒则会出现沉降，固相在泵进口段出现“断流”现象，固液两相流体介质在泵内类似清水介质运行，难以达到输送固液两相介质的目的。因此，对于固液两相流泵，必须考虑颗粒的沉降性，尤其在泵进口段。

为保证浆体在管道中正常流动，必须使流速超过某一给定的最小值，此速度称为临界沉降流速。颗粒的沉降根据其沉降的形式可分为自由沉降和干涉沉降两类。

固体颗粒在管道中随着浆体平均流速的减小分布越来越不均匀，当流速减小到某一值后，管道底部出现固定的或滑动的床面。颗粒开始形成床面时的流速称为淤积流速。由于常用的运载流体是水，在正常管流条件下通常是紊流状态，所以非均质悬液在淤积流速下的流态几乎都是紊流状态。它直接与颗粒的沉降速度和系统中的紊动程度有关，因此它随着颗粒粒径、颗粒质量和固体含量的增加而增加。淤积流速对管流的重要性是明显的，它是安全运行的下限。如果流速低于淤积流速将导致管内形成固体颗粒床面，摩擦损失随之相应地增大并常常具有脉动性，甚至导致管道堵塞，一般临界沉降流速大于淤积速度。

1.6.2 静水中颗粒自由沉降

自由沉降是指颗粒只受重力作用，也可称为重力沉降。

1. 静水中颗粒沉降计算

对于固液两相流泵，在泵进口段，固体颗粒间一般不易发生严重干扰，固相如果发生沉降即为自由沉降。在假设固相为球体下，静止在液体中的颗粒受到重力 G 和液相作用于其的阻力 R，分别计算如下：

$$G=\frac{\pi d_s^3}{6}(\rho_s-\rho_l)$$

$$R=C_D\rho_1\frac{\pi d_s^2}{4}\times\frac{W_s^2}{2} \tag{1-49}$$

式中 ρ_s、ρ_1——固相和液相的密度（kg/m^3）；

d_s——球形固相粒径（m）；

C_D——阻力系数，$C_D=f(Re)$；

W_s——固相速度（m/s）。

当 $G=R$ 时，固相临界沉降速度 u_t 即为

$$u_t=\left[\frac{4}{3}\frac{gd_s(\rho_{sl}-1)}{C_D}\right]^{1/2} \tag{1-50}$$

式中 ρ_{sl}——固体颗粒的相对密度。

根据各水文站数据及计算可知，黄河含沙水的沙粒沉降临界速度 W_t 大致在0.70~1.51m/s 之间。

在工程实践中，固相并不完全是球形，颗粒形状对沉降速度的影响中不规则形状颗粒的自由沉降速度小于球形颗粒的自由沉降速度。也就是说，只要对固液两相流泵进口速度设置大于球形颗粒计算所得的沉降临界速度，固相才能不发生沉降，作为固液混合物处理。

2. 颗粒沉降计算公式

杜拉德公式：管径在 200mm 以下，通常采用杜拉德公式计算临界沉降流速 V_L。

$$V_L=F_L\sqrt{2gD\frac{S-S_1}{S_1}}\,(m/s) \tag{1-51}$$

式中 g——重力加速度（m/s^2）；

D——管径（m）；

F_L——与粒径、含量等有关的速度系数，可由图 1-12 查得。

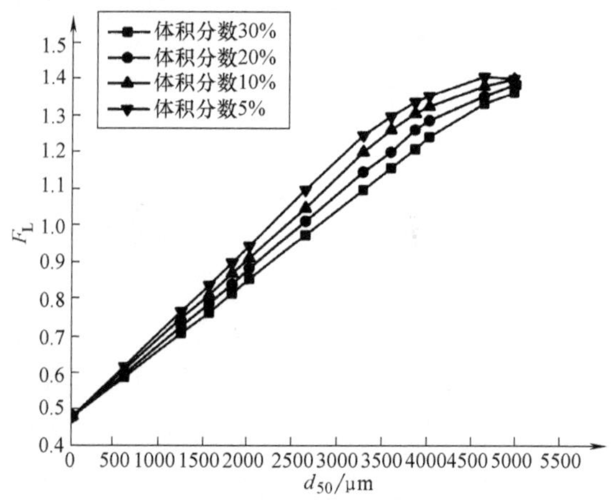

图 1-12 速度系数曲线

应用数理统计和回归分析方法，速度系数 F_L 计算公式为

$$F_L=(0.524+0.046\ln C_V)\ln\left(\frac{d_{50}}{0.01}\right)^{0.434}+A \tag{1-52}$$

式中 C_V——体积分数，采用小数值代入；

d_{50}——中值粒径（mm）；

A——与中值粒径 d_{50} 和体积分数 C_V 相关的系数，A 计算公式见表 1-3。

表 1-3 A 计算公式

d_{50}/mm	A 值计算公式	相关系数 γ	备注
0.01~0.6	0.472	—	$d_{50}\in(0.01,3)$ $C_V\in(0.05,0.4)$
0.8	$0.417-0.028\ln C_V$	−0.971156	
1.0	$0.388-0.028\ln C_V$	−0.9942	
2.0	$0.234-0.071\ln C_V$	−0.9977	
3.0	$0.130-0.092\ln C_V$	−0.99987	

其余粒径值的系数值 F_L，采用插值法求得。相同粒径时的 F_L 值，随着体积分数的增大而增大，当 $C_V=30\%$时，F_L 达到最大值，当体积分数由 30%增加到 40%时，F_L 值下降。体积分数 C_V 为 25%和 35%时 F_L 值相同；C_V 为 20%和 40%时 F_L 值相同。

1.6.3 固液两相流沉降的影响因素

1. 颗粒形状对沉降的影响

在自然界，固液两相流中的固体颗粒形状大多是不规则的，因此，在确定固液两相流介质沉降时应该考虑颗粒的形状。由于颗粒形状不规则，颗粒下沉时如果方位不同，其下沉的投影面积也不同，所受的阻力也就不同。

1）颗粒在小雷诺数时以短轴方向下沉最为稳定。由此可见，自然颗粒下沉方向的投影面积大于等容直径球体投影面积。这意味着不规则颗粒所受的阻力大于球形颗粒所受的阻力。因此，前者的自由沉降速度小于后者。

2）在大雷诺数情况下，颗粒表面边界层发生分离，分离点的位置及尾迹大小与固体颗粒的形状有关。

圆球分离点与雷诺数有关，而圆板的分离点几乎固定在边缘上，可认为与雷诺数无关，但圆板下沉时的左右振动的幅度随雷诺数的增大而增大。当 $Re>100$ 时，圆板所受阻力因此而大于球体所受的阻力。

实际的固体颗粒形状与球体虽然有上述区别，但它们的沉降规律基本相同。由此，实际计算颗粒的沉降末速 v_s 时，将直径等于实际颗粒等容直径 d_t 的同密度球体的沉降末速乘一个形状修正系数 Φ，则

$$v_s=\Phi v_t \tag{1-53}$$

式中 v_s——实际固体颗粒的自由沉降末速（mm/s）；

V_t——等直径同密度固体球体颗粒的自由沉降末速（mm/s）；

Φ——非球体颗粒的形状修正系数。

2. 固相体积分数对沉降的影响

当固相体积分数达到一定的程度时，颗粒间的相互干涉就难以忽略，颗粒的沉降相互之间受到一定的影响，这时颗粒的沉降不再是单个颗粒时的自由沉降，而属于干涉沉降，在计算颗粒沉降速度时必须考虑体积分数的影响。

颗粒下沉必然诱发周围水体上升并激起紊动。这势必要影响周围颗粒的下沉速度，当群体颗粒下沉时，相互影响的结果使颗粒下沉受到阻尼作用，从而使颗粒沉速降低，这是影响粗颗粒沉速的重要原因。由于絮凝作用，很细的颗粒在沉降时会连接成颗粒团，相当于增大了有效质量反而使沉速增加。此外，混合物密度的加大而引起颗粒有效重量的减小也对颗粒下沉产生重要影响。

混合物的体积分数不同对颗粒沉降的影响程度也不同。当体积分数很低时．颗粒在沉降中彼此干扰很小，可作为自由沉降来处理。当体积分数大到一定程度时，体积分数对沉降的影响不能忽略。

3. 颗粒群密集沉降的影响

当颗粒群以较小的体积分数沉降时，相互影响很小可以看作是自由沉降。粗颗粒群沉降时，颗粒处于分散状态，流体的黏度不会因颗粒体积分数增加而改变，这时体积分数增加对沉降速度的影响主要表现为由于颗粒群下降使得颗粒周围流体的上升流动与紊动，从而导致阻力加大。

对于细小颗粒群密集沉降，体积分数对沉降的影响要更复杂一些。

1.7 典型固液两相流

自然界中，水流经常夹带着悬浮的泥沙、固体颗粒及其他杂质，成为自然界水流运动最普遍的现象，含沙水也就成了自然界中最常见的典型固液两相流。

1.7.1 低浓度含沙水

1. 低浓度含沙水概况

河流中含沙水属于典型的固液两相流，依据 1994 年颁发的《河流泥沙颗粒分析规程》，河流泥沙按粒径大小可分为泥、沙和石三大类，其中，黏粒和粉沙属于泥类，沙粒属于沙类，砾石、卵石和漂石属于石类，见表 1-4。

表 1-4 河流泥沙分类

河流泥沙分类	黏粒	粉沙	沙粒	砾石	卵石	漂石
粒径/mm	<0.004	0.004~0.062	0.062~2.0	2.0~16.0	16.0~250.0	>250.0

就河流中泥沙而言，粒径变幅依旧很大，粗细相差几十倍，甚至几千倍，我国在《土工试验规程》中，将泥沙按粒径大小做了进一步细分，如图 1-13 所示。

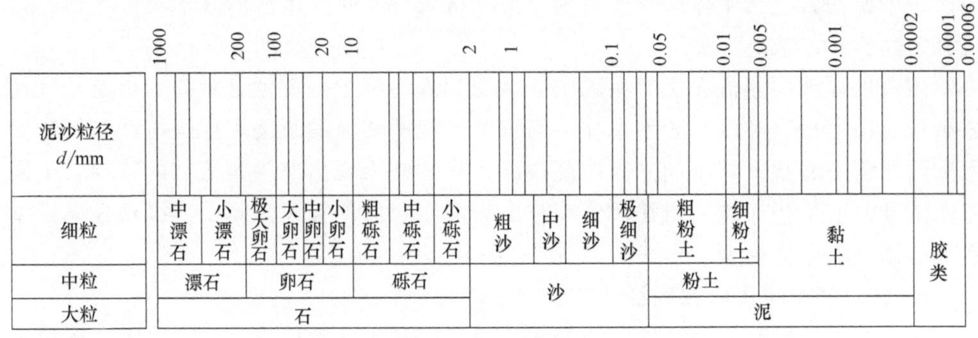

图 1-13　河流泥沙分类

2. 低浓度含沙水特性与研究现状

低含沙水由于含有固体颗粒粒径相对较小，含量较低，流体和分散的悬浮沙粒一般可视为连续介质。事实上含沙水流可以被看作一个两相流系统，其中的液相和固相遵守基本的守恒定律，各相之间由相间耦合作用而联系。尽管流体和固体颗粒具有不同的密度、速度和其他特征，但混合流中液相和固相的体积分数可以很容易确定。具体做法是对两相分别列出动量守恒方程，随后将之叠加得到固液相混合的总体方程，以消除两相相互影响的复杂项。

悬浮颗粒垂向体积分数分布被认为是研究含沙水流中颗粒运动特性的主要指标。这项有意义的研究以 Rouse 经典理论的提出和随后 Vanoni 的试验研究为标志，固液两相流系统可用宏观或微观的方法进行描述，如连续理论或动理论；在此基础上，倪晋仁、梁林对已有的典型颗粒含量分布规律进行了研究，并分析了水沙流中颗粒脉动特性；夏建新、韩鹏在已有的基于膨胀体模型、动理论模型和连续介质理论得到的关系式基础上，分析了水沙流中离散颗粒流动应力关系；倪晋仁、周东火就低浓度固液两相流中泥沙垂直分布的摄动理论给出了解释；傅旭东、王光谦针对低浓度固液两相流颗粒相本构关系的动力学进行了分析，得出颗粒所受相间力与两相脉动速度有关，但在两相脉动速度近乎无关的极限条件下，颗粒速度分布函数和颗粒相本构关系与快速颗粒流的相同。低浓度固液两相流的颗粒相速度分布函数和本构关系，一般情形下的颗粒相本构关系明显依赖于液相脉动特性，在两相脉动速度近乎无关的极限情形下，液相的存在对颗粒相本构关系没有显著影响。

1.7.2　高浓度含沙水

1. 高浓度含沙水概况

高含沙水流是指当某一水流强度的挟沙水流中，其含沙量及泥沙颗粒组成，特

别是粒径 $d<0.01$mm 的细颗粒所占百分数，使该挟沙水流在其物理特性、运动特性和输沙特性等方面基本上不能再用牛顿流体进行描述时的挟沙水流。例如，对于黄河中下游而言，当水流中含沙量为 200~300kg/m^3 时，水流即属于宾汉流体，便可称为高含沙水流。

高浓度固液两相流在生产实践中经常遇到。河流中的泥沙含量高，可能导致河道淤积、河床抬高和洪水频率增加。高浓度固液两相流的流动和输运特性与低浓度固液两相流有着很大的不同。高浓度挟沙水流经常表现出非牛顿流体的特性，不同于低浓度时的牛顿流体。以往对于高浓度固液两相流的描述多基于宾汉塑性体模型或拜格诺的膨胀体模型。

2. 高浓度含沙水研究现状

就含有黏性颗粒的高浓度固液两相流而言，我国学者提出了许多关于屈服应力和宾汉黏性系数的经验表达式，这些表达式中大都采用颗粒含量和反映颗粒大小组分的变量。就含有非黏性颗粒的高浓度固液两相流而言，以往的研究多从 Bagnold 的颗粒离散应力概念出发。目前，新的流变模型研究又有进展，可用于描述高浓度挟沙水流的复杂特性。通常描述固液两相流的连续介质理论能够合理地描述流体和颗粒的宏观运动特性，但不能充分解释颗粒与颗粒的相互作用，更不能描述颗粒运动的微观特性。采用基于 Boltzmann 方程的动理论能够很好地描述个体颗粒运动和颗粒之间相互作用的微观特性。

3. 高浓度含沙水特性

高浓度含沙水流的容重和黏性比一般水流要大得多，在含有一定的黏性细颗粒后，流变性质也会发生质的变化。水流能够挟带泥沙，而泥沙的存在又可以改变水流的物理性质和紊动结构，从而影响其能量损失、流速、含沙量分布等。与清水相比，有了泥沙细颗粒以后，水流紊动强弱的变化，能量损失大小的变化，都还没有明确的研究成果及结论，目前国内外学者对于这些问题还存在很大的分歧。

由于高浓度含沙水流中有大量泥沙颗粒存在，泥沙颗粒之间、泥沙颗粒与水之间的相互作用，使高浓度含沙水流的紊动结构（紊动强度分布、频谱特性等）与清水有所不同。在不同的含沙量、颗粒级配条件下，这种相互作用对水流紊动的影响也不同。高浓度含沙水流内部有絮网结构存在，絮网结构与紊动间的相互作用改变了水流的流变特性，并直接影响水流的流速分布、流型及其挟沙机理。由于挟沙水流的紊动结构极为复杂，因而目前从理论上分析这一问题还存在不少困难，即使是清水水流的紊动结构，现有的认识也是不够的。

对于高浓度含沙水，目前，有以下主要结论：

1）颗粒速度概率密度分布函数的峰值随颗粒平均含量增加而减小，但是与颗粒速度概率密度分布函数峰值对应的特征速度 u_c 和颗粒平均含量的变化关系不大，尽管 u_c 随着垂直坐标的增大向上增加。

2）颗粒速度概率密度分布函数中的标准偏差 σ 主要受颗粒平均含量的控制。

对水流中任意给定的垂向高度上，σ 随颗粒平均体积分数的变化被两个阈值（即下临界阈值和上临界阈值）分为三个阶段。当颗粒平均含量小于下临界阈值时，σ 随颗粒平均含量的增加而缓慢减少；当颗粒平均含量大于上临界阈值时，σ 随颗粒平均含量的增加而急剧减少；当颗粒平均含量介于两个阈值之间时，σ 变化不明显。

3）颗粒运动的宏观特性基本上由颗粒运动的微观运动特性决定。在固液两相流进入高浓度固液两相流范围且当颗粒平均浓度大于上临界阈值时，颗粒运动的宏观特性变量，如颗粒平均速度、颗粒脉动速度和颗粒含量垂向分布等变化剧烈，甚至出现反常变化趋势。

4）应用颗粒运动的动理论能够获得高浓度固液两相流中有关颗粒运动的详尽的微观和宏观特性信息，这些是采用传统连续介质理论和依靠修正低浓度固液两相流研究结果无法做到的。

参考文献

[1] 岳湘安. 液固两相流基础［M］. 北京：石油工业出版社，1996.

[2] 车得福，李会雄. 多相流及其应用［M］. 西安：西安交通大学出版社，2007.

[3] BATCHELOR G K. Brownian diffusion of particles with hydrodynamic interaction［J］. Journal Fluid Mechanism，1976（74）：1-29.

[4] 吴玉林，唐学林，刘树红，等. 水力机械空化和固液两相流体动力学［M］. 北京：中国水利水电出版社，2007.

[5] 秦宏波，白晓宁，胡寿根，等. 固液两相流动的数值模拟方法及其在管道输送中的应用［C］. 大连：第七届全国工业与环境流体力学会议论文集，2001：49-53.

[6] 许洪元，罗先武. 磨料固液泵［M］. 北京：清华大学出版社，2000.

[7] 佟庆理. 两相流动理论基础［M］. 北京：冶金工业出版社，1982.

[8] 郭烈锦. 两相与多相流动力学［M］. 西安：西安交通大学出版社，2002.

[9] 倪晋仁，黄湘江. 高浓度固液两相流的运动特性研究［J］. 水利学报，2002（7）：8-15.

[10] 钱宁. 高含沙水流运动［M］. 北京：清华大学出版社，1989.

[11] 倪晋仁，王光谦，张红武. 固液两相流基本理论及其最新应用［M］. 北京：科学出版社，1991.

[12] 陈次昌，刘正英，刘天宝，等. 两相流泵的理论与设计［M］. 北京：兵器工业出版社，1994.

[13] 张铭. 高含沙水流水力特性试验研究［D］. 天津：天津大学，2014.

[14] 归豪域. 高含沙泥浆运动规律研究［D］. 上海：同济大学，2007.

[15] 倪晋仁，梁林. 水沙流中的泥沙悬浮（Ⅰ）［J］. 泥沙研究，2000（1）：7-12.

[16] 倪晋仁，梁林. 水沙流中的泥沙悬浮（Ⅱ）［J］. 泥沙研究，2000（1）：13-19.

[17] 倪晋仁，王光谦. 泥沙悬浮的特征长度和悬移质浓度垂线分布［J］. 水动力学研究与进展，1992（2）：167-175.

[18] 钱宁，万兆惠．泥沙运动力学［M］．北京：科学出版社，1983.

[19] 倪晋仁，等．固液两相流基本理论及其最新应用［M］．北京：科学出版社，1991.

[20] 刘大有．两相流体力学［M］．北京：高等教育出版社，1993.

[21] 周力行．多相湍流反应流体力学［M］．北京：国防工业出版社，2000.

[22] 吴玉林，等．水力机械空化和固液两相流体动力学［M］．北京：中国水利水电出版社，2007.

[23] 刘小兵．固液两相流动及在涡轮机械中的数值模拟［M］．北京：中国水利水电出版社，1996.

[24] 盖得·希特斯洛尼．多相流动和传热手册［M］．北京：机械工业出版社，1993.

[25] 张远君，等．两相流体动力学基础理论及工程应用［M］．北京：北京航空航天大学出版社，1987.

[26] 权辉，李仁年．含沙水下粒径对螺旋离心泵磨蚀效应的数值分析［J］．西华大学学报（自然科学版），2014，33（3）：91-94.

[27] 李仁年，辛芳，韩伟，等．基于 DDPM 的螺旋离心泵磨蚀特性分析［J］．兰州理工大学学报，2017，43（3）：54-60.

第2章　固液两相流泵概述

2.1　固液两相流泵简介

固液两相流泵是输送固液混合物的一类泵，主要是以输送一定粒径、硬度、浓度的固体物料与水组成的固液混合物为主的泵。大部分是离心式渣浆泵，其工作原理和离心式清水泵的工作原理相同。

目前已广泛应用于矿山、冶金、煤炭、建材、石化、环保、水利、食品及港口河道疏浚等行业，比如工业生产中的煤粉、精矿、尾矿、矿渣等固体物料的管道水力输送，均是固液两相流泵的典型应用。随着我国这些行业的快速发展，市场对固液两相流泵的需求量日益增大，但由于固液两相流泵所输送液体的复杂性，叶轮内部的流动很难确定，对固液两相流泵的研究和制造带来了很大的困难。

在管道水力输送系统中，固液两相流泵既要满足工业生产的需要，还必须考虑运行成本，这就要求在不同的运行场合，泵的运行特性必须满足相应的运行条件。同时，考虑到输送介质的复杂性，固体颗粒往往范围较大，颗粒密度、粒径、硬度各不相同，这就对其水力性能和材料耐磨性、耐蚀性提出了一些特殊要求。

2.2　固液两相流泵分类

固液两相流泵种类很多，这些种类的泵既有共同点，也有区别，其结构形式各不相同。

2.2.1　按应用类型分类

1. 杂质泵

杂质泵包括泥浆泵、砂泵、挖泥泵等，主要用于冶金、矿山开采、电力、煤炭、水泥等行业输送尾矿、精矿、灰渣、煤泥、水泥等，也可用于江、河、湖、海的挖泥和疏浚。离心式泵约占杂质泵总量的70%左右，这类泵主要应考虑磨损问题。

2. 无堵塞泵

无堵塞泵包括旋流泵、单流道泵、多流道泵、螺旋离心泵和开式或半开式离心泵等，主要用于输送污水、纸浆、纤维等，这类泵主要考虑的是堵塞问题。

2.2.2 按泵的作用原理分类

固液两相流泵与清水泵的作用原理基本相同，都是将原动机的能量转变为所输送介质的动能和静压能。根据固液两相流理论，固相是不能传递静压能的，所以固液两相流泵主要是对液相施加作用，再由液相与固相交换能量。

根据作用原理，固液两相流泵可分为叶片式固液两相流泵和容积式固液两相流泵两大类；根据流动介质在叶轮出口处的运动方向，又可分为离心式固液两相流泵、轴流式固液两相流泵和混流式固液两相流泵三种，其中离心式固液两相流泵占绝大多数。

2.2.3 按输送介质的性质分类

根据所输送介质的性质（主要是固体颗粒），可把固液两相流泵分为泥浆泵（d_s<1mm）、砂泵（1mm<d_s<5mm）、沙砾泵（5mm<d_s<10mm）和挖泥泵（d_s>10mm）。

有时根据输送介质的对象不同还有一些通俗的名称，如用于金属矿山、选矿厂输送矿石、矿浆的泵又称为矿浆泵；火电厂中输送灰渣的泵称为灰渣泵；水力采煤中输送煤浆的泵称为煤水泵；铝厂氧化铝流程中输送料浆的泵称为铝浆泵。

2.2.4 按结构形式分类

离心式固液两相流泵的结构可分为三大部分：一是由泵体（护套）、叶轮、护板和密封装置等组成的泵头部件；二是由轴和轴承组成的轴承体组件；三是托架部分。根据基本结构，固液两相流泵可分为卧式结构固液两相流泵和立式结构固液两相流泵。

1. 卧式结构固液两相流泵

卧式结构固液两相流泵也称为普通结构固液两相流泵，是绝大多数离心固液两相流泵采用的结构，即泵轴与水平面平行。根据输送浆体的磨蚀性不同采用不同的泵头结构，按泵头结构又可分为重型固液两相流泵和轻型固液两相流泵。

重型固液两相流泵是指采用双泵体结构的渣浆泵。内层泵壳形成泵的过流腔，一般由护套、前护板和后护板构成，有些口径小的泵有时也能将前护板或后护板和护套做成一体。内层泵壳和叶轮为重型泵的过流部分，磨损问题十分严重，是要经常更换的部件，常用耐磨的金属或非金属材质制造。外层泵壳由普通材质制造，分前、后两个泵壳，泵壳起到装配并与机架和外部管路连接的作用。重型泵主要用于强磨蚀性浆体的输送。常见的矿浆泵、砂泵、挖泥泵、灰渣泵等均为重型固液两相流泵。

轻型固液两相流泵是指单泵体结构的固液两相流泵。由于输送磨蚀性较弱的浆体，在运行中磨损问题不太突出，但泵的水力性能和运行稳定性很重要。轻型渣浆泵的泵壳和叶轮是过流件，在选材质时应兼顾材质的耐磨性、机械加工性能以及连接强度。

2. 立式结构固液两相流泵

立式结构固液两相流泵也称为液下固液两相流泵，泵轴与水平面垂直，用于从地面下一定深度向地面上输送浆体。该种结构的特点是电动机置于高处，固液两相流泵在低处浸入浆体中。在电动机和泵之间有一段长管连接，该管常常还是轴承体。泵轴很长，有时还使用多段联合轴，此时也称泵为长轴固液两相流泵。

除上述分类外，按过流件的材质，可把固液两相流泵分为金属固液两相流泵和非金属固液两相流泵。金属固液两相流泵是指泵的过流件采用高铬铸铁、镍硬铸铁等耐磨金属材料的固液两相流泵；非金属固液两相流泵的过流件由非金属制造，泵体有整体结构和衬里结构两种，常用的非金属材料有橡胶、塑料、陶瓷、石墨和玻璃等。

参考文献

[1] 倪福生，杨年浩，孙丹丹．固液两相流泵的研究进展［J］．矿山机械，2006（2）：67-69.

[2] 宋玲．固液两相流泵的研究现状分析［J］．科技资讯，2010（7）：111.

[3] 胡庆宏，胡寿根，孙业志，等．固液两相流泵的研究热点和进展［J］．机械研究与应用，2010（5）：1-4.

[4] 周庆年，于国跃，朱文亮．国内固液两相流泵的研究进展［J］．管道技术与设备，2008（2）：34-35.

[5] 沈宗沼．国内液固两相流泵的设计研究综述［J］．流体机械，2006，34（3）：32-38.

[6] 康蕾．固液两相流下旋流泵内流结构与能量转换的研究［D］．兰州：兰州理工大学，2020.

[7] 权辉，傅百恒，李仁年，等．旋流泵的研究现状及发展趋势［J］．流体机械，2016，44（9）：36-40.

第3章　杂　质　泵

杂质泵主要包括渣浆泵、砂泵、挖泥泵、泥浆泵等，下面分别对其结构、类型、运行特性、设计方法、应用及维护等进行介绍。

3.1　渣浆泵

3.1.1　简介

渣浆泵（见图 3-1）从叶片形式来看属于离心泵，因此，其工作原理也与离心泵相同，在叶轮离心力的作用下，液体从叶轮中心被抛向外缘并获得能量，以高速离开叶轮外缘进入蜗形泵壳。在蜗形泵壳中，液体由于流道的逐渐扩大而减速，又将部分动能转变为静压能，最后以较高的压力流入排出管道，送至需要场所。液体由叶轮中心流向外缘时，在叶轮中心形成了一定的真空，由于贮槽液面上方的压力大于泵入口处的压力，液体便被连续压入叶轮中。

图 3-1　渣浆泵

由于其良好的固体通过能力，适合输送含有固体颗粒的两相或多相流体。

3.1.2　结构形式

渣浆泵大多为双泵壳结构，即泵体、泵盖带有可更换的耐磨金属内衬（包括叶轮、护套、护板等）。泵体、泵盖根据工作压力采用灰铸铁或球墨铸铁制造，垂直中开，用螺栓连接。泵体有止口与托架用螺栓连接。叶轮前后盖板带有背叶片以减少泄漏，提高泵的使用寿命。渣浆泵结构如图 3-2 所示。

渣浆泵按叶轮数目划分为单级渣浆泵和多级渣浆泵；按泵轴与水平面位置划分为卧式渣浆泵和立式渣浆泵；按叶轮吸入进水的方式划分为单吸渣浆泵和双吸渣浆泵；按泵壳的结构方式可以分为水平中开式渣浆泵和垂直结合式渣浆泵等。

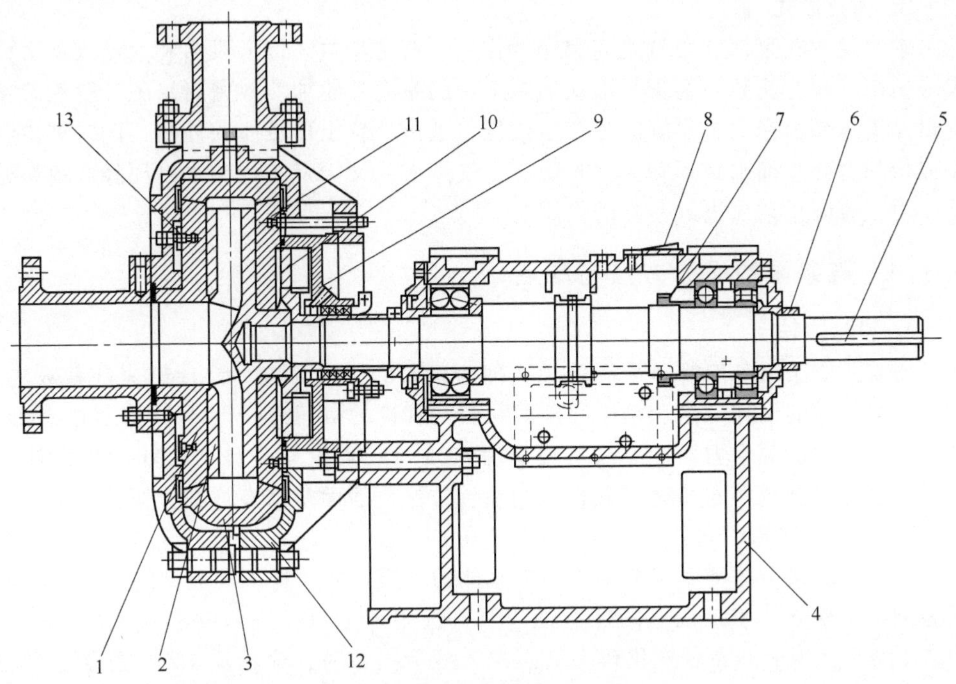

图 3-2 渣浆泵结构

1—前护板 2—叶轮 3—护套 4—托架体 5—轴 6—调整螺母甲 7—调整螺母乙 8—调整孔盖 9—减压盖 10—副叶轮 11—后护板 12—泵体 13—泵盖

3.1.3 结构特点

由于渣浆泵输送的介质一般为含有强磨蚀性固体颗粒的浆体，因此渣浆泵的泵体具有可更换的耐磨金属内衬或橡胶内衬，叶轮采用耐磨金属或橡胶材料，渣浆泵的密封一般采用填料密封与离心密封（副叶轮）相结合的组合密封结构。

1. 泵体结构

泵体采用双层泵壳（内外双层金属结构），双泵壳外壳结构为垂直中开式，出水口位置可按45°间隔，旋转8个不同位置安装使用。为有效防止轴封泄露，采用动力密封、填料密封或机械密封组合形式。叶轮与后护板间设有迷宫式间隙密封，极大地降低了浆体向填料箱泄露量，有力地保证了密封的可靠性。叶轮设有背叶片，及时排出回流浆体，从而提高了容积率，降低了回流及冲蚀，提高了过流部件寿命。

2. 托架结构

托架结构为水平中开式，为延长轴承的使用寿命，从水力设计和结构设计上进行了优化。使径向力和轴向力合理分布，且正确选用轴承形式、型号、冷却与润滑方式等，从而达到了轴承低发热、高寿命的要求。

3. 轴封形式

轴封装置在泵体和泵轴之间起密封作用，可防止空气侵入泵内和大量水从泵内渗漏出来。离心渣浆泵的密封形式通常采用的是副叶轮加填料密封。副叶轮加填料密封是流体动力密封，靠副叶轮产生的压头抵抗叶轮出口液体的外漏，同时利用叶轮盖板的背叶片加水封环和填料来防止空气进入，又用背叶片和水封环降低填料处的压力，有防止杂质进入密封的作用。

3.1.4 渣浆泵的设计方法与难点

1. 设计方法

传统的渣浆泵一般都是采用单相流理论设计的，主要有一元理论速度系数法、基于叶片型线的设计方法和基于固液两相流动理论的空间螺线设计方法三种。一元理论速度系数法等水力设计方法均可参考《现代泵理论与设计》《叶片泵设计手册》等资料，此处不再赘述，其他水力设计方法，后面章节有详细介绍。

2. 泵型的选择

离心式渣浆泵的类型很多，应根据浆体的性质不同选择不同类型的泵，以沃曼泵为例，质量分数 30%以下的低磨蚀渣浆可选用 L 型泵；高浓度强磨蚀渣浆可选用 AH 型泵；当液面高度变化较大又需浸入液下工作时，应选用 KZJL 型泵。当需要高扬程输送时，应选用 KZJ 型泵或 HH 型泵。

3. 性能参数的选择

泵型确定后，扬程和流量是选择泵规格大小和是否串联的依据。输送高浓度强磨蚀性渣浆，一般不选用泵最高转数 n_{max}，也就是性能曲线中多种转数的最高转数，选择转数为 $3n_{max}/4$ 左右比较合适。当选定的泵在 $3n_{max}/4$ 时，流量合适而扬程达不到，可采用多台泵串联形式。对于沃曼泵，不同的浆体，流量范围也要有所限制。对于高浓度强磨蚀的渣浆，流量应选在泵最高效率对应流量的 40%～80%范围内；对于浓度低磨蚀渣浆，流量应选在泵最高效率对应流量的 40%～100%范围内。一般不选择在最高效率对应流量的 100%～120%范围内。

4. 扬程裕量

渣浆泵在运转过程中，由于过流部件的磨损泵性能将不断下降，直至最终不能满足工况要求。为使泵能长时间运转在额定工况附近，通常在选泵时增加一个扬程裕量，一般裕量取额定扬程的 10%。

5. 设计难点

1）采用一元理论速度系数法时，轴面流道的分点。

2）基于固液两相流动理论的空间螺线设计方法，空间螺旋线的选择。

3）过流部件耐磨材料的选用。

3.1.5 渣浆泵的密封与磨蚀防护

渣浆泵的密封形式主要有填料密封、副叶轮密封和机械密封三种，它各有其优

劣势。

1）填料密封是最普通的一种密封，是通过注入轴封水的形式，不断在填料里面注入一定压力水，以防止泵体浆体外泄。对于不适于用副叶轮轴封的多级串联泵，采用填料轴封。填料轴封结构简单，维修方便，价格便宜。

2）副叶轮密封是通过一个反向离心力的叶轮作用力，防止浆体外泄。在泵进口正压力值不大于泵出口压力值10%时的单级泵或多级串联泵的第一级泵可以采用副叶轮轴封，副叶轮轴封具有不需轴封水、不稀释浆体、密封效果好等优点。因此在浆体中不允许稀释的情况下，可考虑此种密封。

3）机械密封，一般是对密封要求比较高的情况使用。特别是一些化工、食品领域，不仅要求密封，而且最主要是不允许加入额外成分进入泵体。缺点就是，成本高、维修困难等。

作为矿场机械的一种，输送介质均含有一定的固体颗粒，对渣浆泵的性能和磨蚀均有一定的影响，尤其是磨蚀，会影响其安全稳定运行，从泵的结构和水力设计方面入手来降低渣浆泵的生产成本是解决问题的重要方向。在传统的渣浆泵设计中，为了提升其过流部件的耐磨性，从结构设计方面入手主要有以下措施：在磨损量最大的部位，可以局部增厚；易损件采用专用耐磨材质；在运行中，具有调节密封件轴向间隙的能力；采用可更换的护套；减轻填料密封的压力，以增加易损件的寿命；防止磨蚀颗粒进入，保护其正常工作运行；增加泵体厚度，用于承受更多磨损；对于大型渣浆泵，为降低叶轮入口密封件磨损采用供给冲洗水的方法。

3.1.6 渣浆泵的应用

目前，渣浆泵的80%左右都是用在矿山行业选矿厂。由于矿石初选工况较为恶劣，因此在这一工段，渣浆泵的使用寿命普遍较低。当然，不同的矿石，磨蚀性也不一样。除矿山行业外，渣浆泵还可以用于电力、冶金、煤炭、环保等行业输送含有磨蚀性固体颗粒的浆体，如冶金选矿厂矿浆输送、火电厂水力除灰、洗煤厂煤浆及重介输送、疏浚河道、河流清淤等。在化工产业，渣浆泵也可输送一些含有结晶的腐蚀性浆体。

在选煤厂生产实践中，渣浆泵被广泛应用于煤泥水、循环水、煤浆以及重介质悬浮液等流体的输送作业而且在作为分级（浓缩）旋流器、重介（水介）分选旋流器、压缩机的入料泵使用时，还直接影响到工艺指标。因此，作为选煤厂的重要辅助设备，其运转好坏直接影响到生产系统的正常运行。

3.1.7 渣浆泵作业注意事项

1. 渣浆泵运行注意事项

渣浆泵工作时，泵需要放在陆地上，吸水管放在水中，还需要灌泵启动。泥浆泵和液下渣浆泵由于受到结构的限制，工作时电动机需要放在水面之上，泵放入水中，因此必须固定，否则，电动机掉到水中会导致电动机报废。而且由于长轴长度一般固定，所以泵安装使用较麻烦，应用的场合受到很多的限制。

采用机械密封的渣浆泵，必须保证轴封水的供应，严禁无水运行，否则机械密封将被烧毁。

渣浆泵的选型设计对渣浆泵的使用寿命和运行稳定性有着很大的影响。一个科学合理的选型设计，将影响渣浆泵是否能够达到最佳的运行状态。

高效运行的渣浆泵有三大特点：

1）渣浆泵的运行效率很高，损耗少。

2）泵的过流部件使用寿命相对较长，节约生产成本。

3）整个工矿系统稳定运行，不会因为泵的运转问题而影响整个工矿系统的工作。

2. 渣浆泵的日常维护

1）轴承水压、水量要满足规定，随时调整（或更换）填料的松紧程度，切勿造成轴封漏浆，并及时更换轴套。

2）更换轴承时，一定要保证轴承组件内无尘，润滑油清洁，泵运行时轴承温度一般以不超过 65℃为宜，最高不超过 75℃。

3）要保证电动机与泵的同轴度，保证联轴器中弹性垫完整正确，损坏后应及时更换。

4）保证泵组件和管路系统安装正确、牢固可靠。

5）渣浆泵的部分部件属于易损件，在日常使用中要关注易损件的损耗情况，及时对其进行维修或更换。渣浆泵易损件维修或更换的过程中要保证装配正确、间隙调整合理，避免紧涩摩擦现象的出现。

6）渣浆泵的吸入管路系统必须无漏气状态，同时在操作中应注意吸入口是否有堵塞现象。渣浆泵所需处理的介质多带有固体颗粒，因此在进水池放置的隔栅应符合渣浆泵所能通过颗粒的要求，减少过大颗粒或长纤维物料进入泵体造成堵塞的可能性。

3.2 砂泵

3.2.1 简介

砂泵是离心式泥浆泵的一种，用于输送含有砂粒、矿渣等的悬浮液。叶轮多为开式，泵的内衬一般分为两种，耐磨金属和耐磨橡胶，图 3-3 所示为某一典型砂泵。另外，将高压水注入泵轴的滑动部位，以防泥沙进入滑动部位。这种泵可用于含粒度在 48 网目以上的粗粒固液混合物的输送。

砂泵又称作混浆泵、供浆泵、补给泵、灌注泵，是泥浆固控系统中为除砂器、

除泥器、射流混浆装置提供动力的理想配套设备，也可作为泥浆泵辅助的灌注泵和井口的补给泵。

3.2.2　结构

1. 基本结构

图 3-3　砂泵

普通砂泵采用特殊的卡箍夹紧泵体与泵盖，泵的吐出口方向可在 360°的任何一个位置，安装使用方便。其轴承组件采用圆筒式结构，便于调整叶轮与泵体之间的间隙，维修时可整体拆除。轴承采用油脂润滑。砂泵的轴封形式有填料密封、副叶轮密封、机械密封。砂泵流道宽畅、汽蚀性能好、效率高、耐磨蚀。传动方式主要有 V 型三角带传动、弹性联轴器传动、齿轮减速箱传动、液力偶合器传动、变频驱动装置、可控硅调速等。过流部件材质采用高硬度的耐磨合金铸铁，图 3-4 所示为砂泵的基本结构。

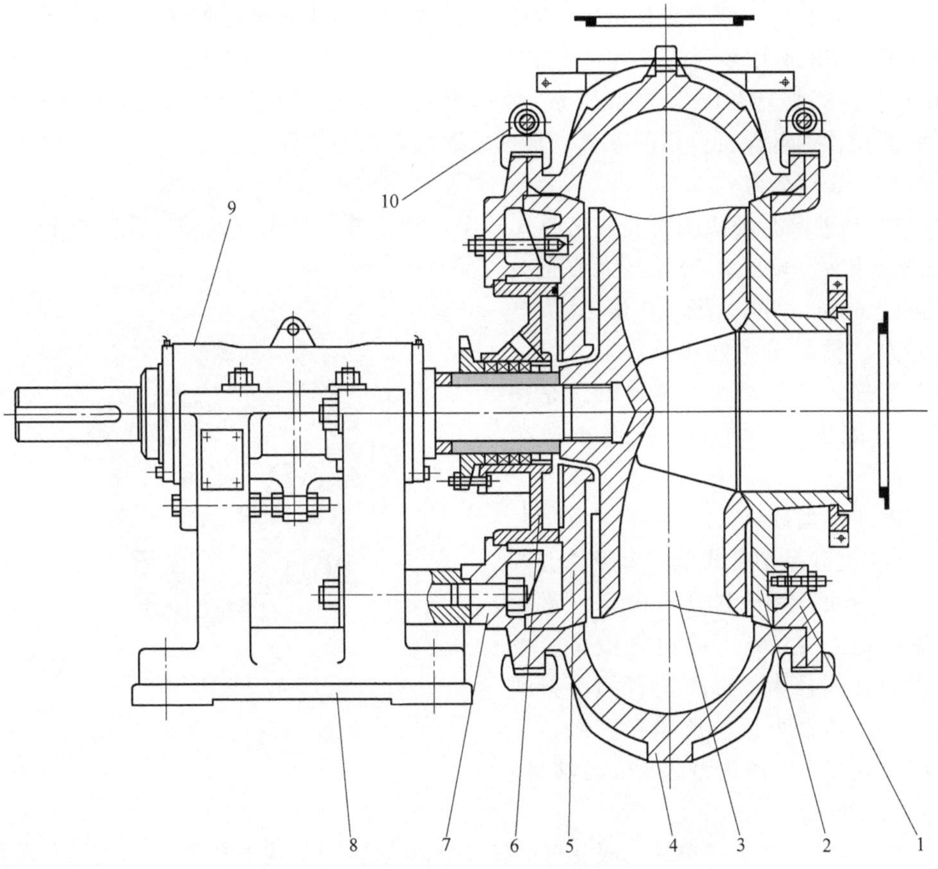

图 3-4　砂泵的基本结构

1—泵盖　2—前护板　3—叶轮　4—泵体　5—后护板　6—填料箱
7—安装板　8—托架　9—轴承组件　10—卡箍带

2. 结构特点

砂泵主要由滤网、泵体、叶轮、护板、中间段、轴承体和电动机座等组成，泵体、叶轮和护板均用耐磨材料制造。除此之外，砂泵还有以下特点：

1）除主叶轮外，一般砂泵还设有搅拌叶轮，能将沉淀于水底的淤渣搅拌成湍流后抽取出来。

2）叶轮、搅拌叶轮等主要过流部件采用高耐磨材质制造，耐磨损、耐腐蚀、无堵塞、排污能力强，能有效地通过较大的固体颗粒。

3）吸渣效率高，清淤更彻底。

4）搅拌叶轮直接接触沉积面，通过下潜深度控制含量，因而含量控制更自如。

5）设备直接潜入水下工作，噪声及振动小。

3.2.3 砂泵类型

一般意义的砂泵更多是指用在环保、挖沙、河道清淤等行业较多。这个系列砂泵主要以 ES 或 G 系列的较多。除此之外，称为砂泵的类型还有很多，石油领域的 SB 砂泵，矿业上的 PS 砂泵系列等。本节介绍的砂泵主要是通常意义上的 ES 或 G 系列的挖沙、环保行业用的砂泵。常见的砂泵有以下几种。

1. PS 型砂泵

PS 型砂泵是卧式侧面进浆离心式砂泵，用于输送选矿厂矿浆、重介质选矿的工作介质等，输送矿浆时最大质量分数可达 60%～70%。图 3-5 所示为 PS 型砂泵。轴封采用低压填料形式，工作时需通入少量清水润滑冷却，采用压入式配置，泵轴中心线低于矿浆面 1m。

图 3-5 PS 型砂泵

2. PH 型砂泵

PH 型砂泵是卧式单级单吸悬臂式离心灰渣泵，可输送含有砂石（最大粒度不超过 25mm）的混合液体，可允许微量粒径为 50mm 左右的砂石间断通过。轴封采用一般填料密封，工作时注入高于工作压力 98kPa 的轴封清水。

3. PN 型砂泵

PN 型砂泵是卧式单级单吸悬臂式离心泥浆泵，用于输送矿浆，其质量分数的最大值为 50%～60%。轴封采用一般填料，工作时注入高于工作压力 98kPa 的轴封清水。

4. PNJA、PNJFA 型砂泵

PNJA、PNJFA 型砂泵均是卧式单级单吸离心式衬胶泵。PNJFA 型砂泵专供输送含有腐蚀性矿浆之用。它们可用于输送矿浆，但不宜输送含有尖角固体颗粒的矿浆。输送矿浆最大质量分数不得超过 65%，温度不得超过 60℃，采用压入式配置，需清水密封。

5. PNL 型砂泵

PNL 型砂泵是立式单级单吸离心泥浆泵，可用于选矿厂输送矿浆，其质量分数的最大值为 50%~60%。图 3-6 所示为 PNL 型砂泵。

图 3-6 PNL 型砂泵

6. PW 型砂泵

PW 型砂泵是卧式单级悬臂式离心污水泵，适用于输送 80℃以下带有纤维或其他悬浮物的液体和污水，但不宜用于输送酸性、碱性以及能引起金属腐蚀的化学混合物液体。为防止污水沿轴漏出，需要清水水封，其压力应高于泵出口压力。

7. PWF 型砂泵

PWF 型砂泵是卧式单级单吸悬臂式离心耐腐蚀污水泵，适用于输送酸性、碱性或其他腐蚀性污水，液体温度在 80℃以内。需密封，其清水压力高于工作压力 49~98kPa（0.5~1.0kgf/cm^2），有两种密封，防止有毒性、强腐蚀性液体外漏的机械密封（单端面）和一般填料密封。

8. 长轴立式离心泵（俗称长轴泵）

长轴立式离心泵（俗称长轴泵）是输送选矿厂的矿浆、煤浆及各种浮选泡沫和中矿产物的专用泵，也可输送其他液体和污水，是大型浮选厂生产中不可缺少的配套设备之一，可使浮选厂实现回路的灵活控制。

9. 泡沫泵

泡沫泵属于立式离心砂泵，有消泡作用，消泡率一般在 75%以上，可用于浓缩脱水前消泡输送，减少浓缩溢流中的金属损失，又可用于泡沫产物的输送。

3.2.4 选型与使用

应根据所输送砂浆的性质（如物料粒度、密度、硬度、矿浆含量、黏度和腐蚀性等）来确定砂泵的类型，然后再根据输送的矿浆量、扬程和管道阻力损失等具体条件选定砂泵规格。确定适宜的矿浆流速是砂浆压力输送水力计算的重要环节，影响临界流速的因素很多，难于找到一个适合于各种砂石性质、含量、粒度和流经管径等的计算公式。对于长距离，高浓度管道输送的临界流应通过试验确定。

3.2.5 应用

砂泵适合输送颗粒太大以至于一般渣浆泵不能输送的强磨蚀性物料的连续输送，因此主要用在矿业、煤炭、冶金、化工、环保、挖沙及河道清淤等行业。适用于挖泥、吸沙砾、疏浚河道、采矿及金属冶炼爆渣输送等。针对不同场合，砂泵还有其他一些用途，比如 KES 系列砂浆是为除砂器、除泥器、射流混浆装置提供动力的理想配套设备，也可作为泥浆泵辅助的灌注泵和井口的补给泵。

3.3 挖泥泵

3.3.1 简介

挖泥泵为单级单吸卧式离心泵，挖泥泵系统主要由泵头、减速齿轮箱、高弹性联轴器、船用传动装置监控系统组成，具有整体结构船用性好、挖泥性能优良、寿命长、效率高、轴封可靠、使用综合经济效益显著等特点。图 3-7 所示为 WN 型挖泥泵。

图 3-7 WN 型挖泥泵

3.3.2 采砂原理

首先吸砂泵安装在挖沙船仓里，通过桥架下管道上带的射式枪头对水下沙子进行高压吹射，让沙子与水形成一定的矿砂的流体介质，主泵通过吸式枪头把沙浆吸入管道，进入泵并获得一定的能量，流体通过泵体进入管道，送到指定地点，完成抽沙作业。

3.3.3 结构

1. 结构形式

挖泥泵一般自带托架式，泵和减速机箱体合一式。DG 系列挖泥泵结构如图 3-8 所示，润滑形式可采用油脂润滑或稀油润滑，主要用于颗粒太大以至于一般渣浆泵不能输送的强磨蚀物料的输送，其过流部件大多采用硬镍、高铬等耐磨材料。泵的吐出口方向可在 360°的任何一个位置，具有安装方便、汽蚀性好、抗磨蚀等优点。

2. 结构特点

1）整体结构船用性好。结构简单可靠；易于拆装，维修方便；体积小、重量

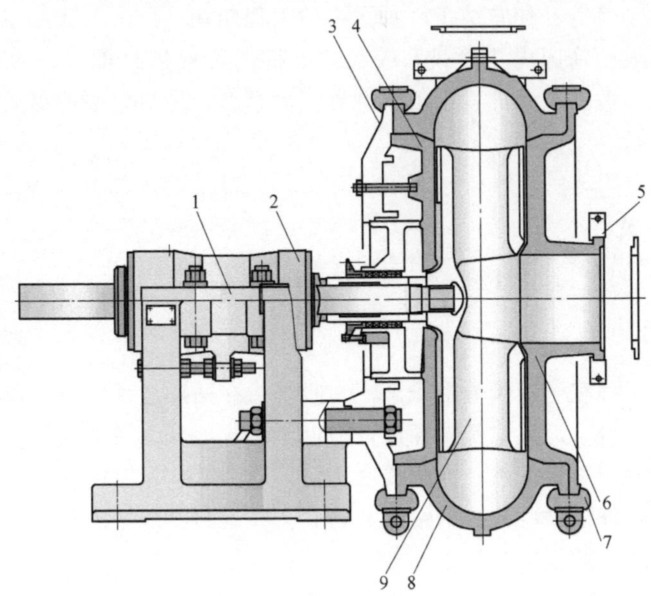

图 3-8　DG 系列挖泥泵结构

1—托架　2—轴承组件　3—接合板　4—后护板　5—对开法兰
6—前护板　7—卡带　8—泵体　9—叶轮

轻；泵箱合一，泵头与齿轮箱直接连接，大大降低了重量。

2）挖泥性能良好。汽蚀性能好；过流能力强，适用推广；可以实现泵性能的多种调配。

3）耐磨性能好，过流部件寿命长。挖泥泵过流零部件中，叶轮、护套、前后护板（耐磨衬板）采用强抗磨合金铸铁，在具有很强的耐冲击能力的同时，更具有高度的抗磨蚀性能。

4）水力损失小，效率高，能耗低。

5）密封可靠，无泄漏。

3.3.4　应用

挖泥泵主要应用在江河疏浚、水库清淤、沿海吹填造地、深海采矿、尾矿采选及金属冶炼爆渣的输送等领域。由于河水中所含的大量泥沙沉积在河流的底床上，所以常常给船舶的通行造成很大的障碍。内河航道的泥沙淤积，使航道的水深减少，河床变窄，通行的里程缩短；在海港和河口区，由于水流、潮汐、风浪、流沙等作用，常使泥沙沉积在进出港航道上，出现拦门沙现象。要清除航道上的泥沙，挖泥疏浚是重要的方法之一，挖泥船便成了名副其实的清道夫。挖泥船除了疏浚航道、建设港口外，其使用范围也不断扩大。现在已被用来开挖水工建筑物（如码头、船坞、闸门等）基础，开拓运河、修筑堤坝、填海造陆、采掘矿藏、围垦造田、铺设地下管道等，使它成了一种重要的工程船舶。

挖泥泵已成功为国内斗轮式和绞吸式等挖泥船提供过配套，为我国的长江流域、黄河流域、珠江三角洲、淮河流域等江河湖海、港口码头的疏浚、清淤、吹填做出了巨大贡献。

3.4 泥浆泵

3.4.1 简介

泥浆泵是一种宽泛的泵通俗概念，一般是指在钻探过程中向钻孔里输送泥浆或水等冲洗液的机械。泥浆泵是钻探设备的重要组成部分。在常用的正循环钻探中，它是将地表冲洗介质如清水、泥浆或聚合物等冲洗液在一定的压力下，经过高压软管、水龙头及钻杆柱中心孔直送钻头的底端，以达到冷却钻头并将切削下来的岩屑清除并输送到地表的目的。

3.4.2 容积式泥浆泵

常用的泥浆泵是活塞式或柱塞式的，由动力机带动泵的曲轴回转，曲轴通过十字头再带动活塞或柱塞在泵缸中做往复运动。在吸入和排出阀的交替作用下，实现压送与循环冲洗液的目的。

按照基本结构可分为往复式泥浆泵和螺杆式泥浆泵。

1. 往复式泥浆泵

往复式泥浆泵以柱塞泵为主，柱塞泵是通过柱塞在缸体内做往复运动来实现吸油和压油的一种容积泵，由泵缸、活塞、进出水阀门、进出水管、连杆和传动装置组成。它是靠动力带动活塞在泵缸内作往复运动。当活塞向上运动时，进水阀开启，水进入泵缸，同时活塞上的水阀关闭，活塞上部的水随活塞向上提升；当活塞向下运动时，进水阀关闭，活塞上的阀门开启，同时使泵缸下腔的水压入上腔，并升入出水管，如此反复进水和提升，使水不断从出水管排出。柱塞泵与叶片泵相比，它能以最小的尺寸和最小的重量供给最大的动力，是一种高效率的泵，但其制造成本相对较高，适用于高压、大流量、大功率的场合。

活塞泵和柱塞泵结构上的主要差别在液力端上，由于结构的差别，使泵的适用范围也不同，柱塞泵适合于做成单作用的短程高速泵，而活塞泵大多是做成长行程低速的双作用泵。柱塞泵的结构如图 3-9 所示。

柱塞泵，是由电动机提供泵的动力，经鼓型齿联轴器带动减速机转动，由减速机减速带动曲轴旋转。通过曲柄连杆机构，将旋转运动转变为十字头和柱塞为往复运动。当柱塞向后移动时，泵容积腔逐步增大，泵腔内压力降低，当泵腔压力低于进口压力时，吸入阀在进口端压力作用下开启，液体被吸入；当柱塞向前移动时，

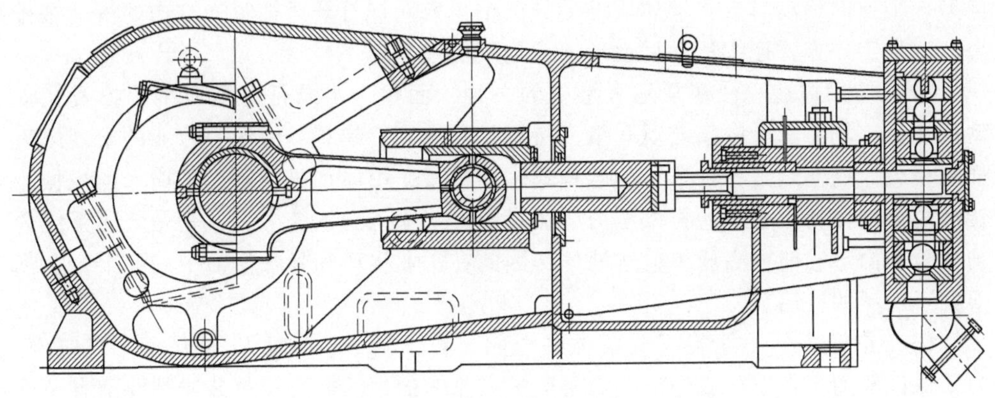

图 3-9 柱塞泵的结构

泵腔内压力增大，此时吸入阀关闭，排出阀打开，液体被挤出液缸，达到了吸入和排出的目的。

(1) 柱塞泵的工作原理 柱塞泵柱塞往复运动总行程是不变的，由凸轮的升程决定。柱塞每循环的供油量大小取决于供油行程，供油行程不受凸轮轴控制，它是可变的。供油开始时刻不随供油行程的变化而变化。转动柱塞可改变供油终了时刻，从而改变供油量。柱塞泵工作时，在喷油泵凸轮轴上的凸轮与柱塞弹簧的作用下，迫使柱塞作上、下往复运动，从而完成泵油任务，泵油过程可分为以下三个阶段。

1) 进油过程。当凸轮的凸起部分转过去后，在弹簧力的作用下，柱塞向下运动，柱塞上部空间（称为泵油室）产生真空度。当柱塞上端面把柱塞套上的进油孔打开后，充满在油泵上体油道内的柴油经油孔进入泵油室，柱塞运动到下止点，进油结束。

2) 供油过程。当凸轮轴转到凸轮的凸起部分顶起滚轮体时，柱塞弹簧被压缩，柱塞向上运动，燃油受压，一部分燃油经油孔流回喷油泵上体油腔。当柱塞顶面遮住套筒上进油孔的上缘时，由于柱塞和套筒的配合间隙很小（0.0015～0.0025mm），使柱塞顶部的泵油室成为一个密封油腔，柱塞继续上升，泵油室内的油压迅速升高，泵油压力大于出油阀弹簧力与高压油管剩余压力之和时，推开出油阀，高压柴油经出油阀进入高压油管，通过喷油器喷入燃烧室。

3) 回油过程。柱塞向上供油，当上行到柱塞上的斜槽（停供边）与套筒上的回油孔相通时，泵油室低压油路便与柱塞头部的中孔和径向孔及斜槽沟通，油压骤然下降，出油阀在弹簧力的作用下迅速关闭，停止供油。此后柱塞还要上行，当凸轮的凸起部分转过去后，在弹簧的作用下，柱塞又下行。此时便开始了下一个循环。

柱塞泵以一个柱塞为原理介绍，一个柱塞泵上有两个单向阀，并且方向相反，柱塞向一个方向运动时缸内出现负压，这时一个单向阀打开液体被吸入缸内，柱塞向另一个方向运动时，将液体压缩后另一个单向阀被打开，被吸入缸内的液体被排出。这种工作方式连续运动后就形成了连续供油。

（2）应用概述　柱塞泵是水泵中的一种，而整个水泵行业是典型的投资拉动型产业，市场需求受国家宏观政策，特别是受水利、建筑、能源等行业的宏观政策影响很大。柱塞泵是一种典型的容积式水力机械，由原动机驱动，把输入的机械能转换成为液体的压力能，再以压力、流量的形式输入到系统中去，它是液压系统的动力源，由于它能在高压下输送液体，因此在工业生产和日常生活中的各个行业都得到了广泛的应用。

（3）市场情况　柱塞泵等泵类在造船、石油开采、载重机等方面广泛应用。为了保证船的正常航行或停泊，满足船员和旅客的生活需要，每条船都要配有一定数量的、能起相应作用的船用泵，船用泵是重要的辅机之一。据不完全统计，在各种船舶辅助机械设备中，各种类型和不同用途的船用泵的总数量，约占船舶机械设备总量的20%～30%，船用泵的价格在船舶设备费用中所占的比重也比较大。

2. 螺杆式泥浆泵

（1）工作原理及结构　螺杆式泥浆泵属于转子式容积泵，它是依靠螺杆与衬套相互啮合在吸入腔和排出腔产生容积变化来输送液体的。它是一种内啮合的密闭式螺杆泵，主要工作部件由具有双头螺旋空腔的衬套（定子）和在定子腔内与其啮合的单头螺旋螺杆（转子）组成。图3-10所示为螺杆式泥浆泵结构。

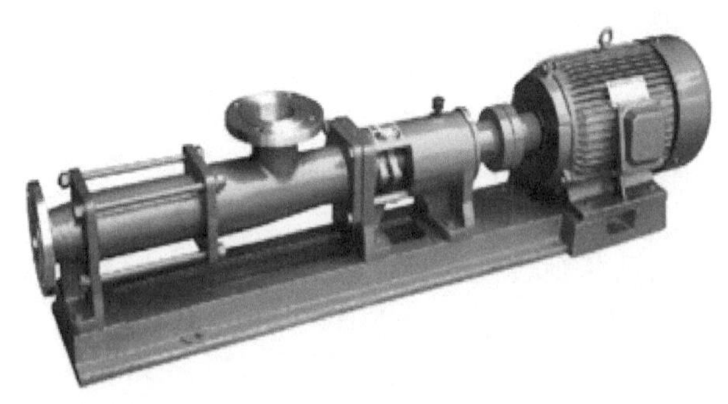

图3-10　螺杆式泥浆泵结构

当输入轴通过万向节驱动转子绕定子中心作行星回转时，定子-转子副就连续地啮合形成密封腔，这些密封腔容积不变地作匀速轴向运动，把输送介质从吸入端经定子-转子副输送至压出端，吸入密闭腔内的介质流过定子而不被搅动和破坏。

（2）特点　螺杆泵的优点是结构简单、重量轻、流速稳定和使用方便，工作时连续排水，压力稳定，不需要空气室和水阀等部件，而且可与动力机直接联动，不需要减速箱。缺点是由于与动力机直接联动就固定了运转速度，因此限制了调速的范围，深井钻探时不同地质层所需的转速是不同的。

与其他泵类的比较，又具有独有的优势。与离心泵相比，螺杆泵无需安装阀门，流量是稳定的线性流动；与气动隔膜泵相比，螺杆泵可输送各种混合杂质含有气体及固体颗粒或纤维的介质，也可输送各种腐蚀性物质；与齿轮泵相比，螺杆泵可输送高黏度的物质。

（3）应用场合　环境保护工业污水、生活污水、含有固体颗粒及短纤维的污泥油水的输送，特别适用于油水分离器板框压滤机设备等，船舶工业中轮底清洗、油水、油渣、油污水等介质输送，石油工业中输送原油、原油与水的混合物、煤田气和水的混合物、往地层内灌注聚合物，印刷、造纸中高黏度油墨和各种含量的纸浆、短纤维浆料。

3.4.3　立式泥浆泵

1. 立式泥浆泵简介

立式泥浆泵（见图3-11）是单级单吸立式离心泵，主要部件有蜗壳、叶轮、泵座、泵壳、支撑筒、电动机座、电动机等。蜗壳、泵座、电动机座、叶轮螺母是生铁铸造，耐蚀性较好，加工工艺方便。叶轮为三片单圆弦弯叶，选用半封闭叶轮，并采用可锻铸铁，所以强度高、耐腐蚀、加工方便、通过性好、效率高。为了减轻重量并减少车削量，泵轴用冷拉碳素钢。泥浆泵座中装有四只骨架油封和轴套，防止轴磨损，延长轴的使用寿命。

图3-11　立式泥浆泵

2. 工作特性

由于泥浆泵输送的介质一般为高浓度、高黏度及含有颗粒的悬浮浆液，为保证输送液流稳定、无过流、脉动及搅拌、剪切浆液现象，其排出压力与转速无关，低流量也可保持高的排出压力，流量与转速成正比，通过变速机构或调速电动机可实现流量调节。自吸能力强，不用装底阀可直接输送液体。此外泥浆泵可逆转，液体流向由泵的旋转方向来改变，适用于管道需反正向冲洗的场合。

3. 设计方法与难点

（1）设计方法　泥浆泵的主要设计方法有方格网保角变换法、扭曲三角形法和容积式泵设计方法。

（2）设计难点　设计难点主要集中在两相流流体的性能换算、采用保角变换法和扭曲三角形法时叶片型线的绘制。

3.4.4　泥浆泵的应用

立式泥浆泵主要适用于江河湖海输送沙，吹沙填海，河道疏浚，清淤固堤，输送沙选铁矿，输送尾矿，煤矿、电厂及矿山等企业输送含有固体颗粒的介质等包括用于沿海滩涂养殖场的开挖；湖泊河道的输送沙输送泥浆、疏浚、筑堤；尾矿抽取，低洼地改造；大中小水利工程；农田基本建设以及运沙船卸沙；河道、鱼塘干塘式清淤等。

参考文献

[1] 许洪元. 离心式渣浆泵的设计理论研究与应用［J］. 水力发电学报，1998（1）：76-84.

[2] 陈九泰，董辉，顾广运. 大粒度渣浆泵的设计探讨［J］. 矿山机械，2013，31（12）：47-49.

[3] 蔡保元. 离心泵的“二相流”理论及其设计原理［J］. 科学通报，1983（8）：498-502.

[4] 陈次昌，刘正英，刘天宝，等. 两相流泵的理论与设计［M］. 北京：兵器工业出版社，1994.

[5] 许洪元，罗先武. 磨料固液相流泵［M］. 北京：清华大学出版社，1994.

[6] 窦以松，何希杰，王壮利. 渣浆泵理论与设计［M］. 北京：中国水利水电出版社，2010.

[7] 张人会，程效锐，杨军虎. 特殊泵的理论及设计［M］. 北京：中国水利水电出版社，2013.

[8] 张克危. 流体机械原理：下册［M］. 北京：机械工业出版社，2011.

[9] 刘小龙. 无堵塞内部三维不可压湍流场的数值模拟［D］. 镇江：江苏大学，2003.

[10] 权辉，康蕾，郭英，等. 固相浓度对旋流泵内循环流动结构的影响［J］. 排灌机械工程学报，2021，39（6）：555-561.

[11] 李晶，张人会，郭荣，李仁年. 叶片型线对渣浆泵水力性能及叶轮磨损特性的影响［J］. 排灌机械工程学报，2020，38（1）：21-27.

第4章　无堵塞泵

无堵塞泵主要包括螺旋离心泵、单流道、双流道、三流道等流道式泵、纸浆泵等，下面分别对其工作原理、结构及特点、运行特性、设计方法、应用等加以介绍。

4.1　螺旋离心泵

4.1.1　简介

20世纪60年代初，螺旋离心泵由瑞士工程师马丁·斯坦勒（Martin Stahle）在秘鲁研制成功，先后获得秘鲁、美国和德国等国的专利，成功解决了鱼类的输送问题。之后，螺旋离心泵的应用领域又得到了扩展，在输送固液两相流体、高黏度液体及纤维状介质等方面得到了应用。图4-1所示为典型的螺旋离心泵。

图4-1　典型的螺旋离心泵

螺旋离心泵是通过其特殊的三维螺旋叶片，将螺旋的容积推进作用和叶片离心作用有机结合，使介质获得能量，所以它兼有容积泵和叶片泵的特性，是二者结合的产物。目前该类型泵已成为含大颗粒、长纤维物质的液体以及高含气、高含固率、高黏度、含易破损物质的特殊流体泵送领域的重要输送设备。

4.1.2　结构特点

螺旋离心泵和一般离心泵的主要区别在于装有螺旋离心式叶轮，叶轮进口部分为螺旋叶片，出口部分近似混流叶片，螺旋部分有容积泵的作用，离心部分将叶轮能量在蜗壳内转化成输送介质向外的压力能，其独特的结构使其具有螺旋泵和离心泵的双重优点，螺旋离心泵的叶轮结构如图4-2所示。

叶片进口的螺旋部分使入口处的流体介质沿着叶轮的切线方向而不是与叶轮成直角或某一角度进入泵体，这样，既能降低叶轮对进水水流的剪切作用，减少水力损失，又降低了水泵的净吸压头，提高了抗汽蚀能力。叶轮的旋转形成开阔的流道，可允许尺寸相当于泵进口直径的固体物料顺利通过。螺旋部分的轴向推力使水流平稳前进，直至离心部分，再由离心部分推送水流从出口排出。这种独特的结构使水流通过泵腔的整个过程柔和流畅，无须强行改变方向。

图 4-2　螺旋离心泵的叶轮结构

4.1.3　运行特性

螺旋离心泵具有开放式的过流通道，这使其具有高效率、无堵塞、容易输送固体物及长纤维等介质的优点。和一般螺旋泵及旋流泵相比，螺旋离心泵具有以下优势：

1）无堵塞性能好。从叶轮吸入口到泵出口，所有过流截面的面积均不小于泵吸入口面积，截面无剧变。独特的流道能确保通过“炮弹状”的固体物，通过的物料直径可达泵吸入口直径的 85%。

2）无损性能好。固、液两相介质在流道中受均衡的螺旋力作用逐渐向前推进，流动方向无突然变化，因而流动平稳，对输送物料的破坏性小于其他类型的杂质泵，可以用来输送鱼虾、水果等。

3）效率高，且高效区宽广。试验表明，螺旋离心泵比同类杂质泵效率高 5% 以上，且在较大的流量范围内保持高的效率。

4）功率曲线平坦。功率曲线随流量变化不大，一般无过载问题，电动机功率可按最佳效率点选择。

5）良好的调节性能。扬程-流量曲线近似于一条陡直线，当流量变化不大时，可获得较大的扬程变化，能保证稳定的运行，这个特点非常适合于污水处理的场合。

6）泵的吸入性能好。可输送含气介质，当含气体积分数为 15% 以下时，泵的性能、振动、噪声基本不发生变化，当含气量达到 40% 时，有断续振动，但泵仍能运行。

7）具有优良的抗空蚀性能。其叶片进口边最大程度地向吸入口延伸，可使流体较早接受叶片的作用，从吸入口到叶片进口边的压降减小，降低了 NPSHr，提高了泵的抗空蚀性能。

8）磨蚀小，过流部件寿命长。由于泵内流速小，流速大小与方向的变化趋缓，涡流大幅度得到抑制，削弱了引起叶轮和泵体破坏的主要因素空蚀和磨损。泵的寿命比其他叶片泵提高几倍。

9）可输送高浓度介质。目前专用离心式纸浆泵最大输送质量分数为 6%，而螺旋离心式纸浆泵的输送质量分数可达 12%。

10）可输送高黏度介质。在中等程度雷诺数区（$Re = 104$）附近其效率可达到一般离心泵同等水平。

11）理想的噪声特性。其噪声级别为 B 级，以低频噪声为主，且受工况变化影响很小，不但在高频区，而且在全流量范围内都有理想的噪声特性。

4.1.4　应用

螺旋离心泵在输送体积大的固体和长纤维物质时具有非凡的无堵塞性能和无损性能，且具有高效区宽广、功率曲线平坦、良好的调节性能、优良的抗汽蚀性能和输送油水混合物不致乳化等优点，广泛应用于造纸业（高浓度纸浆的输送）、渔业（输送活鱼、活虾等）、糖业、食品（输送土豆、甜菜等块状蔬菜）、冶金、环保（河道清淤，淤泥、沙的输送）、化学工业等行业和污水处理作业，并日益体现出其独特的优越性，成为当前重要的新型杂质泵。

4.2　旋流泵

4.2.1　简介

旋流泵主要是为了输送大颗粒物质而研发的，属于固液两相流泵中的典型代表，又称为无堵塞泵。1954 年，美国西部机械公司（Western Machine Company）研制出第一台 WEMCO 型旋流泵。1956 年，瑞典 Sterbery Flygt 公司试制了旋流污水潜水泵。旋流泵是离心泵的一种，因其内部流体存在旋转的旋涡运动而得名。旋流泵多用于输送复杂介质或含杂质流体，如含垃圾、短纤维物质或粪便的两相流体。旋流泵也称为无堵塞泵、自由流泵或 WEMCO 泵。

4.2.2　工作原理

当叶轮旋转时，在叶轮出口顶部附近的流体因所受离心力较大而形成贯通流，贯通流从泵吸水室流入叶轮叶片间流道再从叶轮出口顶部流出到无叶腔，经泵出水管排出泵外。在叶轮中部附近的部分液体由于所受离心力较小而形成循环流，循环流在无叶腔内循环，在轴面形成漩涡，固体物在压差的作用下趋向漩涡中心，然后在旋流的带动下流出泵外。

4.2.3　结构

旋流泵（见图 4-3）的结构特点是叶轮为开式或半开式，叶片为直叶片并呈放射状布置，叶轮与前泵壳之间有较宽阔的轴向空间。

根据参考资料，所有旋流泵的结构大致如图 4-4 所示。尽管各种旋流泵的结构形式有异，但与离心泵相比，其基本的结构特征是具有半开式叶轮和对称圆形泵壳，叶轮与泵壳同心；叶轮与前泵壳壁之间有较宽的轴向空间，或者说叶轮退缩在泵壳后缩腔中，轴向空间的宽度一般与泵的出口直径相等，这为固体介质通过泵体提供了良好的条件。

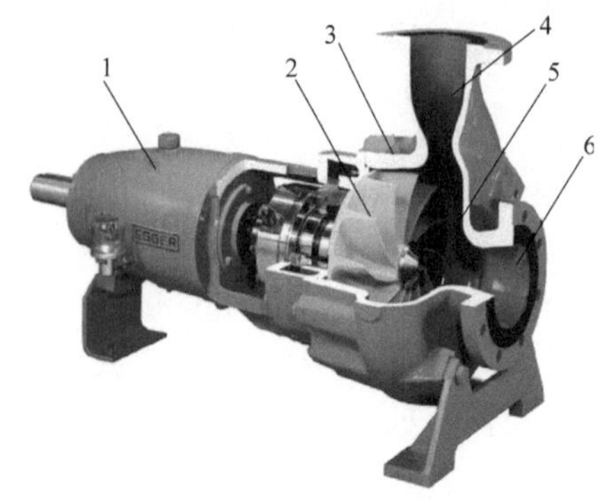

图 4-3　旋流泵

1—轴承体　2—叶轮　3—后缩腔围壁

4—出口段　5—无叶腔　6—进口段

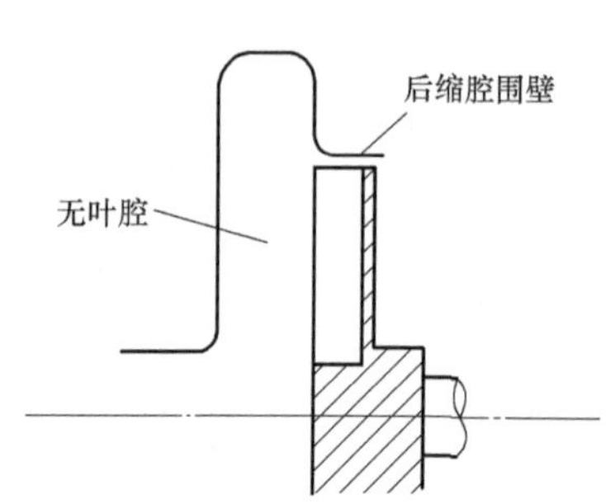

图 4-4　旋流泵的结构

4.2.4　运行特性

1）结构简单，容易制造，运行平稳。

2）叶轮和泵体无配合间隙，不存在磨损使间隙增大造成性能下降。

3）因固体颗粒大部分不通过叶轮，因而无堵塞性能好，叶轮磨损也相应减轻。

4）输送的物质大部分在无叶腔的旋流带动下流出因而无损性差，即对物质的破坏作用大。

5）可以输送含气体的液体，尤其是开式叶轮对气体不敏感，即当流体中空气体积分数为 15%时，仍能正常运行，并不会产生气堵。

6）旋流泵内部流场的压力最低点出现在叶轮进口之前，因此闭式叶轮离心泵中常见的汽蚀现象在旋流泵中并不明显，即泵的必需汽蚀余量较低。

7）由于存在循环流，造成很大的水力损失，泵的效率低，绝大部分泵效率都在 60%以下。

4.2.5　设计理论

陈次昌、李世煌和关醒凡等人均对旋流泵的内部流动特性进行了深入的研究，并在各自的研究结果上提出了不同的设计方法。

由于旋流泵的特殊性，国内外对于旋流泵的内部流动规律的研究还处于探索阶段。目前，在清水介质下采用一元理论、二元理论进行水力设计是通用的设计方法，然后根据试验结果优化其水力性能，最后得到性能较好的旋流泵模型。

现阶段，国内工厂或院校设计旋流泵的方法大致为以下三种：

1）蔡振成提出的修正系数法——对泵体喉部断面积 F 与流量 Q 和扬程 H 的关系以及最优效率点的流量系数均量地给出了计算公式。

2）关醒凡等人提出的设计三要素法——以涡室径向尺寸 R_v、喉部断面积 F_{thr} 和叶轮直径 D_2 为旋流泵设计的三要素，并给出了三要素计算公式。

3）袁寿其等人试验多型号旋流泵而总结出的体积比法——以蜗壳无叶腔体积 V_0 与叶轮体积 V_1 之比 Z_v 来设计旋流泵的方法。

这三种设计方法都是建立在半理论半经验的基础上，其实际运用的限制较大，对于旋流泵来说，至今还没有一种较为完善的设计方法。

4.2.6　应用

旋流泵在城市和工业污水、化工和食品处理、煤浆输送等方面得到了广泛的应用。旋流泵的半开式叶轮与泵壳之间具有较宽的流道，在输送含有大粒径或不规则固体介质的固液两相流体时，旋流泵具有不堵塞和不损伤固体介质的特点，能够输送含有纤维状悬浮物或固体颗粒悬浮物液体，旋流泵在市政、污水处理、环保、轻工、矿山、造纸、水利、化工等行业的许多工业流程、生活污水、工业废水排放中得到广泛应用。

4.3　流道式无堵塞泵

4.3.1　简介

流道式无堵塞泵诞生于20世纪50年代，它是伴随着无堵塞泵技术的发展而发展起来的，主要用于含有固体颗粒和长纤维物流体的输送。除此之外，在现代化采矿业的发展过程中，大量的无堵塞泵被用于水力输送。在流道式无堵塞泵中，目前应用最多的是潜水排污泵。

流道式无堵塞泵的无堵塞性能主要取决于叶轮的结构形式，流道式无堵塞泵按叶轮的结构形式分为单流道泵、双流道泵和三流道泵等，下面主要对单流道泵和双流道泵进行讲解。

4.3.2　单流道无堵塞泵

1. 简介

单流道泵仍然是一种特殊叶片式离心泵，其内部能量转换是通过液体绕流复杂单通道泵叶片来实现的。单流道泵的叶轮结构比较特殊，从入口到出口是一个弯曲的流道，在液体通过叶轮时，由于离心力的作用，叶轮对液体做功，将机械能转换成液体的动能和势能。毫无疑问在能量转换的过程中离心力起了主要作用，因此单流道泵是一种叶轮结构特殊的离心泵。适合输送含大颗粒和含纤维物质的流体，它的无堵塞和抗缠绕性能在几种无堵塞泵中是最佳的。它广泛用于输送含泥沙水流、输送含长纤维的液体、工矿企业排污、城市排污工程等场合。

2. 结构

单流道泵的叶轮只有一个叶片，从进口至出口是一个空间扭曲的流道，具有无堵塞和抗缠绕性良好、效率高、高效区宽、扬程曲线较陡、功率曲线平缓等特点。

单流道泵的叶轮只有一个叶片，从进口至出口是一个空间扭曲的流道，具有无堵塞、抗缠绕性良好、效率高、高效区宽、扬程曲线较陡、功率曲线平缓等特点。单流道泵的叶轮结构如图 4-5 所示。

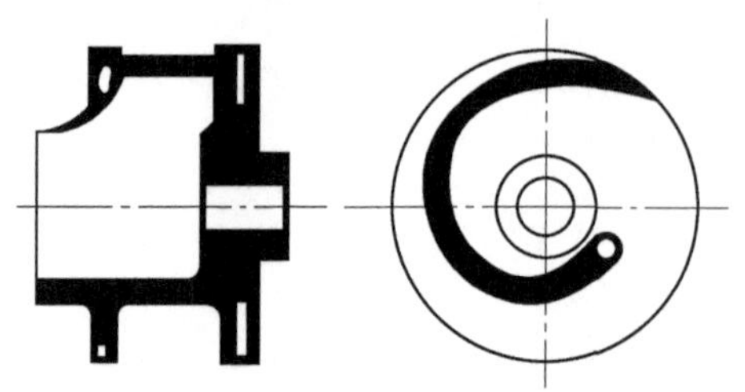

图 4-5 单流道泵的叶轮结构

单流道泵的叶轮结构分为厚壁型与薄壁型两种，如图 4-6 所示，其中厚壁型叶轮由于较重，一般应用于尺寸较小的泵，薄壁型叶轮一般适合于高比转数泵或尺寸较大的泵。单流道叶轮是叶片式叶轮的特殊形式，由大包角叶片形成 2 个流道：非做功流道 A 和做功流道 B。流体由进口进入流道 A，如忽略叶片表面的摩擦力，则在 A 中流体不受外力矩作用。当叶轮转动时，流体进入流道 B，由叶片进口边开始沿叶片工作面径向流出叶轮，经做功流道 B 内的离心力作用获得动能和势能。

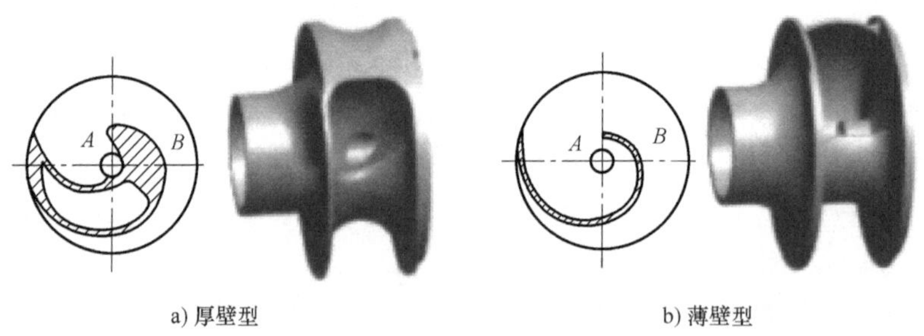

a) 厚壁型 b) 薄壁型

图 4-6 单流道泵的叶轮类型

3. 结构特点

单流道泵为下泵式结构，由泵部分、密封油室和三相干式电动机组成。

（1）优点　其最大的特点是泵壳内装有宽阔流道的单流道叶轮，且相配套的蜗壳也具有较大的过流面积，运行时高效区宽、轴功率小。泵的效率较高、耐磨性好、功率曲线平坦、对输送物料的无损性好。

（2）缺点　由于单流道泵结构不是轴对称的，加之在运行中脉冲出流，径向力很大，因而要求对叶轮进行精密平衡，否则易产生振动，降低泵的可靠性。

4. 水力设计方法

流道泵的水力设计方法主要有相似换算法、速度系数法和三元设计理论。其中设计难点主要有以下四点。

1）研究设计优秀的叶片型线方程，改善叶片上的载荷分布，降低叶片上的水力损失，提高单流道离心泵的效率，同时也能够丰富多叶片离心泵的设计方法。

2）为了发展高效、准确的单流道叶轮设计方法，需要建立高精度的单流道离心泵能量性能预测模型，因此研究单流道叶轮滑移系数的求解方法，同时还要保证该方法不仅具有工程实用性，而且还要有良好的准确性。

3）单流道离心泵不仅蜗壳不对称，而且叶轮也不对称，运行具有高度的非定常特性，因此需要深入研究其非定常特性，包括能量特性、压力及径向力等。

4）目前单流道叶轮几何参数的计算主要是参考泵企业的统计数据或在一定试验数据范围内取值，缺乏准确的求解方法。出现这一研究空白的原因是，目前尚未有单流道离心泵性能预测模型的理论和试验方法。因此为了发展一种高效、准确的单流道叶轮设计方法，建立一种高精度的单流道离心泵能量性能预测模型显得尤为关键。

5. 用途

单流道泵叶轮的无堵塞性能和抗缠绕性能在几种无堵塞叶轮中最佳，适用于输送大颗粒或纤维成分的液体；可供家庭用水，建筑工地排水及输送泥浆，工厂、煤矿井下排污，农田灌溉，城镇、环保等部门输送污水污泥、粪便，沼气池清理，蓄收场和养鱼场输送液状饲料，造纸厂输送浆料等。

4.3.3 双流道无堵塞泵

1. 简介

双流道泵是一种叶轮形式特殊的流道式离心泵，也称为双流道离心泵。由两个对称的空间扭曲的流道组成，与普通的叶片泵相比流道比较宽，固体颗粒的通过性能好、抗堵塞和缠绕能力较强且由于流道对称，所以平衡性好、运行平稳，广泛应用于环保、轻工、食品、造纸、纺织、印染、制药、化工、市政、污水处理等行业。图 4-7 所示为双流道式叶轮。

2. 结构及特点

双流道式叶轮的特点和性能基本上和单流道式污水泵相同，其叶轮径向图和叶轮流道见图 4-8。只不过双流道式污水泵从叶轮出口是两个弯曲的流道。由于在同流量下其过流面积较单流道式污水泵小，所以无堵塞性能比单流道污水泵差。但因其有对称的流道，故平衡性好、运行平稳，适合高扬程、大流量的泵。

3. 流动特性

双流道叶轮的效率高，高效区宽，叶轮的功率曲线较平坦，在从零扬程到关死扬程的全扬程范围内的最大轴功率远小于额定功率，无过载性能好，可以在全扬程

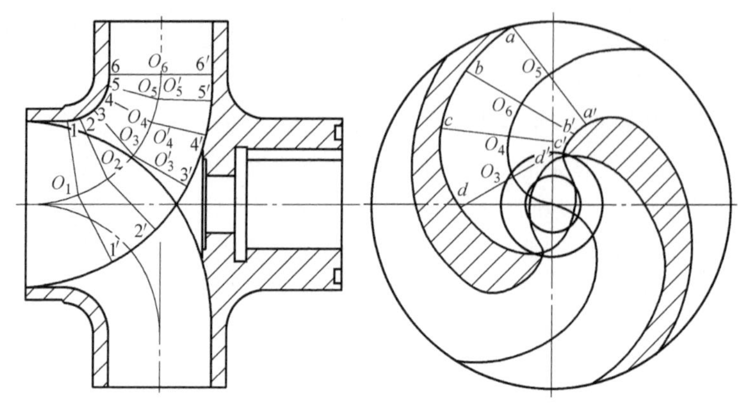

图 4-7　双流道式叶轮

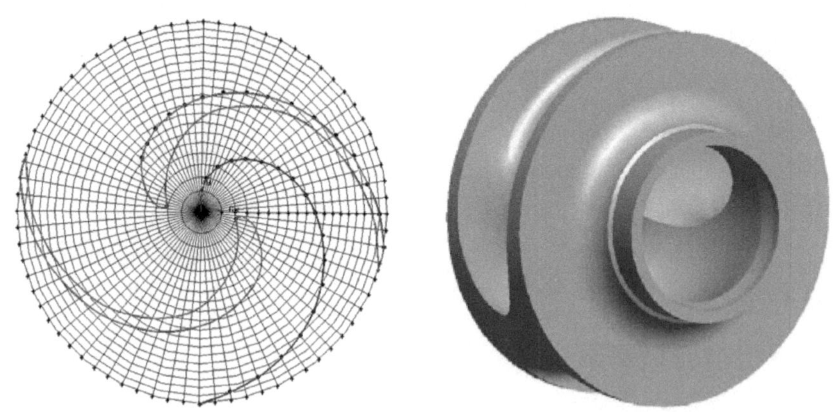

图 4-8　双流道污水泵叶轮径向图和叶轮流道

范围内安全运行。

4. 水力设计方法

双流道的水力设计方法主要有基于固液两相流动理论的空间螺线设计方法、基于三元设计理论的速度系数法和多目标优化法。其中设计难点主要有以下三点。

1）设计时要采用等变角对数螺旋线作为平面图流道中线的方程，比阿基米德螺旋线灵活，且可改变液流的进、出口角，使设计结果变得更可靠，相比而言计算量更加庞大。

2）外流道则要采用非等变角对数螺旋线绘图，在设计过程中要获得合适的厚度和良好的厚度变化规律，这个过程比较烦琐。

3）流道截面面积按圆弧规律变化，不仅可以满足中低比转数的需要，还要满足中高比转数的需要，要保证两个方面的均衡性，这样才可提高叶轮的无堵塞性。

5. 双流道泵的应用

双流道泵与单流道泵相比虽然没有其通过性好，但是由于其良好的无堵塞性能好，主要用于输送高扬程、大流量流体，双流道形状特殊，内部流动复杂，是近年来国内外热门的研究课题。

4.4 纸浆泵

4.4.1 简介

传统的纸浆泵能输送烘干密度近似等于6%的原料，其输送原料的烘干密度的绝对最大极限是受很多因素的影响，这些因素包括原料的纤维长度、制成纸浆的过程、精炼程度、有效吸水头等。在某种情况下，标准的纸浆泵可以成功地输送烘干密度高达8%的原料。

混入空气对任何离心泵的良好运行都是有害的，并且会导致流量减少，腐蚀增加和轴的破坏。很明显，要采取各种努力去阻止混入过多的空气。

4.4.2 性能特点

两相流纸浆泵采用了两相流理论中相对抽吸、相对阻塞的原理进行泵的水力设计，使泵过流部件的水力性能符合固液两相流动的规律，从而减少了浆体对过流部件的冲刷和磨损，大大提高了泵的工作效率和使用寿命，该系列泵具有以下特点：

1）高效、节能。运行效率比普通纸浆泵平均高出3%～10%，节能、降耗达15%～30%。

2）气蚀性能好、寿命长。实际使用寿命比普通纸浆泵可提高2～3倍。

3）含量高、无堵塞。输送纸浆质量分数可达6%。

4）结构合理、维修方便。泵头部分采用前、后开门式结构，维修时不需拆卸管路，只需将电动机向后移动，即可对泵进行拆卸和维修。

4.4.3 应用

（1）造纸业　用于输送质量分数在6%以下的纸浆和碱回收工业流程中介质的循环输送、提升和加压。

（2）制糖业　用于输送质量分数在4%以下、黏度在150mm^2/s以下的糖浆。

（3）城市排污业　用于污水处理工艺中介质的循环输送、提升和加压。

4.5 其他类型固液两相流泵

固液两相流泵并没有完全明确的界定，有些泵主要用来输送清水等单相介质，但在一些工程应用中，也被用作输送固液两相流，比如在南水北调中输送河沙水的后掠式轴流泵，污水处理中螺旋轴流泵等，根据其适用场合，也可以归类为固液两相流泵，此处以南水北调中输送河沙水的轴流泵为主进行介绍。

4.5.1 固液两相轴流泵简介

轴流泵叶轮装有 2~7 个叶片，在圆管形泵壳内旋转。叶轮上部的泵壳上装有固定导叶，用以消除液体的旋转运动，使之变为轴向运动，并把旋转运动的动能转变为压力能。轴流泵通常是单级式，少数制成双级式，流量范围很大。

轴流泵的叶片分固定式和可调式两种结构。大型轴流泵的使用工况（主要指流量）在运行中常需要作较大的变动，调节叶片的安装角可使泵在不同工况下保持在高效率区运行，小型泵的叶片安装角一般是固定的。

轴流泵主要适用于低扬程、大流量的场合，如灌溉、排涝、船坞排水、运河船闸的水位调节，或用作电厂大型循环水泵。当轴流泵用于水质复杂、泥沙多、杂物多的污水处理或排污站时，易造成过流部件磨损、杂物缠绕等问题。

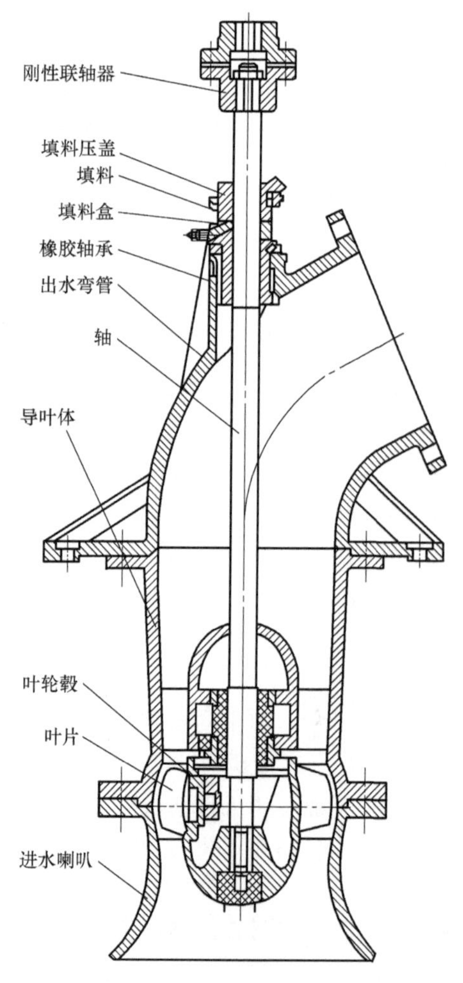

图 4-9　立式轴流泵的结构

4.5.2 轴流泵结构

轴流泵按主轴的安装方式分有立式、卧式和斜式三种，农田排灌工程中常用的轴流泵为立式轴流泵。立式轴流泵主要零件有吸入室、叶轮、导叶体、出水弯管等，如图 4-9 所示。

吸入室又称为吸水室、吸入管、喇叭管，为了改善入口处的水力条件，把水流以最小的损失均匀、平顺地引入叶轮。中、小型轴流泵常用的吸水室是吸入喇叭管和直锥形吸水室，喇叭管的进口部分呈圆弧形；大型轴流泵常用的是肘形进水流道和钟形进水流道。

叶轮由叶片、轮毂、导水锥等组成。叶片呈扭曲形，装在粗大的轮毂上，包围叶片的外部圆筒称为叶轮室，轮毂体下面的部件是导水锥，截面呈流线型。根据叶片是否可以改变安装角度，分固定式、半调式和全调节式三种。导叶位于叶轮上方的导叶管中，并固定在导叶管上，组成导叶体。导叶体为轴流泵的压水室，由导叶、导叶毂和外壳组成，导叶固定在导叶毂和外壳之间，导叶毂一般为柱状结构，外壳呈倒圆锥形，出口有一些扩散。它的主要作用是将叶轮流出的水流引至出水管外，同时消除流体的旋转运动，即将水流沿圆周方向的旋转运动变为轴向运动，减小水头损失，将流体的部分动能转变为压能。导叶叶片数目要与叶轮叶片数目互为质数。

中、小型轴流泵的出水流道一般采用出水弯管。水流从导叶体流出后，通过一段扩散管进入出水弯管。出水弯管的作用是把水流平顺地引出泵体，弯管后接压力管道。大型轴流泵的出水流道不采用出水弯管，一般采用虹吸式出水流道或直管式出水流道。

4.5.3 轴流泵水力设计方法

1. 传统的水力设计方法

传统的轴流泵水力设计方法常用升力法和圆弧法。升力法是假定叶轮叶片栅中的液体绕流接近于单个机翼绕流，利用单个翼型的结果设计轴流泵叶片；圆弧法是用无限薄的圆弧翼型叶栅代替叶轮的叶片栅，借助绕流圆弧翼型叶栅积分方程的解，设计轴流泵叶片。

水力设计实践表明，按自由旋涡理论 v_{ur} 为常数计算得出的相对液流角，在叶片外缘侧小，在轮毂侧很大，造成叶片扭曲严重。而按升力法设计的叶轮叶片的冲角，从外缘到轮毂逐渐加大，轮毂处的冲角可达到 10°左右，进一步加大了叶片扭曲；按圆弧法计算的冲角，也是从外缘到轮毂增加，轮毂侧取 3°~4°，轮缘侧通常取 0°，这同样使得叶片扭曲加大，在非设计工况运行时，效率下降很快，高效区范围窄。

2. 流线法设计思路

在采用流线法设计轴流泵水力模型时，主要考虑出口环量分布规律、叶片进口冲角选择和翼型加厚规律，其余的参数按照传统设计方法的相关规律选择。

4.5.4 输送固液两相流特性

目前轴流泵叶轮的设计多数是以清水介质为前提，这会导致泵在输送污水介质时叶轮易发生较为严重的磨损，并在叶轮处发生缠绕和流道堵塞等问题。为了满足不同类型固液两相流的输送要求，现有的轴流泵叶轮需要进行重新设计和修改，开发出新型的轴流泵，如后掠式轴流泵、螺旋轴流泵、虹吸式轴流泵、潜水轴流泵等。

对于后掠式轴流泵，随着后掠角的增大，叶片压力面固相体积分数会逐渐减小，而叶片吸力面上固相体积分数会先增加后减小，叶轮内固相的径向流动越明显、叶片后掠角度越大，固相就越难与叶片压力面接触，而越易与叶片吸力面接触；颗粒直径越大，后掠叶片压力面上固相体积分数越大，而叶片吸力面进口边靠近轮毂处的固相体积分数增加；颗粒体积分数越大，后掠叶片压力面上固相体积分数减少，叶片吸力面上固相体积分数增加。当优化后的后掠叶片角为 90°时，该叶片结构优化了固体颗粒的分布，可大幅降低叶片轮缘处的磨损，提高了轴流叶轮在污水介质中的使用寿命和运行可靠性。

对于螺旋轴流泵，输送含有沙、油和水的固液两相时，在叶轮内部叶片压力面轮缘附近的沙粒体积分数明显大于吸力面轮缘的沙粒体积分数，在叶轮出口处沙粒更易于集中在叶片吸力面轮缘附近，使叶片外缘的磨损程度比靠轮毂侧的磨损严重，出口部分比进口部分严重，且随着沙粒体积分数的增大磨损程度加剧。

其中，沙和油的分布规律相似，主要集中于叶轮进口边轮毂头部、叶轮外缘区域；当沙和油的初始体积分数改变时，其对应的过流部件内体积分数分布也发生变化，分布区域也有所改变，沙和油两相互相影响对方的分布；当沙和油的初始体积分数一定时，各相的相对速度变化规律总体上趋于一致，其相对速度由大到小依次为沙、油和水。在叶轮内部叶片压力面轮缘附近的沙粒体积分数明显大于吸力面轮缘的沙粒体积分数，在叶轮出口处沙粒更易于集中在叶片吸力面轮缘附近，使叶片外缘的磨损程度比靠轮毂侧的磨损严重，出口部分比进口部分严重，且随着沙粒体积分数的增大磨损程度加剧。

对于虹吸式轴流泵，在同一流量条件下，含沙工况下的泵装置效率和扬程都比清水工况低，且导叶体和出水流道流态较清水工况差；随着固体颗粒直径的增加，叶轮叶片壁面处颗粒体积分数逐渐增大，且颗粒体积分布均匀性越差，固体颗粒主要集中于叶片压力面进口处及吸力面靠近轮缘处；而随着颗粒体积分数的增大，叶片表面及导叶表面固体颗粒分布的均匀度变差，固体颗粒主要分布于靠近叶片压力面进口处、吸力面靠近轮缘处，导叶处流态变差。

4.5.5 轴流泵作为输河沙水应用

轴流泵属于大流量、低扬程泵，在水利、市政、电厂和船坞等部门有着广泛运用，对于输送固液两相流，轴流泵作为输河沙水应用比较典型的例子就在南水北调中应用。南水北调有很多泵站，每个泵站都需要一定数量的轴流泵，比如应用在东线一期工程中的万年闸泵站、刘山泵站和台儿庄泵站。

参 考 文 献

[1] 刘小龙. 无堵塞泵内部三维不可压湍流场的数值模拟 [D]. 镇江：江苏大学，2003.

[2] 金守泉. 固液两相双流道泵的数值模拟与实验研究 [D]. 杭州：浙江理工大学，2013.

[3] 关醒凡，张晓峰. 单流道泵的设计研究［J］. 排灌机械，1989，7（3）：1-3.

[4] 程效锐. 双流道污水泵叶轮内部流场计算研究［D］. 兰州：兰州理工大学，2004.

[5] 冯进升，等. 单流道离心泵的研究现状及发展趋势［J］. 排灌机械工程学报，2017，35（3）：207-215.

[6] 吴贤芳，等. 单流道离心泵定常非定常性能预测及湍流模型工况适用性［J］. 农业工程学报，2017，33（1）：85-91.

[7] 丁剑. 单流道离心泵非定常特性及水力设计方法研究［D］. 镇江：江苏大学，2015.

[8] 李晖. 脱水污泥输送系统技术特点及设计探讨［J］. 市政技术，2013，31（5）：120-122.

[9] 李浩. 液压柱塞泵输送城市污泥运行情况介绍［J］. 建材技术与应用，2016（4）：12-13.

[10] 朱荣生，林鹏，龙云，等. 螺旋轴流泵的固液两相流动数值模拟［J］. 排灌机械工程学报，2014，32（1）：6-11.

[11] 施卫东，邢津，张德胜，等. 后掠式叶片轴流泵固液两相流数值模拟与优化［J］. 农业工程学报，2014，30（11）：76-82.

[12] 林鹏，刘梅清，燕浩，等. 轴流泵固液两相数值模拟及磨损特性研究［J］. 华中科技大学学报，2015，53（3）：32-36.

[13] 曹卫东，张忆宁，姚凌均. 多级离心泵内部固液两相流动及磨损特性［J］. 排灌机械工程学报，2017，35（8）：652-658.

[14] 汪家琼，蒋万明，孔繁余，等. 固液两相流离心泵内部流场数值模拟与磨损特性［J］. 农业机械学报，2013，44（11）：53-60.

[15] 黄先北，杨硕，刘竹青，等. 基于颗粒轨道模型的离心泵叶轮泥沙磨损数值预测［J］. 农业机械学报，2016，47（8）：35-41.

[16] 权辉. 螺旋离心泵内部流动和能量转换机理的研究［D］. 兰州：兰州理工大学，2012.

[17] 权辉，李仁年，韩伟，等. 基于型线的螺旋离心泵叶轮做功能力研究［J］. 机械工程学报，2013，49（10）：156-162.

[18] 权辉，李仁年，韩伟，等. 单介质螺旋离心泵能量转换机理［J］. 排灌机械工程学报，2012，30（5）：527-531.

第5章　固液两相流泵水力设计

在两相流介质下，由于固液相对密度差异导致惯性力不同，固液两相各以不同的速度运动。只有根据两相流的速度场来设计泵的叶型和流道，才能更有效地转换能量并降低磨损。但固液两相流泵内的流态十分复杂，即使清水也无法用纯数学的方法求解，对于两相流困难更大。到目前为止，对固液两相流动泵还没有建立一套完善的设计理论。

通过国内专家们的不懈努力，我国在运用两相流理论设计固液两相流泵方面得到了长足的发展，成果异常显著。从经验统计速度系数法、畸变速度设计法到速度比设计法，一步一步地趋于完善。由于固液两相流动的复杂性和特殊性，使得其在性能、噪声、寿命等方面仍存在巨大的提升空间，优化泵的设计来提高其效率和寿命，降低噪声，成为固液两相流泵未来研究的重点。

5.1　固液两相流泵传统水力设计方法

固液两相流泵水力设计的主要目标是根据给定的参数（流量、扬程和转速等），使所设计的泵具有最优的无堵塞性能和抗磨蚀性、良好的效率和必要的汽蚀余量，并使泵的外特性符合预先给定的要求。

5.1.1　一维叶片设计理论

一维叶片设计理论是离心泵叶片设计中最常用的经验性极强的设计方法。用该方法设计叶片时一般要经过三个步骤：①叶轮轴面形状造型；②回转流面生成；③叶片造型。

一维叶片设计理论存在以下四个缺陷：①叶片前方来流速度计算不准确，有可能造成过大的冲角，产生较大的冲击损失；②无法控制叶片表面流体的动力负荷分布；③叶片角度光滑变化，但不能保证叶片表面的相对流速也光滑变化；④难以确定哪种叶片设计方案是最优的。

5.1.2　基于两类流面的准三维反问题计算

离心泵叶轮设计的理论主要是20世纪50年代由吴仲华先生提出的 S_1、S_2 以及在这基础上建立的求解三元流动的普遍理论。经过国内外学者长达半个世纪的研究，基于两类流面的准三维反问题计算有了一定的发展。用这种方法设计的叶轮虽然效率高，但这其中忽略了黏性项，水力设计上还有一些关键问题需要解决。

5.1.3 基于涡面的全三维叶片设计理论

全三维问题较之准三维问题，对流动的假设减少了，能够更好地模拟流动的空间特性，这对于空间几何形状复杂的叶轮来说是极为重要的。主要的计算方法有奇点法、泰勒级数法、变域变分有限元法、混合谱方法、拟流函数法和欧拉方程法。其中前三种方法只能用于有势流动，后三种方法可用于有旋流动。

20 世纪 80 年代，根据理想不可压缩流动的一种三维奇点法，形成了一种全三维叶轮机械流动设计方法。

就目前而言，以经验数据修正的 Euler 理论和一元理论仍然是叶片式水力机械叶轮和导叶设计的基础。1906 年，H. 洛伦茨根据流体工作场的概念提出了叶片式机械二元流动理论，二元理论较一元理论科学，更接近真实流动情况，但二元理论实际应用并不多。

Stepanoff 在 1948 年提出了利用比转速规律进行水力设计的速度系数设计法，绘制了著名的 Stepanoff 速度图，当前仍有不少人使用改进了的速度图来进行设计。英国著名泵专家 Anderosn 于 1938 年首次提出了离心泵的面积比原理。他指出，叶轮出口过流面积与泵体喉部面积之比是泵扬程、流量和轴功率等特性的主要决定因素，从而将叶轮和蜗壳两大水力部件联系了起来。我国著名学者吴仲华教授于 1952 年提出了基于两类相对流面理论的叶轮机械三元流动普遍理论，为叶轮机械内的流动分析奠定了基础。相似理论是离心泵中的一个重要设计理论，即对几何相似和运动相似的泵来说，比转速相等，则可按相似关系进行水力设计，但用这种方法难以提高泵的性能。

5.2 传统设计方法的发展

5.2.1 经验模型换算法

经验模型换算法是 20 世纪 80 年代初由刘湘文最早提出来的，该方法以清水泵设计理论为基础，结合实践经验和试验数据，综合国内外资料，进行数理统计和回归分析，并以此为依据，通过在设计清水泵的公式中加入一些反映浆体特性的系数，就得到了两相流泵的经验设计公式，该设计方法是一种利用试验系数的经验公式法，比较有效和可靠。

该方法主要给出了一些经验数据和经验公式，具体包括以下方面：转速和叶片数的选取，确定叶轮的进出口直径、叶片的进口直径、叶片宽度、叶片进出口安放角、叶片包角，检查泵扬程的计算公式、叶片型线的选择和绘制、压出室的水力设计和隔舌位置的确定等。

其设计要点包括叶轮外径计算公式、叶片宽度计算公式、叶片出口角度的选取、叶片入口角计算公式、叶片型线采用双圆弧曲线或对数曲线、采用螺旋形护套。该方法是我国固液两相流泵较早的设计方法，比较简单，它在很大程度上克服了用单相流理论去设计两相流泵的缺陷。

不过，由于该方法是基于相似理论，把两相流设计方法看作是清水泵设计法的相似，本质上始终没有脱离清水泵设计理论的框架，和实际两相流动理论不吻合。一些公式并不是对每个固液两相流泵的设计都适用，只能作为参考。

5.2.2 经验统计速度系数设计法

这种方法是以国内外大量实践及积累的资料为依据，以清水泵的有关设计理论和公式为基础，以系数形式作若干修正而形成的设计方法，这些系数反映了工作介质的影响。

这种方法虽然在理论上不够完善，但有很强的实用性，在有丰富经验和足够资料的情况下往往能够得到良好的效果，因此得到了广泛的应用。张玉新等提出了一种适用于低比转速离心渣浆泵的无过载设计方法，为实际无过载设计提供了理论依据；刘彦春采用加大流量设计法设计了低比转速渣浆泵，分析了主要几何参数对泵性能的影响，推荐了合理的结构参数。

5.2.3 叶片型线设计研究

叶片渐开线型早已被美国和荷兰在挖泥泵上采用，在国内，何希杰等人详细地研究了挖泥泵叶片设计的有关问题，提出了叶片渐开线型线设计的具体操作方法，为渐开线型线设计提供了理论依据。

1928 年，A. 布斯曼（A. Busemann）较早在离心泵上采用对数螺旋线型线，1961 年，J. 赫比奇在“模型挖泥泵特性”一文中，通过试验指出采用对数螺旋线型叶片的叶轮，其输送清水和浆体时的效率均高于渐开线型叶片叶轮，目前渣浆泵叶轮叶片型线设计中，比较广泛地采用对数螺旋线。何希杰等人提出了螺旋离心泵叶轮叶片工作面和负压面空间曲线的螺旋线方程。

关醒凡提出螺旋离心泵的对数螺旋线型线，并将其分为等角对数螺旋线、等变角对数螺旋线和非等变角对数螺旋线，三者各有优缺点，在不同的情况下应选取不同的型线。

以上叶轮的叶片型线设计都是从几何的角度出发来考虑的，对清水介质具有很好的通过性，但对于固液两相流来说则有明显的不足之处，辽宁技术工程大学的朱玉才、武春彬等人通过对原型泵和分离型叶片离心泵对比试验的测试数据的分析与处理，验证了无分离条件下叶片型线（流线型叶片）的水力效率高于产生边界层分离时的叶片型线的水力效率；李仁年、苏吉鑫、陈冰等人在测试原有 150×

100LN-32 型螺旋离心泵叶轮基础上，总结出了叶轮型线方程和叶片变螺距方程及设计，在螺旋离心泵上是一个重要的突破。

5.2.4　基于人工智能的专家系统的优化设计

专家系统（ES）就是用来完成一系列非常复杂、在过去也许只能有极少数经过高级训练的人类专家才能完成的任务系统。应用人工智能（artificial intelligence, AI），ES 可以获取一些基本知识，这些知识足以使一般的人在处理复杂问题时同专家一样。ES 由用户、用户接口、解释功能、知识更新功能、知识库以及推理机等组成。其中知识库和推理机是系统的核心，这是专家知识、经验和书本知识、常识的存储器。离心泵 ES 的知识库包含各设计参数对泵性能影响的系数权重，专家在大量实践研究中绘制的图表和回归分析中得到的半理论半经验公式，以及公式中的经验系数的范围和大量的优秀水力模型的设计参数等。推理机是一组程序，由它控制和协调专家系统的输入数据（即数据库中的信息），利用知识库中的知识，按一定的推理策略来解决当前的问题。

由于目前泵的内部固液两相流体流动情况尚未完全掌握，水力设计仍以大量的经验系数为基础，各种优化设计，严格意义上讲也是半经验半理论的设计。其中在水力设计的优化过程中由于几何参数较多，而且各种参数对泵性能的影响又是相互联系的，因此各种水力性能既相互矛盾又相互统一。那么如何寻求最佳的设计参数组合，众多学者和专家对该领域进行了大量的理论和试验研究，总结了许多的宝贵经验。所以总结当今众多学者的研究成果，构建基于人工智能模糊推理机制的专家系统，运用专用泵优化思想和综合优化思想可以方便地对无堵塞泵的基本构造和水力设计进行优化。

5.2.5　三元流动设计理论

三元流动设计理论中有两个基本问题，即算法研究和算法应用研究。算法研究就是探索利用设计理论得到叶片的途径和手段以及它们的难易程度、收敛性、内存需要量和计算时间等问题，它不涉及泵的水力性能等问题，它的研究成果是一种理论形态的东西。目前，三元流动设计理论的研究绝大多数都属于此类。而算法应用研究就是利用已有的三元流动设计理论，进行满足水力性能的最优设计，这是以后很长一段时间内研究的重点。

随着科学技术的进步和经济的发展，许多领域（特别是石油化工、航空等）对高性能的流体机械需求越来越迫切。为了适应社会的需求，需要进行试制和大量试验参数测量等工作，为此需要耗费大量的资金和时间。显然，为了设计出高性能的流体机械，传统的设计方法已满足不了需要，必须采用现代设计理论和方法。这就要求设计者必须详细掌握流体力学性能和内部流动状况，从而给流体机械内部流动理论和试验研究提出了新的课题。

以上设计方法主要建立在清水介质的基础上，比较简单有效，具有一定的可靠性，对于不同类型的固液两相流泵，其设计是否合理，依赖经验较多。但这些传统设计方法，是后续基于固液两相流流动特性固液两相流设计方法的先导，对以后的两相流设计方法的发展具有推动作用。

5.3 固液两相流泵设计

5.3.1 固液两相流泵设计基本思想

固液两相流理论的基本观点是混合液中的固液两相流在流场中存在着速度差，有着各自的速度场，固体颗粒的存在将使液体的速度场产生畸变。当固体颗粒的速度小于液体速度时，固体颗粒相对于液体产生相对阻塞作用；当固体颗粒的速度大于液体速度时，固体颗粒相对于液体产生相对抽吸作用；因此，当泵工作时，固体颗粒对泵性能的影响，主要表现为固体颗粒在泵流道的流场中，特别是在叶轮流道的流场中对液体速度场、压力场和水力损失的影响，也就是对泵的能量转换过程的影响。

5.3.2 固液两相流泵设计原则

固液两相流泵关键在于正确解决固液两相流场的变化关系，基于此在初始设计时还要遵循一定的原则。

1. 提高效率

效率不仅是泵类设计的目的，提高水力效率更是用两相流理论设计固液两相流泵必须遵循的首要原则。长期以来，人们常使用各种方法来提高固液两相流泵的效率，虽然取得了不少成果，但是在这方面做得还是不够。合理的叶片进口角度、良好的叶片型线和叶片宽度等都会有利于效率的提高。

2. 良好的抗磨性

固液两相流泵输送的是含固体颗粒的液体，颗粒对过流部件的磨损非常厉害，因此在泵的设计中，要充分考虑过流部件的抗磨蚀性能，使磨损的各种因素减小到最低程度。较大的叶片进口角度、较大的叶片宽度和较小的叶轮外径等均对抗磨性有利。

3. 汽蚀性

泵在输送液体时，泵叶轮进口附近会出现低压，当此压力低于所输送液体在当时温度下的饱和蒸气压力时，就产生汽化现象。当携带气泡的液体继续前进到达高压区时，气泡会突然爆破，这样将会对泵的壁面造成强烈的冲击进而产生汽蚀破坏。当液体中有固体颗粒时，更会加速气泡破裂。因此，尤其在固液两相流泵设计时，不得不考虑其抗汽蚀性能。合理的叶轮转速、叶轮进口直径和叶片宽度等都有利于提高泵的汽蚀性能。

4. 过流能力

由于固液两相流介质的非均匀性，固液两相流泵输送的介质中往往有大颗粒，因此必须在设计时考虑大颗粒是否能通过。较少的叶片数、较大的进口角度等都有利于颗粒的通过。

5. 输送性

固液两相流泵是用来输送固液混合介质，对固体物料的输送，一定要考虑其输送性。在泵的设计上，要求合理的泵进口直径、叶片宽度等。

除了要遵循以上原则外，还要注意泵的密封性能，结构应简单、易拆卸、易维修等。

5.4　基于两相流理论的设计方法

5.4.1　两相流畸变速度设计法

20 世纪 80 年代初，经验系数设计法提出不久，蔡保元教授提出了两相流畸变速度设计法。其基本思想是把固体颗粒作为水流运动的边界条件，固体颗粒的存在使液体的速度场发生了畸变，在泵的入口，固体颗粒的速度小于液体速度，固体颗粒相对于液体产生相对阻塞作用，液流畸变速度升高，反之，在泵的出口处，固体颗粒的速度大于液体速度时，固体颗粒相对于液体产生相对抽吸作用，液流畸变速度降低。以上述理论为基础，推导出了泵吸入室和叶轮的两相流工作方程。解方程求出水流的畸变速度场后，根据两相流理论，综合一般设计方法设计出泵吸入室、叶轮和压出室的主要参数即为两相流畸变速度设计法。

该方法由于实质性地把两相流动理论应用到了固液两相流泵的设计，考虑了固液两相在流动中的运动规律，因此较单相流理论设计更为准确可靠。在当时，这种方法在杂质泵行业引起了人们的普遍关注，影响非常深远。从客观上讲，这种方法对以后杂质泵理论和设计方法的深入研究有极大的推动作用。

虽然在我国这种方法首次把两相流设计理论运用到了渣浆泵的设计，但是其提出的理论及其设计方法和实际叶轮内固液两相流动的差别还是很大，还有待进一步完善。

5.4.2　两相流速度比设计法

20 世纪 80 年代末，清华大学的许洪元教授提出了固液泵的两相流速度比设计思想，主要考虑了两相之间的速度变化及能量转换规律，其设计的主导思想是离心泵中的两相流动属于分离流动，在流道的不同部位，固体颗粒的受力不同，固液两相间的速度比发生变化，使两相流体的体积分数随之变化。以上述理论为基础，推导出固液两相流速度比方程，并用两流体模型，经过分析和数学计算，推导出固液两相流基本方程式。在渣浆泵的设计中，依据固相特性合理选择流道各关键部位固液速度比，导出泵叶轮进口当量直径、叶轮出口直径、吸入室进口直径和蜗室第Ⅷ断面的面积的计算公式。叶轮的其他几何参数可由速度三角形求出。

该方法在固液两相流泵的水力设计方面有了新的突破。由于充分考虑了泵中固液速度比场的变化规律，较符合泵的工作条件，因此可以有效地转换能量，防止了泵的局部高速损坏，效率较高，寿命也较长。

1. 固液两相流速度比设计理念

离心泵的固液两相流速度比设计理论要点是离心泵中的两相流动属于分离流动，在流道的不同部位，固体颗粒的受力不同，固液两相间的速度比发生变化，使两相流体的体积分数比随之变化，由此推导出固液两相流速度比方程，应用于离心泵的设计中，得到离心泵的两相流设计方法。

在固液离心泵的设计中，鉴于固液两相的速度场不同，常用两流体模型，即把悬浮固体颗粒群作为拟流体处理，把固液两相均假设为连续介质，同时充满整个流场，由此建立固液泵的两相流基本方程式。同时采用运动轨迹模型，用拉格朗日法计算固体颗粒运动轨迹，预估过流件的磨损。

2. 固液两相流速度比设计理论依据

在两相流体中任取一个单元体，做如下假设：

1）这个单元体的尺度在宏观上比起所研究的问题的特征尺寸来说足够小，在微观上比颗粒尺度又足够大，能包含大量颗粒。

2）单元体的形状是以底面积为 ΔA、高为 ΔL 的柱体。

3）沿单元体各流动断面上固相所占面积相同，则单元体中两相流体的当地体积分数 C_s 为

$$C_s=\frac{\Delta A_s\Delta L}{\Delta A\Delta L}=\frac{1}{1+\dfrac{\Delta A_f}{\Delta A_s}} \tag{5-1}$$

式中　ΔA_s 和 ΔA_f——单元体流动断面上固相和液相所占面积（m^2）。

输送体积分数 C_V 为

$$C_V=\frac{\Delta Q_s}{\Delta Q}=\frac{1}{1+\dfrac{\Delta A_f}{\Delta A_s}\dfrac{v_{fa}}{v_{sa}}} \tag{5-2}$$

式中　ΔQ_s 和 ΔQ——通过底面积 ΔA 的固相流量和两相流体的流量（m^3/s）；

v_{sa} 和 v_{fa}——固相和液相的平均速度在柱体轴线方向的分量（m/s）。

则在流道总流中，当地体积分数和输送体积分数分别为

$$C_s=\frac{A_s}{A}=\frac{1}{1+\dfrac{A_f}{A_s}} \tag{5-3}$$

$$C_V = \frac{Q_s}{Q} = \frac{1}{1 + \frac{\int_{A_f} v_{fa} \mathrm{d}A_f}{\int_{A_s} v_{sa} \mathrm{d}A_s}} \tag{5-4}$$

式中　A——总流过流断面积（m^2）；

A_s 和 A_f——断面积 A 上固相和液相所占面积（m^2）。

在固体物料的管道输送中，若输送体积分数的平均值为常量，则固液之间的速度比变化，会引起两相流当地体积分数的变化，其实质是沿流道断面上固相和液相所占面积的再分配。

固液两相流速度比 K_v 和固液两相流体积分数比 K_C 分别为

$$K_v = \frac{v_{sa}}{v_{fa}} \tag{5-5}$$

$$K_C = \frac{C_V}{C_s} \tag{5-6}$$

则

$$K_C = C_V + (1 - C_V) K_V \tag{5-7}$$

式（5-7）称为两相流速度比方程。只有当固体为微粒状，固液之间无相对滑移（$K_C = 1$）时，当地体积分数才等于输送体积分数（$K_C = 1$）。若 $v_{sa} = v_{fa}$，则 $K_C > 1$，反之则 $K_C < 1$。在泵内两相流动中，固液之间存在速度差，在流道不同部位，固液之间速度比不同，故两相流的体积分数比也不同。以叶轮中的两相流动为例，由两流体模型，液相相对运动方程为

$$\rho_f \frac{\mathrm{d}\overline{\boldsymbol{\omega}}_f}{\mathrm{d}t} = -\rho_f g z + \rho_f \omega^2 \boldsymbol{r} - 2\rho_f \boldsymbol{\omega} \times \boldsymbol{\omega}_f - \nabla p + \Delta \boldsymbol{\omega}_f - \frac{\boldsymbol{f}_{fs}}{1 - C_V} \tag{5-8}$$

式（5-8）各项表示在单位体积两相流体中液相的各种相关物理量，等号左端为惯性力，等号右端第一项为质量力，第二项为牵连运动离心力，第三项为科里奥利力，第四项为压差力，第五项为黏性力，最后一项为固相对液相的作用力。

固相相对运动方程为

$$\rho_s \frac{\mathrm{d}\boldsymbol{\omega}_s}{\mathrm{d}t} + c\rho_f \frac{\mathrm{d}}{\mathrm{d}t}(\boldsymbol{\omega}_s - \boldsymbol{\omega}_f) = -\rho_s g z + \rho_s \omega^2 \boldsymbol{r} + \frac{\boldsymbol{\omega}_s^2}{R} \boldsymbol{e}_R - 2\rho_s \boldsymbol{\omega} / \boldsymbol{\omega}_s - \nabla p + \frac{\boldsymbol{f}_{fs}}{C_s} \tag{5-9}$$

式（5-9）各项表示在单位体积两相流体中固相的各种相关物理量，其意义与式（5-8）中对应项相同。除此以外，式（5-9）等号左端第二项为附加质量力；等号右端第三项为固相作相对曲线运动产生的离心力，通常可忽略不计；最后一项是液相对固相的作用力。

阻力

$$\boldsymbol{f}_{sf} = 0.5 \rho_f C_D A \left| \boldsymbol{\omega}_f - \boldsymbol{\omega}_s \right| (\boldsymbol{\omega}_f - \boldsymbol{\omega}_s) \tag{5-10}$$

假设叶轮中相对运动稳定，由式（5-8）、式（5-9）可导出如下关系式：

$$k(\rho_s - \rho_f) = \omega_f^2(k_v^2 - 1) - \omega_{f_1}^2(k_{v_1}^2 - 1) - k\int_{r_1}^{r} f_{sf_1}\mathrm{d}l \tag{5-11}$$

式中 $k=\dfrac{2(p-p_1)}{\rho_f(\rho_s+c\rho_f)}>0$；$k'_{v_1}=\dfrac{C_s\rho_s+(1-C_s)\ \rho_s}{C_s(1-C_s)\rho_f(\rho_s+c\rho_f)}>0$；下标 1 表示叶轮进口；$c$ 为附加质量系数；$k_v=\omega_s/\omega_f$ 是两相流相对运动速度比。

当固体密度大于水的密度时（$\rho_s>\rho_f$），根据管道中悬浮两相流动的特点，在叶轮进口区，两相流速度比 k_v 略小于 1。在叶轮中，$k_v>1$ 则是式（5-11）成立的条件。从叶轮进口至出口，压力 p 增大使 k 增大，k_v 也不断增大，则由速度比方程（5-11）知，两相流体积分数比 k_C 也逐渐增加。实际上，两相流体由吸入管进入叶轮时，固体颗粒是在水流的挟持下运动，由于相对滑移，固体颗粒速度小于水流速度；进入高速旋转的叶轮后，由于离心力作用，固体颗粒速度逐渐大于水流速度，越接近叶轮出口，两相间的速度差越大。试验表明，质量较大的颗粒在叶轮出口处的速度可为水流速度的好几倍，在一定的输送体积分数下，体积分数比的增大反映了当地体积分数的减小，即沿叶轮进口至出口流道断面上固相占有的当量面积比的不断减小，液相当量面积比不断增大。若固相作为液相运动的动边界条件，不难想象，对于按单相流理论设计的叶轮流道，输送两相流体时，液相的扩散程度显然比输送清水时要大。当颗粒较大时，这种差异更加突出，造成流态恶化，损失增大。这就是普通渣浆泵输送固液混合物尤其是颗粒较大的混合物时效率、扬程明显下降的主要原因。因此，渣浆泵叶轮的水力设计不宜采用清水泵的设计方法，而应按固液两相流速度场进行设计，使输送两相流体时的液相流态接近单相流态，确保泵高效节能和避免高速磨蚀破坏。

忽略固体相对于周围流体加速时的附加质量力，并假设相对运动为稳定的轴对称有势流动，对式（5-8）、式（5-9）积分并叠加，除以两相流体的重度得相对运动比能。

$$\sum_{i=1}^{2} C_{mi}\left(z + \frac{p}{v_i} + \frac{w_i^2 - u_i^2}{2g}\right) = C \tag{5-12}$$

由两相流绝对运动比能公式及速度三角形得

$$E - \sum_{i=1}^{2} C_{mi}\frac{{v_{ui}}^2}{g} = C \tag{5-13}$$

则离心泵的固液两相流基本方程式为

$$H_{Tm} = \sum_{i=1}^{2}\frac{C_{mi}}{g}(u_2 v_{u_2} - u_1 v_{u_1}) \tag{5-14}$$

式中 H_{Tm}——离心泵的渣浆理论扬程，$H_{Tm}=E_2-E_1$；

$i=1,\ 2$——表示固相和液相；

C_{mi}——固液各相的质量分数（%）；

u_1、u_2——叶轮进、出口圆周速度（m/s）；

v_{u_1}、v_{u_2}——叶轮进、出口绝对速度圆周分量（m/s）；

w_i——相对速度。

式（5-14）是离心泵两相流设计的理论依据，这和清水泵的单相流设计理论既有一定的联系，又有着本质的区别。若固液两相速度场相同，则式（5-14）为

$$H_T = \frac{(u_2 v_{u_2} - u_1 v_{u_1})}{g} \tag{5-15}$$

3. 以渣浆泵为例，固液两相流泵过流部件的设计

在离心泵的两相流设计中，依据固相特性合理选择流道各关键部位的固液速度比值，应用于离心式渣浆泵的设计中，推导出渣浆泵的设计计算公式。

根据两相流理论和设计方法，在渣浆泵的设计中做如下假设：

1）流体机械只能转换液体的能量，固体是在液体裹挟下运动的，因此其能量是通过液体间接传递的。

2）在两相流的湍流运动情况下，由于力场不同，固液两相以不同的速度运动。当固体运动速度较快时，固体对水流的过流通道产生相对抽吸，使其相对扩大，水流畸变速度降低；反之，则产生相对阻塞，使其相对缩小，水流畸变速度升高。

3）设计中以清水设计作为参照物，固体作为运动边界条件。

针对吸水室、叶轮和压水室的不同流态，可以写出不同的两相流设计方程组。

（1）吸入室　两相流畸变方程为

$$v_1^2 - v_c^2 = K_i^2 \tag{5-16}$$

两相流输送方程为

$$v_1 - v_s = K_i \tag{5-17}$$

$$K_i = \sqrt{\frac{4gd_i(\rho_s - \rho_1)(\sin\theta - c_y\cos\theta)}{3c_x\rho_c}} \tag{5-18}$$

式中　v_1、v_c、v_s——两相流水流、清水、两相流固体颗粒的速度（m/s）；

K_i——固体特性系数；

g——重力加速度（m/s^2）；

d_i——固体当量直径（m）；

ρ_1、ρ_c、ρ_s——两相流介质、清水、固体的密度（kg/m^3）；

θ——入口角（°）；

c_x——逆流方向的绕流阻力系数；

c_y——垂直于液流方向的湍流阻力系数。

式（5-18）为双曲线方程。当 v_1 很高时，水流对固体的约束力很强，v_s 和 v_1 接近，固体颗粒基本沿着水流迹线运动，冲击磨损减小，摩擦磨损增加，泵的汽蚀性能易于控制，因此泵的使用寿命增加。但因水力损失正比于 v_1^2，泵的水力效率急剧下降。设 S 为过流面积，则输送单位固体颗粒的能耗为

$$Y=\frac{Av_1^2}{2gSv_s} \tag{5-19}$$

式（5-19）存在极小值，即当 $v_s \approx K_i$ 时，泵的输送效率最高。

（2）叶轮 $v_s = v_1$　两相流畸变方程为

$$v_{mc}^2 - v_{ml}^2 = K_r^2 \tag{5-20}$$

两相流输送方程为

$$v_{ms} - v_{ml} = K_r \tag{5-21}$$

$$K_i = \sqrt{\frac{4\omega^2 R d_r(\rho_s - \rho_c)}{3c_x \rho_c}} \tag{5-22}$$

式中　v_m——轴面速度（m/s）；

r(下角标)——相应参数在轴面的投影值。

固体和液体以不同的速度场 v_s 和 v_l 运动，以水流速度场 v_l 设计叶型和流道，能更有效地转换能量，防止汽蚀破坏，固体速度场 $v_s = f(v_l)$，设计必须保持两个速度场 v_s 和 v_l 变化率一致。这样固体即可沿液体流线（同叶轮型线）运动，减少固体颗粒与叶片发生撞击。固体在叶轮流道中流动，由于离心力的作用，出口处对水流的过流通道产生相对抽吸，使水流过流通道相对扩大，出口环量减小，叶片的出口角度减小。进口处固体运动速度比水流慢，固体对水流过流通道产生相对阻塞，使水流的过流通道相对缩小，进口环量加大，叶片的进口角度加大。为适应叶片型线及进出口角度的要求，通过优化设计，通常采用双圆弧叶片。

（3）压水室　螺旋形泵壳的流线方程为

$$\tan\delta = \frac{v_r}{v_u} = 常数 \tag{5-23}$$

式中　δ——涡旋角（°）。

在泵的出口处，固体对水流产生相对抽吸，使叶轮出口环量不足，其值通过叶轮出口三角形可求出切向分量差 Δv_u，且径向速度变化值 $\Delta v_r = v_{ml} - v_{mc}$，所以两相流涡旋角 δ 为

$$\tan\delta = \frac{v_r + \Delta v_r}{v_u - \Delta v_u} \tag{5-24}$$

因此，涡旋角加大，形成宽蜗壳。

综上所述，两相流泵的水力设计的结构特点是双圆弧叶片、宽蜗壳。

5.4.3　结构设计的特殊性

除了水力设计之外，固液两相流泵的结构设计也很重要。例如要在结构上保证易损件容易更换，在离心叶轮上加背叶片以减小对密封的磨损，采用开式叶轮来防止泵的堵塞等。因此，在保证泵性能的情况下，在结构设计上需要注意以下几点：

1. 防缠绕性

有利于大颗粒、长纤维的固相通过，对叶片过流流道需要不同于清水泵的设计。

2. 叶片和蜗壳等耐磨性

从固液两相混合流流动特性出发，使得流动更为合理，同时，应用和开发耐磨材料。

3. 零部件易更换性

由于固液两相流泵叶轮、蜗壳等过流部件易磨蚀，因此在结构设计上，应考虑零部件装配关系且要容易更换。

5.5　叶片型线设计法

叶片水力设计的本质是设计叶片的流线型，实际只需以叶片工作面或背面的轮廓线作为叶片型线进行水力设计即可，由此可以简化叶片泵的设计。

叶片型线可以分为单圆弧叶片、双圆弧叶片、渐开线、等角螺旋线、等变角螺旋线、非等变角螺旋线等，叶片型线基本由以上几种线型组成，除了非等变角螺旋线外，这些叶片型线的包角是由叶片进出口边界条件决定的定值，如何根据泵的比转速和叶片数的大小选取叶片包角，是提高固液两相流泵叶轮水力性能的难点。

5.5.1　渐开线

1. 概述

渐伸线和渐屈线是曲线的微分几何上互为表里的概念。若曲线 A 是曲线 B 的渐伸线，曲线 B 是曲线 A 的渐屈线，在曲线上只有一条渐屈线。

将一个圆轴固定在一个平面上，轴上缠线，拉紧一个线头，让该线绕圆轴运动且始终与圆轴相切，那么线上一个定点在该平面上的轨迹就是渐开线，如图 5-1 所示。

2. 渐开线方程

直线在圆上纯滚动时，直线上一点 B 的轨迹称为该圆的渐开线，该圆称为渐开线的基圆，直线称为渐开线的发生线。渐开线的形状仅取决于基圆的大小，基圆越小，渐开线越弯曲；基圆越大，渐开线越平直；基圆为无穷大时，渐开线为斜直线。

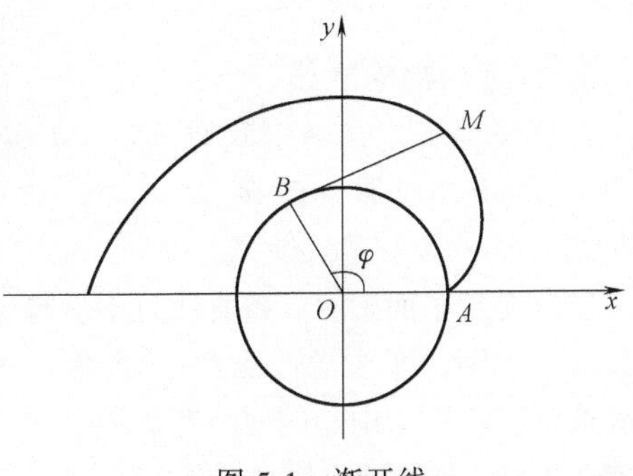

图 5-1　渐开线

以基圆圆心 O 为原点，直线 OA 为 x 轴，建立平面直角坐标系。设基圆的半

径为 r，绳子外端 M 的坐标为（x，y）。则圆的渐开线参数方程为

$$\begin{cases} x=r(\cos\varphi+\varphi\sin\varphi) \\ y=r(\sin\varphi-\varphi\cos\varphi) \end{cases} \tag{5-25}$$

5.5.2 等角螺旋线

1. 概述

对数螺旋线是一根无尽头的螺旋线，它永远向着极点绕，越绕越靠近极点，但又永远不能到达极点，如图 5-2 所示。对数螺旋线在自然界中普遍存在，其他螺旋线也与对数螺旋线有一定的关系，不过目前仍未找到螺旋线的通式。

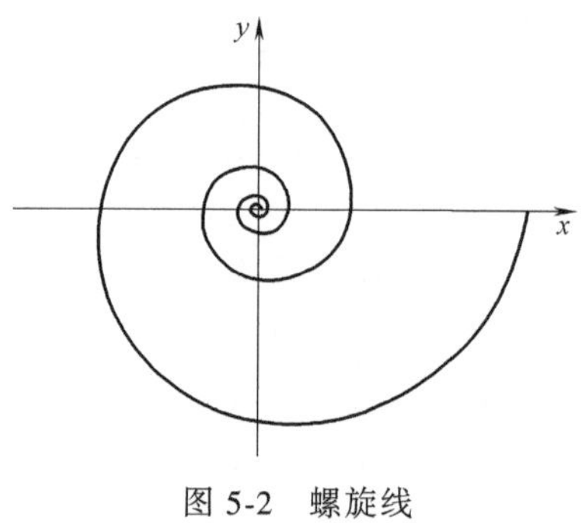

图 5-2　螺旋线

在 2000 多年以前，古希腊数学家阿基米德就对螺旋线进行了研究。著名数学家笛卡儿于 1683 年首先描述了对数螺旋线，并且列出了螺旋线的解析式。后来瑞士数学家雅各布·伯努利（Bernoulli Jakob I，1654—1705 年）曾详细研究过它，发现对数螺旋线的渐屈线和渐伸线仍是对数螺旋线，极点在对数螺旋线各点的切线仍是对数螺旋线。

2. 螺旋线的分类

按维度分可以分为二维螺旋线和三维螺旋线。其中二维螺旋线包括阿基米德螺旋线、费马螺旋线、等角螺旋线、双曲螺旋线、圆内螺旋线、弯曲螺旋线、连锁螺旋线、柯奴螺旋线、欧拉螺旋线；三维螺旋线大致可分为圆柱螺旋线和圆锥螺旋线。

3. 对数螺旋线方程

对数螺旋线是螺旋线的一种，若一条曲线在每个点 P 的切矢量都与某定点 O 至此点 P 所成的矢量 $\overline{OP}$ 夹成一定角，且定角不是直角，则此曲线称为一条等角螺旋线，O 点称为它的极点，其极坐标方程式为

$$r=a\mathrm{e}^{\theta\cot a} \tag{5-26}$$

4. 构造对数螺旋线

在复平面上定义一个复数 $z=a+bi$，其中 a，$b\neq0$，那么连接 z、z^2、z^3……的曲线就是一条对数螺旋线。

若 L 是复平面中的一条直线且不平行于实数或虚数轴，那么指数函数 e^z 会将这些直线映像到以 O 为中心的对数螺旋线。使用的黄金矩形下对数螺旋线如图 5-3 所示。

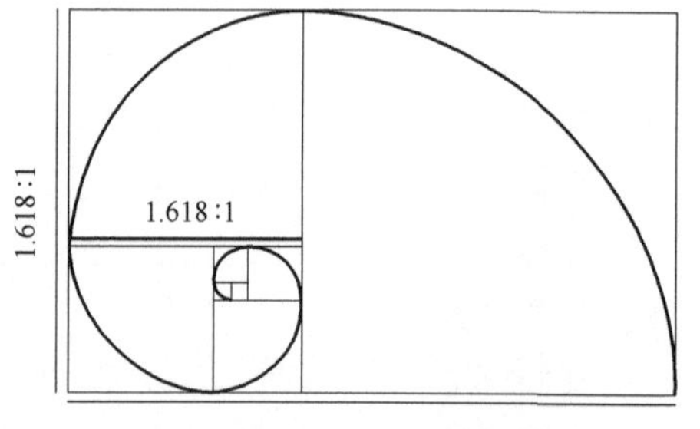

图 5-3　黄金矩形下对数螺旋线

5.6　螺旋离心泵叶轮叶片型线方程

螺旋离心泵是一种具有三元螺旋式叶轮，以输送含有颗粒、易缠结固体物的两相流体介质为主的杂质泵。螺旋离心泵叶轮，其前半部分呈螺旋式，后半部分为离心式。叶轮叶片型线为空间曲线，一般采用对数螺旋线。

传统的螺旋离心泵设计方法是用方格网保角变换法绘型叶片，但是在轴面分点的过程中，分点进行至后面部分时，每点间隔很小，已无法识别，因此靠此法很难准确绘出流线全型。针对传统设计方法的缺陷和不足，给出了螺旋离心泵叶轮叶片型线方程，可进行叶轮的水力设计和三维造型等。

5.6.1　螺旋线方程

1. 圆台面螺旋线方程

螺旋线起始点位置坐标为（r_0，Z_0），动点 P 所在的轴截面与起始点所在的轴截面间的夹角为 θ，圆台母线与轴线间的夹角为 α，如图 5-4 所示。

其对应的螺旋线方程为

$$\begin{cases} r = r_0 - a\theta\sin\alpha \\ Z = Z_0 - a\theta\cos\alpha \end{cases} \tag{5-27}$$

式中，a 与螺距 h 有关，圆台螺旋线的螺距 $h = 2\pi a\cos\alpha$。

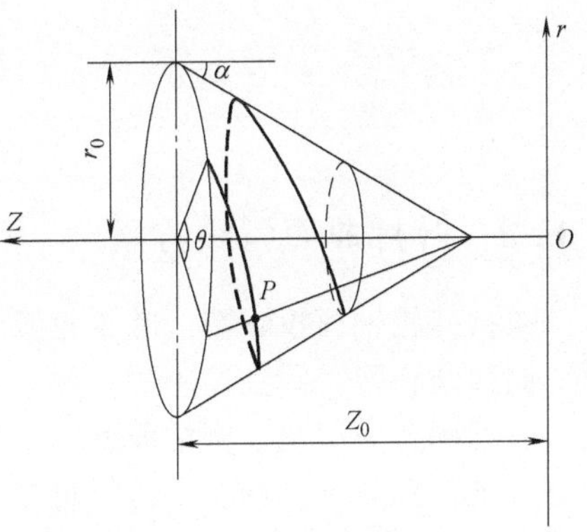

图 5-4　圆台面螺旋线

2. 曲面圆台面螺旋线方程

螺旋线起始点位置坐标为（r_0，Z_0），终点位置坐标为（r_1，Z_1），终点所在的轴截面与起始点所在的轴截面间的夹角为 θ_1，动点 P 所在的轴截面与起始点所在的轴截面间的夹角为 θ，曲面圆台母线为一段圆弧，圆心为 O_1，圆弧半径为 R，如图 5-5 所示。

其对应的螺旋线方程为

$$\begin{cases} Z = Z_0 - \dfrac{Z_0 - Z_1}{\theta_1}\theta \\ r = R + r_1 - \sqrt{R^2 - (Z - Z_1)^2} \end{cases} \tag{5-28}$$

3. 圆柱面螺旋线方程

螺旋线起始点位置坐标为（r_0，Z_0），螺旋线导程为 H，动点 P 所在的轴截面与起始点所在的轴截面间的夹角为 θ，如图 5-6 所示。

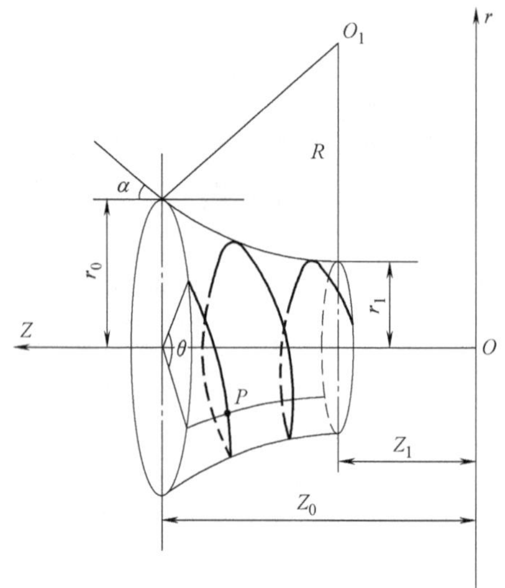

图 5-5　曲面圆台面螺旋线

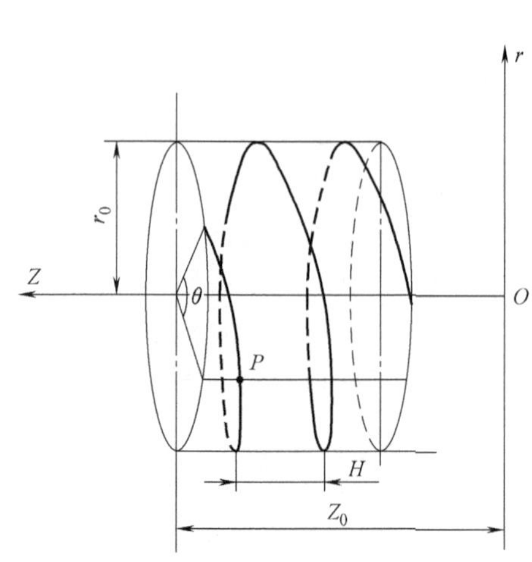

图 5-6　圆柱面螺旋线

其对应的螺旋线方程为

$$\begin{cases} Z = Z_0 - \dfrac{H}{2\pi}\theta \\ r = r_0 \end{cases} \tag{5-29}$$

5.6.2　叶片曲面型线方程

根据叶轮轴面投影图，叶轮轮缘侧外形、出口边外形及轮毂侧外形一般由圆台面、曲面圆台面、圆柱面中的一者、二者或三者组合而成。故叶轮型线由圆台面型线、曲面圆台面型线、圆柱面型线中的一者、二者或三者组合而成。下面将各螺旋线方程统一到同一坐标系中，得出轮缘侧、出口边以及轮毂侧型线方程。

1. 规则叶轮叶片型线方程

(1) 规则叶轮轮缘侧型线方程

当 $0 \leqslant \psi \leqslant \psi_1$ 时，

$$\begin{cases} Z = L - L_1 - R_1 \sin\alpha_1 - \dfrac{H_1}{360}(\psi - \psi_1) \\ r = \dfrac{D_1}{2} \end{cases} \tag{5-30}$$

当 $\psi_1 < \psi \leqslant \psi_2$ 时，

$$\begin{cases} Z = L - L_1 - \dfrac{R_1 \sin\alpha_1}{\psi_2 - \psi_1}(\psi_2 - \psi) \\ r = R_1 + \dfrac{D_1}{2} - \sqrt{R_1^2 - [Z - (L - L_1 - R_1 \sin\alpha_1)]^2} \end{cases} \tag{5-31}$$

当 $\psi_2<\psi\leqslant\psi_{sh}$ 时，

$$\begin{cases} Z=L-b_2-a(\psi_{sh}-\psi)\cos\alpha_1 \\ r=\dfrac{D_{2max}}{2}-a(\psi_{sh}-\psi)\sin\alpha_1 \end{cases} \tag{5-32}$$

式（5-30）中 H_1 取轮缘侧螺旋线的平均导程，即

$$\begin{cases} H_1=\dfrac{360(L-b_2)}{\psi_{sh}} \\ \psi_1=\dfrac{360(L-L_1-R_1\sin\alpha_1)}{H_1} \\ \psi_2=\dfrac{360R_1\sin\alpha_1}{H_1}+\psi_1 \\ a=\dfrac{H_1}{360\cos\alpha_1} \end{cases} \tag{5-33}$$

（2）规则叶轮出口边的型线方程

当 $\psi_{sh}<\psi\leqslant\psi_{sh}+\psi_{ex}$ 时，

$$\begin{cases} Z=L-b_2+\dfrac{b_2-b_3}{\psi_{ex}}(\psi-\psi_{sh}) \\ r=\dfrac{D_{2max}}{2}-\dfrac{(b_2-b_3)(D_{2max}-D_{2min})}{2b_2\psi_{ex}}(\psi-\psi_{sh}) \end{cases} \tag{5-34}$$

（3）规则叶轮轮毂侧型线方程

当 $\psi_{sh}+\psi_{ex}-\psi_{hu}\leqslant\psi\leqslant\psi_1'$ 时，

$$\begin{cases} Z=L-L_3-\dfrac{(L_2-L_3)(\psi_1'-\psi)}{\psi_1'+\psi_{hu}-\psi_{sh}-\psi_{ex}} \\ r=\dfrac{D_h}{2}+\sqrt{R_2^2-(R_2\sin\alpha_2-L_2+L_3)^2}-\sqrt{R_2^2-(Z-L+L_3+R_2\sin\alpha_2)^2} \end{cases} \tag{5-35}$$

当 $\psi_1'<\psi\leqslant\psi_2'$ 时，

$$\begin{cases} Z=L-L_4-\dfrac{L_2}{\psi_{hu}}(\psi_2'-\psi) \\ r=\dfrac{D_h}{2}+\sqrt{R_2^2-(R_2\sin\alpha_2-L_2+L_3)^2}-R_2\cos\alpha_2+(L_3-L_4)\tan\alpha_2-\dfrac{L_2\tan\alpha_2}{\psi_{hu}}(\psi_2'-\psi) \end{cases} \tag{5-36}$$

当 $\psi_2'<\psi\leqslant\psi_{sh}+\psi_{ex}$ 时，

$$\begin{cases} Z=L-\dfrac{L_4(\psi_{sh}+\psi_{ex}-\psi)}{\psi_{sh}+\psi_{ex}-\psi_2'} \\ r=\dfrac{D_{2\min}}{2}-\sqrt{R_3^2-(L_4+R_3\sin\alpha_2)^2}-\sqrt{R_3^2-(L-L_4-R_3\sin\alpha_2-Z)^2} \end{cases} \tag{5-37}$$

轮毂侧螺旋线导程 H_2 也取平均导程，$H_2=\dfrac{360L_2}{\psi_{hu}}$，故可求出

$$\begin{cases} \psi_1'=\psi_{sh}+\psi_{ex}-\dfrac{L_3}{L_2}\psi_{hu} \\ \psi_2'=\psi_{sh}+\psi_{ex}-\dfrac{L_4}{L_2}\psi_{hu} \end{cases} \tag{5-38}$$

2. 非规则叶轮叶片型线方程

(1) 建立非规则叶轮叶片型线方程的意义　由于螺旋离心泵叶轮内水流状态的复杂性，规则叶轮叶片型线方程难以满足设计优良水力性能叶轮的需要。从设计实践看，目前所设计的叶轮，大多是非规则叶轮。从水流的形态看，必须将叶片的螺距从进口至出口做平滑变化，但考虑从进口至出口螺距的变化规律全使用线性或非线性的方程过于复杂，不利于确定具体方程，在保证光滑变化的前提下，进口段圆柱面螺线部分及出口边还采用规则叶轮的叶片型线方程。为简洁起见，变螺距 $2\pi r\tan\beta$ 与 ψ 之间为线性变化规律。

此外，建立非规则叶轮叶片型线方程，可以有效提高叶轮的优化设计周期，希望通过各种参数的调整与组合，筛选出性能更好的叶轮。

(2) 非规则叶轮轮缘侧型线方程

当 $0\leqslant\psi\leqslant\psi_1$ 时，

$$\begin{cases} Z=L-L_1-R\sin\alpha_1-\dfrac{\pi D_1\tan\beta_{1a}}{360}(\psi-\psi_1) \\ r=\dfrac{D_1}{2} \end{cases} \tag{5-39}$$

当 $\psi_1<\psi\leqslant\psi_{sh}$ 时，变螺距 $2\pi r\tan\beta$ 与 ψ 之间为线性变化规律，由 $\pi D_1\tan\beta_{1a}$ 变到 $\pi D_{2\max}\tan\beta_2$，则

$$2\pi r\tan\beta=\frac{\pi(D_{2\max}\tan\beta_2-D_1\tan\beta_{1a})}{\psi_{sh}-\psi_1}(\psi-\psi_1)+\pi D_1\tan\beta_{1a} \tag{5-40}$$

当 $\psi_1<\psi\leqslant\psi_2$ 时，

$$\begin{cases} Z=\dfrac{2\pi r\tan\beta}{360}\psi \\ r=R_1+\dfrac{D_1}{2}-\sqrt{R_1^2-[Z-(L-L_1-R_1\sin\alpha_1)]^2} \end{cases} \tag{5-41}$$

当 $\psi_2<\psi\leqslant\psi_{sh}$ 时，

$$\begin{cases} Z=\dfrac{2\pi r\tan\beta}{360}\psi \\ r=\dfrac{D_{2\max}}{2}-r\tan\beta\tan\alpha_1(\psi_{sh}-\psi) \end{cases} \tag{5-42}$$

其中叶片轮缘侧进口段圆柱面螺旋线部分包角 ψ_1 与轮缘侧进口安放角 β_{1a} 关系为

$$\begin{cases} \psi_1=\dfrac{360(L-L_1-R_1\sin\alpha_1)}{\pi D_1\tan\beta_{1a}} \\ \psi_2=\dfrac{360(L-L_1)(\psi_{sh}-\psi_1)}{\pi(D_{2\max}\tan\beta_2-D_1\tan\beta_{1a})(\psi_2-\psi_1)+\pi D_1\tan\beta_{1a}(\psi_{sh}-\psi_1)} \end{cases} \tag{5-43}$$

叶轮出口叶片包角 ψ_{ex} 与叶片出口安放角 β_2 关系为

$$\psi_{ex}=\frac{360(b_2-b_3)}{\pi D_{2\max}\tan\beta_2} \tag{5-44}$$

(3) 非规则叶轮出口边的型线方程

当 $\psi_{sh}<\psi\leqslant\psi_{sh}+\psi_{ex}$ 时，

$$\begin{cases} Z=L-b_2+\dfrac{b_2-b_3}{\psi_{ex}}(\psi-\psi_{sh}) \\ r=\dfrac{D_{2\max}}{2}-\dfrac{(b_2-b_3)(D_{2\max}-D_{2\min})}{2b_2\psi_{ex}}(\psi-\psi_{sh}) \end{cases} \tag{5-45}$$

(4) 非规则叶轮轮毂侧型线方程

当 $\psi_{sh}+\psi_{ex}-\psi_{hu}\leqslant\psi\leqslant\psi_{sh}+\psi_{ex}$ 时，变螺距 $2\pi r\tan\beta$ 与 ψ 之间为线性变化规律，由 $\pi D_h\tan\beta_{1b}$ 变到 $\pi D_{2\min}\tan\beta_2$，则

$$2\pi r\tan\beta=\frac{\pi(D_{2\min}\tan\beta_2-D_h\tan\beta_{1b})}{\psi_{hu}}(\psi-\psi_{sh}-\psi_{ex}+\psi_{hu})+\pi D_h\tan\beta_{1b} \tag{5-46}$$

当 $\psi_{sh}+\psi_{ex}-\psi_{hu}\leqslant\psi\leqslant\psi_1'$ 时，

$$\begin{cases} Z=\dfrac{2\pi r\tan\beta}{360}\psi \\ r=\dfrac{D_h}{2}+\sqrt{R_2^2-(R_2\sin\alpha_2-L_2+L_3)^2}-\sqrt{R_2^2-(Z-L+L_3+R_2\sin\alpha_2)^2} \end{cases} \tag{5-47}$$

当 $\psi_1'<\psi\leqslant\psi_2'$ 时，

$$\begin{cases} Z=\dfrac{2\pi r\tan\beta}{360}\psi \\ r=\dfrac{D_h}{2}+\sqrt{R_2^2-(R_2\sin\alpha_2-L_2+L_3)^2}-R_2\cos\alpha_2+(L_3-L_4)\tan\alpha_2-\dfrac{L_2\tan\alpha_2}{\psi_{hu}}(\psi_2'-\psi) \end{cases}$$

(5-48)

当 $\psi_2' < \psi \leqslant \psi_{sh} + \psi_{ex}$ 时，

$$\begin{cases} Z = \dfrac{2\pi r\tan\beta}{360}\psi \\ r = \dfrac{D_{2\min}}{2} - \sqrt{R_3^2 - (L_4 + R_3\sin\alpha_2)^2} - \sqrt{R_3^2 - (L - L_4 - R_3\sin\alpha_2 - Z)^2} \end{cases} \tag{5-49}$$

其中，$\psi_1' = \dfrac{360\psi_{hu}(L-L_3)}{360D_h\psi_{hu}\tan\beta_{1b} + \pi(D_{2\min}\tan\beta_2 - D_h\tan\beta_{1b})(\psi_1 - \psi_{sh} - \psi_{ex} + \psi_{hu})}$

$$\psi_2' = \frac{360\psi_{hu}(L-L_4)}{360D_h\psi_{hu}\tan\beta_{1b} + \pi(D_{2\min}\tan\beta_2 - D_h\tan\beta_{1b})(\psi_2 - \psi_{sh} - \psi_{ex} + \psi_{hu})}$$

5.7 固液两相流泵水力设计实例——螺旋离心泵

螺旋离心泵和一般离心泵的主要区别在于螺旋离心泵装有螺旋离心叶轮，叶轮进口部分为螺旋叶片，出口部分为离心叶片，螺旋部分有容积泵的作用，离心部分将叶轮能量在蜗壳内转化成输送介质向外的压力能。螺旋离心泵具有开放式的过流通道，包角较大，是一种典型的固液两相流泵。以螺旋离心泵独特的叶轮形式和结构进行固液两相流泵的水力设计讲解，具有一定的代表性。

下面应用传统设计方法和叶片型线设计方法对螺旋离心泵进行水力设计。

5.7.1 传统设计

1. 泵基本参数

(1) 计算泵的进出口直径

1) 泵进口直径 D_s。泵进口直径即泵吸入法兰管的内径，由进口流速 U_s 确定，一般 U_s 为 3m/s 左右。选定进口流速后，按式 (5-50) 确定 D_s。

$$D_s = \sqrt{\frac{4\pi}{QU_s}} \tag{5-50}$$

2) 泵出口直径 D_d。泵出口直径即泵排出法兰管的内径，由式 (5-51) 确定。

$$D_d = (0.7 \sim 1)D_s \tag{5-51}$$

低扬程，取相同，即 $D_d = D_s$；高扬程，$D_d < D_s$。

(2) 泵叶轮吸入型式

1) 选择吸入型式。

2) 确定泵的级数。

(3) 确定泵的转速和比转速

1) 确定泵的转速 n（若泵的 n 已由设计者给出，则无需此步）：

计算托马汽蚀系数 σ，计算泵的汽蚀余量 NPSHr

$$NPSHr=\frac{NPSHa}{1.1\sim1.3} \tag{5-52}$$

或

$$NPSHr=NPSHa-K \quad K=0.3 \tag{5-53}$$

$$\sigma=\frac{NPSHr\times级数}{H} \tag{5-54}$$

2）由托马汽蚀系数 σ 计算比转速 n_s：

$$n_s=\left(\frac{\sigma\times10^6}{216}\right)^{\frac{3}{4}} \tag{5-55}$$

$$\sigma=216\times10^{-6}n_s^{4/3}$$

3）计算转速 n：

$$n=\frac{n_s H^{\frac{3}{4}}}{3.65\sqrt{Q}} \tag{5-56}$$

选择标准转速 n。

4）计算比转速 n_s　若给定了泵的转速 n，则比转速 n_s 可由式（5-57）算出

$$n_s=\frac{3.65n\sqrt{Q}}{H^{\frac{4}{3}}} \tag{5-57}$$

（4）估算泵的效率

1）水力效率 η_h 为

$$\eta_h=1+0.0835\lg\sqrt[3]{\frac{Q}{n}} \tag{5-58}$$

2）容积效率 η_v 为

$$\eta_v=\frac{1}{1+0.68n_s^{-\frac{2}{3}}} \tag{5-59}$$

3）机械效率 η_m 为

$$\eta_m=1-0.03-0.07\frac{1}{\left(\frac{n_s}{100}\right)^{\frac{7}{6}}} \tag{5-60}$$

4）泵的总效率 η 为

$$\eta=\eta_h\eta_v\eta_m \tag{5-61}$$

（5）轴功率和原动机功率

1）理论流量 Q_t 为

$$Q_t=\frac{Q}{\eta_v} \tag{5-62}$$

2）理论扬程 H_t 为

$$H_t = \frac{H}{\eta_h} \tag{5-63}$$

3）泵的轴功率（即输入功率）为

$$N = \frac{\rho g Q H}{1000\eta} \approx \frac{\rho Q H}{102\eta} \tag{5-64}$$

4）原动机功率 P_g

$$P_g = nM/9550$$

5）选择原动机余量系数 K，对于电动机而言，取值为 1.1～1.2。

6）选择传动效率 η_t，$\eta_t = 0.9 \sim 1.0$。

7）计算原动机功率 N_g

$$N_g = \frac{K}{\eta_t} N \tag{5-65}$$

（6）计算轴径和轮毂直径

1）轴径 d

① 给出材料的许用应力［τ］。

② 计算功率 N_c

$$N_c = 1.2\mathrm{N} \tag{5-66}$$

③ 扭矩 M_n

$$M_n = 9550\,\frac{N_c}{n} \tag{5-67}$$

④ 计算轴径 d

$$d = \sqrt[3]{\frac{M_n}{0.2[\tau]}} \tag{5-68}$$

2）轮毂直径 d_h

$$d_h = (1.2 \sim 1.4)d \tag{5-69}$$

2. 叶轮的基本参数确定

根据对螺旋离心泵的分析研究，参考已有的文献资料，提出下列经验公式来进行叶轮的水力设计。

（1）叶轮最大外径 $D_{2\max}$

$$D_{2\max} = K\left(\frac{n_s}{100}\right)^{-0.168} D_q \tag{5-70}$$

$$D_q = \sqrt[3]{Q/n} \qquad K = 10 \sim 12.5 \tag{5-71}$$

（2）叶轮出口宽度 b_2

$$b_2 = 2.22\left(\frac{n_s}{100}\right)^{0.53} D_q \tag{5-72}$$

（3）叶轮进口直径 D_1

$$D_1 = 0.193\ln n_s - 0.753 \tag{5-73}$$

（4）叶轮轴向长度 L

$$L = \left(1.24 + 0.23\frac{n_s}{100}\right) r_{2\max} \tag{5-74}$$

（5）轮缘和轮毂各段轴向长度 L_2、L_4

$$L_2/L = 0.6 \sim 0.8 \tag{5-75}$$

$$L_4/L = 0.05 \sim 0.8 \tag{5-76}$$

（6）轮缘侧圆弧半径 R_1

$$R_1 = 52.28 + 0.91n_s \tag{5-77}$$

（7）轮毂侧圆弧半径 R_2

$$R_2 = 73.40 + 1.29n_s \tag{5-78}$$

（8）轮毂侧圆弧半径 R_3

$$R_3 = 60 \sim 90\text{mm} \tag{5-79}$$

（9）轮缘侧叶片倾角 α_1

$$\alpha_1 = 60.51 - 0.13n_s \tag{5-80}$$

（10）轮毂侧叶片倾角 α_2

$$\alpha_2 = 57.10 - 0.10n_s \tag{5-81}$$

（11）叶轮出口边倾角 α_3

$$\alpha_3 = 7.79\ln n_s - 24.03 \tag{5-82}$$

（12）叶轮出口最小直径 $D_{2\min}$

$$D_{2\min} = D_{2\max} - 2b_2\tan\alpha_2 \tag{5-83}$$

3. 叶轮轴面流道设计

叶轮轴面流道设计通常有两种方法：一种方法是先确定前盖板或后盖板的流线（通常先确定后盖板的流线）和轴面液流过水断面面积 F 从叶轮进口至出口沿流道中线 L 的变化规律，然后逐点计算出前盖板或后盖板流线的坐标，再将离散点进行拟合得到流线，直至满足设计要求为止；另一种方法是先确定前后盖板的流线，再计算出轴面液流过水断面面积 F 从进口至出口沿流道中线 L 的变化规律，并作 F-L 曲线，然后参照 F-L 图根据经验来调整前后盖板的形状，直到检查 F-L 曲线满意为止。本实例主要采用后一种方法。

叶轮各部分尺寸确定之后，可画出叶轮轴面投影图。叶轮的轴面投影图是将叶轮轮廓曲线上的点按圆弧投影法投影在某一轴面上的图形，其本质就是叶轮前后盖板形状的反映，也可以说是整个叶轮几何形状的反映。通常，叶轮前、后盖板的型线是由若干直线段和若干圆弧段组成的。画图时，可以选择 n_s 相近、性能良好的叶轮图作为参考，考虑设计泵的具体情况加以改进。

假设前盖板为直线圆弧，后盖板为圆弧直线圆弧组合，至于其他轴面投影情况只需要在此模型基础上，依据圆弧连接原理进行设计即可。

相关已知参数已经在基本参数确定模块给出经验公式，有 D_{2max}、D_{2min}、D_1、D_h、L、L_2、L_4、R_1、R_2、R_3、α_1、α_2、α_3。

叶轮轴面流道几何关系示意图如图 5-7 所示，$a_1 \sim a_4$ 点、$b_1 \sim b_4$ 点坐标及圆弧段直径 $R_1 \sim R_3$ 决定了轴面投影图的形状，这就是我们要求解的对象。

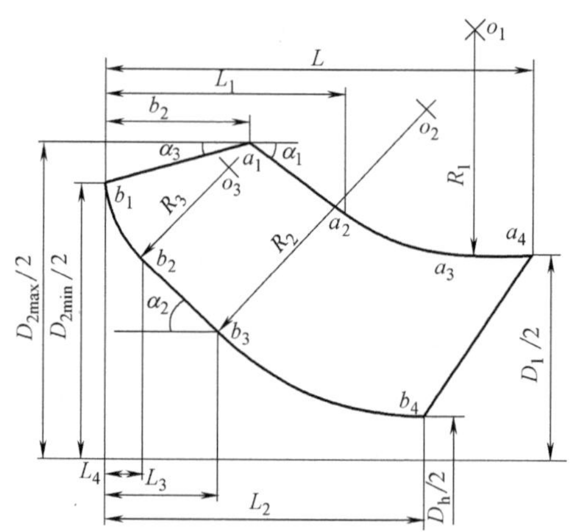

图 5-7 叶轮轴面流道几何关系示意图

在此规定以轮毂上的 b_1 点为基准点，其坐标为

$$x_{b_1}=0;\quad y_{b_1}=D_{2min}/2 \tag{5-84}$$

显然，b_4 点的坐标为

$$x_{b_4}=L_2;\quad y_{b_4}=D_h/2 \tag{5-85}$$

可以根据圆弧、直线连接的条件建立如下的联立方程组。

圆心 o_3 满足直线 o_3b_2 的方程：

$$\frac{y_{o_3}-y_{b_2}}{x_{o_3}-x_{b_2}}=\frac{1}{\tan\alpha_2} \tag{5-86}$$

直线 o_3b_2 的长度为 R_3：

$$(x_{o_3}-x_{b_2})^2+(y_{o_3}-y_{b_2})^2=R_3^2 \tag{5-87}$$

直线 o_3b_1 的长度为 R_3：

$$(x_{o_3}-x_{b_1})^2+(y_{o_3}-y_{b_1})^2=R_3^2 \tag{5-88}$$

圆心 o_2 满足过 o_2 的直线方程：

$$\frac{y_{o_2}-y_{b_2}-R_2/\cos\alpha_2}{x_{o_2}-x_{b_2}}=-\tan\alpha_2 \tag{5-89}$$

直线 o_2b_3 的长度为 R_2：

$$(x_{o_2}-x_{b_3})^2+(y_{o_2}-y_{b_3})^2=R_2^2 \tag{5-90}$$

求解上述联立方程组，可以得到各点的坐标如下：

圆心 o_3 点的坐标为

$$x_{o_3}=\frac{R_3\tan\alpha_2}{\sqrt{1+\tan^2\alpha_2}}+x_{b_2};\quad y_{o_3}=\sqrt{R_3^2-(x_{o_3}-x_{b_1})}+y_{b_1} \tag{5-91}$$

b_2 点的坐标为

$$x_{b_2}=L_4;\quad y_{b_2}=y_{o_3}-\frac{R}{\sqrt{1+\tan^2\alpha_2}} \tag{5-92}$$

圆心 o_2 点的坐标为

$$x_{o_2}=\frac{-b+\sqrt{b^2-4ac}}{2a};\quad y_{o_2}=\sqrt{R_2^2-(x_{o_2}-x_{b_4})^2}+y_{b_4} \tag{5-93}$$

其中，$a=1+\tan^2\alpha_2$；$b=-2(x_{b_4}+h\tan\alpha_2)$；$c=x_{b_4}^2+h^2-R_2^2$；$h=\tan\alpha_2 x_{b_2}+y_{b_2}+R_2/\cos\alpha_2-y_{b_4}$。

b_3 点的坐标为

$$x_{b_3}=(y_{b_2}-y_{o_2}+\tan\alpha_2 x_{b_2}+x_{b_2}/\tan\alpha_2)\frac{\tan\alpha_2}{1+\tan^2\alpha_2} \tag{5-94}$$

$$y_{b_3}=y_{b_2}-\tan\alpha_2(x_{b_3}-x_{b_2})$$

同理，可以求出轮缘各点的坐标如下：

a_1 点的坐标为

$$x_{a_1}=b_2;\quad y_{a_1}=D_{2\max}/2 \tag{5-95}$$

a_4 点的坐标为

$$x_{a_4}=L;\quad y_{a_4}=D_1/2 \tag{5-96}$$

圆心 o_1 点的坐标为

$$x_{o_1}=\frac{-b+\sqrt{b^2-4ac}}{2a};\quad y_{o_1}=\sqrt{R_1^2-(x_{o_1}-x_{a_4})^2}+y_{a_4} \tag{5-97}$$

其中，$a=1+\tan^2\alpha_1$；$b=-2(x_{a_4}+h\tan\alpha_1)$；$c=x_{a_4}^2+h^2-R_1^2$；$h=\tan\alpha_1 x_{a_1}+y_{a_1}+R_1/\cos\alpha_1-y_{a_4}$。

a_2 点的坐标为

$$x_{a_2}=(y_{a_1}-y_{o_1}+\tan\alpha_2 x_{a_1}+x_{a_1}/\tan\alpha_1)\frac{\tan\alpha_1}{a+\tan^2\alpha_1} \tag{5-98}$$

$$y_{a_2}=y_{a_1}-\tan\alpha_1(x_{a_2}-x_{a_1})$$

这样，叶轮的各部分尺寸已经确定，可以画出叶轮的轴面投影图。轴面投影图的形状十分关键，应经过反复修改，力求光滑通畅。

4. 叶轮轴面流道的检查

在水力机械转轮的一元设计理论中，一直采用轴面流道过水断面面积检查的方法进行轴面流道的设计。

（1）在所绘制的轴面投影流道内作一系列的内切圆　内切圆的做法有两种：抛球法和迭代法。抛球法要求按照过流断面面积的变化规律，给出内切圆半径 ρ 的变化规律：ρ_{min} ~ ρ_{max}，此种方法编程较为复杂；而迭代法的工作都由计算机来完成，相对来说比较简单，因而采用了迭代法。

确定出轴面投影图上的节点 a_1 ~ a_4，b_1 ~ b_4 的坐标值，然后求出前后盖板流线长度，并将前后盖板 N 等分。内切圆的做法如下：

1）在一个盖板上给定切点，假定内切圆半径 ρ_1。

2）根据几何条件，计算准圆心。

3）在另一个盖板上找与准圆心距离最近的准切点。

4）计算准圆心与准切点的距离 ρ_2。

5）判断 $|\rho_2-\rho_1|<\varepsilon$（$\varepsilon$ 是极小量）是否成立，若成立，则表明已经找到了内切圆及切点；反之，0.5（$\rho_1+\rho_2$）→ρ_1，重复步骤 2~4，直至 $|\rho_2-\rho_1|<\varepsilon$ 成立。

轴面流道过水断面面积检查如图 5-8 所示，内切圆的切点为 A、B，将 A、B 与圆心连成三角形 AOB，把三角形高 OD 分为 OE、EC、CD 三等分。过 E 点且和轴面流线相垂直的曲线 AEB 是过水断面的形成线，其长度可按式（5-99）近似计算。

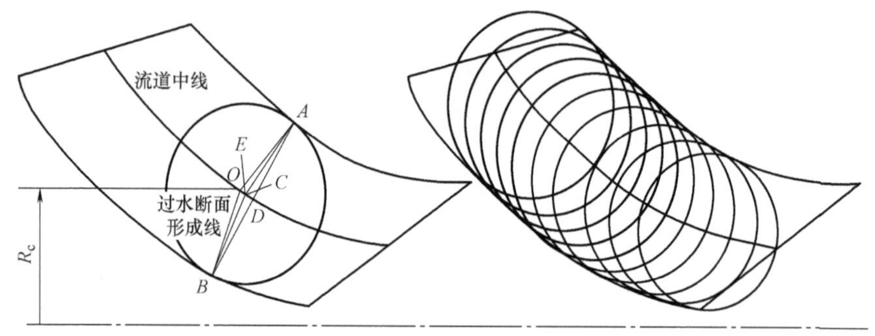

图 5-8　轴面流道过水断面面积检查

$$b=\frac{2}{3}(s+\rho) \tag{5-99}$$

式中　s——内切圆弦 AB 长度；

ρ——内切圆半径。

过水断面形成线的重心近似认为和三角形 AOB 的重心重合（C 点），中心半径为 R_c。轴面液流的过水断面是以过水断面形成线为母线绕轴线旋转一周所形成的抛物面，其面积按式（5-100）计算：

$$F=2\pi R_c b \tag{5-100}$$

沿流道求出一系列过水断面面积后，便可做出过水断面面积沿流道中线（内切圆圆心）的变化曲线，如图 5-9 所示。如果该曲线形状不符合效率和汽蚀要求，则应修改轴面投影形状，直到满足要求为止。

（2）绘制中间流线　在叶轮轴面流道检查的过程中，已经计算出内切圆的圆心 O、切点坐标 A、B 以及过水断面和流道中线的交点 E，那么过流断面形成线就可以用过前后盖板切点以及 E 点的抛物线来代替。我们可以利用二次 Lagrange 插值多项式（又叫抛物线插值）来近似过水断面形成线。

图 5-9　轴面液流过水断面面积变化规律

已知曲线上三个节点 x_0、x_1、x_2 的函数值 y_0、y_1、y_2，二次 Lagrange 插值多项式为

$$L_2(x)=y_0l_0(x)+y_1l_1(x)+y_2l_2(x) \tag{5-101}$$

其中 $l_0(x)$、$l_1(x)$、$l_2(x)$ 是插值基函数，分别为

$$l_0(x)=\frac{(x-x_1)(x-x_2)}{(x_0-x_1)(x_0-x_2)}$$

$$l_1(x)=\frac{(x-x_0)(x-x_2)}{(x_1-x_0)(x_1-x_2)}$$

$$l_2(x)=\frac{(x-x_0)(x-x_1)}{(x_2-x_0)(x_2-x_1)} \tag{5-102}$$

然后根据每条相邻轴面液流流线之间的流量 ΔQ 相等的原则，在轴面投影图上作中间流线。采用逐步逼近法在 AEB 上寻找一点 D，使 $2\pi R_{b_1}b_1=2\pi R_{b_2}b_2$，连接各过流断面上的 D 点，便绘出了中间流线，见图 5-10。

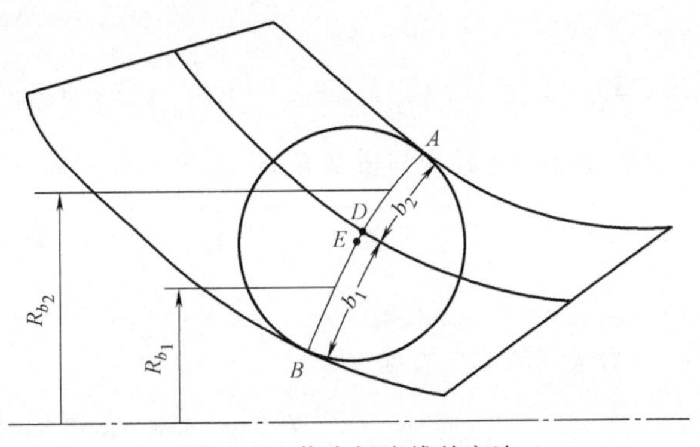

图 5-10　作中间流线的方法

（3）轴面流线分点（离散前后盖板流线）　流线分点的实质是在流面上画特征线，组成扇形网格。只要分相应的一条流线，就等于在整个流面上绘出了方格网。流线分点的方法很多，有逐点计算法、作图分点法和图解积分法。

采用手工设计时的方法来对叶片的前后盖板进行分点，整个过程同手工设计一样，但采用计算机来模拟手工操作，使整个工作既快又准确，具体的方法如下：

1）从叶轮的出口，沿轴面流线任取 Δs，计算出 Δs 段的中点半径 R，如图 5-11 所示。

2）由图 5-11 可得 $\Delta u=\frac{\Delta\theta}{360}2\pi R$，$\Delta\theta$ 一般取 3°～5°，减小 $\Delta\theta$ 将使分点增加。

3）如果$|\Delta u-\Delta s|\leqslant\varepsilon$（$\varepsilon$在程序中是一个非常小的量，比如取 0.01mm），则认为分点正确，否则$\Delta s+0.618(\Delta u-\Delta s)\Rightarrow\Delta s$，重新计算$\Delta u$和判断$|\Delta u-\Delta s|\leqslant\varepsilon$是否成立，直到不等式成立，则分点成功。

4）由第一个分点开始，用同样的办法可以分第 2、3、…点，并可以用计算器将前、后盖板的分点数记录下来。

5. 叶片木模图绘制

叶片绘型的方法主要有以下几种：方格网保角变换法、扭曲三角形法和逐点计算法。在常用的传统扭曲叶片绘型方法中，保角变换法是一种应用最广泛的方法。这一方法理论基础严密，适应性强，几乎可以用于任何比转速的离心叶片，本文主要采用了方格网保角变换法。

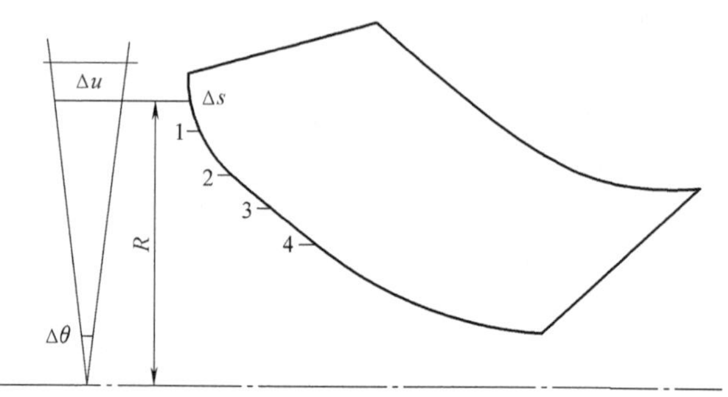

图 5-11　轴面流线分点示意图

（1）安放角及包角确定

1）轮缘侧叶片出口安放角$\beta_{2,\mathrm{sh}}$为

$$\beta_{2,\mathrm{sh}}=\tan^{-1}\frac{V_{2\mathrm{m}}}{u_{2,\mathrm{sh}}(1-K_{\mathrm{sh}})} \tag{5-103}$$

式中，$V_{2\mathrm{m}}=K_{2\mathrm{m}}\sqrt{2gH}$，$K_{2\mathrm{m}}=0.048\left(\frac{n_{\mathrm{s}}}{100}\right)^{0.2}$，$u_{2,\mathrm{sh}}=\frac{\pi D_{2\max}n}{60}$。

2）轮毂侧叶片出口安放角$\beta_{2,\mathrm{hu}}$为

$$\beta_{2,\mathrm{hu}}=\tan^{-1}\frac{V_{2\mathrm{m}}}{u_{2,\mathrm{hu}}(1-K_{\mathrm{hu}})} \tag{5-104}$$

式中，$u_{2,\mathrm{hu}}=\pi D_{2\min}n/60$。

系数K_{sh}和K_{hu}值见表 5-1。

表 5-1　系数 K_{sh} 和 K_{hu} 值

n_{s} 系数	$n_{\mathrm{s}}<170$	$n_{\mathrm{s}}>170$
K_{sh}	$0.826\left(\frac{n_{\mathrm{s}}}{100}\right)^{-0.177}$	$0.971\left(\frac{n_{\mathrm{s}}}{100}\right)^{-0.356}$
K_{hu}	$0.848\left(\frac{n_{\mathrm{s}}}{100}\right)^{-0.164}$	$0.842\left(\frac{n_{\mathrm{s}}}{100}\right)^{-0.144}$

3）轮毂侧叶片包角φ_{hu}为

$$\varphi_{\mathrm{hu}}=918.27-1.42n_{\mathrm{s}} \tag{5-105}$$

4）轮缘侧叶片包角 φ_{sh} 为

$$\varphi_{sh}=759.08-1.02n_s \tag{5-106}$$

5）叶轮出口叶片包角 φ_{ex} 为

$$\varphi_{ex}=156.95\left(\frac{n_s}{100}\right)^{-0.43} \tag{5-107}$$

6）轮缘螺线起点处圆弧半径 R_0 为

$$R_0=0.63n_s-4.17 \tag{5-108}$$

7）叶片进口安放角 $\beta_{1,sh}$ 和 $\beta_{1,hu}$ 为

$$\beta_{1,sh}=12°\sim18°;\beta_{1,hu}=60°\sim70° \tag{5-109}$$

（2）方格网流线　方格网保角变换法是基于局部相似，而不是局部相等，因而几个流面可以用一个方格网绘流线。平面方格网的大小可以任意选取，方格网横线表示轴面流线的相应分点，竖线表示叶片的包角。在方格网展开图上绘制流线，采用外缘和轮毂两条流线设计，如图 5-12 所示。

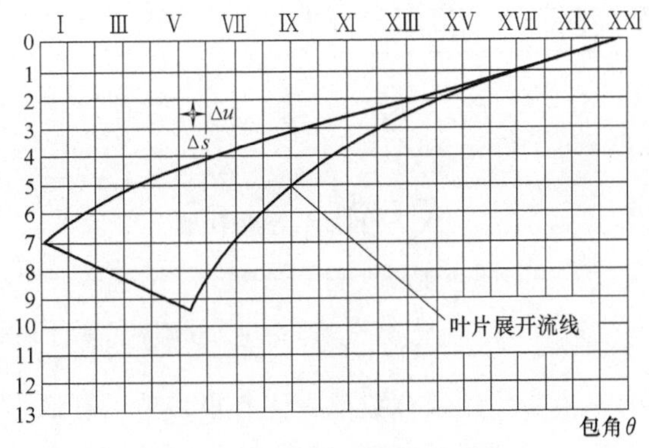

图 5-12　方格网流线展开示意图

方格网流线的形状非常重要，不理想时应该坚决修改，必要时可以适当改变进口安放角、叶片进口边位置、叶片包角等，以使流线满足光滑平顺、单向弯曲的要求。

（3）轴面截线　在方格网上进行叶片绘型后，就可以开始作轴面截线图。方格网上画出的两条流线，就是叶片表面的两条型线。用轴面截这两条流线，相当于去截叶片，所得的两点连线为叶片的轴面截线。把方格网中每隔一定角度的竖线（表示轴面）和两条流线的交点，按相对应分点（编号为 1、2、3、…）的位置用插入法，分别点到轴面投影图的两条流线上，然后连成光滑曲线，即为叶片的轴面截线，如图 5-13 所示。轴面截线应光滑并有规律地变化，并尽量使轴面截线与流线的交角不小于 60°。

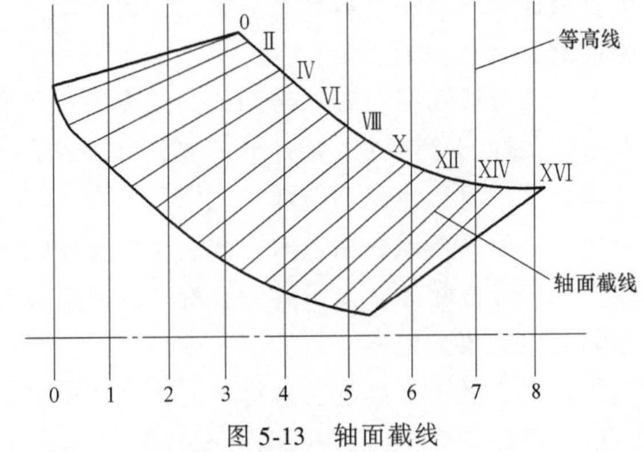

图 5-13　轴面截线

（4）木模截线图绘制　在轴面截线图中，用一组等距的轴垂

线（实际为垂直于轴线的平面）去截轴面截线，得到轴面垂线和叶片轴面截线相截的若干组点，具体见图 5-13，将这些点按它们到轴心线距离的大小移到平面图上相应的轴面投影上，并采用曲线拟合的方法去拟合各组的点，便绘成了叶片的木模截线图，如图 5-14 所示。

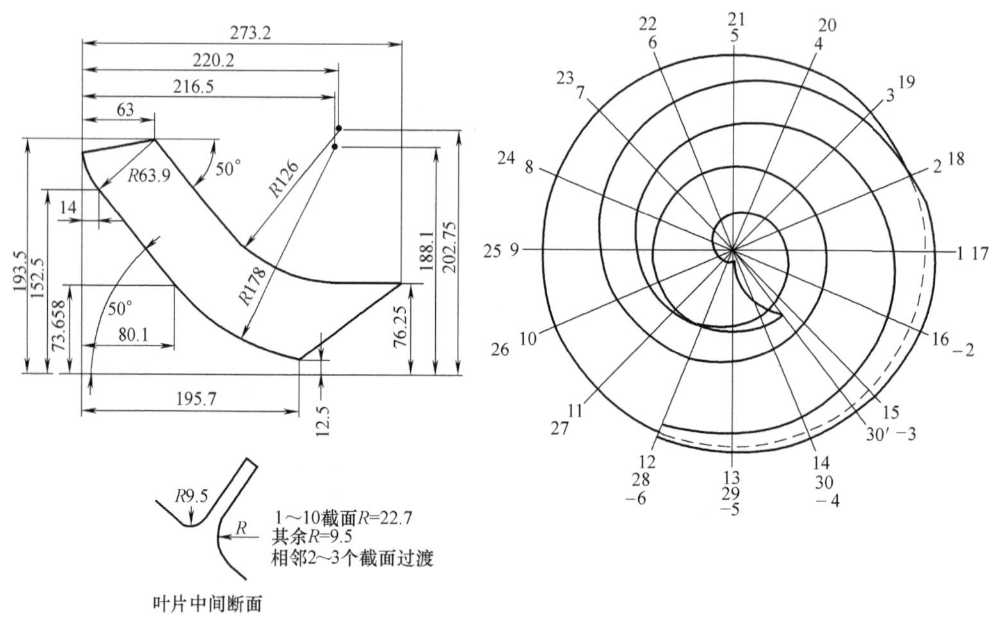

图 5-14　螺旋离心泵叶片木模截线图

木模截线的拟合数值方法有很多种，有最小二乘曲线拟合法、多项式分段曲线拟合法（分段线性插值）和 Spline 样条函数拟合法。

最小二乘曲线拟合法是在一定的允许误差条件下进行曲线拟合的，若所绘制的叶片包角较小，采用此法绘得的线形是光顺的，并基本通过数据点；若包角很大，允许误差的条件不变，绘图时将可能产生线形走向不理想。而放大允许误差，则会使拟合的曲线明显偏离数据点。因此，使用最小二乘法来绘制木模截线是有一定的局限性的。

多项式分段曲线拟合法绘制的曲线能通过所有的数据点，基本符合要求，具有较好的收敛性与稳定性，且计算简便，可以满足一般的工程计算要求，但由于节点处插值函数不可微，就不能满足光滑度要求。

用 Spline 样条函数拟合木模截线，能使曲线通过所有数据点，并保证节点处的一阶、二阶导数相等，光滑程度较好，并具有良好的收敛性。但其计算复杂，稳定性不如分段插值。

综合考虑之下，本软件选择了三次样条函数插值法来拟合木模截线。

已知函数 $y=f(x)$ 在区间 $[a, b]$ 上的 $n+1$ 个节点

$$a=x_0<x_1\cdots<x_{n-1}<x_n=b \tag{5-110}$$

上的值 $y_i=f(x_i)(i=1,2,\cdots,n)$，求插值函数 $S(x)$，使得

1）$S(x_i)=y_i(i=1,2,\cdots,n)$。

2）在每个小区间 $[x_j,x_{j+1}](j=0,1,\cdots,n)$ 上 $S(x)$ 是三次多项式，记为 $S_j(x)$。

3）$S(x)$ 在 $[a,\ b]$ 上二阶连续可微。

函数 $S(x)$ 称为 $f(x)$ 的三次样条插值函数。

在区间 $[x_j,x_{j+1}]$ 上定义的三条样条插值多项式 $S(x)=S_j(x)$ 要满足以下条件：

① 插值条件：

$$S(x_j)=y_j \quad (j=0,1,\cdots,n) \tag{5-111}$$

② 连续性条件：

$$\begin{gathered}S(x_j-0)=S(x_j+0)\\ S'(x_j-0)=S'(x_j+0)\\ S''(x_j-0)=S''(x_j+0)\end{gathered} \tag{5-112}$$

设 $S''(x_i)=M_i(i=0,1,\cdots,n)$，由 Lagrange 插值公式得

$$S_j''(x)=M_j\frac{x-x_{j+1}}{h_j} \tag{5-113}$$

其中 $h_j=x_{j-1}-x_j$

将式（5-113）积分两次，并代入插值条件，得

$$S_j(x)=M_{j+1}\frac{(x-x_j)^3}{6h_j}-M_j\frac{(x-x_{j+1})^3}{6h_j}+\left(y_{j+1}-\frac{M_{j+1}h_j^2}{6}\right)\frac{x-x_j}{h_j}-\left(y_j-\frac{M_jh_j^2}{6}\right)\frac{x-x_{j+1}}{h_j}$$
$$(j=1,2,\cdots,n) \tag{5-114}$$

代入连续性条件，得

$$a_jM_{j-1}+2M_j+\beta_jM_{j+1}=c_j \qquad (j=1,2,\cdots,n-1) \tag{5-115}$$

其中

$$a_j=\frac{h_{j-1}}{h_{j-1}+h_j},\beta_j=1-a_j=\frac{h_j}{h_{j-1}+h_j},c_j=\frac{6\left(\dfrac{y_{j+1}-y_j}{h_j}-\dfrac{y_j-y_{j-1}}{h_{j-1}}\right)}{h_{j-1}+h_j} \tag{5-116}$$

式（5-116）给出了含 $n+1$ 个参数 M_0，M_1，…，M_n 的 $n-1$ 个方程，为完全确定这些参数，还需要根据问题的具体情况，在区间的两个端点处给出条件，称为边界条件。对于非闭合曲线，常用的边界条件有以下几种：

1）给定端点处的导数值 $S'(a)=y_0'$，$S'(b)=y_n'$。特别地，当 $y_0=y_n=0$ 时样条曲线在端点处呈水平状态。

2）给定端点处的二阶导数值 $S''(a)=y_0'$，$S''(b)=y_n'$。特别地，当 $y_0'=y_n'=0$ 时称为自然边界条件。

3）抛物条件：$2S''(x_0)=S''(x_1)$，$2S''(x_n)=S''(x_{n-1})$。

将三种边界条件中的任一种与方程（5-116）联立，所得到的方程组的系数矩阵为严格对角占优阵，方程组有唯一解。采用追赶法求解后，将解代入式（5-116），即得三次样条插值函数。

5.7.2 固液两相流型线设计方法

螺旋离心泵叶轮，其前半部分呈螺旋式，后半部分为离心式。叶轮叶片型线为空间曲线，一般采用对数螺线。传统的螺旋离心泵设计方法是用方格网保角变换法绘制叶片，但是在轴面分点的过程中，分点进行至后面部分时，每点间隔很小，已无法识别，因此靠此法很难准确绘出流线全型。

通过对螺旋离心泵的分析研究，针对传统设计方法的缺陷和不足，给出了螺旋离心泵叶轮叶片型线方程。根据叶轮型线方程与欧拉方程相结合，完成叶轮的水力设计和三维造型。

欧拉方程确定了叶轮进出口的流动参数和叶轮进口尺寸，但是基于此，根据一元设计方法通过包角变换绘制的流线和木模截线图，却不能反映流体沿叶片全程的变化过程。将螺旋离心泵叶轮型线方程结合欧拉理论来设计其叶轮不仅可以反映叶轮的能量特性，还可以反映流体沿叶片的流动变化过程，因此该方法是设计螺旋离心泵叶轮一个新的尝试和新的方法。

1. 叶轮结构参数

螺旋离心泵叶轮轴面流道的几何形状如图 5-15 所示。主要叶轮结构参数有：叶轮进口直径 D_1，叶轮最大外径 D_{2max}，叶轮轴向长度 L，叶轮出口宽度 b_2，叶轮出口末端宽度 b_3，叶轮出口最小直径 D_{2min}，轮毂直径 D_h，轮缘和轮毂各段轴向长度 $L_1 \sim L_4$，轮缘侧圆弧半径 R_1，轮毂侧圆弧半径 R_2、R_3，轮缘侧叶片倾角 α_1，轮毂侧叶片倾角 α_2，轮毂侧叶片包角 ψ_{hu}，轮缘侧叶片包角 ψ_{sh}，叶轮出口叶片包角 ψ_{ex}，叶片轮缘侧进口安放角 β_{1a}，叶片轮毂侧进口安放角 β_{1b}，叶片出口安放角 β_2。

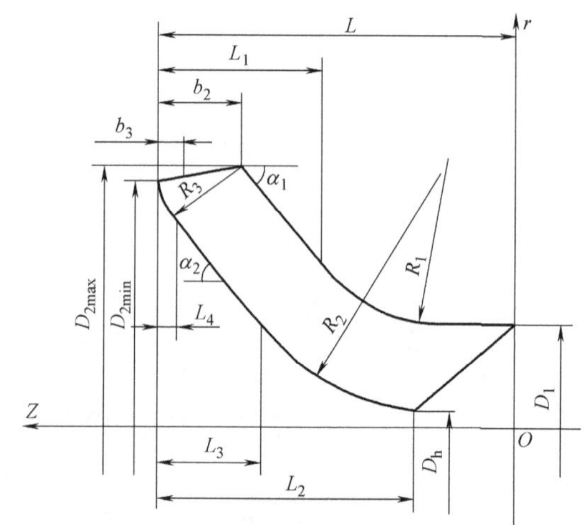

图 5-15 叶轮轴面流道的几何形状

叶轮主要几何参数由两种方法获得，一是根据式（5-70）~式（5-83）计算获得，二是由以下经验公式计算获得，两种方法均是根据试验和经验获得，设计者可根据设计实际情况选取。

（1）叶轮进口直径 D_1 为

$$D_1 = K\sqrt[3]{Q/n} \tag{5-117}$$

式中 Q——流量（m^3/s）；

n——转速（r/min）；

$K=4.5\sim6.0$——对吸入性能要求较高的泵取大值。

（2）叶轮最大外径 D_{2max} 为

$$D_{2max} = K_{D_2}\sqrt[3]{Q/n} \tag{5-118}$$

式中 $K_{D_2}=K_0(n_s/100)^{-1/2}$，$K_0=10.5\sim12.5$。

（3）叶轮轴向长度 L 为

$$L=(0.6\sim0.8)D_{2max} \tag{5-119}$$

（4）叶轮出口宽度 b_2 为

$$K_{b_2}\sqrt[3]{Q/n} \leqslant b_2 \leqslant 0.5D_1 \tag{5-120}$$

式中 $K_{b_2}=(1.2\sim1.5)\left(\dfrac{n_s}{100}\right)^{-5/6}$。

（5）轮缘侧叶片倾角 α_1 为

$$\alpha_1 = 35°\sim55° \tag{5-121}$$

（6）轮毂侧叶片倾角 α_2 为

$$\alpha_2 = 35°\sim55° \tag{5-122}$$

（7）轮毂长度 L_2 为

$$L_2=(0.6\sim0.8)L \tag{5-123}$$

2. 叶轮叶片型线方程参数

根据叶轮轴面投影图，叶轮叶片轮缘侧外形、出口边外形及轮毂侧外形一般由圆台面、曲面圆台面、圆柱面中的一者、二者或三者组合而成。故叶轮叶片型线由圆台面型线、曲面圆台面型线、圆柱面型线中的一者、二者或三者组合而成。下面将各螺线方程统一到同一坐标系中，得出轮缘侧、出口边以及轮毂侧型线方程。

令 ψ 为相位角，即以叶轮入口的前端垂直上方为基准，按顺时针方向扩展至所计算位置的角度。

轮缘侧叶片包角 ψ_{sh} 与叶片轮缘侧进口安放角 β_{1a} 关系为

$$\psi_{sh} = \frac{360(L-b_2)}{\pi D_1 \tan\beta_{1a}} \tag{5-124}$$

叶轮出口叶片包角 ψ_{ex} 与叶片出口安放角 β_2 关系为

$$\psi_{ex} = \frac{360(b_2-b_3)}{\pi D_{2max} \tan\beta_2} \tag{5-125}$$

轮毂侧叶片包角 ψ_{hu} 与叶片轮毂侧进口安放角 β_{1b} 关系为

$$\psi_{hu}=\psi_{sh}+\psi_{ex}-\frac{360(L-L_2)}{\pi D_h \tan\beta_{1b}} \tag{5-126}$$

3. 螺旋离心泵叶轮模型建立

对于 150×100LN-32 型螺旋离心泵，设计者可以根据设计要求，选取叶轮型线方程。此处选用非规则叶轮型线方程进行 150×100LN-32 型螺旋离心泵叶轮型线设计，将计算获得叶轮结构参数代入到非规则叶轮型线方程中，便可得到这一具体例子的叶片型线方程，如图 5-16 所示。

根据得到的具体方程绘制叶轮叶片型线，进而得到叶片曲面，通常为直纹面，便于螺旋叶轮的加工，再对叶片加厚，得到实体叶轮模型，如图 5-17 所示。

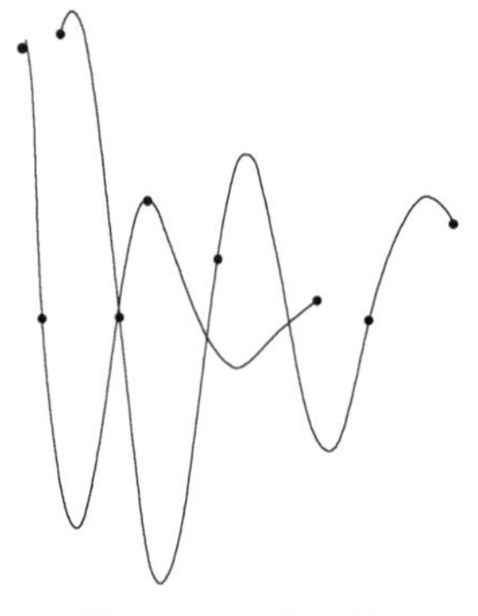

图 5-16　三维型线

图 5-17　叶轮模型

对原叶片平面投影图与用型线设计出的叶片平面投影图进行比较，如图 5-18 所示。图 5-18 中虚线表示的是原叶片，实线表示的是用型线设计出的叶片。

根据上述型线方程计算的流线返回到方格网中，流线变化均匀、光滑，出口角接近于计算值，利用上述模型进行了数值模拟，所得结果与原型试验结果基本一致，进而验证了用型线方程设计叶片具有可行性。

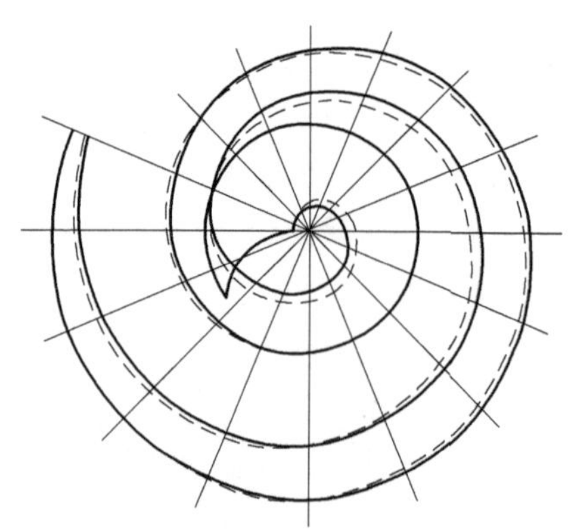

图 5-18　原叶片与型线叶片平面投影图比较

固液两相流泵的做功核心部件依然是叶轮，也就是说，固液两相流泵水力设计的重点即为叶轮水力设计。目前，蜗壳依然主要参考清水泵蜗壳的水力设计方法进行，从提高泵能量转换角度来说，后期适合固液两相输送的蜗壳水力优化和开发也应该重视起来。

根据叶轮结构特征建立了叶轮叶片型线方程，使用型线方程绘制螺旋离心泵叶轮，避免了一元理论水力设计方法中手工作图的繁杂和完全依赖经验的欠缺，加快了计算机辅助设计和叶片绘型，提高了设计精度，方便了三维内部流场的数值模拟。

参考文献

[1] 刘小龙. 无堵塞内部三维不可压湍流场的数值模拟 [D]. 镇江：江苏大学，2003.

[2] 蔡保元. 离心泵的“二相流”理论及其设计原理 [J]. 科学通报，1983 (8)：498-502.

[3] 沈宗沼. 国内液固两相流泵的设计研究综述 [J]. 流体机械，2006，34 (3)：32-38.

[4] 许洪元. 离心泵叶轮中固液两相流动分析 [J]. 流体工程，1991 (2)：24-29.

[5] 许洪元. 离心式渣浆泵的设计理论研究与应用 [J]. 水力发电学报，1998 (1)：76-84.

[6] 徐振法. 渣浆泵内部流场全三维数值模拟 [D]. 兰州：兰州理工大学，2006.

[7] 李仁年，苏吉鑫，韩伟，等. 螺旋离心泵叶轮叶片型线方程 [J]. 排灌机械，2007，25 (3)：8-11.

[8] 李仁年，陈冰，韩伟，等. 变螺距螺旋离心泵叶片型线参数方程的分析 [J]. 排灌机械，2007，25 (6)：1-3.

[9] 李仁年，权辉，韩伟，等. 变螺距叶片对螺旋离心泵轴向力的影响 [J]. 机械工程学报，2011，47 (14)：158-163.

[10] 倪合玉. 螺旋离心式叶轮的设计新方法 [J]. 通用机械，2004 (11)：44-47.

[11] 郭乃龙，顾强生，关醒凡，等. 螺旋离心泵的规则与非规则叶轮曲面方程 [J]. 农业机械学报，1999，30 (3)：40-43，48.

[12] 刘自贵，朱新民，张志民，等. 螺旋式离心泵的研究与设计实践 [J]. 水泵技术，1997 (4)，3-8.

[13] 何希杰，劳学苏. 螺旋离心泵的原理与设计方法 [J]. 水泵技术，1997 (2)：6-13.

[14] 霍春源，聂思嘉. 两相流杂质泵的设计方法与特点 [J]. 金属矿山，1994 (11)：41-43.

[15] 陈勤伟，莫志扬. 80LZ—410 渣浆泵的设计思想与实践 [J]. 水力采煤与管道运输，2000 (4)：16-20.

[16] 关醒凡. 现代泵技术手册 [M]. 北京：宇航出版社，1995.

[17] 许洪元，高志强，吴玉林. 离心泵叶轮中固体颗粒运动轨迹计算 [J]. 工程热物理，1993，14 (4)：381-385.

[18] 刘相文. 离心式泥泵的系数设计法 [J]. 水泵技术，1982 (1)：47-50.

[19] 何希杰，何旭. 挖泥泵叶片型线设计 [J]. 通用机械，2003 (3)：18-20.

[20] 何希杰，劳学苏. 螺旋式离心泵的原理与设计方法 [J]. 华北水泵，1994 (2)：6-13.

[21] 朱玉才，武春彬，李莉. 离心泵无分离条件下叶片型线对比试验 [J]. 辽宁工程技术大学学报，2003，22 (6)：844-846.

[22] 朱玉才，梁冰. 离心泵无分离条件下叶片型线方程研究 [J]. 机械工程学报，2003，39 (3)：71-75.

[23] 袁寿其，周建佳，袁延平，等. 带小叶片螺旋离心泵压力脉动特性分析 [J]. 农业机械学报，2008，3 (43)：83-87.

第6章　固液两相流泵工作特性

固液混合物的性质（含量、密度、粒径）对泵性能有较大的影响。20 世纪 30—60 年代，国外学者研究固液相的性质与泵外特性关系得出主要结论：①泵的扬程随着含量的增加而下降；②泵的功率随着含量的增大而增大；③泵的效率随着含量的增加而下降；④泵的最高效率点向着小流量区偏移。

本章以固液两相流泵中比较典型的渣浆泵和螺旋离心泵为例，进行固液两相流泵工作特性的分析。

6.1　固液两相流泵性能基本参数和清水介质性能

6.1.1　泵的性能参数

1. 流量 Q

根据流体不同计量单位，可将流量分为质量流量 Q_m 和体积流量 Q_V。

（1）质量流量 Q_m　它表示单位时间内流过过流截面的介质质量，对于固液两相流来说，可表示为

$$Q_m = Q_{fm} + Q_{sm} \tag{6-1}$$

式中　Q_m——两相流混合物的质量流量（kg/h 或 g/s）；

Q_{fm} 和 Q_{sm}——固相和液相的质量流量（kg/h 或 g/s）。

（2）体积流量 Q_V　它表示单位时间内流过过流截面的介质体积，对于固液两相流来说，可表示为

$$Q_V = Q_{fV} + Q_{sV} \tag{6-2}$$

式中　Q_V——两相流混合物体积流量（L/s 或 m^3/h 、m^3/s）；

Q_{fV} 和 Q_{sV}——固相和液相的体积流量。

2. 扬程

单位重量的液体通过泵后所获得的能量。其值等于泵的出口总水头与入口总水头代数差，以符号 H 表示，单位为米液柱（m）。

$$H = H_d - H_s \tag{6-3}$$

式中　H_d——出口总水头（m）；

H_s——入口总水头（m）。

$$H_s = Z_1 - H_{fL1} - H_{l1} \tag{6-4}$$

式中　Z_1——进口液面高（m）；

H_{fL1}——进口管段沿程水头损失（m）；

H_{l1}——进口管段总局部水头损失（m）。

对卧式泵，Z_1 是指泵轴中心至吸入口液面的距离（液面低于泵轴中心为负值）；对立式泵，是指叶轮叶片进口边外端至吸入口液面的距离（液面低于叶轮进口边为负值）。

$$H_d = Z_2 + H_{fL2} + H_{l2} + H_V \tag{6-5}$$

式中　Z_2——出口液面高（m）；

H_{fL2}——出口管段沿程水头损失（m）；

H_{l2}——出口管段总局部水头损失（m）；

H_V——出口速度水头损失。

对卧式泵，Z_2 是指泵轴中心至排出口液面的距离；对立式泵，是指叶轮叶片进口边外端至排出口液面的距离。

3. 转速

泵的转速是指旋转工作的泵带动叶轮或转子旋转的泵轴，单位时间内的旋转数，一般是每分钟的旋转数，以符号 n 表示，单位 r/min。

4. 轴功率

原动机驱动泵所需功率，以符号 P 表示，单位 kW。

5. 泵有效功率

泵送液体（浆体）的重量流量与扬程的乘积，以符号 P_a（kW）表示。

$$P_a = \frac{\rho Q_V H}{102} \tag{6-6}$$

式中　ρ——液体密度（kg/m^3）。

6. 效率

有效功率与轴功率之比，以符号 η 表示。

$$\eta = \frac{P_a}{P} \tag{6-7}$$

7. 汽蚀余量

在泵吸入口处单位质量液体所具有的超过汽化压力的富余能量称为汽蚀余量，以符号 NPSH 表示，单位米液柱（m）。

6.1.2　固液两相流泵输送清水时的性能

固液两相流泵输送清水时，其性能均可参照清水泵获得，通过试验获得泵各工况点的扬程 H、效率 η、功率 P、必需汽蚀余量 NPSHr 随流量和转速等变化性能参数，绘制性能曲线。兰州理工大学多相流课题组对 150×100LN-32 型螺旋离心泵进行了性能试验，并绘制出泵的特性曲线，如图 6-1 所示。

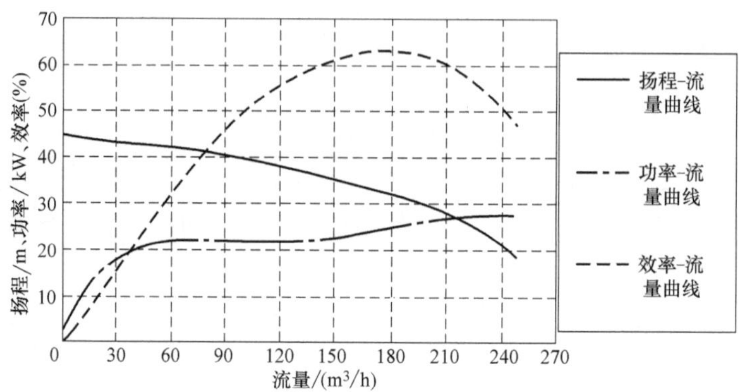

图 6-1 150×100LN-32 型螺旋离心泵特性曲线

由图 6-1 可以看出，螺旋离心泵的能量特性曲线有以下特点：

1）由扬程-流量曲线可以看出，随流量的增大，扬程快速地下降，整个扬程曲线接近一条陡直线（在流量大于 $50\text{m}^3/\text{h}$ 时更接近直线）。

由泵的基本方程并假定进口环量为零，则有

$$H_t = \frac{u_2}{g}\left(u_2 - \frac{Q_t}{F_2}\cot\beta_2\right) = A - BQ_t \tag{6-8}$$

$$A = \frac{u_2^2}{g}$$

$$B = \frac{u_2\cot\beta_2}{gF_2}$$

式中 H_t——无穷叶片数时的理论扬程（m）；

F_2——叶轮出口有效面积（$F_2 = 2\pi R_2 b_2 \varphi_2$）（$\text{m}^2$）；

φ_2——出口断面的排挤系数；

b_2——出口断面宽度（m）。

对于一台给定的泵，在一定的转速下，u_2、β_2、F_2 是固定不变的。

对于螺旋离心泵来说，叶轮各个断面的过流断面面积均不小于叶轮进口面积，故 F_2 较同规格的其他污水泵大。螺旋离心泵的出口角一般取 15°~25°，本试验泵的出口安放角平均只有 10°左右，比离心泵的出口角要小。所以对螺旋离心泵来说，B 要比其他类型泵大，从式（6-8）可以看出，B 值越大，则 H_t 随 Q_t 的变化较大，反映在特性曲线上就是一条陡降的直线。这种特性曲线的泵很适合用于污水处理场合，因为在这种场合，对应于较小的流量变化，扬程应该有较大的变化。

2）从效率-流量曲线可以看出，150×100LN-32 型螺旋浓浆泵的最优工况约在 $Q = 180\text{m}^3/\text{h}$ 工况点附近，偏向大流量工况。泵的最高效率为 63%，接近设计效率 65%。在流量为 $115 \sim 240\text{m}^3/\text{h}$ 时，泵的效率都高于 50%。与一般清水泵相比，螺旋离心泵在输送清水时总体效率偏低，这是因为螺旋离心泵是为输送两相流设计的，在输送固液两相流时，螺旋离心泵的效率要高于其他污水泵。

3）试验泵的功率-流量曲线在很大一个范围内接近一条直线并略有上升，当流量达到 $Q=230\text{m}^3/\text{h}$ 时，轴功率开始回落。这样，按照最大功率点的轴功率数值选用泵的配带电动机，电动机就不会过载。

以上是螺旋离心泵性能试验测试结果。研究发现，固液两相流泵输送清水时其性能曲线变化趋势与清水泵类似。固液两相流泵在水力设计时，一是因固液两相流固体颗粒存在应考虑无堵塞性和磨蚀情况，比如矿场使用的渣浆泵；二是考虑固液两相流黏性大于清水，比如输送纸浆等介质的纸浆泵，这些因素在一定程度上必然降低固液两相流泵做功品质。正因设计之初，并非完全遵照输送清水时流线变化规律，因此，固液两相流泵输送清水时其性能曲线变化趋势虽与清水泵类似，但各方面性能均有一定程度降低，具体情况因泵而定。由于固液两相流泵输送不同介质时，涉及因素过多，应以试验获得的性能变化最为客观。

6.2　泵输送固液两相流时的性能

固液混合物按固相比例分为高浓度和低浓度两种情况。由于实际应用和试验大多数是在低浓度下，固体颗粒的质量分数上限为35%，而对应的体积分数基本为15%。目前，大多固液两相流泵性能的研究主要集中在低浓度的固液混合物输送。

鉴于固液两相种类较多，难以全面论述其性能，本章以渣浆泵输送浆体性能变化作为案例，分析泵输送固液两相流时的特性。

6.2.1　泵送浆体时表征性能参数

1. 扬程比

在相同流量和转速下，泵送浆体扬程和泵送清水扬程的比值称为扬程比，以符号 HR 表示。

$$\text{HR}=\frac{H_{\text{m}}}{H} \tag{6-9}$$

式中　H_{m}——浆体扬程，米浆体柱（m）；

H——清水扬程，米水柱（m）。

2. 效率比

在相同流量和转速下，泵送浆体和泵送清水的效率比值称为效率比，用 ER 表示。

$$\text{ER}=\frac{\eta_{\text{m}}}{\eta} \tag{6-10}$$

式中　η_{m}——泵送浆体时的效率；

η——泵送清水时的效率。

一般情况下，在渣浆范围内 ER≈HR。由图 6-2 中根据浆体的质量分数 C_m，固体物比重 S，粒径 d_{50} 查得 HR，可由式（6-9）计算得出

$$HR=1-0.000385(S-1)\left(1+\frac{4}{S}\right)C_m\ln\left(\frac{d_{50}}{0.0227}\right) \tag{6-11}$$

式中，d_{50} 单位为 mm；

C_m 用百分数值代入。

也可采用下列公式：

$$HR=(1-C_m)^{(0.21+\ln d_{60}/15.35)\times 8} \tag{6-12}$$

式中，C_m 采用小数值代入。

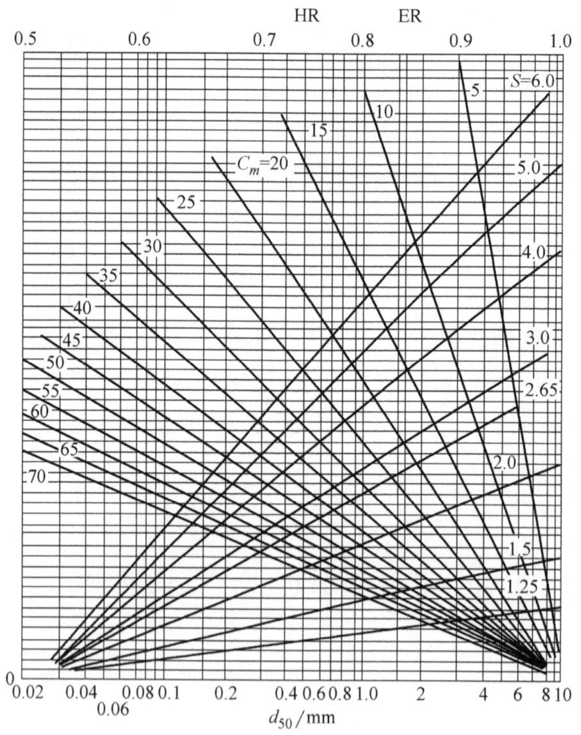

图 6-2　ER 和 HR 曲线

3. 浆体轴功率

泵送浆体时，泵的轴功率以符号 P_m 表示，单位为 kW。

$$P_m=\frac{H_m Q_m S_m}{102\eta_m} \tag{6-13}$$

式中　H_m——浆体扬程，米浆体柱（m）；

Q_m——浆体流量（L/s）。

6.2.2 工作压力

泵运行时泵排出口处的压力称为泵的工作压力。它不仅与泵的扬程、液体（浆体）密度有关，而且与串联运行的级数有关。

单级运行泵的工作压力 p（kPa）按式（6-14）

$$p=9.8\times10^{-3}(H+H_a)\rho_m \tag{6-14}$$

式中　ρ_m——浆体密度（kg/m³）。

6.2.3 泵送浆体时性能试验

清水是泵进行性能试验最方便的介质，因此渣浆泵生产厂家仅向用户提供泵的清水性能。一般来说，用液柱高度表示的扬程仅与液体的运动状态有关。同一台泵输送水、空气、汞等流体所产生的扬程数值上是一样的。在泵送浆体时，由于浆体含量、固体颗粒的大小、黏度等的影响，使得同一台泵输送清水与输送浆体时扬程和效率都要发生变化。与泵送清水相比，泵送高浓度粗颗粒的浆体时，泵的扬程和效率有明显的降低；泵送细颗粒浆体时，在有些情况下，泵效率会有所提高。因此，在渣浆泵的选型上除必须知道泵的清水性能之外，还要了解泵送浆体时泵的浆体性能与清水性能方面的区别。

将固液两相速度关系用速度三角形表示，如图 6-3 所示。

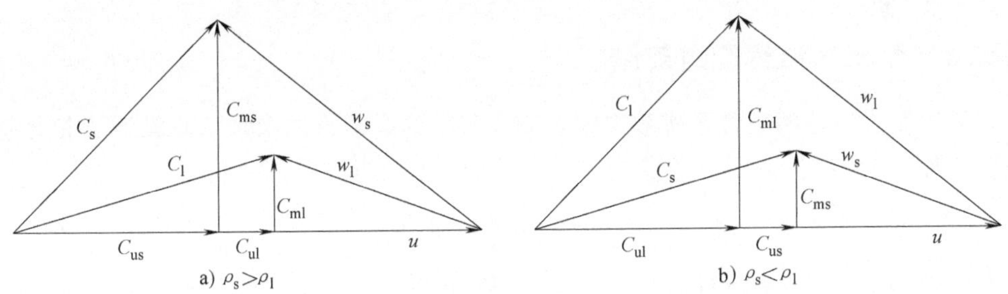

图 6-3　叶轮域固相和液相速度三角形

由图 6-3 可知，当 $\rho_s>\rho_l$ 时，固相的绝对速度圆周分量 C_{us} 小于液相的绝对速度圆周分量 C_{ul}。这也就是说，在相同流量下，泵在输送固液两相流体中固相的密度大于液相的密度时，泵的扬程低于输送单介质液体时的扬程。

6.2.4 渣浆泵的运行性能

与清水泵的运行工况点一样，泵的浆体性能曲线与管路的浆体特性曲线的交点是渣浆泵的运行工况点（泵的浆体性能曲线可通过扬程比求得）。由于泵在输送磨蚀性浆体时过流部件的磨损，泵的性能随之下降，工况点也将沿着管路特性曲线由大流量逐渐向小流量变化。由此可以看出，渣浆泵的运行工况（除调速运行外）

是流量由大到小，扬程由高到低不断变化的工况，如图 6-4 所示。

为使泵能较长时间地工作在额定工况附近，选泵时往往增加一定的扬程裕量，这样泵在初期运行时，工况点的流量和扬程将比额定工况有所增加。

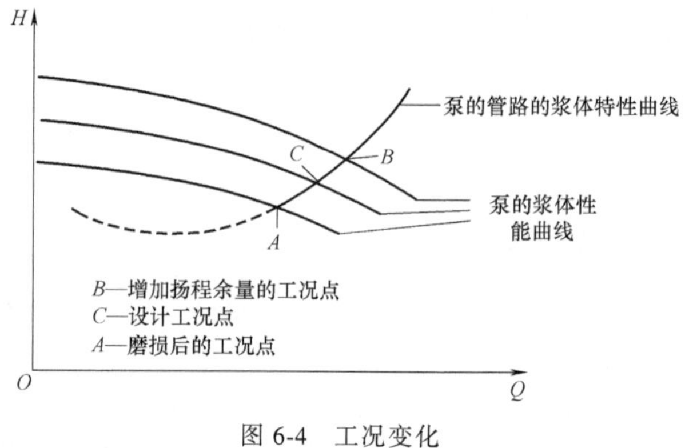

图 6-4 工况变化

6.3 渣浆泵的汽蚀特性

渣浆泵应保证在无汽蚀发生的条件下运行。如果泵在汽蚀发生的情况下运行，会使泵的过流零件在汽蚀和磨蚀的共同作用下过早地损坏。在汽蚀严重的情况下，泵将产生振动和噪声，甚至导致泵扬程、流量、效率急剧下降而无法运行。

6.3.1 泵无汽蚀运行的条件

泵不发生汽蚀的条件是有效汽蚀余量大于泵的必需汽蚀余量，一般为了安全考虑，应加 0.3m 的汽蚀安全裕量。

$$NPSHa \geqslant NPSHr+0.3m \tag{6-15}$$

式中 NPSHa——有效汽蚀余量（m）；

NPSHr——必需汽蚀余量（m）。

有效汽蚀余量是指在泵吸入口处单位质量液体所具有的超过汽化压力的有效富余能量，由吸入管路系统的参数和管路中的流量所决定。

必需汽蚀余量由试验确定，它取决于泵的结构和参数。

由图 6-5 可以看出，NPSHa<NPSHr 时泵性能的变化情况。图 6-5 中 *A* 点为汽蚀发生点，从 *A* 点开始流量扬程曲线发生

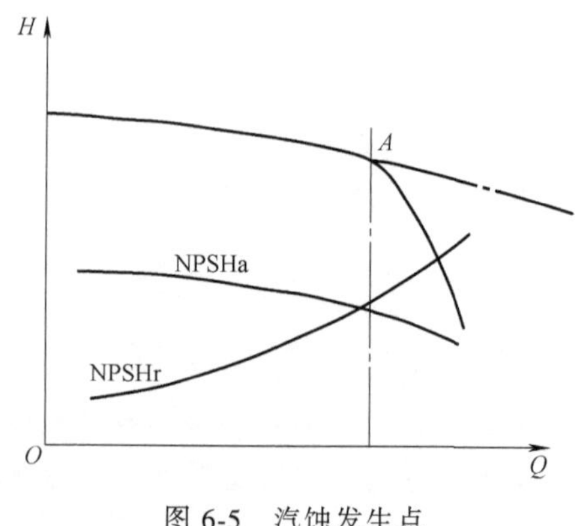

图 6-5 汽蚀发生点

陡降。

6.3.2　有效汽蚀余量计算

影响有效汽蚀余量的因素很多，如泵的安装高度、进口管路的水头损失、当地大气压力、输送浆体的温度等。图 6-6 所示为倒灌安装时有效汽蚀余量与其他各因素之间的关系。

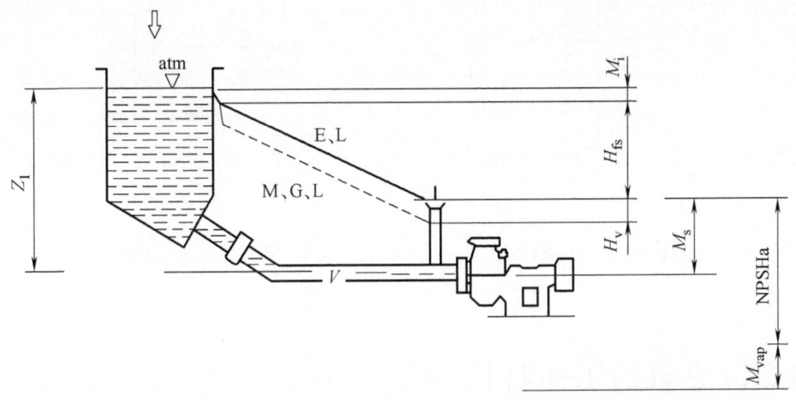

图 6-6　倒灌安装时有效汽蚀余量与其他各因素之间的关系

atm—大气压　E、L—能量坡降线　M、G、L—水力坡降线

有效汽蚀余量的计算公式为

$$\mathrm{NPSHa}=\frac{H_{\mathrm{atm}}-H_{\mathrm{vnp}}}{S_{\mathrm{m}}}+Z_1-H_{\mathrm{n}}-H_{\mathrm{fL1}} \tag{6-16}$$

式中　H_{atm}——泵安装地点的大气压力，由图 6-7 查取，当进料箱为密闭容器时，应为容器内液面的绝对压力（m）；

H_{vnp}——渣浆泵泵送浆体的汽化压力，浆体汽化压力大致与水相等时，由图 6-8 查取（m）；

H_{fL1}——吸入管路的清水沿程水头损失，由于吸入管一般较短，所以吸入管路的浆体水头损失可按清水计算（m）。

当泵的生产厂家以允许吸上真空高度 $[H_{\mathrm{s}}]$ 的形式给出泵汽蚀性能，可通过式（6-17）计算泵的必需汽蚀余量。

$$\mathrm{NPSHr}=10.09-[H_{\mathrm{s}}]+\frac{v_{\delta}^2}{2g} \tag{6-17}$$

式中　$[H_{\mathrm{s}}]$——允许吸上真空高度（m）；

v_{δ}——泵进口法兰处的速度（m/s）。

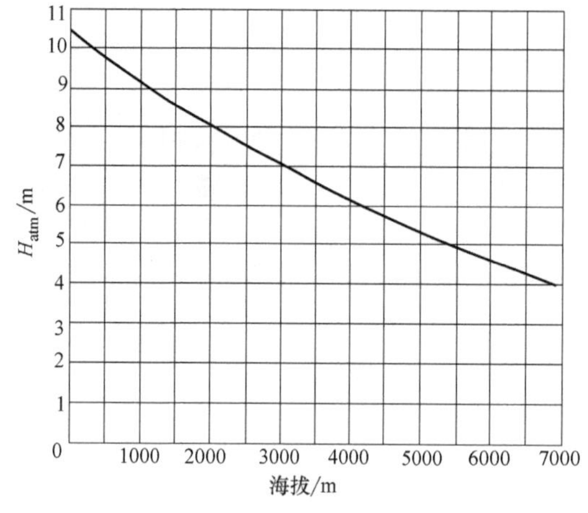

图 6-7　不同海拔的大气压力

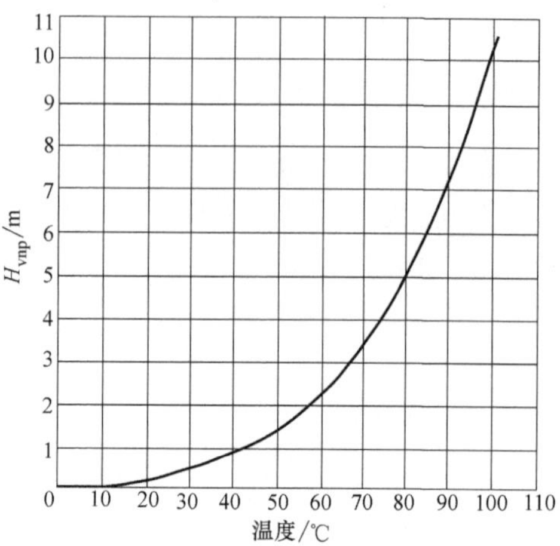

图 6-8　汽化压力曲线

6.4　螺旋离心泵的工作特性

在相同的条件下，螺旋离心泵输送固液两相介质要比输送清水时性能要低，而且随着泵运行时间的增加，固相对螺旋离心泵过流部件的磨损，性能会更低。因此，探究螺旋离心泵输送固液两相时性能的变化特点和规律，对于提高螺旋离心泵高效应用具有重要的意义。

6.4.1　固液两相流介质含沙水假设

河流中含沙水属于典型的固液两相流，为便于分析含沙水在螺旋离心泵内部流动规律，做如下假设：

1）由于颗粒的形状较为复杂，定义球形度 $\sigma=S_{pb}/S_{fb}$，其中，S_{pb}、S_{fb} 分别为圆球体表面积和颗粒的表面积，假设 $\sigma=1$，即含沙水固体颗粒形状为球形，且大小相同。

2）沙粒为均值刚性固体，无相变。

3）颗粒以离散形式存在液相中，固相之间无相互作用力。

根据以上假设，鉴于黏粒和粉沙的粒径较小，对泵的影响不如沙粒的影响大，因此，本书只研究含沙水中沙粒对螺旋离心泵的影响。沙粒的直径范围为 0.062~2.0mm。分别选取含沙水沙粒的直径为 0.076mm、0.1mm、0.5mm、1mm、5mm 和 8mm，体积分数为 10%、15%、20%、25%和 30%进行分析。

沙子的密度为 2650kg/m³，黏度在引入极限浓度后采用式（6-18）计算。

$$\begin{cases} u_s = (1 - C_V / C_{Vm})^{-3.5} \\ C_{Vm} = \exp\left[-7.53\left(\dfrac{\sum P_i/d}{1000\varphi'}\right)^2 - 0.106\dfrac{\sum P_i/d}{1000\varphi'} - 0.149\right] \end{cases} \tag{6-18}$$

式中　u_s——含沙水黏度（Pa·s）；

C_V——水流含沙的体积分数（%）。

6.4.2　含沙水下的性能变化

1. 固相体积分数对泵性能的影响

螺旋离心泵在输送介质为清水和含沙水的沙粒直径为 0.5mm，体积分数分别为 10%、20%和 30%时，螺旋离心泵性能曲线如图 6-9 所示。

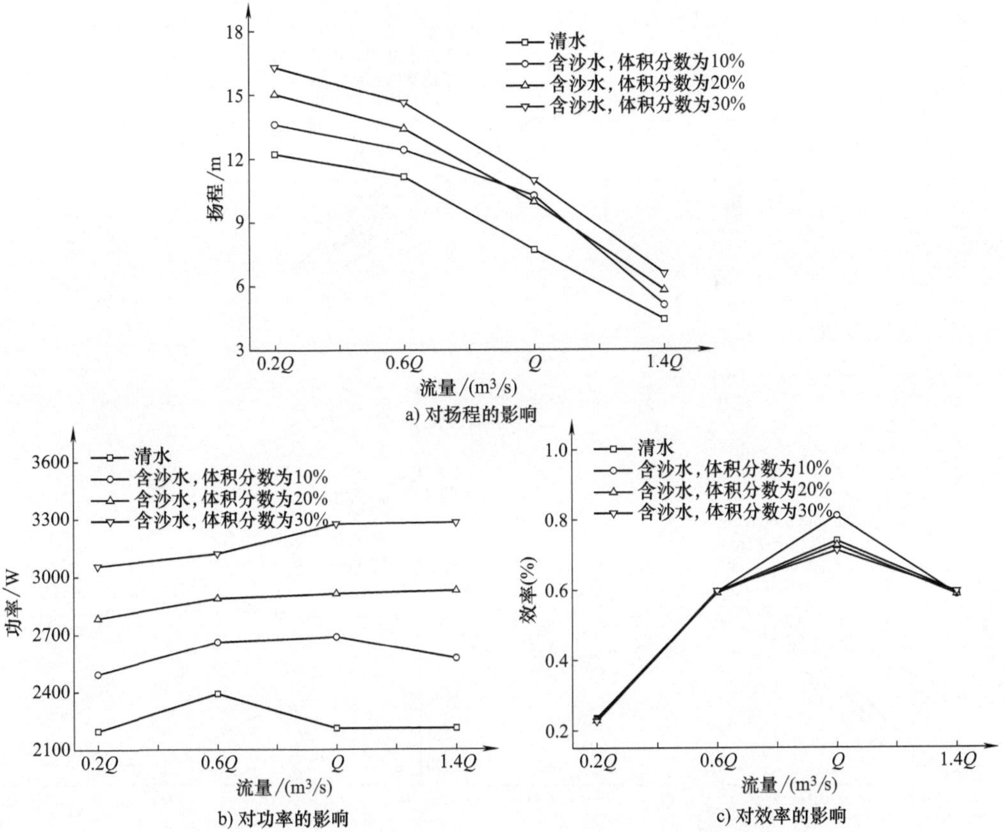

a) 对扬程的影响

b) 对功率的影响

c) 对效率的影响

图 6-9　固相体积分数对泵性能的影响

如果不考虑固液两相之间的作用，介质为清水时泵的扬程应高于介质为含沙水时的扬程。由图 6-9a 可以看出，含沙水泵的扬程高于清水介质的扬程，同时，随着固相体积分数增加，泵的扬程也增大。这是因为数值模拟所选用含沙水固体颗粒粒径较小，使得两相之间的耦合性较好，固液两相反而有相互促进的作用；小流量时扬程之间差值较大，这反映了螺旋离心泵在小流量时的流体流动非稳定性。

含沙水时泵的功率大于清水时的功率，体积分数越大，泵的功率也随之增大，这个可以由图 6-9b 得到验证。随着流量的增加，泵的功率也增大，但清水在设计流量时，功率有所降低，这说明了泵设计的合理性。

由图 6-9c 可以看出，在设计工况下，清水时的效率介于含沙水固相体积分数为 10%、20%和 30%之间，泵的效率之间的差值不大，这说明体积分数对泵的效率影响较小。

2. 固相粒径对泵性能的影响

螺旋离心泵在含沙水的固相体积分数为 15%，颗粒粒径分别为 0.076mm、0.5mm 和 1mm 和清水时的性能随流量的变化如图 6-10 所示。

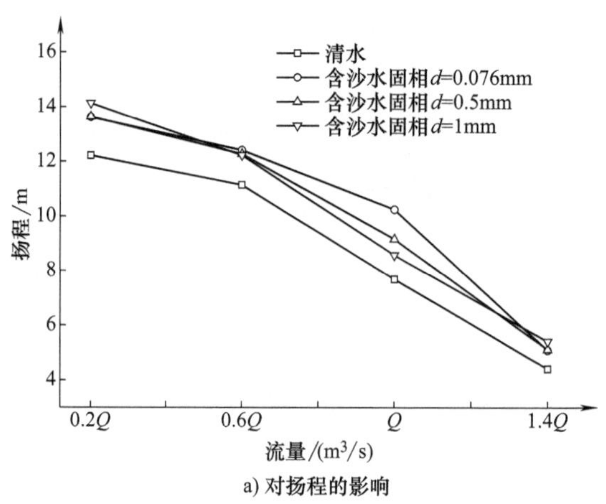

a) 对扬程的影响

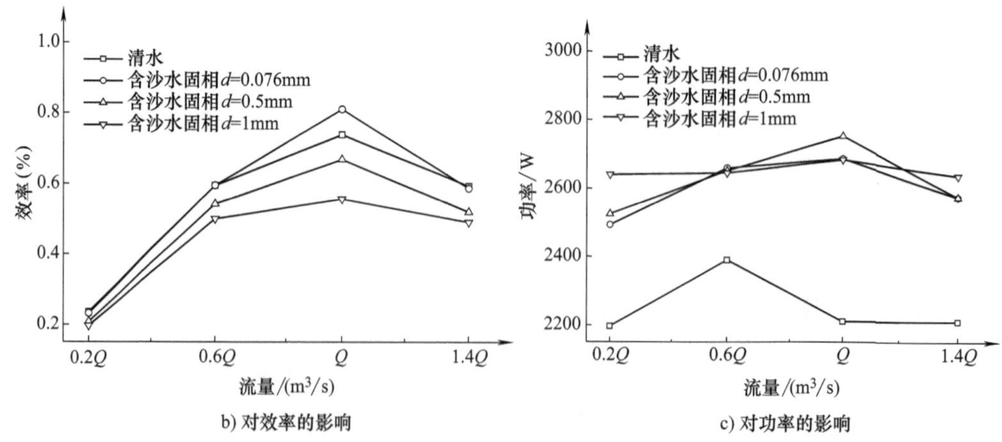

b) 对效率的影响 c) 对功率的影响

图 6-10 固相粒径对泵性能的影响

由图 6-10a 可以看出，相对含沙水固相体积分数对泵扬程的影响，不同固体颗粒时的含沙水和清水泵的扬程之间的差值较小，这说明固体颗粒粒径对含沙水固相和液相之间的耦合性影响没有体积分数那么强。由图 6-10b 可以看出，固相粒径对

泵效率的影响和固相体积分数对泵效率的影响类似，但固相粒径对泵效率的影响和固相体积分数对泵效率的影响更明显。由图 6-10c 可以看出，随着流量的增加，介质为含沙水比介质为清水时泵的功率更大，这说明了大粒径更容易在大流量下增加泵的负担，使得泵功率增大；同时，含沙水固相粒径 $d=1\text{mm}$ 时，泵功率随流量变化没有其他三种介质时明显。

6.4.3　螺旋离心泵工作特性分析

扬程降和效率降是另外一种固液两相介质对泵性能影响的表征形式。通过扬程降和效率降，可以更深入地分析固液两相介质对泵扬程和效率的影响。

1. 扬程降 HR 和效率降 ER 的变化

（1）扬程降 HR　何希杰在 1998 年提出的扬程降公式比之前关于扬程降公式的计算精度高，且考虑了流体和叶轮的参数，见式（6-19）。

$$\text{HR}=1-\left(\frac{1}{5.7}+169.23\frac{d_{50}\rho_s}{D_2}\right)C_V \tag{6-19}$$

式中　d_{50}——固体颗粒均值粒径（mm）；

D_2——叶轮出口宽度（mm）；

ρ_s——固体颗粒相对密度；

C_V——浆体体积分数（%）。

（2）效率降 ER　霍尔岑伯格在 1981 年总结和分析了 1955—1980 年间不同的试验结果，得出了效率降 ER 计算公式，具有很高的确信度，见式（6-20）。

$$\text{ER}=1-\left[2653C_Vn_q^{-2.46}+(1-2653C_Vn_q^{-2.46})\times3.7n_q^{-2}\right] \tag{6-20}$$

$$n_q=5.55\frac{\sqrt[n]{Q}}{(gH)^{0.75}}$$

式中　Q——体积流量（m^3/s）；

H——扬程（m）；

g——重力加速度（m/s^2）。

2. 固相体积分数对扬程降 HR、效率降 ER 的影响

含沙水中固相粒径 $d=0.5\text{mm}$ 时，固相体积分数为 10%、20% 和 30% 时螺旋离心泵的扬程降和效率降如图 6-11 所示。

由图 6-11a 可以看出，随着流量的增加，扬程降反而有所提高，体积分数越大，扬程降越高。这说明小流量时流体所获得的能量低于大流量时所获得的能量，这也反映了小流量的强不稳定性，不利于泵扬程的提高。由图 6-11b 可知，体积分数为 10%，在低于设计流量时，效率降随流量的增加而增加，在大于设计流量时，效率降随流量的增加反而降低；体积分数为 20% 和 30% 时，效率降随流量的变化不大，在体积分数为 30%，在设计流量时，效率降有所降低。这说明体积分数越小，固液两相耦合性越好，越接近于清水。因此，在设计流量下，体积分数为

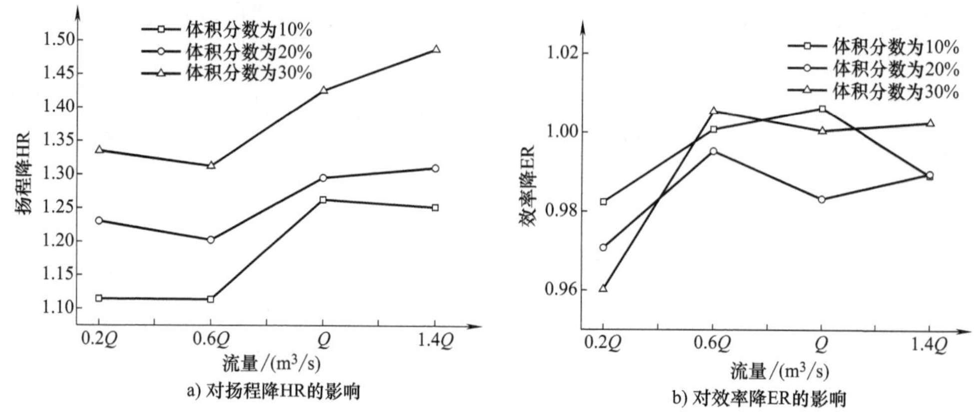

图 6-11　固相体积分数对扬程降 HR、效率降 ER 的影响

10%时，效率降升高，随着体积分数增大，逐渐降低，尤其是在体积分数为 30%时，液相对固相的约束能力进一步降低，两相的耦合性越差，使得效率降在设计流量出现骤降。

3. 固相粒径对扬程降 HR、效率降 ER 的影响

含沙水中固相体积分数为 15%时，固相粒径分别为 0.076mm、0.5mm 和 1mm 时螺旋离心泵的扬程降和效率降如图 6-12 所示。

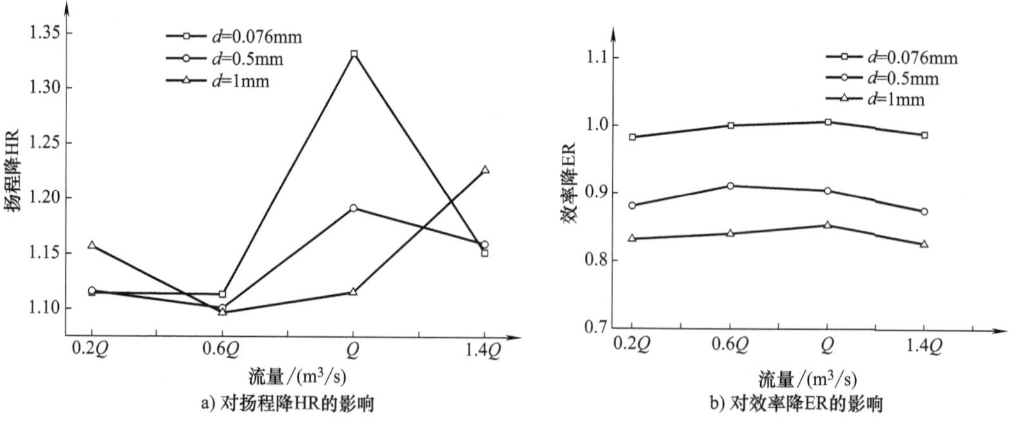

图 6-12　固相粒径对扬程降 HR、效率降 ER 的影响

由图 6-12a 可以看出，在小流量（$0.2Q \sim 0.6Q$）时，扬程降随流量有所下降，粒径越大，下降越快；除粒径 $d = 1$mm 扬程降曲线随流量增加而增加，大于设计流量时扬程降增加的越快外，粒径 0.076mm 和 0.5mm 在偏离设计流量时，以设计流量为中心，出现先升后降。

由图 6-12b 可以看出，固相粒径为 0.5mm 时，效率降随流量变化不大，且变化趋势基本一致，越大的粒径，效率越低。

由以上分析可知，不同固相粒径对泵的扬程降和效率降影响是不同的：较大固相粒径时，泵的扬程和效率均有所下降；较小固相粒径时，泵的扬程和效率变化不大，尤其在偏离设计流量时。这说明：小粒径时，固液两相的耦合性较好，对泵的性能影响不大；大粒径时，固液两相的耦合性较差，降低了螺旋离心泵对流体做功的品质。

参考文献

[1] 李仁年，苏发章，薛建欣，等．含沙水流对离心泵能量特性的影响［J］．甘肃工业大学学报，1996，22（2）：27-31.

[2] 权辉．螺旋离心泵内部流动和能量转换机理的研究［D］．兰州：兰州理工大学，2012.

[3] 权辉，李仁年，韩伟，等．基于型线的螺旋离心泵叶轮做功能力研究［J］．机械工程学报，2013，49（10）：156-162.

[4] 权辉，李仁年，韩伟，等．单介质螺旋离心泵能量转换机理［J］．排灌机械工程学报，2012，30（5）：527-531.

[5] QUAN H，LI R N，HAN W，et al. Analysis on energy conversion of screw centrifugal pump in impeller domain based on profile lines［J］. Advances in Mechanical Engineering，2013（7）：1-11.

[6] QUAN H，LI R N，HAN W，et al. Research on energy conversion mechanism of screw centrifugal pump under the water［J］. IOP Conference Series：Materials Science and Engineering，2013，52（3）：1-9.

[7] QUAN H，LI R N，HAN W，et al. Energy performance prediction and numerical simulation analysis for screw centrifugal pump［J］. Applied Mechanics and Materials. 2014，444-445：1007-1014.

第7章　固液两相流泵水动力特性

两种及两种以上不同相的物质共存和运动，造成系统内部不同区域各相的份额、流动参数等均存在差异，即使是稳态流动，系统内部不同区域间的相态及其分布也不是均匀一致的，这就是时空尺度上的不均匀性。由于多相介质的共存和相界面的多变，多相流的宏观结构（即流型）也呈现多种状态。

当流体中有多个颗粒存在时，颗粒的受力情况与单颗粒会有所不同。任意一个颗粒的运动都可能受到其他颗粒的影响，颗粒之间作用的主要形式有接触、位置交换和碰撞。同时，大量颗粒的存在会影响液相的流动特性，液相的变化又会反过来影响颗粒的运动。因此，对于固液两相流的研究，除了单独考虑固体颗粒在液体中的受力外，还必须考虑固—液、固—固之间的相互作用。

多相流最为显著的特征就是在空间上表现出各相流速与相含量或相含率的不均匀性、流动结构与参数的多值性和转变过程的不可逆性，这些因素时刻重塑着流场中的力场。同样，力场和流体的相互作用，激励着流体的非定常性。本章以螺旋离心泵为对象，讲解固液两相流泵内瞬变流水动力特性及内流结构。

7.1　螺旋离心泵内叶轮水动力特性

螺旋离心泵的轴向力由下列各分力组成：①螺旋离心泵叶轮工作面和背面压力分布不对称，且受压面积大小不等所产生的盖板力；②液体流经叶轮后速度方向和大小均发生改变所产生的动反力；③螺旋段和离心段扭曲叶片工作面和背面压力不同产生的轴向力；④轮毂轴端等结构引起的轴向力；⑤其他因素产生的轴向力。

7.1.1　叶轮轴向力、径向力

1. 螺旋离心泵力学特性

叶轮经过两种力对流体做功：一种是叶轮流道表面的压力；另外一种是无滑移壁面条件带来的黏性力。经过数值模拟，得出蜗壳表面和叶轮上的压力，再计算Fluent 中模拟出的蜗壳和叶轮表面的压力和黏性力沿 y 轴分力的代数和，即为轴向力，x 和 z 轴的分力代数和分别为沿 x 和 z 轴的径向力。为了方便表述，将螺旋离心泵按不同的面域命名，如图 7-1 所示。

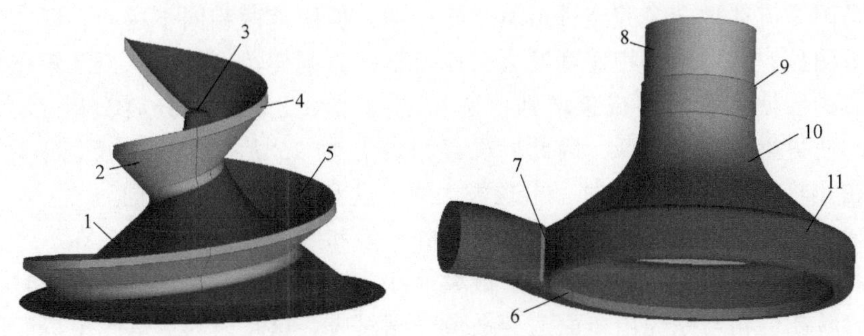

图 7-1　数值模拟的计算面域

1—轮毂面　2—叶片工作面　3—轮毂端面　4—轮缘面　5—叶片背面　6—蜗壳端面
7—隔舌　8—进口侧面　9—口环端面　10—盖板面　11—蜗壳

2. 螺旋离心泵轴向力特性

100LN-7 型螺旋离心泵以额定流量 $Q=78\mathrm{m}^3/\mathrm{h}$ 为标准，介质分别为清水和粒径 $d=0.076\mathrm{mm}$、体积分数 $C_V=10\%$ 的两相流沙水时，轴向力随流量的变化曲线如图 7-2 所示。

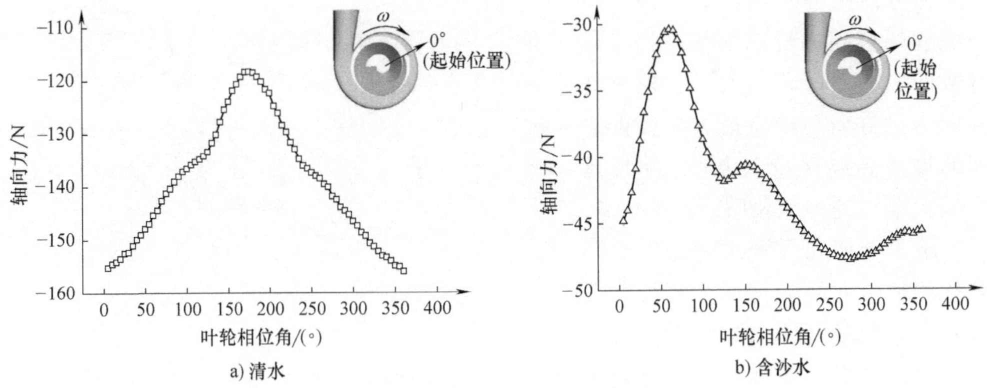

a) 清水　b) 含沙水

图 7-2　轴向力随流量的变化曲线

由图 7-2a 可以看出，以清水为介质时，轴向力随叶轮相位角变化曲线呈现抛物线变化，最大值出现在叶轮相位角为 175°左右。结合叶轮起始位置示意图可知，叶轮离心段接近于隔舌处，叶轮旋转接近半圈，刚好流体充满泵腔，下一步即叶轮离心段将流体的动能转换为势能，此时，流体的动能最大，使得流体对叶轮的动反力最大，因此在叶轮相位角为 175°左右轴向力达到最大。叶轮相位角为 0°~175°时，轴向力随叶轮相位角增加而增加，这是因为流体受到叶轮作用逐渐增强，流体速度增大，同样，流体对叶轮的反作用力，即轴向力也在增大。叶轮相位角为 175°~360°时，流体经过叶轮流道进入蜗壳流道，因此轴向力逐渐下降。

由图 7-2b 可以看出，以含沙水为介质时，轴向力随叶轮相位角变化曲线呈现类似抛物线，轴向力最大值出现相比清水介质时有所提前，在叶轮相位角为 75°左右。这是因为流体进入泵腔经过虽然叶轮作用，但固液两相同步运动，即速度滑移现象并不明显，这样，两相速度较大，使得轴向力同样达到最大。当叶轮充分对流体作用后，会使速度滑移现象增强，两相之间运动出现流动分离、相互“堵塞”等现象，使得整体速度降低，因此叶轮经过相位角 75°后，轴向力反而有所下降。同样，在叶轮相位角为 175°时，出现极大值，这和清水介质时相同。

由轴向力变化可知，叶轮轴向力受动静干涉和叶轮包角的影响，在一个旋转周期内近似呈正弦函数分布，存在一个最大值和一个最小值，并且达到最值时，叶轮对应的旋转相位角与蜗壳出口面达到最值时相对应。这是因为当蜗壳出口面压力最大时，压水室部分叶轮轮毂和叶片正负压力面的压差也达到最大，因此轴向力也最大，反之最小。

3. 螺旋离心泵径向力特性

100LN-7 型螺旋离心泵以额定流量 $Q=78\mathrm{m}^3/\mathrm{h}$ 为标准，介质分别为清水和粒径 $d=0.076\mathrm{mm}$、体积分数 $C_V=10\%$ 的两相流沙水时，径向力随流量的变化曲线如图 7-3 所示。

由图 7-3 可以看出，叶轮径向水动力近似呈椭圆函数分布，水动力波动幅值随流量减小和固相体积分数的增加而逐渐加大，叶轮所受径向力的方向与叶轮最大半径处之间的夹角始终保持为 90°，并且落后最大半径处一个象限。

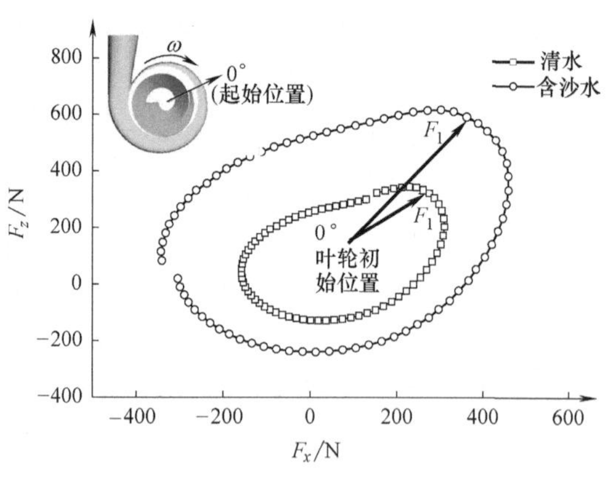

图 7-3　径向力随流量的变化曲线

清水介质和含沙水时径向力随叶轮相位角曲线变化形式相似，含沙水介质时的径向力始终大于清水介质时的径向力。这是因为叶轮的旋转作用，使得流体介质由轮毂向轮缘移动，固相由于比重大于液相，更容易向轮缘集中，且螺旋离心泵的叶轮是非对称的。在叶轮相位角为 10°左右，径向力最大，此时流体刚进入泵腔，流体集中在泵的下端。当叶轮充分发挥作用后，泵腔中流体分布变得较为均匀，上下径向力较之前平衡，因此，径向力反而较之前降低。

7.1.2　固液两相流介质对水动力特性的影响

1. 流量对轴向力、径向力的影响

100LN-7 型螺旋离心泵在介质为清水和含沙水（沙粒粒径 $d=0.076\mathrm{mm}$、体积分数 $C_V=15\%$）时轴向力和径向力随流量的变化曲线如图 7-4 所示。其中，设计流量 $Q=78\mathrm{m}^3/\mathrm{h}$。

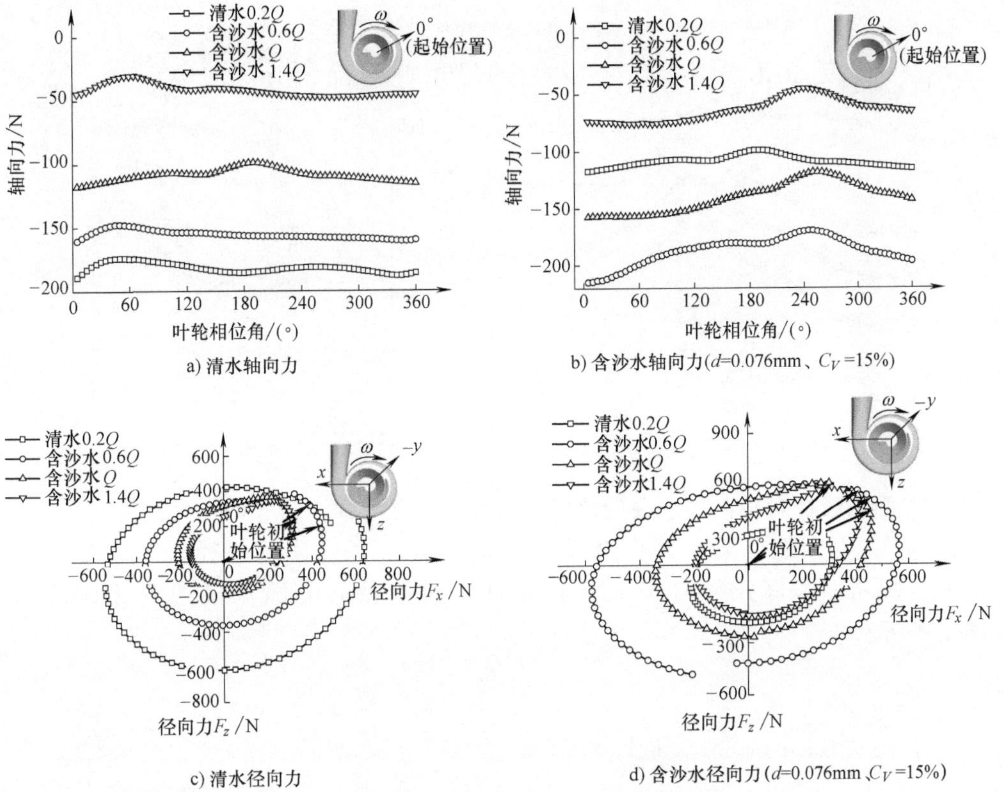

a) 清水轴向力

b) 含沙水轴向力(d=0.076mm、C_V=15%)

c) 清水径向力

d) 含沙水径向力(d=0.076mm、C_V=15%)

图 7-4 非定常含沙水不同流量下的轴向力、径向力

由图 7-4a、b 可以看出，清水和含沙水分别在流量为 0.2Q、0.6Q、Q 和 1.4Q 时的轴向力随叶轮相位角变化相似，流量越大，轴向力同样也越大。分析图 7-4c、d，介质为清水和含沙水时，各流量随叶轮相位角径向力变化曲线相似，且流量越大，径向力越小。这是因为流量对径向力的影响相对轴向力较小，当流量越大时，泵腔中流体沿径向受力的平衡性较小流量较好，小流量使得泵受流体沿径向各方向平衡性变差，因此大流量时径向力反而减小。

2. 固相体积分数对轴向力、径向力的影响

100LN-7 型螺旋离心泵在介质为清水和含沙水（沙粒粒径 d=0.076mm，体积分数 C_V=10%、20%、30%）时轴向力和径向力随流量的变化曲线如图 7-5 所示。

由图 7-5 可以看出，含沙水时的轴向力和径向力随叶轮相位角的变化曲线和清水的相似。这说明体积分数对轴向力、径向力变化趋势改变不大。

就轴向力来说，体积分数越大，轴向力越小。叶轮相位角为 180°~300°时，流体速度经过叶轮充分作用轴向力达到最大，该区域为叶轮螺旋段向离心段过渡段。经过该段后叶轮变小，流道相对变大，使得流体速度降低，因此轴向力逐渐减小。就径向力来说，叶轮相位角为 15°~30°时，径向力最大。

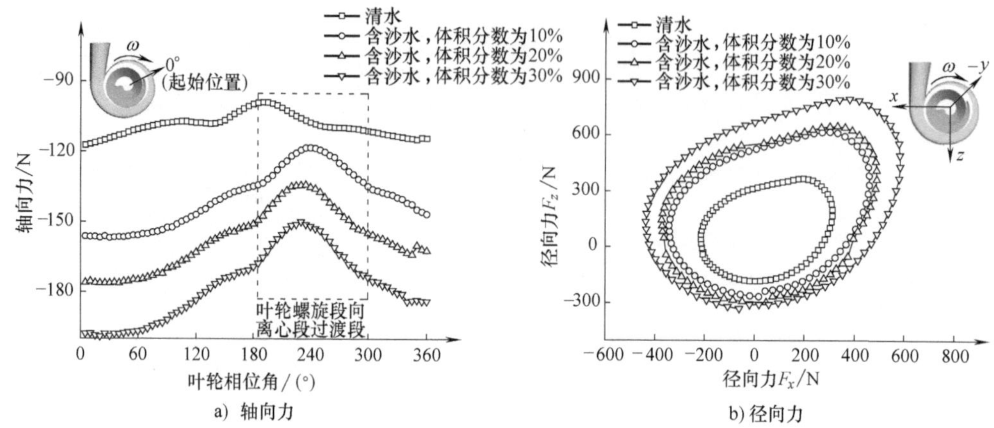

图 7-5　非定常含沙水不同体积分数下的轴向力、径向力（一）

3. 固相粒径对轴向力、径向力的影响

100LN-7 型螺旋离心泵在介质为清水和含沙水（沙粒粒径 $d=0.076$mm、1mm、2mm，体积分数 $C_V=15\%$）时轴向力和径向力随流量的变化曲线如图 7-6 所示。

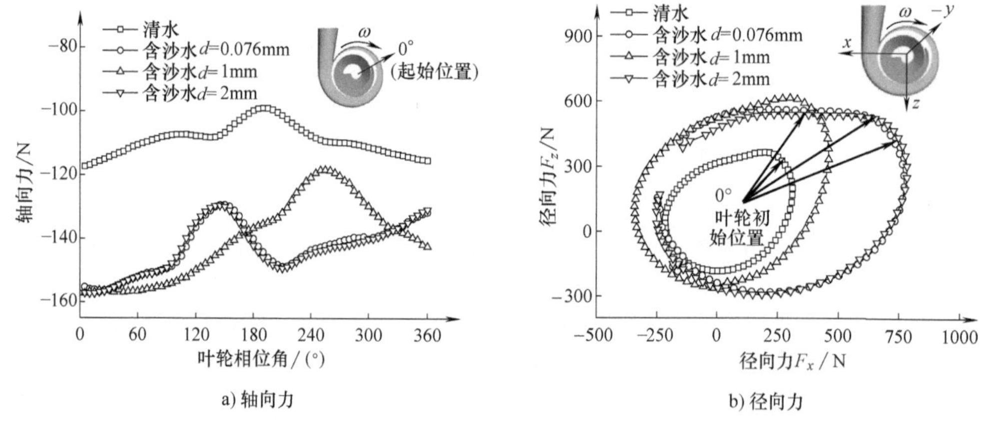

图 7-6　非定常含沙水不同体积分数下的轴向力、径向力（二）

由图 7-6 可以看出，在含沙水沙粒变粒径下，轴向力和径向力随叶轮相位角的变化曲线相对于变体积分数下比较混乱。这说明含沙水沙粒粒径变化对轴向力和径向力的影响较大。

分析轴向力随叶轮相位角可以看出，相对于清水介质时，在不同的粒径下，轴向力变化的峰值有所提前或滞后。这说明沙粒的粒径在离心力的作用下，粒径变化改变了固液两相的流动耦合性。同样，这种情况在径向力随叶轮相位角变化中也得到了体现，使得粒径小的径向力最大值出现要早于大粒径时的径向力。

7.2 螺旋离心泵瞬变流水动力响应

螺旋离心泵叶轮结构上的非对称性，导致叶轮内部流动的非轴对称性，使叶轮水动力方向和大小呈周期性变化。本节就水动力引起的非定常水动力响应进行分析。

7.2.1 螺旋离心泵瞬变流特性

1. 叶轮域流动特性分析

叶轮是泵做功核心部件，也是引起泵内强非线性湍流的主要部件。下面主要分析叶轮域流动特性，在叶片进出段设置四个监测点，如图 7-7 所示。

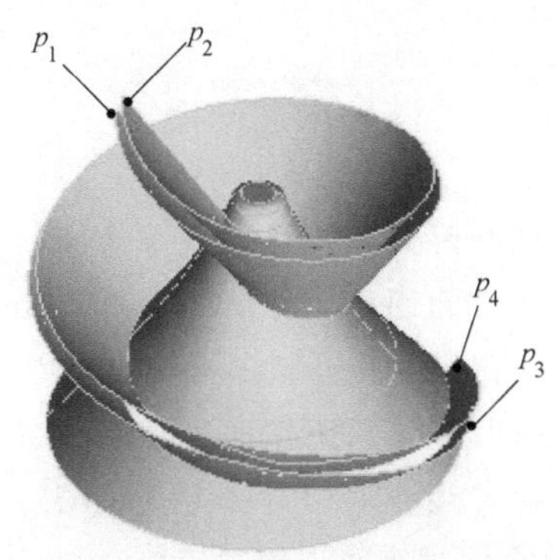

图 7-7 叶轮监测点的设置

图 7-8 和图 7-9 所示为 100LN-7 型螺旋离心泵在设计工况下非定常数值模拟所测得叶片监测点压力脉动和速度脉动。

由图 7-8 和图 7-9 可以看出，各监测点的物理参量随泵运转时间均出现周期性变化。根据图 7-8a 所示叶轮进口监测点的静压变化来看，工作面监测点 p_1 和背面监测点 p_2 变化趋势基本一致，工作面监测点 p_1 的静压大于背面监测点 p_2 的静压，叶轮完成旋转一周后出现了静压突降。这是因为在叶轮旋转一周后，完成了对流体的做功，使流体完成轴向向径向的转变。这样，叶轮进入下一轮作用，流体重新受到叶轮作用，流体静压出现突降后再次上升。

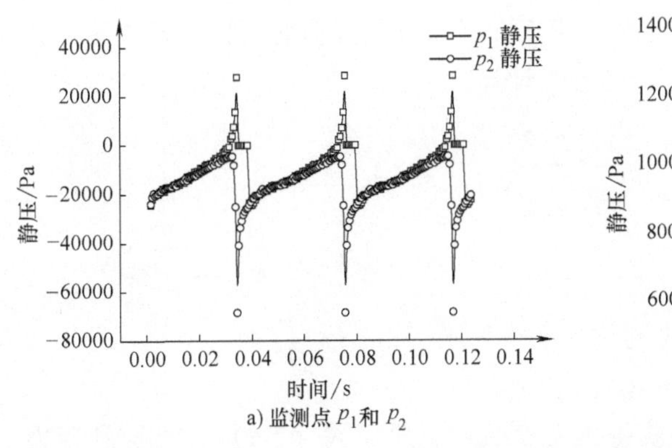

a) 监测点 p_1 和 p_2

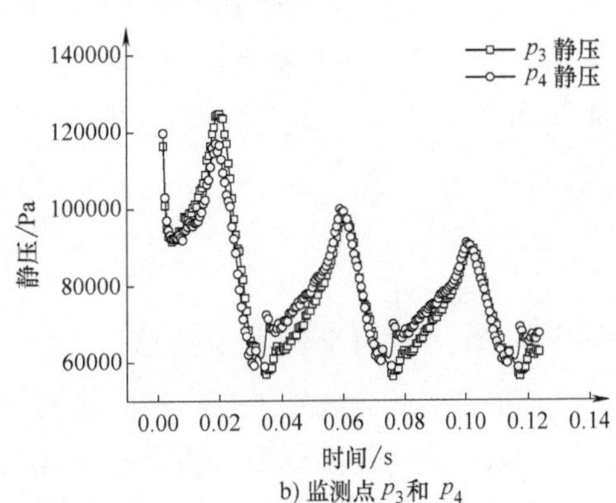

b) 监测点 p_3 和 p_4

图 7-8 叶片监测点压力脉动

图 7-8b 所示叶轮出口工作面监测点 p_3 和背面监测点 p_4 的静压随时间的变化曲线同样呈现周期性变化，所不同的就是随着泵运行，监测点 p_3 和监测点 p_4 的静压

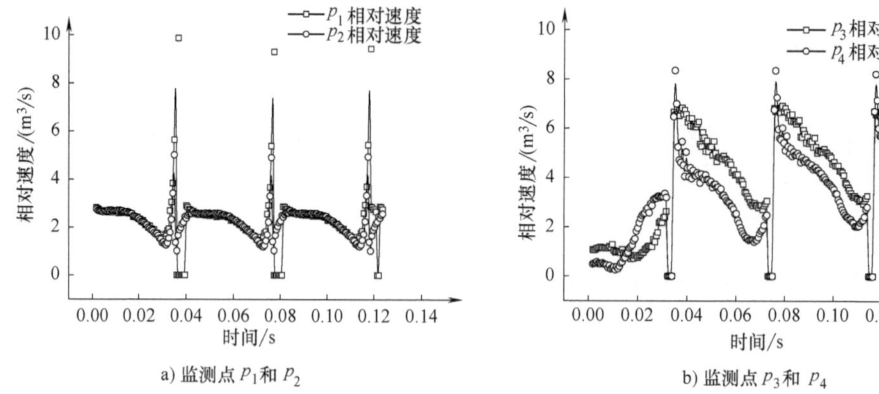

a) 监测点 p_1 和 p_2　　b) 监测点 p_3 和 p_4

图 7-9　叶片监测点速度脉动

值逐渐降低，并且出现工作面监测点 p_3 静压比背面监测点 p_4 静压低的情况。这说明在叶轮出口工作面已经不再那么具有明显的竞争力。

由图 7-9 可知，工作面监测点 p_1 和背面监测点 p_2 的相对速度变化趋势基本一致，叶轮进口工作面监测点 p_1 的相对速度大于背面监测点 p_2 的相对速度。在叶轮出口，当流动相对稳定（0.03s）后，工作面监测点 p_3 的相对速度大于背面监测点 p_4 的相对速度，相对速度在泵运行一个周期内随着运行时间的增加是逐渐减小的。这说明叶片水力设计的合理性，有利于提升泵对流体的能量转换的品质。

2. 蜗壳域流动特性分析

由于螺旋离心泵蜗壳呈三维非轴对称结构和叶轮的旋转作用，叶轮与蜗壳的动静干涉使得在泵腔内产生压力脉动，这是泵内强非线性湍流产生的主要原因。分析蜗壳内部的压力脉动信息，对于泵的安全高效运行具有重要意义。

（1）计算方案　对 100LN-7 型螺旋离心泵进行非定常数值模拟，并在蜗壳域取监测点，使得各监测点在相邻面域具有代表性，以反映流动的信息。各监测点分布如图 7-10 所示，压力系数 C_p 按式（7-1）计算。

$$C_p=\frac{P-\overline{P}}{\frac{1}{2}\rho u_2^2} \tag{7-1}$$

式中　P——监测点静压（Pa）；

$\overline{P}$——叶轮旋转 1 个周期内检测点的平均静压（Pa）；

u_2——叶轮出口平均圆周速度（m/s）。

（2）数据处理　通过数值模拟获得压力参数后，应用式（7-1）计算得到压力系数。对这些数据进行快速傅里叶变换（fast fourier transformation，FFT）处理，对螺旋离心泵内部压力脉动信号处理，得到压力脉动的频域变化，为进一步分析非定常流动特性奠定基础。

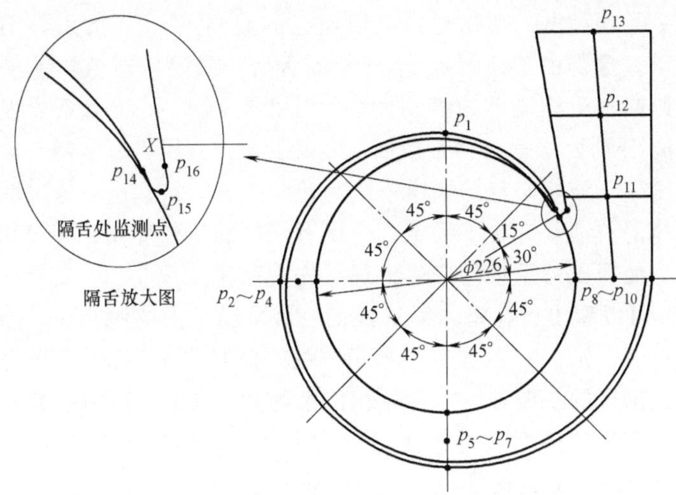

图 7-10 蜗壳监测点分布

注：检测点 $p_2 \sim p_{10}$ 的各段面上监测点编号顺序为从蜗壳内圈到外圈。

快速傅里叶变换是离散傅里叶变换的快速算法，是根据离散傅里叶变换的奇、偶、虚、实等特性，对离散傅里叶变换的算法进行改进获得的。

文中采用 Danielson-Lanezon 方法进行 FFT 运算，计算过程：如果数据点的总数 N 为 2 的整数幂，DDF 可以写成两个 DDF 之和，见式（7-2）。

$$x(k) = \sum_{j=0}^{N/2} x(2j)\exp\left(-i\frac{2\pi kj}{N/2}\right) + W^k \sum_{j=0}^{N/2-1} x(2j+1)\exp\left(-i\frac{2\pi kj}{N/2}\right) \tag{7-2}$$

其中，$W=\exp(-2i\pi/N)$。

（3）压力脉动时域分析　为研究蜗壳流道中非定常流动特性，分别选取流线、截面及分段流道来分析。

1）从蜗壳进口到扩散段流道中线上。图 7-11 所示为蜗壳第Ⅱ段面 ~ 第Ⅷ段面、第Ⅸ段面 ~ 第Ⅺ段面上监测点参数变化。

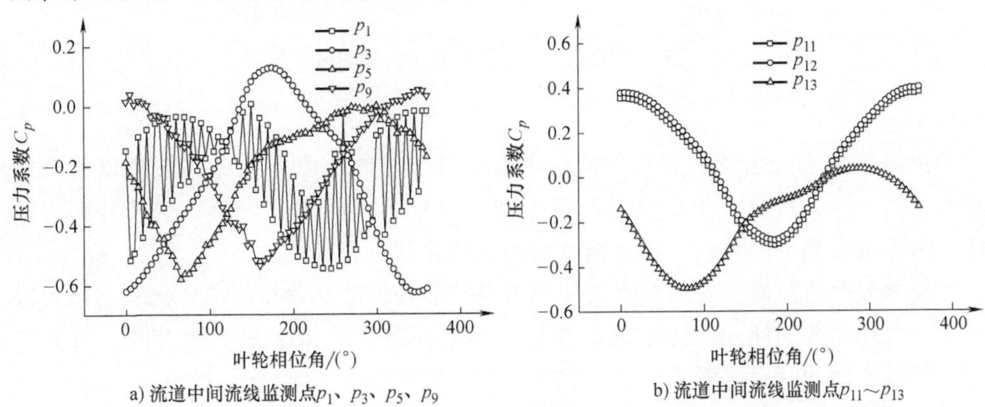

图 7-11 流道中间流线监测点压力脉动时域图

由图 7-11a 可以看出，在蜗壳第Ⅱ段面上的监测点 p_1 压力系数随叶轮的旋转呈现剧烈的振动。这是由于监测点 p_1 处于隔舌后，受隔舌对流体流动的改变和蜗壳流道变宽的影响，流体流动的颤动性强，使得监测点 p_1 压力系数极不稳定。监测点 p_3、p_5、p_9 分别处于蜗壳第Ⅲ段面~第Ⅷ段面，其压力系数随叶轮相位角变化曲线类似正弦函数，波峰出现的顺序依次为监测点 p_3、p_5、p_9。这说明从蜗壳第Ⅳ段面开始，流体的流动状态趋于稳定，呈现有规律的正弦变化，不过由于与叶轮之间的位置关系，使得压力系数的变化出现了先后顺序。

由图 7-11b 可以看出，在蜗壳第Ⅸ段面~第Ⅺ段面上监测点 p_{11}~p_{13} 上压力系数变化和监测点 p_3、p_5、p_9 的相似，所不同的是监测点 p_{11}~p_{13} 上压力系数随叶轮相位角变化曲线出现的是波谷。在叶轮相位角为 0°~200°，压力系数是下降的，这是因为在叶轮流道中流体所获得的能量形式主要是动能；在叶轮相位角为 200°~360°，压力系数是升高的，这是由于随着叶轮做功的继续，流体进入蜗壳，流体获得的能量形式主要是静压能，压能在压力系数中占的主导位置，因此压力系数是上升的。

2）蜗壳进口到扩散段各段面的非定常特性。图 7-12 和图 7-13 所示分别为蜗壳第Ⅳ段面、第Ⅵ段面以及第Ⅷ段面上监测点参数变化。

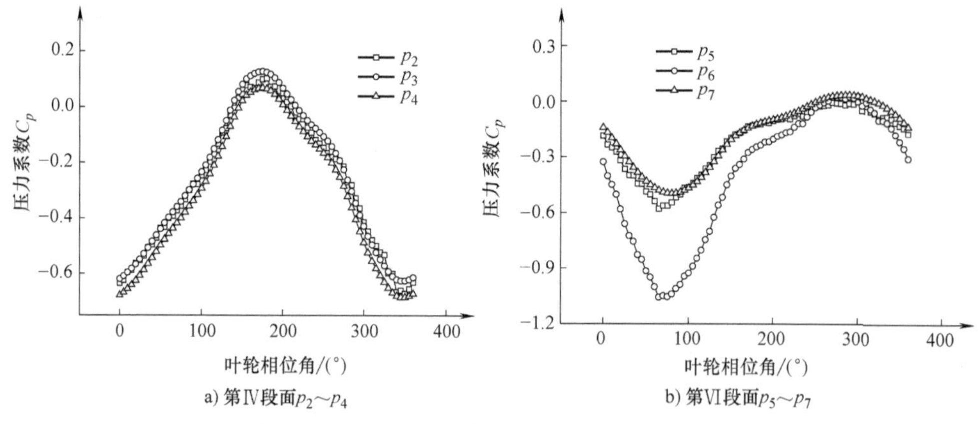

图 7-12　第Ⅳ段面和第Ⅵ段面压力脉动时域图

由图 7-12 可以看出，在蜗壳第Ⅳ段面上监测点的压力系数随叶轮相位角变化基本相同，压力系数大小依次为流道中线、接近基圆的蜗壳内圈、蜗壳外圈。同样，由振幅变化可以看出，各监测点的振幅变化基本相同。

在蜗壳第Ⅵ段面上各监测点之间压力系数的差值随叶轮相位角变化要比第Ⅳ段面大，变化趋势同样和流道中线的相同，压力系数大小依次为蜗壳外圈、流道中线、接近基圆的蜗壳内圈。

由图 7-13 可以看出，第Ⅷ段面三个监测点的压力系数变化趋势一致，蜗壳流

道第Ⅷ段面中间流线监测点 p_9 压力脉动要比靠近壁面监测点 p_8、p_{10} 的压力脉动小，这是由于靠近流道壁面受到边界层的影响较大；壁面监测点 p_{10} 的压力脉动要略高于壁面监测点 p_8 的压力脉动，这是因为在监测点 p_{10} 所在流道为流体动压能转换为静压能，而监测点 p_8 受到隔舌分流作用，压力脉动反而减小。

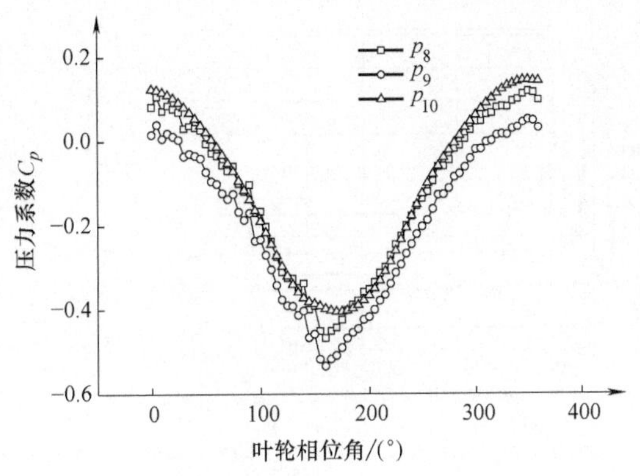

图 7-13 第Ⅷ段面 p_8、p_9、p_{10} 压力脉动时域图

3）隔舌处流动状态。在蜗壳流道中，隔舌对其内流体流动状态改变较大，常常会引起流动紊乱现象。因此，从隔舌处建立三个监测点，来分析隔舌处的流体流动情况，如图 7-14 所示。

由图 7-14 可以看出，在隔舌处，监测点 p_{14}、p_{15}、p_{16} 的压力系数随叶轮相位角变化较其他段面上监测点之间的压力系数曲线紊乱，但变化趋势相似。监测点 p_{16} 的压力脉动整体上大于其他两点，这是因为监测点 p_{16} 处于蜗壳第Ⅷ段面及泵的出口，静压能整体上升使得此处压力脉动大于其他两点。流体在叶轮作用下，最先经过监测点 p_{16}，由于隔舌的存在，一小部分流体形成回流，冲击蜗壳第零段面至第Ⅰ段面流道中的流体，因此监测点 p_{14}、p_{15} 的压力脉动变化反而慢于监测点 p_{16} 的压力脉动变化。

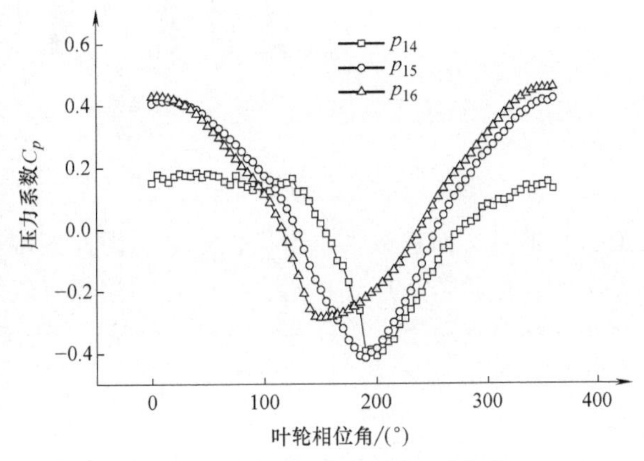

图 7-14 隔舌处压力脉动时域图

3. 压力脉动频域及幅值分析

通过快速傅里叶变换，大大减少了数据处理的时间，得到螺旋离心泵流场中各个监测点的频域变化，从而分析其内部流动的水力非稳定性。

(1) 从蜗壳进口到扩散段流道中线上 图 7-15 所示为设计工况下在蜗壳第Ⅱ段面～第Ⅷ段面、第Ⅸ段面～第Ⅺ段面上监测点压力脉动频域及振幅变化。

由图 7-15a、b 可以看出，在蜗壳各截面上，主频保持一致。由于 100LN-7 型螺旋离心泵属于单叶片，因此主要频率仍然是叶轮叶片通过频率。由图 7-15c 可知，监测点 p_1、p_3、p_5、p_9 中 p_9 的振幅最小，因为在第Ⅷ段面，相比之前的几个

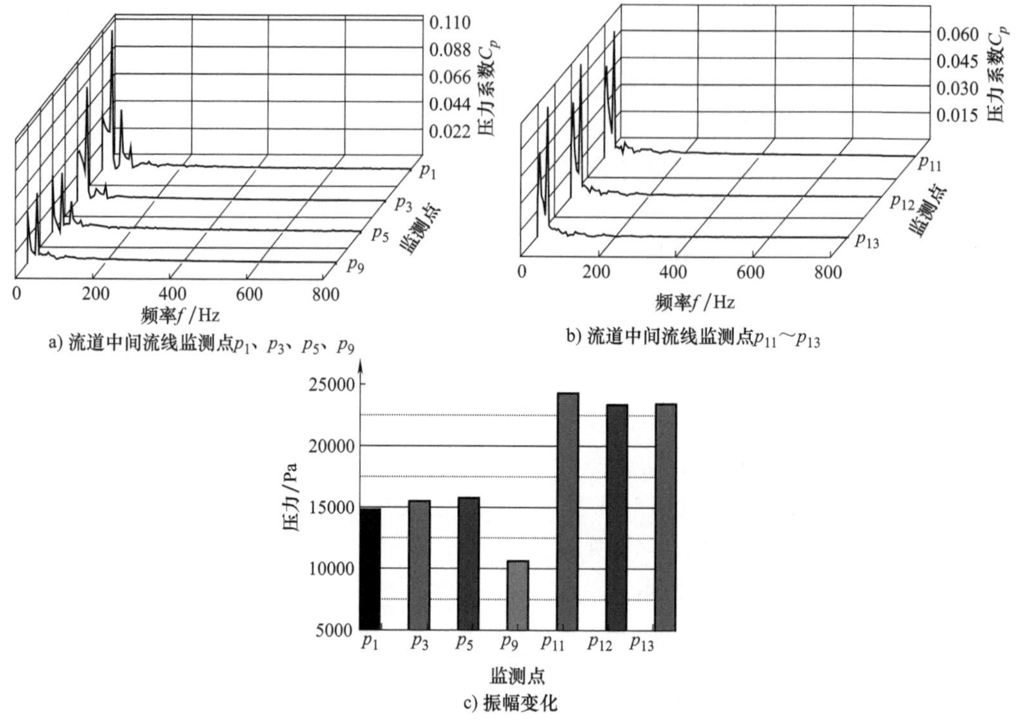

图 7-15　流道中间流线监测点压力脉动频域及振幅变化

段面，流道过流面积最大，稳定性最好，因此振幅最小。在监测点 p_{11} ~ p_{13} 中振幅相差不大，但较监测点 p_1、p_3、p_5、p_9 的振幅有较大提高。这是由于蜗壳的能量回收作用，在第Ⅸ段面～第Ⅺ段面完成流体从动能向静压能转变，压力在压力系数中占的比例从最小到最大，因此监测点 p_1、p_3、p_5、p_9 的振幅高于其他位置监测点的振幅。

（2）蜗壳进口到扩散段各段面的非定常特性　图 7-16 和图 7-17 所示分别为蜗壳第Ⅳ段面、第Ⅵ段面以及第Ⅷ段面上监测点压力脉动频域及振幅变化。

由图 7-16a、c 可以看出，监测点 p_2 ~ p_4 频域变化一致，且振幅差别不大。这说明第Ⅳ段面各处流体流态相对比较稳定。对比图 7-16b、c 可以看出，第Ⅵ段面中间监测点高频区要宽于其他两点，而监测点 p_5 和 p_7 振幅大于流道中线监测点的振幅。这是由于流道中线流体受叶轮的作用，且流道过流面积增大，使得该处的流动能够充分加速，维持较稳定的过流状态，而监测点 p_5 和 p_7 受流道壁面黏性作用，随着流速的改变产生不同的阻力，自然振幅变化大于流道中线的振幅变化。

由图 7-17 可以看出，三点的频域变化差别不大，蜗壳外圈上监测点的振幅大于其他两个点。这是由于在监测点 p_8 流体随叶轮做旋转运动，而监测点 p_{10} 流体流向发生改变，由轴向转变为径向进入蜗壳扩散段，因此在蜗壳第Ⅷ段面从内圈到外圈各监测点的振幅依次增大。

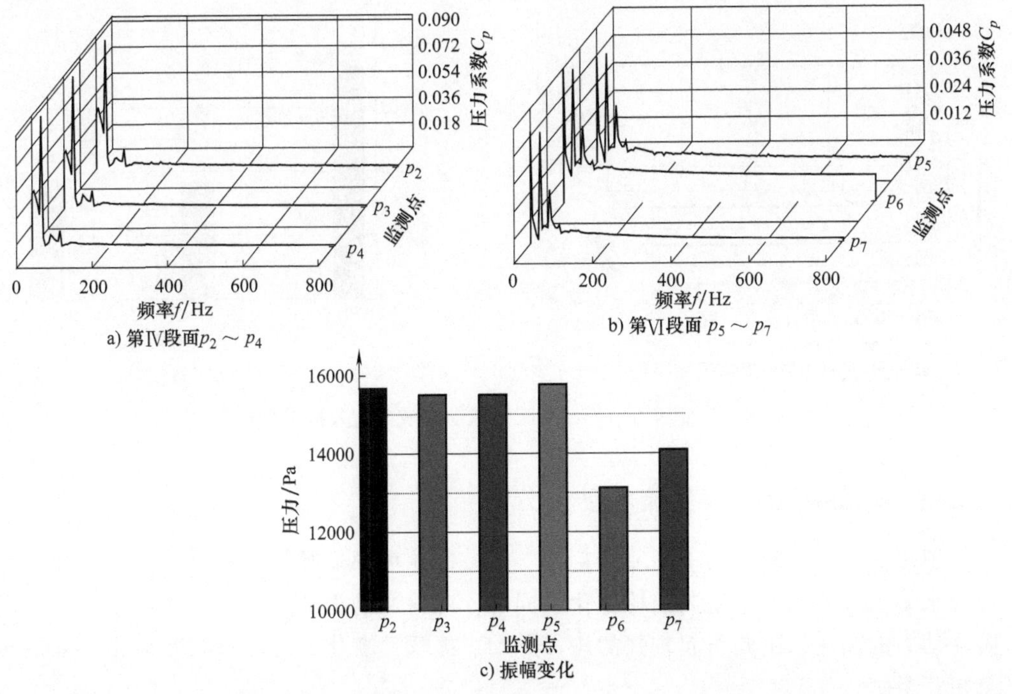

图 7-16　第Ⅳ段面和第Ⅵ段面压力脉动频域及振幅变化

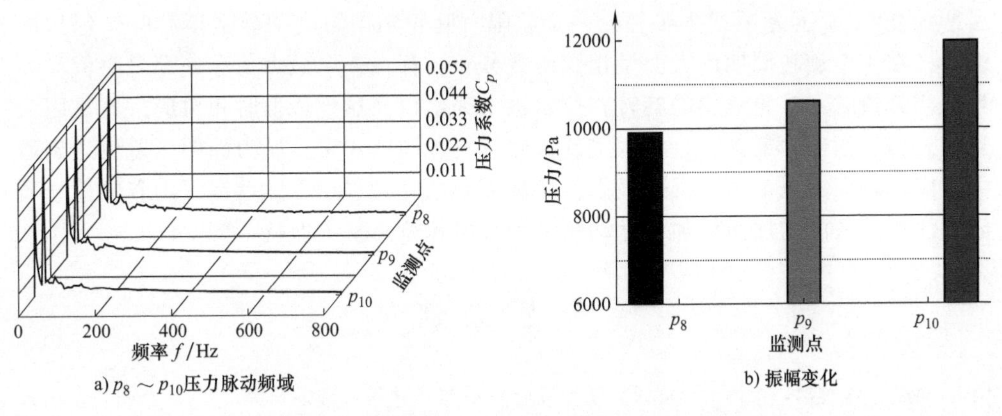

图 7-17　第Ⅷ段面 $p_8 \sim p_{10}$ 压力脉动频域及振幅变化

（3）隔舌处流动状态　图 7-18 所示为隔舌处压力脉动频域图及振幅变化。由图 7-18 可以看出，监测点 p_{14} 频域高于 p_{15}、p_{16}，且由振幅变化可知，三个监测点振幅大小之间差值较大。其中，监测点 p_{14} 的振幅相比监测点 p_{15}、p_{16} 的振幅相对较大。这是由于隔舌对流道的改变造成原流动趋势颤动比进入蜗壳扩散段的监测点 p_{15}、p_{16} 的大得多。

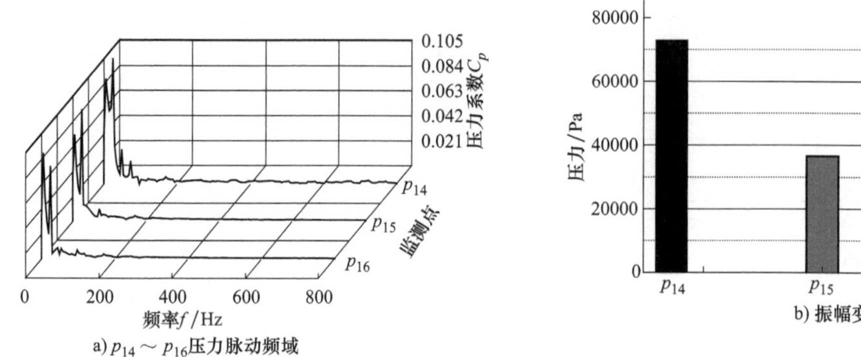

图 7-18 隔舌处 p_{14}~p_{16} 压力脉动频域变化及振幅变化

7.2.2 螺旋离心泵瞬变流水动力分析

螺旋离心泵叶轮结构上的非对称性，导致叶轮内部流动的非轴对称性，使叶轮径向水动力方向和大小呈周期性变化。同时，叶轮水动力的发展，更加促使了泵腔内水动力的变化，由此引起较强的压力脉动、振幅等变化，进一步与其他非定常现象相互激励。

叶轮径向水动力近似呈椭圆函数分布，水动力波动幅值随流量减小和固相体积分数的增加而逐渐加大，叶轮所受径向力的方向与叶轮最大半径处之间的夹角始终保持为90°，并且落后最大半径处一个象限。叶轮轴向力受动静干涉和叶轮包角的影响，在一个旋转周期内近似呈正弦函数分布，存在一个最大值和一个最小值，并且达到最值时，叶轮对应的旋转相位角跟蜗壳出口面达到最值时相对应。这是因为当蜗壳出口面压力最大时，压水室部分叶轮轮毂和叶片正负压力面的压差也达到最大，因此轴向力也最大，反之最小。螺旋离心泵叶轮水动力脉动幅值随着输送介质固相体积分数的增加而增加，脉动频率和最值相位角基本保持不变。

参考文献

[1] 权辉. 螺旋离心泵内大尺度涡旋演变及叶轮域能量转换机理的研究 [D]. 兰州：兰州理工大学，2015.

[2] 李仁年，权辉，韩伟，等. 变螺距叶片对螺旋离心泵轴向力影响的研究 [J]. 机械工程学报，2011，47 (14)：158-163.

[3] 李仁年，权辉，韩伟，等. 螺旋离心泵轴向力的数值计算与分析 [J]. 排灌机械工程，2012，30 (5)：527-531.

[4] 权辉，李仁年，韩伟，等. 基于型线的螺旋离心泵叶轮做功能力研究 [J]. 机械工程学报，2013，49 (10)：156-162.

[5] 权辉，李仁年，韩伟，等. 单介质螺旋离心泵能量转换机理 [J]. 排灌机械工程学报，2014 (2)：130-135.

第8章　固液两相流泵内固液两相流动特性与结构

固液两相流的一个重要特征就是流动的不平衡性，这种不平衡性在螺旋离心泵内部湍流流动最主要的两种表现形式就是涡旋和分层现象，体现了湍流运动中速度、压力等物理场量在时间和空间的不规则函数关系，其本质是流体在叶轮机械作用下质量和能量在时间和空间上的扩散，当湍流发展到一定阶段时，势必会激励流体机械内部空化、涡旋、回流、尾流以及其他二次流和边界层分离等现象，极大地降低了流体力学性能。因此，通过数值模拟技术丰富流场信息，分析螺旋离心泵内部流动，对流场流动结构诊断，尤其作为固液两相流泵，是非常必要的。

固液两相流泵因输送介质的不同，种类繁多，使其结构和泵内固液两相流介质流动结构形式迥然不同，此处对固液两相流泵内流动特性及流动结构形式难以一应俱全，本书以螺旋离心泵和旋流泵内流动特性及流动结构进行分析和研究，以期对其他固液两相流泵内部流动特性研究提供参考。

8.1　螺旋离心泵内固液两相流流动特性

8.1.1　数值模拟条件

模拟螺旋离心泵输送的固液两相流体采用试验中常用的含沙水。选用欧拉多相流模型，液相为第一相，固相为第二相；进口采用稳态、沿轴向的速度进口条件，在定义固体颗粒的体积分数 C_V 时假定进口处当地体积分数均匀分布，且等于固体输送体积分数。螺旋离心泵的工作参数及流体物性见表 8-1，数值模拟所用模型见图 7-1。

表 8-1　螺旋离心泵的工作参数及流体物性

扬程/m	泵流量/(m^3/h)	泵转速/(r/min)	泵进口速度/(m/s)	液体密度/(kg/m^3)	固体密度/(kg/m^3)
32	165	1480	2.997	998.2	2650

8.1.2　螺旋离心泵内固液两相流动特性

对固体颗粒粒径分别为 0.076mm、0.4mm 和 1mm 进行体积分数为 10%工况下的数值计算，对 0.076mm 粒径的两相流体在体积分数为 10%、20%和 30%工况下进行比较，得到螺旋离心泵内部流场的压力分布、速度分布和固相体积分数分布。

1. 螺旋离心泵内固液两相流压力场

图 8-1~图 8-21 所示分别为不同固体颗粒粒径和固相体积分数下，螺旋离心泵内压力分布。

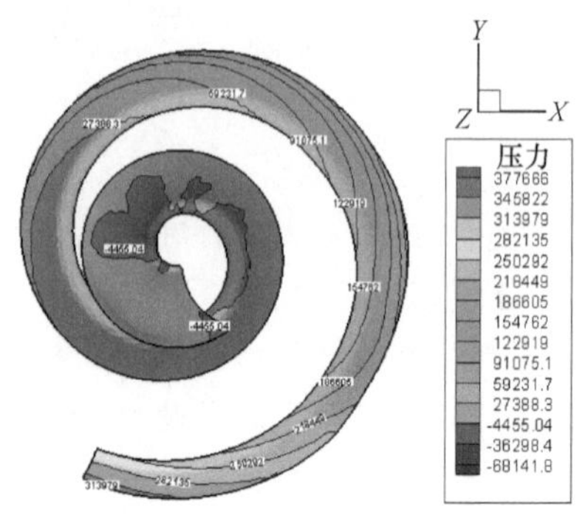

图 8-1 叶片工作面压力分布

（$d=1\text{mm}$，$C_V=10\%$）

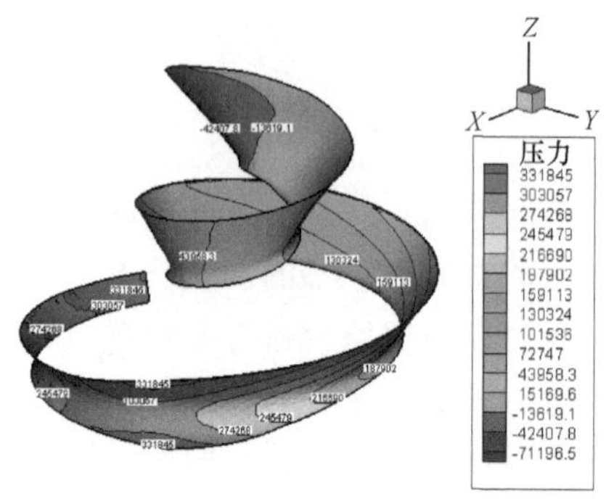

图 8-2 叶片背面压力分布

（$d=1\text{mm}$，$C_V=10\%$）

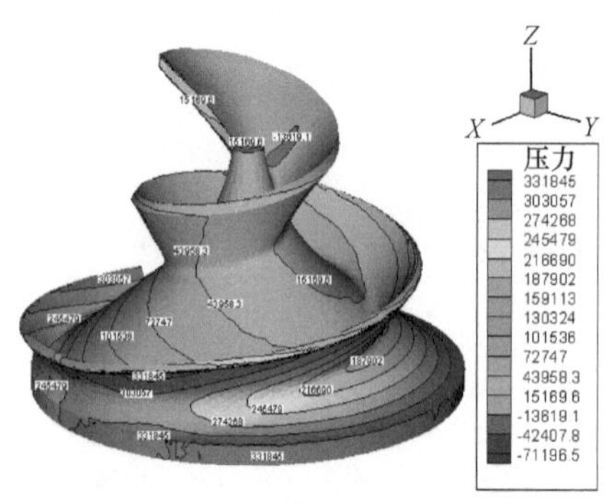

图 8-3 叶轮表面压力分布

（$d=1\text{mm}$，$C_V=10\%$）

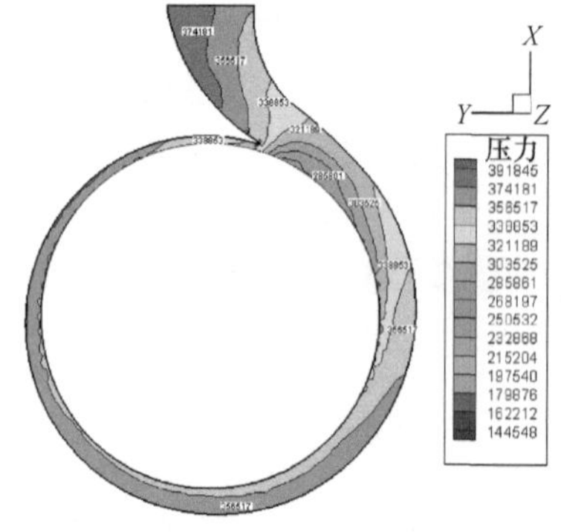

图 8-4 蜗壳中截面压力分布

（$d=1\text{mm}$，$C_V=10\%$）

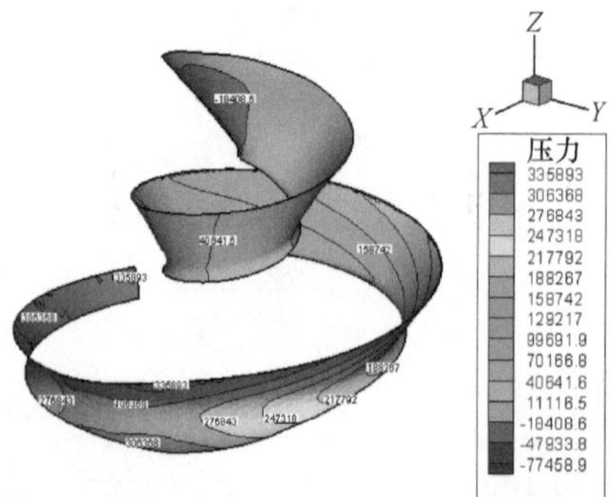

图 8-5 叶片工作面压力分布

（$d=0.4\text{mm}$，$C_V=10\%$）

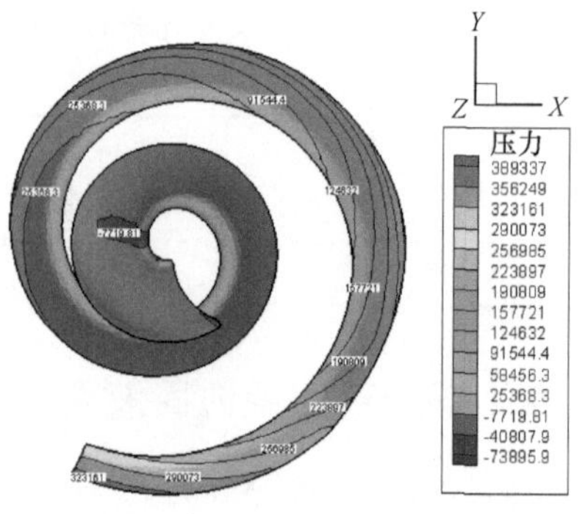

图 8-6 叶片背面压力分布

（$d=0.4\text{mm}$，$C_V=10\%$）

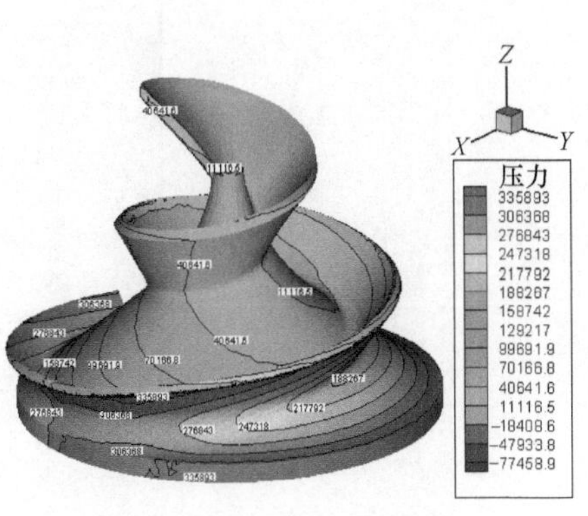

图 8-7 叶轮表面压力分布

（d=0.4mm，C_V=10%）

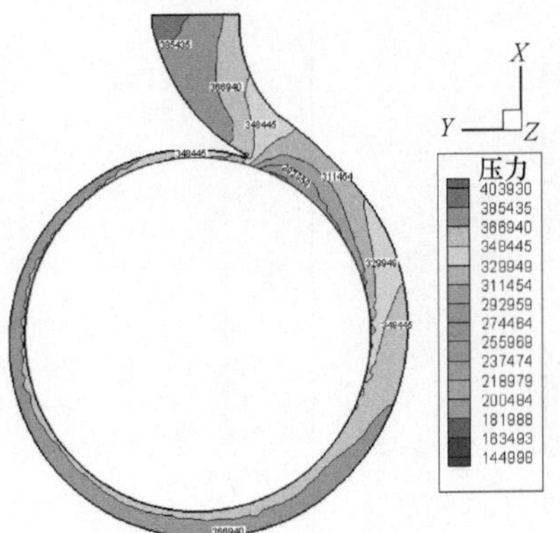

图 8-8 蜗壳中截面压力分布

（d=0.4mm，C_V=10%）

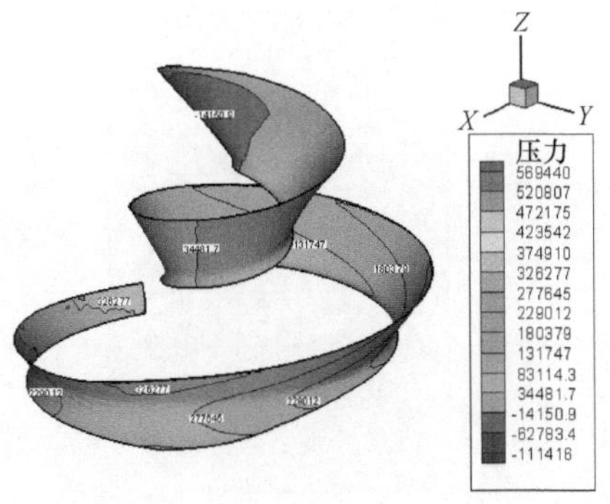

图 8-9 叶片工作面压力分布

（d=0.076mm，C_V=10%）

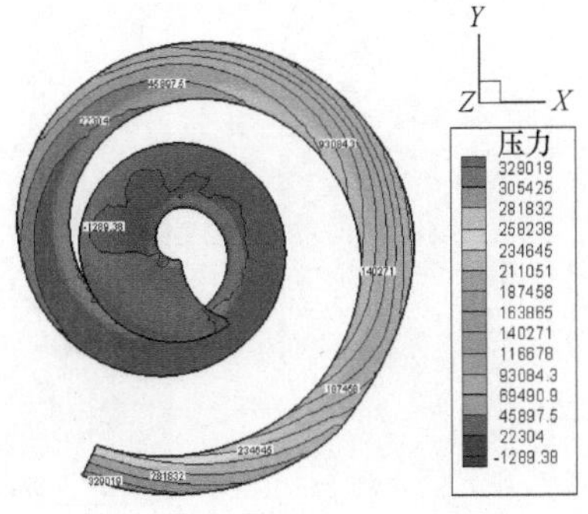

图 8-10 叶片背面压力分布

（d=0.076mm，C_V=10%）

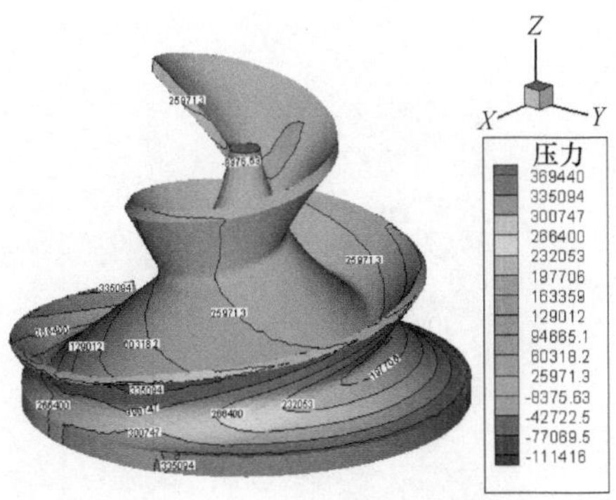

图 8-11 叶轮表面压力分布

（d=0.076mm，C_V=10%）

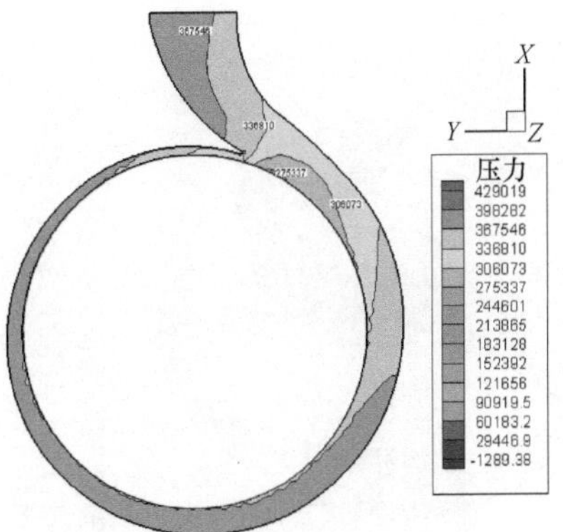

图 8-12 蜗壳中截面压力分布

（d=0.076mm，C_V=10%）

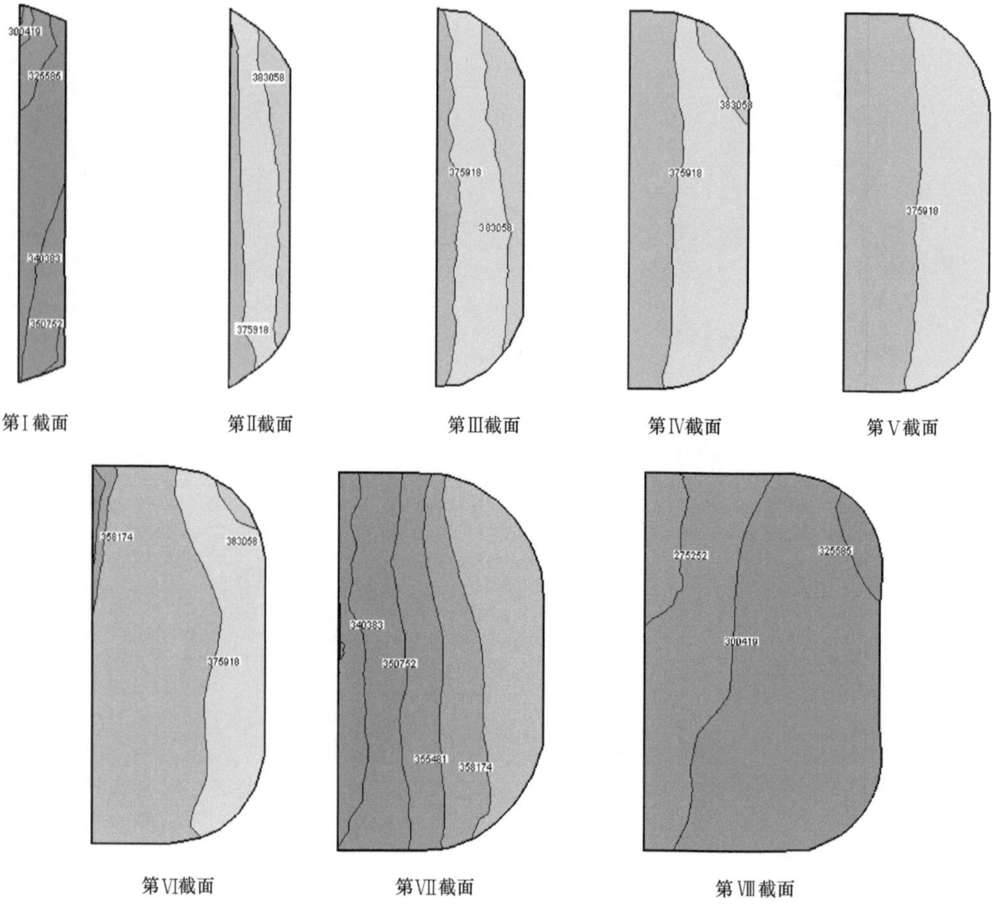

300419
325685
340383
350752

第Ⅰ截面

383058
375918

第Ⅱ截面

375918
383058

第Ⅲ截面

383058
375918

第Ⅳ截面

375918

第Ⅴ截面

358174
383058
375918

第Ⅵ截面

340383
350752
355481
358174

第Ⅶ截面

275252
325685
300419

第Ⅷ截面

图 8-13　蜗壳各截面压力分布

(d=0.076mm，C_V=10%)

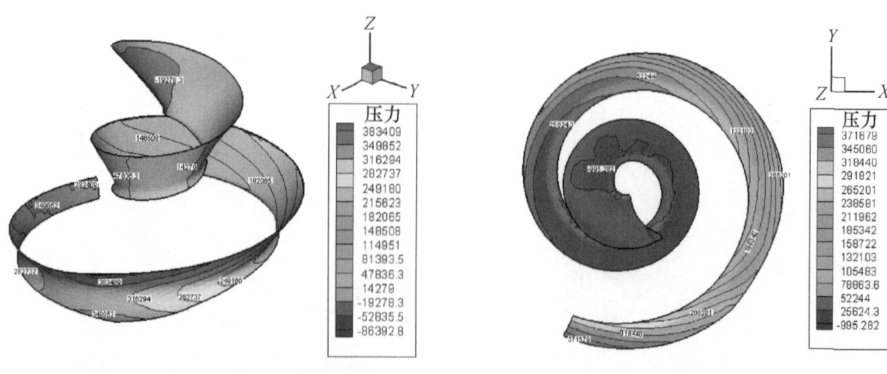

图 8-14　叶片工作面压力分布

(d=0.076mm，C_V=20%)

图 8-15　叶片背面压力分布

(d=0.076mm，C_V=20%)

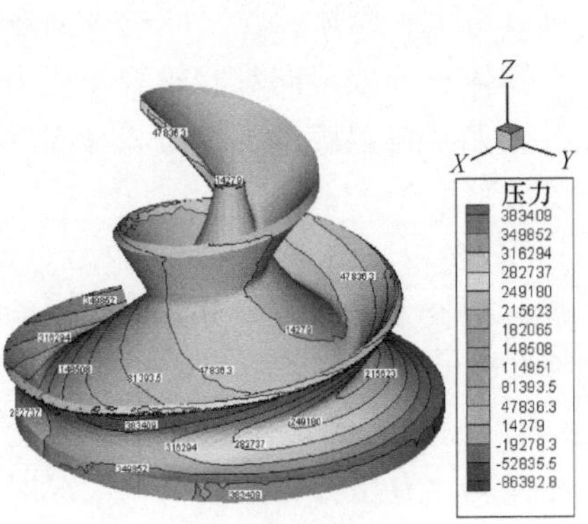

图 8-16 叶轮表面压力分布

（d=0.076mm，C_V=20%）

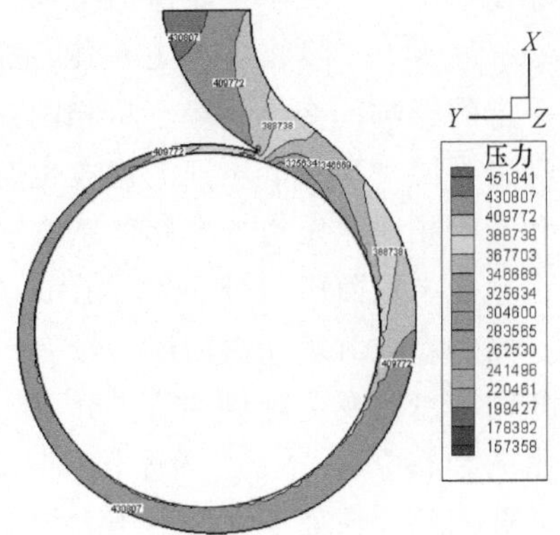

图 8-17 蜗壳中截面压力分布

（d=0.076mm，C_V=20%）

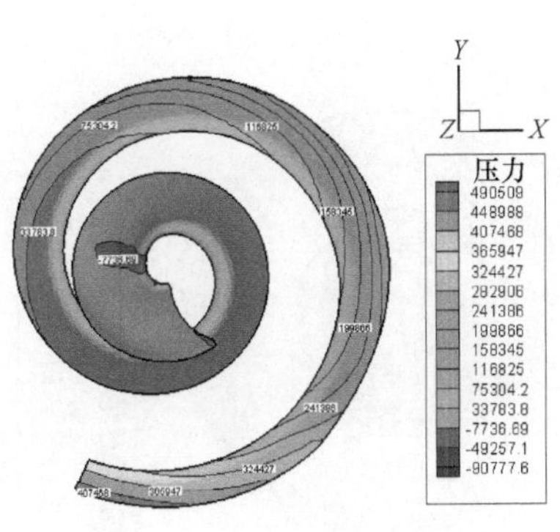

图 8-18 叶片工作面压力分布

（d=0.076mm，C_V=30%）

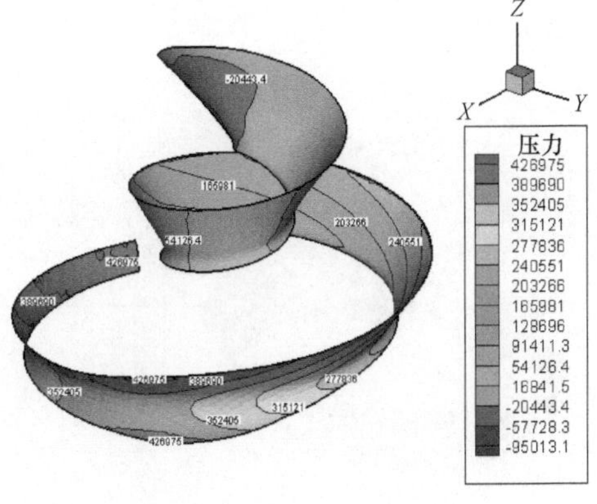

图 8-19 叶片背面压力分布

（d=0.076mm，C_V=30%）

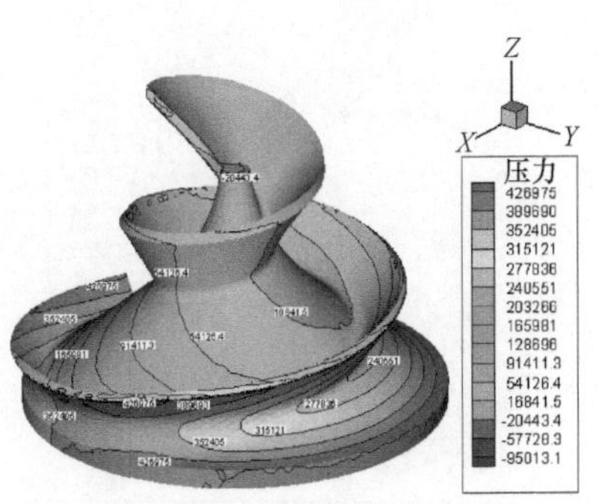

图 8-20 叶轮表面压力分布

（d=0.076mm，C_V=30%）

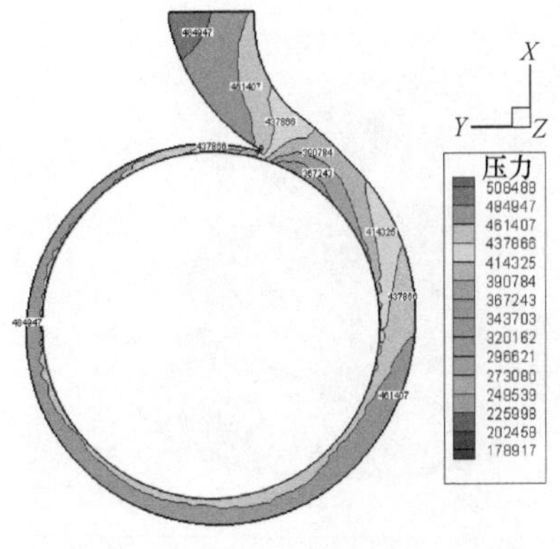

图 8-21 蜗壳中截面压力分布

（d=0.076mm，C_V=30%）

在设计工况下，由叶轮压力分布（见图 8-1～图 8-3、图 8-5～图 8-7、图 8-9～图 8-11、图 8-14～图 8-16、图 8-18～图 8-20）可以看出，固体颗粒对叶轮表面压力场有一定的影响，变化趋势不尽相同；颗粒大小和体积分数不同对叶轮表面压力场的影响也不同，存在低压区的位置也有一定差异，尤其在螺旋段工作面和背面进口处。和清水相比，压力分布趋势基本一致，只是数值大小上不同。

由蜗壳中截面压力分布（见图 8-4、图 8-8、图 8-12、图 8-17、图 8-21）可以看出，固体颗粒对蜗壳内的压力场有一定的影响，颗粒大小和体积分数不同影响也不尽相同，总的变化趋势和清水介质工况下的变化趋势相差不多。

由图 8-13 可以看出，固体颗粒对蜗壳流道内的压力场的影响比较明显，尤其在第Ⅱ截面处，该处清水没有压力梯度，而两相流明显有压力梯度，两相工况时较清水工况高。

2. 螺旋离心泵内固液两相流速度场

图 8-22～图 8-46 所示分别为不同固体颗粒粒径和固相体积分数下，螺旋离心泵内速度分布。

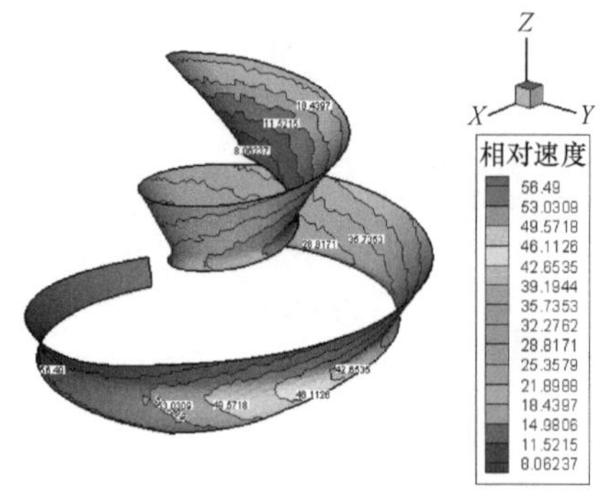

图 8-22　叶片工作面相对速度分布

（$d=1\text{mm}$，$C_V=10\%$）

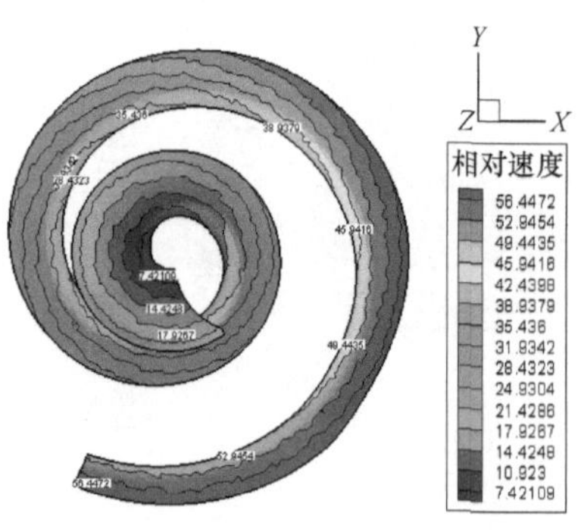

图 8-23　叶片背面相对速度分布

（$d=1\text{mm}$，$C_V=10\%$）

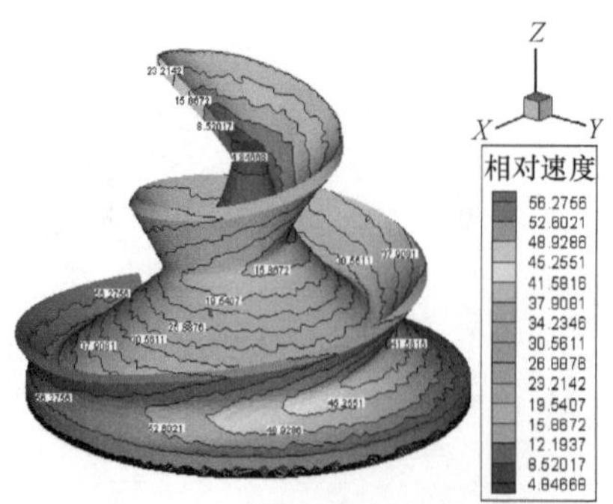

图 8-24　叶轮表面相对速度分布

（$d=1\text{mm}$，$C_V=10\%$）

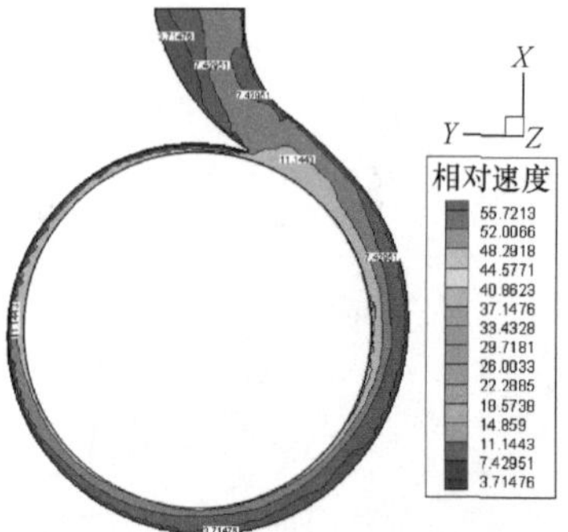

图 8-25　蜗壳中截面相对速度分布

（$d=1\text{mm}$，$C_V=10\%$）

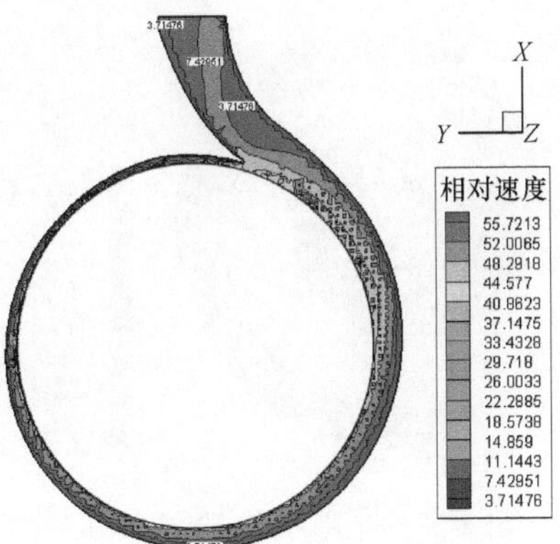

图 8-26 蜗壳前截面相对速度分布

($d=1\text{mm}$, $C_V=10\%$)

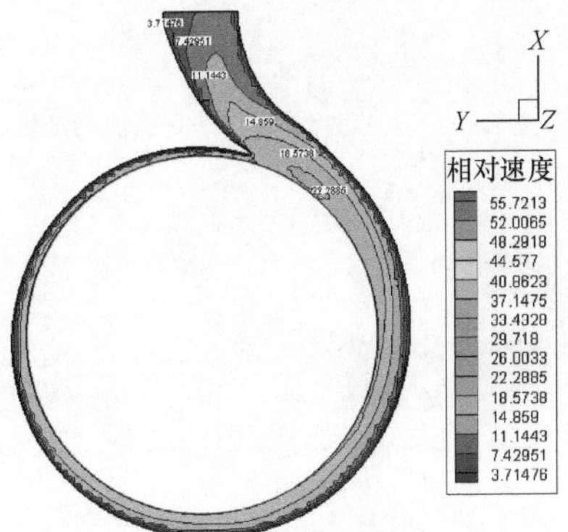

图 8-27 蜗壳后截面相对速度分布

($d=1\text{mm}$, $C_V=10\%$)

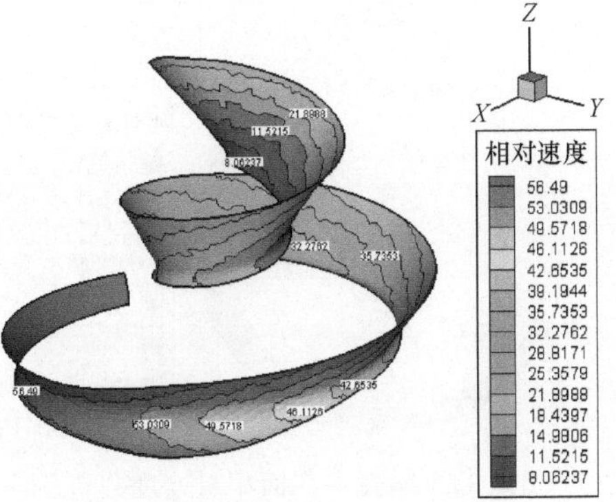

图 8-28 叶片工作面相对速度分布

($d=0.4\text{mm}$, $C_V=10\%$)

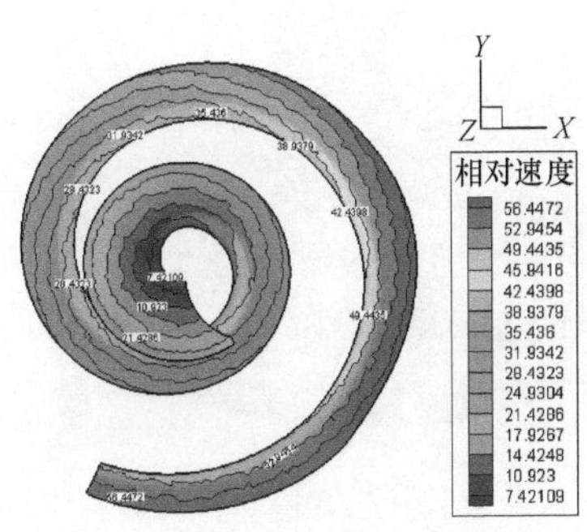

图 8-29 叶片背面相对速度分布

($d=0.4\text{mm}$, $C_V=10\%$)

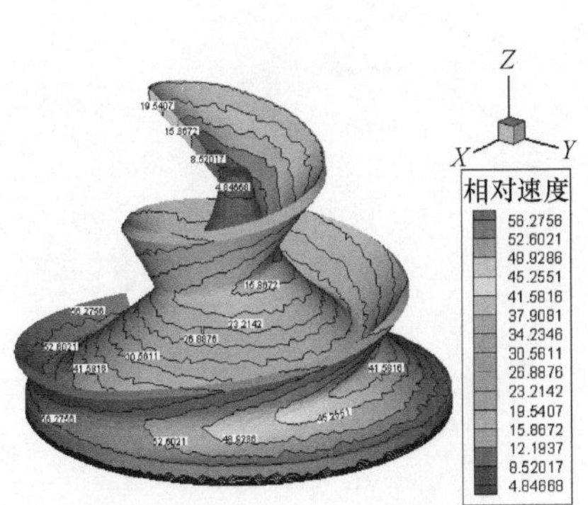

图 8-30 叶轮表面相对速度分布

($d=0.4\text{mm}$, $C_V=10\%$)

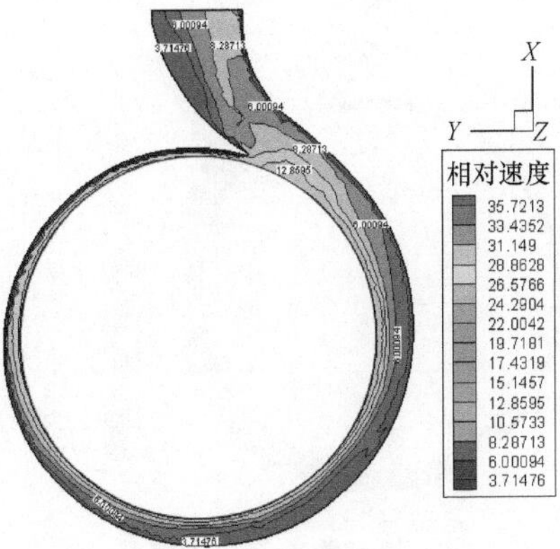

图 8-31 蜗壳中截面相对速度分布

($d=0.4\text{mm}$, $C_V=10\%$)

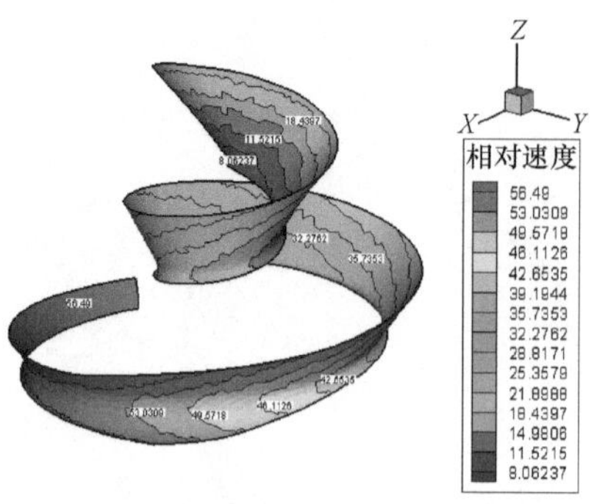

图 8-32　叶片工作面相对速度分布

（$d=0.076\text{mm}$，$C_V=10\%$）

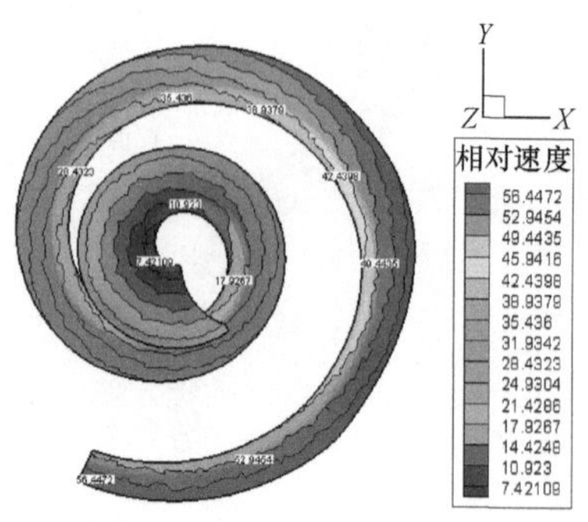

图 8-33　叶片背面相对速度分布

（$d=0.076\text{mm}$，$C_V=10\%$）

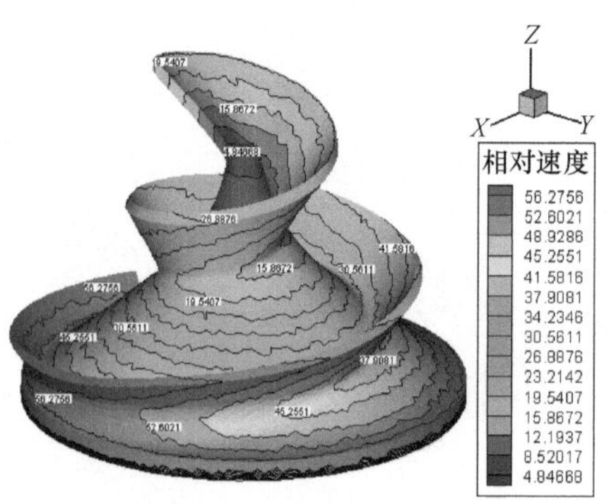

图 8-34　叶轮表面相对速度分布

（$d=0.076\text{mm}$，$C_V=10\%$）

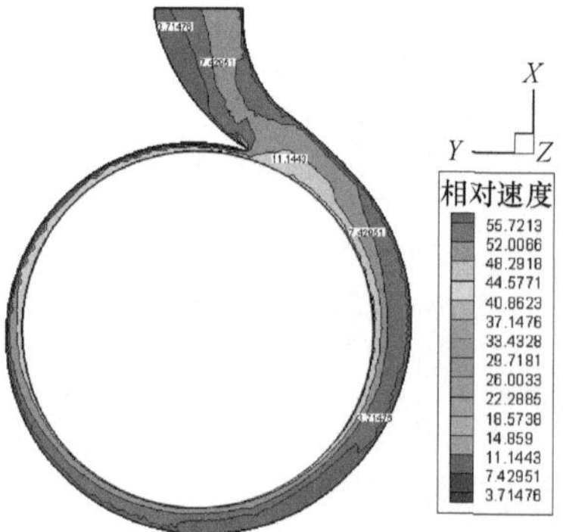

图 8-35　蜗壳中截面相对速度分布

（$d=0.076\text{mm}$，$C_V=10\%$）

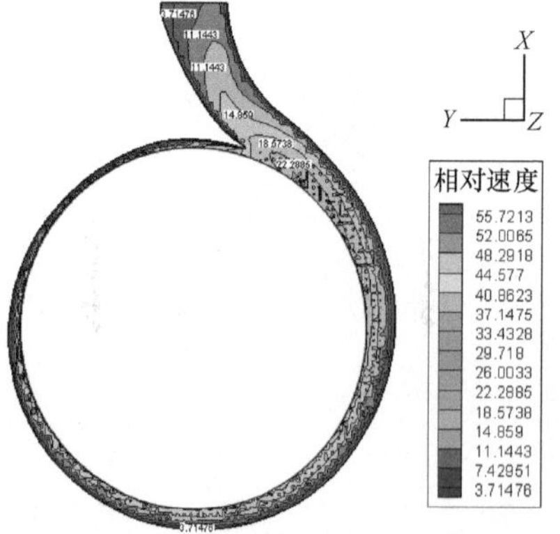

图 8-36　蜗壳前截面相对速度分布

（$d=0.076\text{mm}$，$C_V=10\%$）

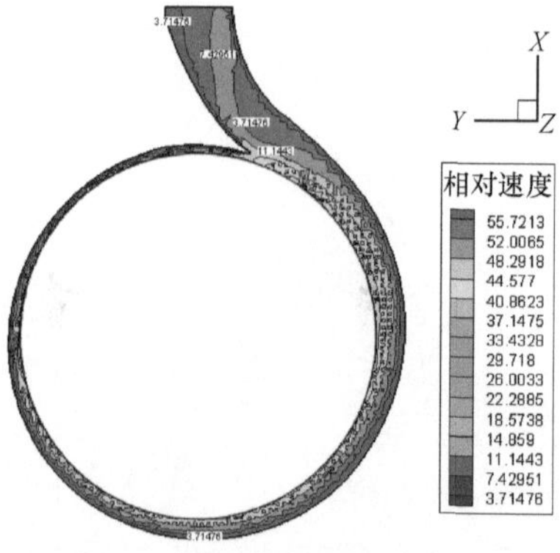

图 8-37　蜗壳后截面相对速度分布

（$d=0.076\text{mm}$，$C_V=10\%$）

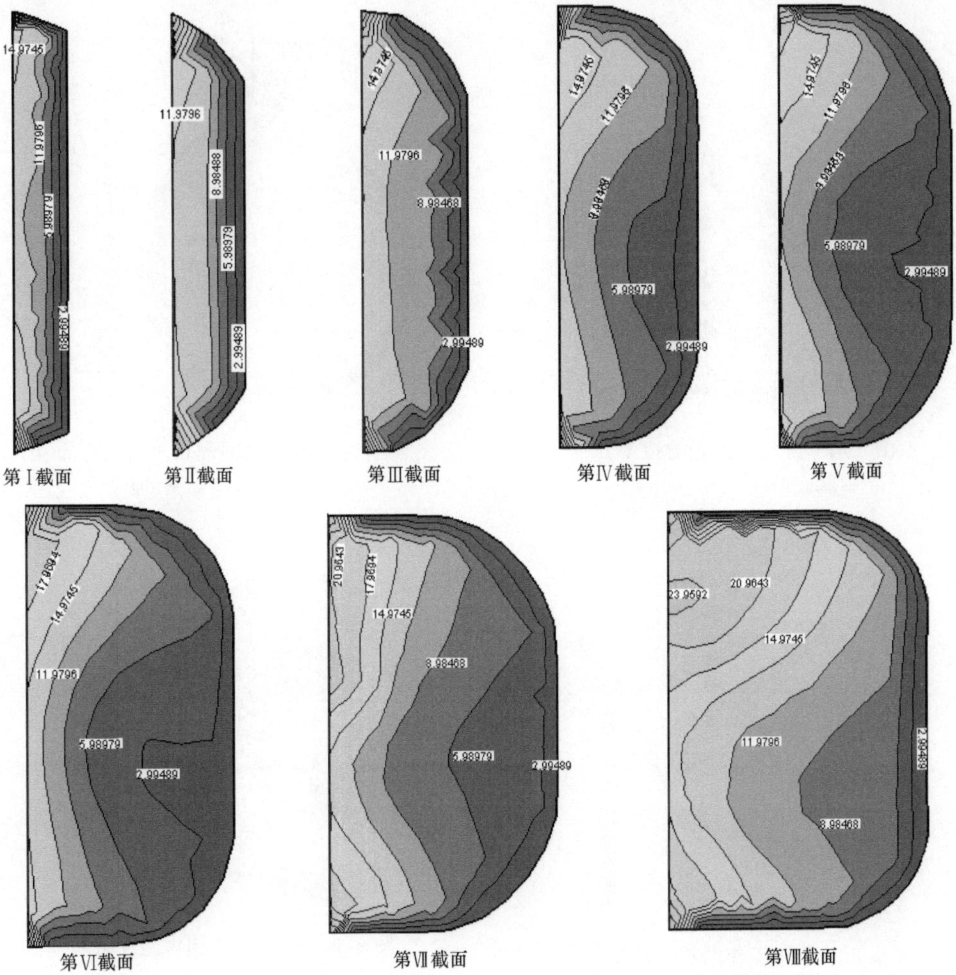

第Ⅰ截面　第Ⅱ截面　第Ⅲ截面　第Ⅳ截面　第Ⅴ截面

第Ⅵ截面　第Ⅶ截面　第Ⅷ截面

图 8-38　蜗壳各截面相对速度分布

（d=0. 076mm，C_V=10%）

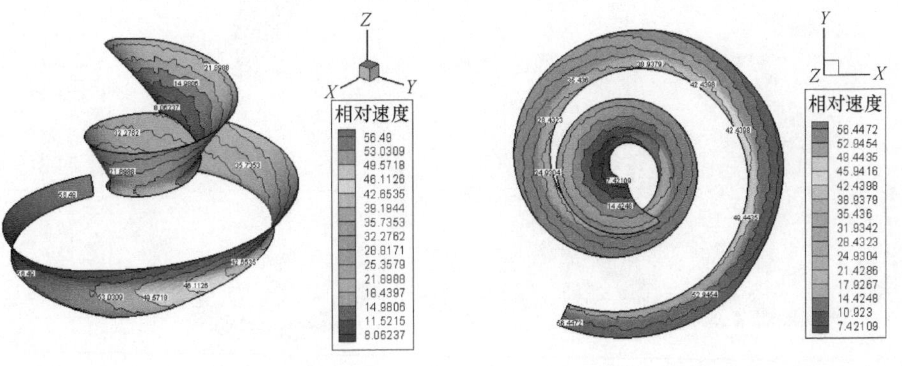

图 8-39　叶片工作面相对速度分布

（d=0. 076mm，C_V=20%）

图 8-40　叶片背面相对速度分布

（d=0. 076mm，C_V=20%）

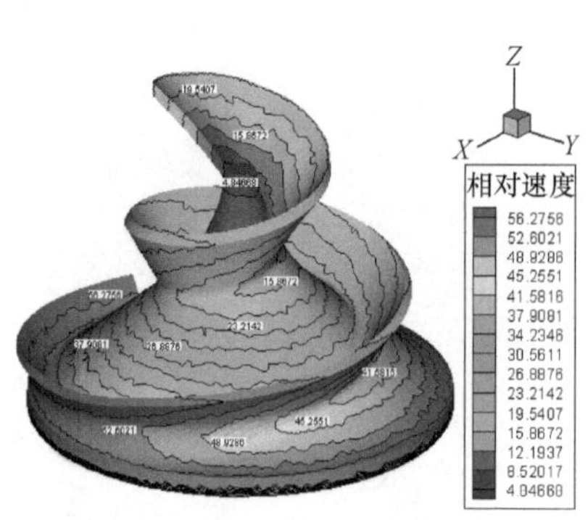

图 8-41　叶轮表面相对速度分布
（$d=0.076\text{mm}$，$C_V=20\%$）

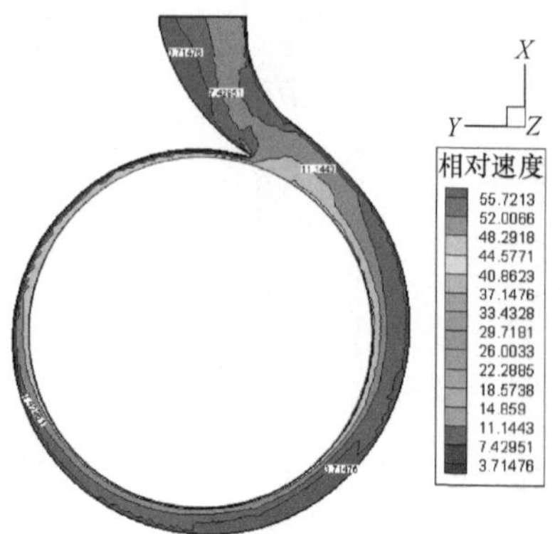

图 8-42　蜗壳中截面相对速度分布
（$d=0.076\text{mm}$，$C_V=20\%$）

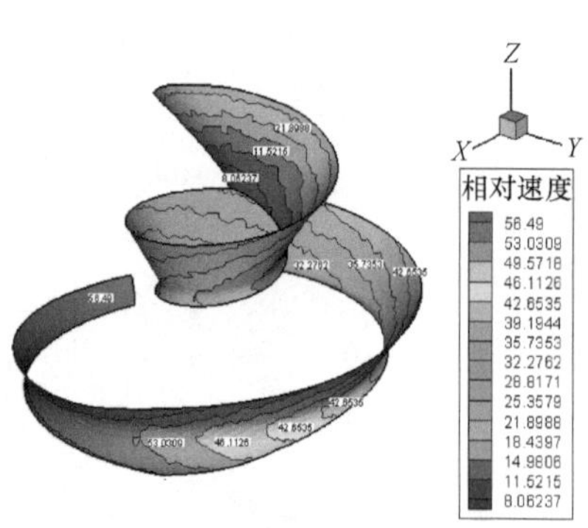

图 8-43　叶片工作面相对速度分布
（$d=0.076\text{mm}$，$C_V=30\%$）

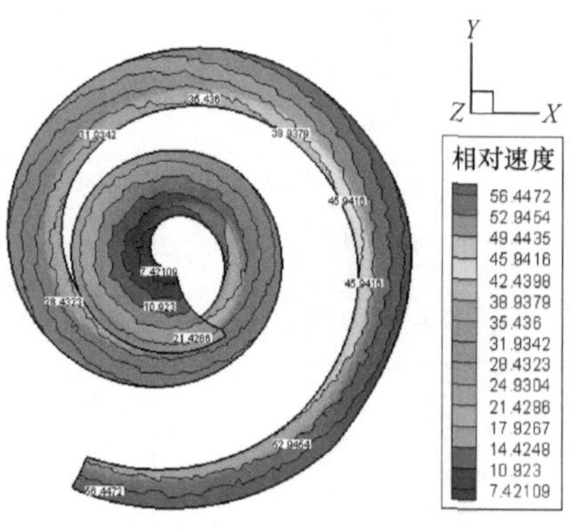

图 8-44　叶片背面相对速度分布
（$d=0.076\text{mm}$，$C_V=30\%$）

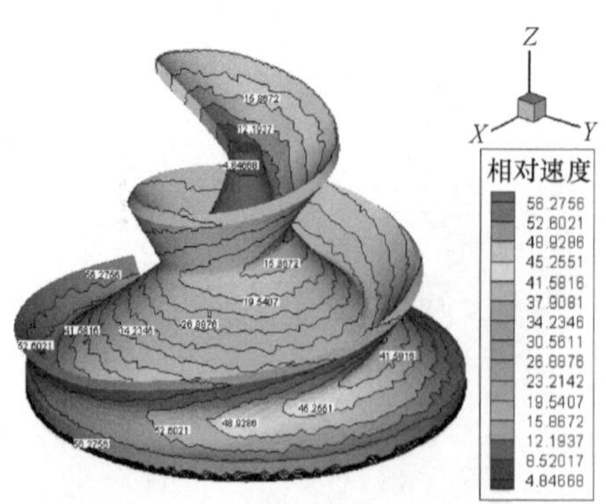

图 8-45　叶轮表面相对速度分布
（$d=0.076\text{mm}$，$C_V=30\%$）

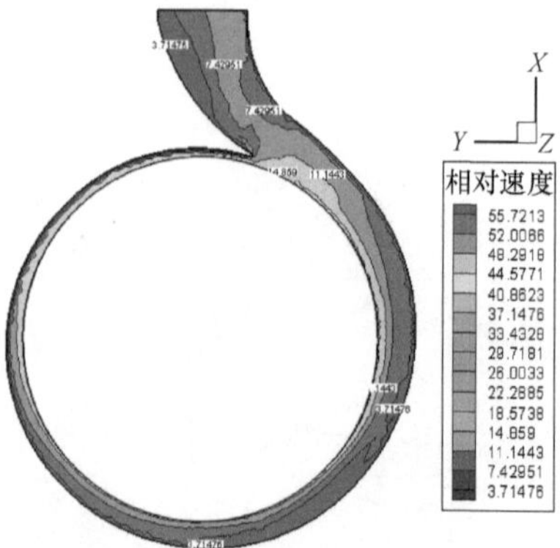

图 8-46　蜗壳中截面相对速度分布
（$d=0.076\text{mm}$，$C_V=30\%$）

比较输送清水时设计工况下叶轮表面的相对速度分布图和输送含沙水时设计工况下的叶轮表面相对速度图可知，固体颗粒对泵速度场有影响，流动趋势相差不大，只是数值大小不一样。螺旋段进口叶片背面附近输送清水（即单相流）时相对速度小于输送含沙水时（即两相流）的相对速度，这是因为在进口区域，颗粒对液流产生相对阻塞，流速增大；在叶轮出口区域颗粒对液流产生相对抽吸，流速增大。

结合压力场部分，可以看出固体颗粒对泵的速度场和压力场均有影响，泵内的流动单相和两相是有差别的，从两相流动的基本规律出发探讨螺旋离心泵的水力设计方法，进行水力设计比较合理。

3. 螺旋离心泵内固液两相流体积分数场

图 8-47~图 8-71 所示分别为不同固体颗粒粒径和固相体积分数下，螺旋离心泵内固相体积分数分布。

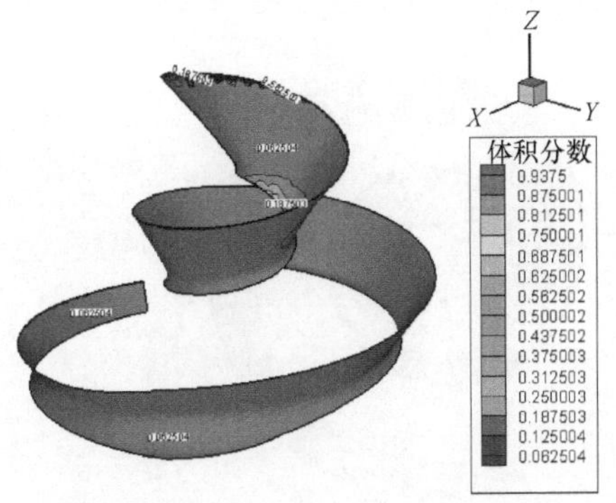

图 8-47 叶片工作面固相体积分数分布

($d=1\text{mm}$，$C_V=10\%$)

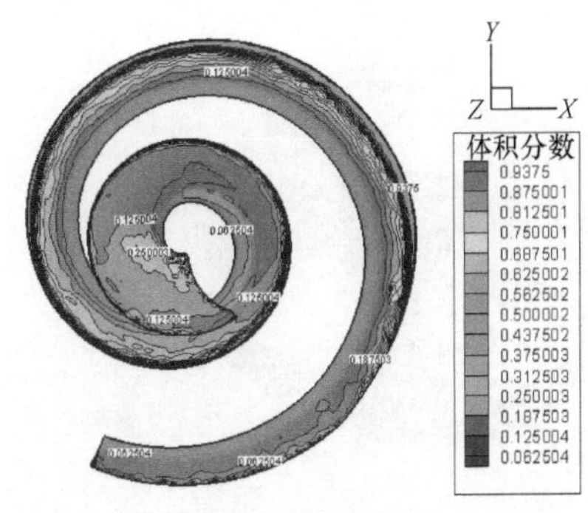

图 8-48 叶片背面固相体积分数分布

($d=1\text{mm}$，$C_V=10\%$)

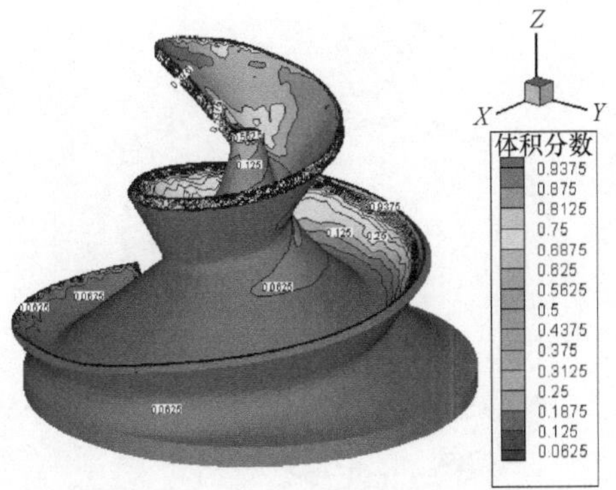

图 8-49 叶轮表面固相体积分数分布

($d=1\text{mm}$，$C_V=10\%$)

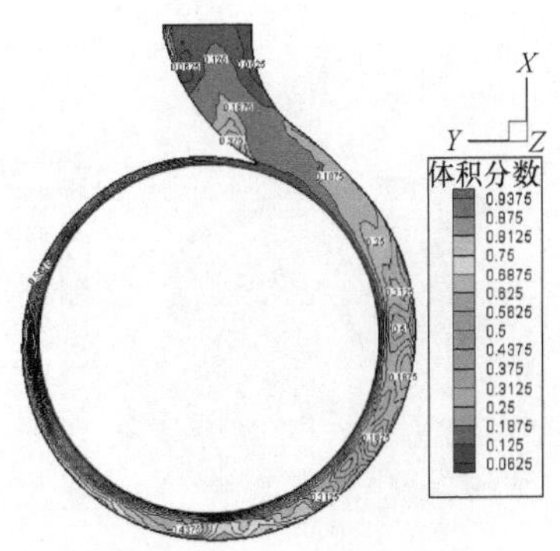

图 8-50 蜗壳中截面固相体积分数分布

($d=1\text{mm}$，$C_V=10\%$)

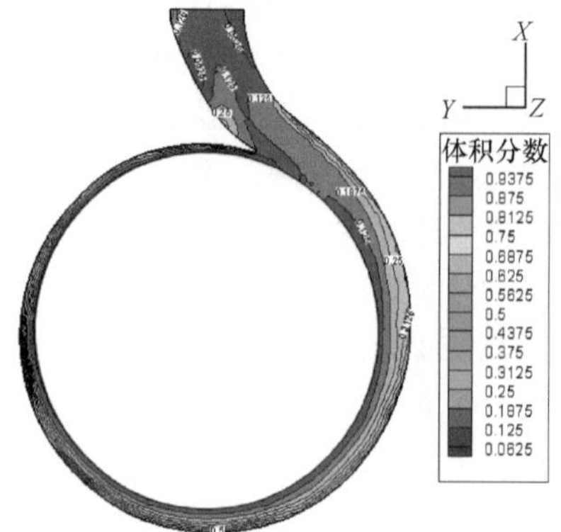

图 8-51　蜗壳前截面固相体积分数分布
（$d=1\text{mm}$，$C_V=10\%$）

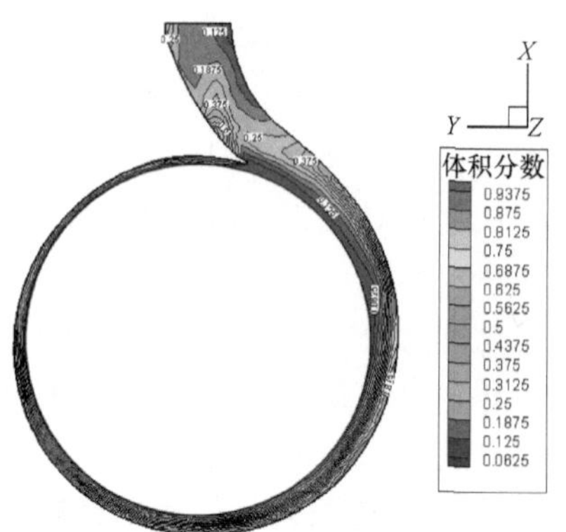

图 8-52　蜗壳后截面固相体积分数分布
（$d=1\text{mm}$，$C_V=10\%$）

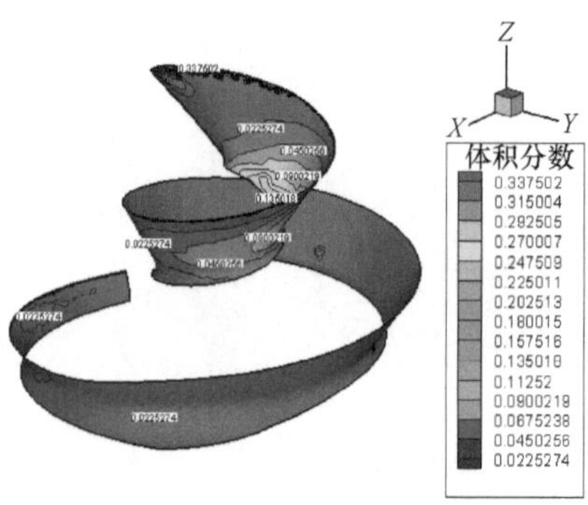

图 8-53　叶片工作面固相体积分数分布
（$d=0.4\text{mm}$，$C_V=10\%$）

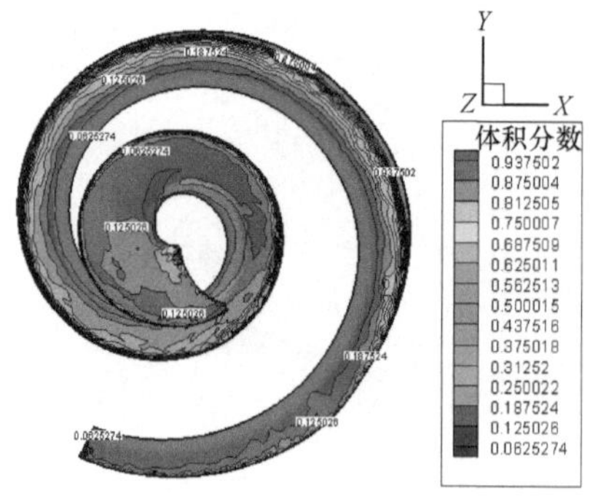

图 8-54　叶片背面固相体积分数分布
（$d=0.4\text{mm}$，$C_V=10\%$）

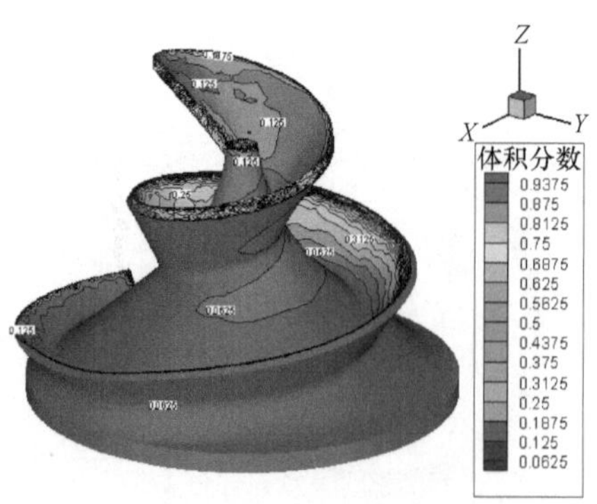

图 8-55　叶轮表面固相体积分数分布
（$d=0.4\text{mm}$，$C_V=10\%$）

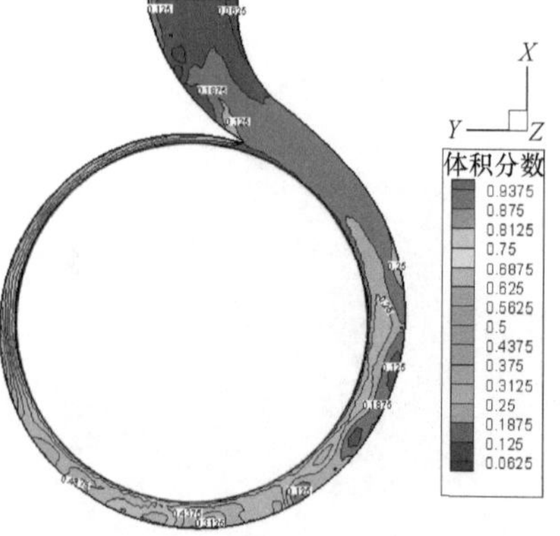

图 8-56　蜗壳中截面固相体积分数分布
（$d=0.4\text{mm}$，$C_V=10\%$）

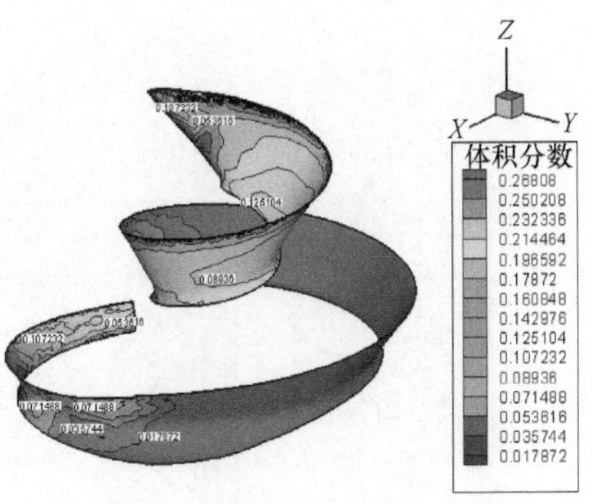

图 8-57　叶片工作面固相体积分数分布
(d=0.076mm，C_V=10%)

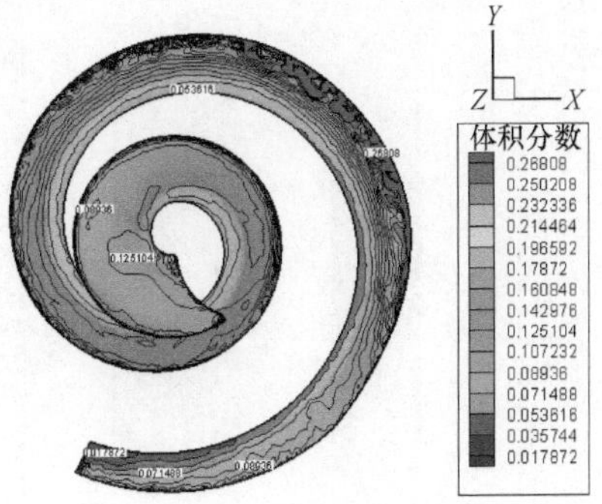

图 8-58　叶片背面固相体积分数分布
(d=0.076mm，C_V=10%)

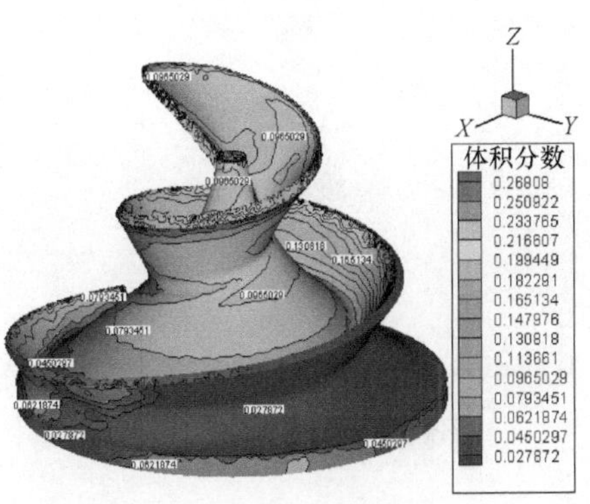

图 8-59　叶轮表面固相体积分数分布
(d=0.076mm，C_V=10%)

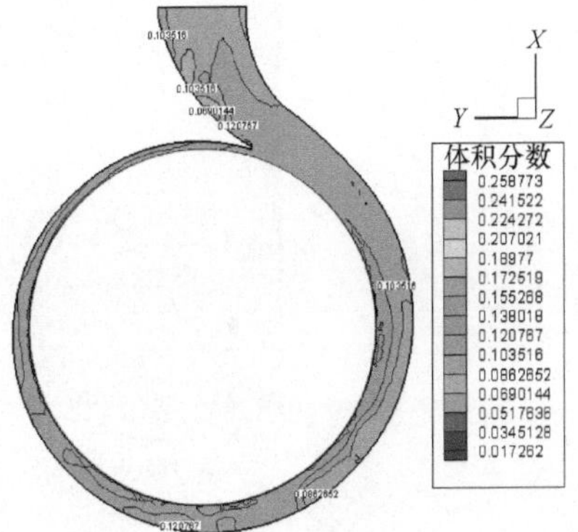

图 8-60　蜗壳中截面固相体积分数分布
(d=0.076mm，C_V=10%)

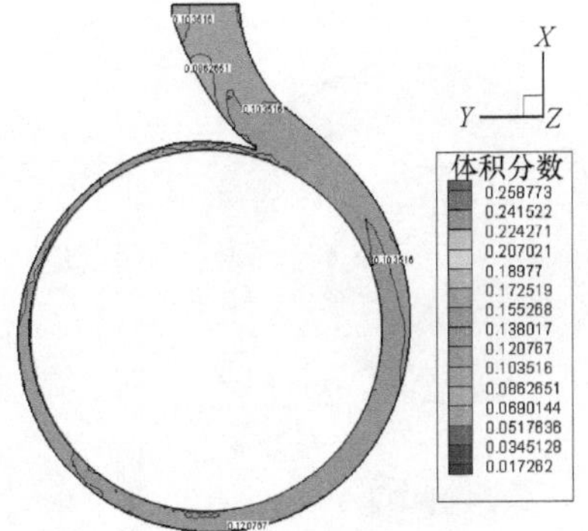

图 8-61　蜗壳前截面固相体积分数分布
(d=0.076mm，C_V=10%)

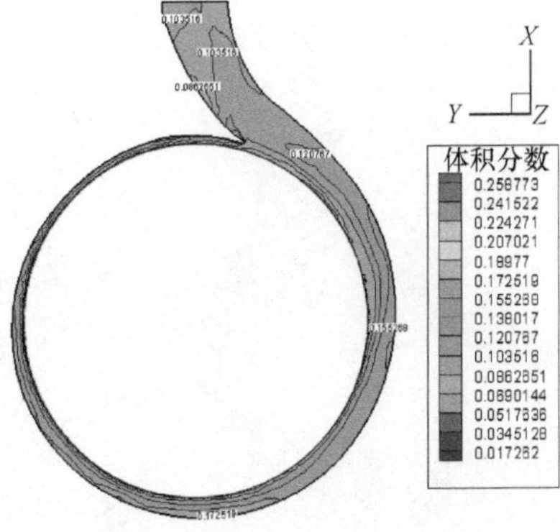

图 8-62　蜗壳后截面固相体积分数分布
(d=0.076mm，C_V=10%)

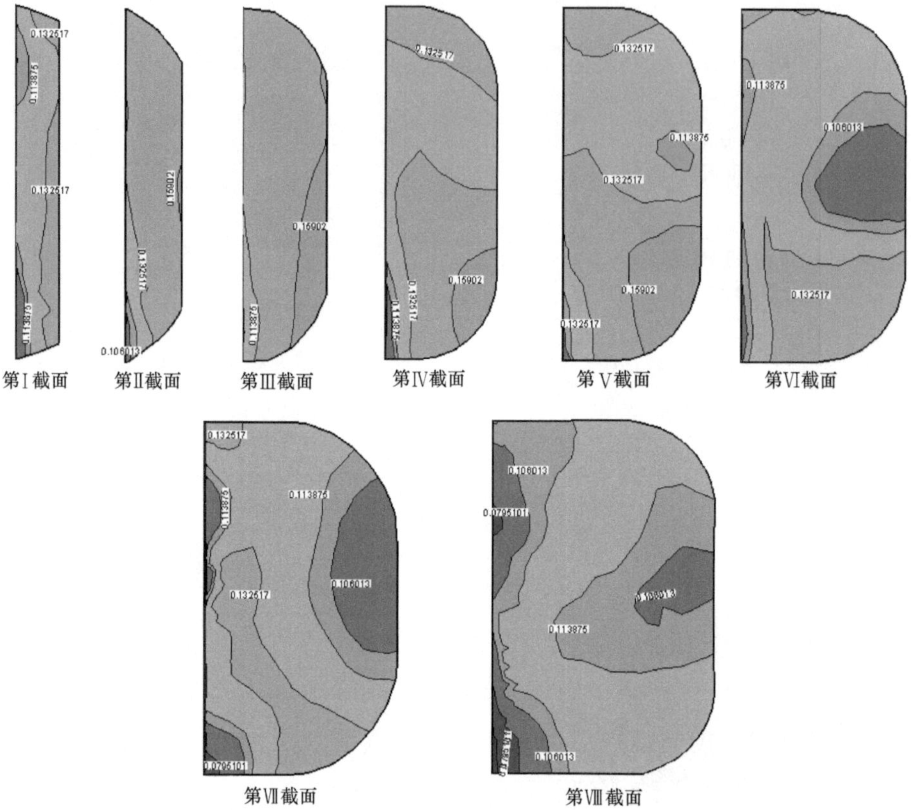

第Ⅰ截面　第Ⅱ截面　第Ⅲ截面　第Ⅳ截面　第Ⅴ截面　第Ⅵ截面

第Ⅶ截面　第Ⅷ截面

图 8-63　蜗壳各截面固相体积分数分布

(d=0.076mm，C_V=10%)

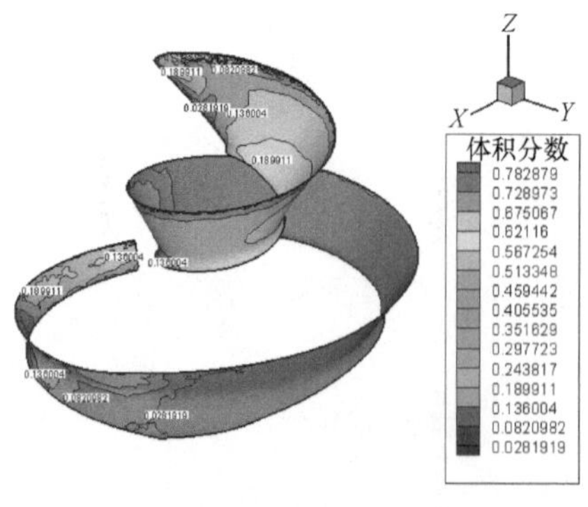

图 8-64　叶片工作面固相体积分数分布

(d=0.076mm，C_V=20%)

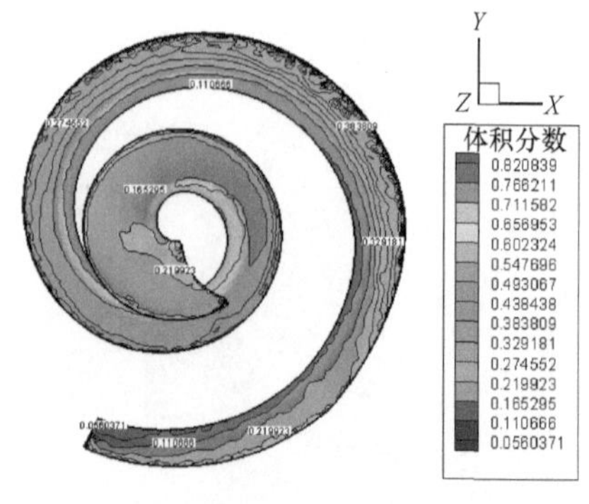

图 8-65　叶片背面固相体积分数分布

(d=0.076mm，C_V=20%)

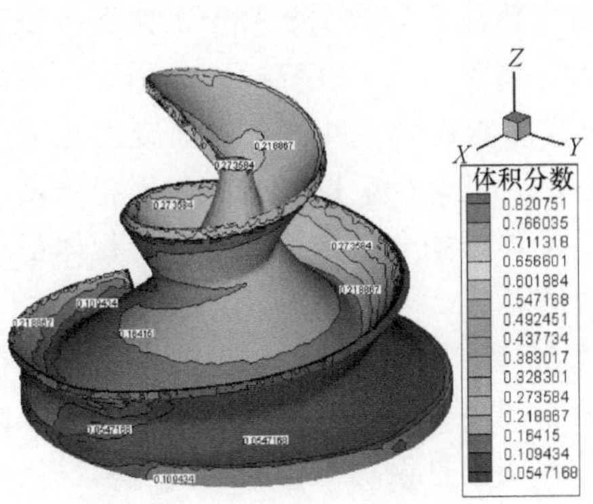

图 8-66 蜗壳表面固相体积分数分布

(d=0.076mm，C_V=20%)

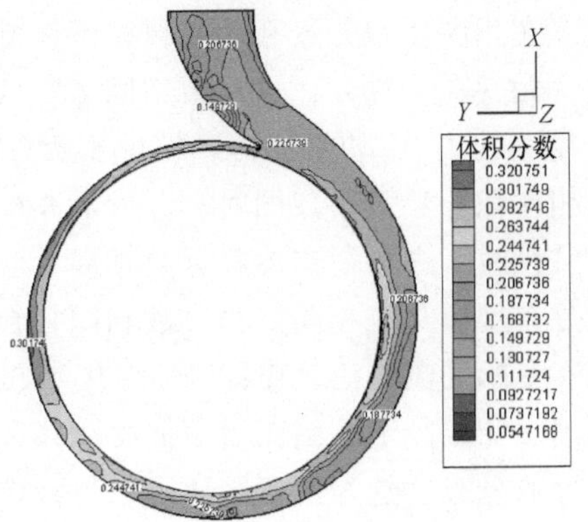

图 8-67 蜗壳中截面固相体积分数分布

(d=0.076mm，C_V=20%)

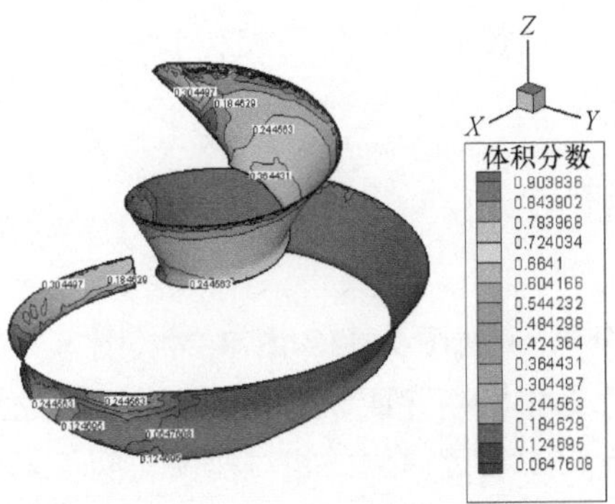

图 8-68 叶片工作面固相体积分数分布

(d=0.076mm，C_V=30%)

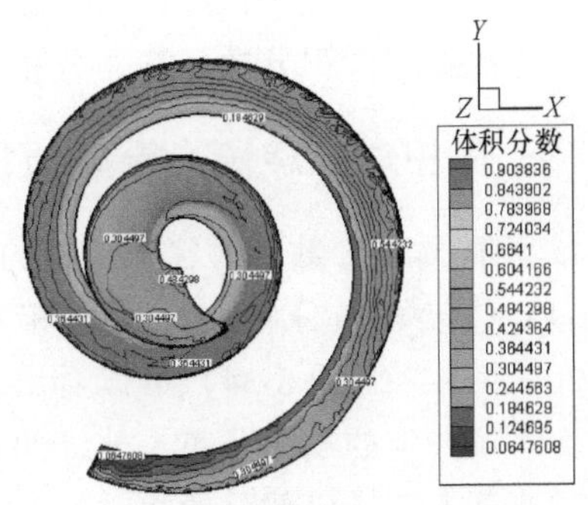

图 8-69 叶片背面固相体积分数分布

(d=0.076mm，C_V=30%)

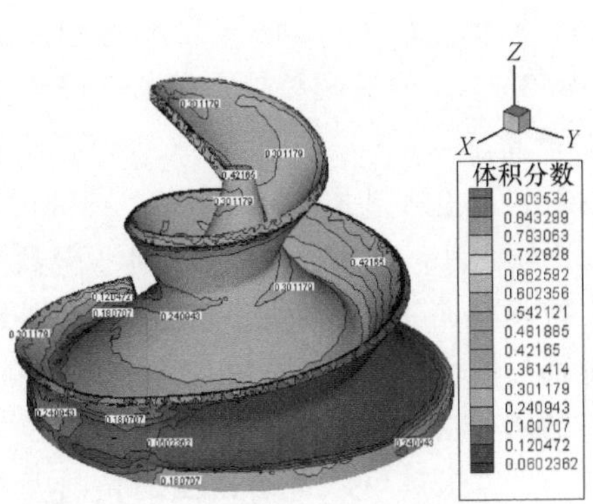

图 8-70 蜗壳表面固相体积分数分布

(d=0.076mm，C_V=30%)

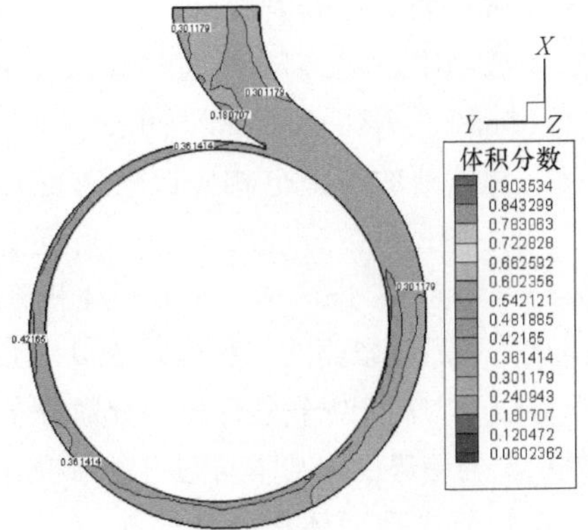

图 8-71 蜗壳中截面固相体积分数分布

(d=0.076mm，C_V=30%)

在叶轮流道内，由图 8-47~图 8-49、图 8-53~图 8-55 和图 8-57~图 8-59 可以看出，在相同体积分数和固相粒径下，叶片背面固相体积分数明显高于工作面体积分数，尤其在轮缘处，这是由于固体颗粒密度大于清水密度，在离心力作用下，脱离叶片“约束”，使得固体颗粒主要聚集在叶轮背面轮缘处，叶片工作面接近轮缘处固相体积分数最小。同时，分析图 8-64、图 8-65、图 8-68、图 8-69，在固相介质相同粒径时，进口固相体积分数越高，叶轮流道整体体积分数自然越高，固相体积分数分布规律与在相同体积分数和固相粒径下分布相近。

在蜗壳流道内，由图 8-50~图 8-52、图 8-56 和图 8-60~图 8-62 可以看出，在相同固相粒径下，蜗壳后截面固相体积分数分布要高于蜗壳前截面和中截面固相体积分数分布，这是由于固体颗粒随液体在叶轮螺旋推进做功下，使得固体颗粒从叶轮流道进入蜗壳时具有一定的轴向速度向蜗壳后截面聚集。为了进一步分析蜗壳流道中，固相体积分数分布，分别选取蜗壳Ⅰ~Ⅷ截面固相体积分数分布，如图 8-63 所示，第Ⅴ截面固相体积分数最大，由第Ⅵ~Ⅷ截面，固相主要集中在流道中部。同样，分析图 8-67 和图 8-71，在固相介质相同粒径时，进口固相体积分数越高，蜗壳流道内整体体积分数越高，分布规律相似。

8.1.3 固相对螺旋离心泵磨损特性分析

1. 相同体积分数下粒径对磨损的影响

（1）速度分布分析　由叶轮相对速度分布（见图 8-22~图 8-24、图 8-28~图 8-30、图 8-32~图 8-34）可以看出，在叶片工作面、背面和轮毂面上的相对速度沿螺旋线按一定的规律分布，外缘的相对速度大于靠近内侧的相对速度，叶片末端的相对速度大于进口部分的相对速度，在外缘侧相对应部位速度相差不大。

由蜗壳中截面相对速度分布（见图 8-25、图 8-31、图 8-35）可以看出，颗粒粒径不一样相对速度分布规律也不完全相同，分布比较紊乱。总的来说，在蜗壳流道部分靠外侧速度相对较大，颗粒大小不同对应部位的相对速度大小也不同，尤其在出口截面附近远离隔舌侧粒径减小相对速度增大，如 $d=0.4$mm 时相对速度为 10.5733m/s，$d=0.076$mm 时相对速度为 11.1443m/s。输送颗粒越小越易在隔舌处积聚，对该处的磨损也相应比输送较大颗粒时严重。

（2）体积分数分布分析　由叶轮体积分数分布（见图 8-47~图 8-49、图 8-53~图 8-55、图 8-57~图 8-59）可知，体积分数分布比较紊乱，叶片背面外缘处体积分数分布明显高于靠轮毂侧的体积分数分布，工作面在螺旋段进口部分和离心段出口部分外缘体积分数分布高于靠轮毂侧体积分数分布，其他部分体积分数相差不大。小颗粒没有往轮毂聚集的趋势，这基本与国内对颗粒运动轨迹的研究结论基本一致。

由蜗壳中截面体积分数分布（见图 8-50、图 8-56）可以看出，在蜗壳内颗粒分布也不很均匀，在蜗壳内小颗粒（如 0.076mm）和相对大的颗粒（1mm）相比，相对来说小颗粒分布稍均匀一些。颗粒粒径不一样在相同部位体积分数大小也不一样。蜗壳内固体体积分数分布也不像离心泵蜗壳内部分布有规律，大颗粒以较大的速度和运动角离开叶轮，集中于蜗壳周壁运动，使周壁受到强烈摩擦，小颗粒以小角度流入蜗壳流道，在蜗壳内分布比较均匀；流体到达出口时固相体积体积分数与进口体积分数趋于一致。根据两相流输送机理的分析可知，颗粒越细，维持其悬浮所需的能量也就越小，损失也就越小，即颗粒越细，越易于水力输送。

由相同体积分数下颗粒粒径不同的相对速度分布和体积分数分布的分析来看，叶片外缘的磨损程度比靠轮毂侧的磨损严重，出口部分比进口部分严重，随着粒径的减小磨损程度加剧。

2. 相同粒径下体积分数对磨损的影响

（1）速度分布分析　由叶轮相对速度分布（见图 8-32～图 8-34、图 8-39～图 8-41 和图 8-43～图 8-45）可以看出，叶片背面外缘侧速度高于轮毂侧速度，总体呈螺旋状，从进口到出口递增，体积分数变化对速度变化的影响不大；叶片工作面末端在各个体积分数下速度大小基本相同，外缘侧和轮毂侧相对速度大小相同，工作面其他部分外缘相对速度高于轮毂侧相对速度。

由蜗壳中截面相对速度分布（见图 8-35、图 8-42 和图 8-46）可知，蜗壳最大轮廓处高于内侧，在不同体积分数下各部位的颗粒分布规律不一致，比如蜗壳出口截面附近远离隔舌侧随体积分数增加速度变化不大。从蜗壳中截面矢量分布（见图 8-64～图 8-65、图 8-68～图 8-69）看出在大体积分数时（$C_V=30\%$）隔舌处明显冲击大，低体积分数时流动状况比较好。

（2）体积分数分布分析　由叶轮体积分数分布（见图 8-57～图 8-59、图 8-64～图 8-65 和图 8-68～图 8-69）可以看出，在螺旋段进口部分叶片背面体积分数分布规律有较大的差别，随体积分数增加进口轮毂侧体积分数集中比较明显，在叶片背面其他部分分布规律基本一致，整个叶片背面上外缘侧的体积分数高于轮毂侧的体积分数。在叶片工作面螺旋段进口部分和叶片末端随体积分数的增加颗粒集中比较明显，螺旋段进口外缘侧体积分数明显大于轮毂侧的体积分数，在叶片末端轮缘侧与轮毂侧体积分数分布相差不大，在工作面其他部分颗粒体积分数增加基本上不存在颗粒集中现象。随着固相体积分数的增高，造成背面和工作面上的体积分数越大，轮毂头部附近仍有固体颗粒沉积，在这一区域固相体积分数较大，而在叶轮流道内低体积分数的颗粒分布较高体积分数的颗粒分布均匀。

由蜗壳中截面体积分数分布（见图 8-60、图 8-67 和图 8-71）可以看出，随体积分数增加颗粒在各部位的体积分数分布规律不太一样，比如蜗壳出口截面附近远离隔舌侧随体积分数增加颗粒集中程度大。

由相同颗粒粒径下固相体积分数不同的相对速度分布和体积分数分布的分析来看，随着体积分数增加，对过流部件的磨损加剧。

3. 固体颗粒对蜗壳不同部位的磨损情况

由图 8-25～图 8-27、图 8-35～图 8-38 分析可知，在蜗壳不同截面处颗粒的相对速度分布规律明显不同，各截面靠近壁面速度最低，靠近叶轮处速度最大，且随着截面面积的增大等速线变化较大；在隔舌位置，隔舌处蜗壳前截面相对速度最大，中间截面最小；由图 8-50～图 8-52，图 8-60～图 8-62 可知，颗粒在蜗壳不同截面处体积分数分布规律也不一样，各截面的体积分数分布比较紊乱，但在隔舌部位体积分数相差不大，$d=1\text{mm}$，$C_V=10\%$时均在 12.5%左右；$d=0.076\text{mm}$，$C_V=10\%$时均在 10.5%左右。由上述分析可以得出颗粒对隔舌处不同部位的磨损程度不同，前端位置磨损最为严重，中间位置处最轻，由此可知，隔舌设计成柱状不很合理，应适当加大两端过渡圆弧半径较为合理。

8.1.4 螺旋离心泵内叶轮工作机理

图 8-72～图 8-74 所示分别为固体颗粒粒径为 0.076mm，固相体积分数为 10%时，螺旋离心泵叶轮型线上压力 p、速度 v、体积分数 C_V 随包角 φ 变化曲线。

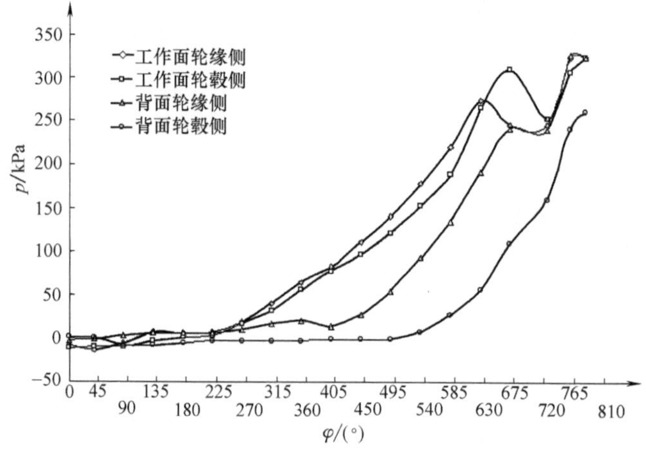

图 8-72 $d=0.076\text{mm}$，$C_V=10\%$工况 p-φ 曲线

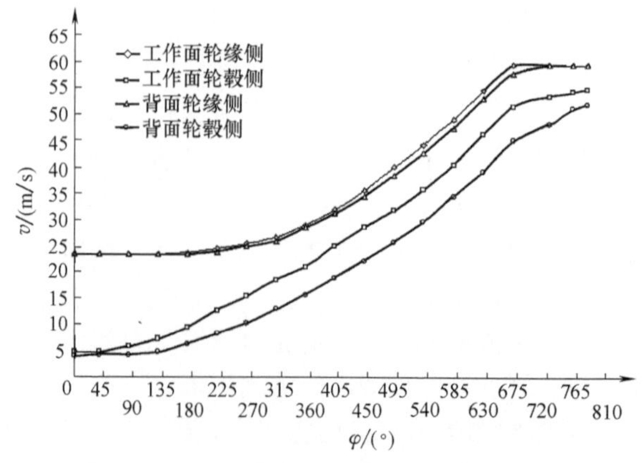

图 8-73 $d=0.076\text{mm}$，$C_V=10\%$工况 v-φ 曲线

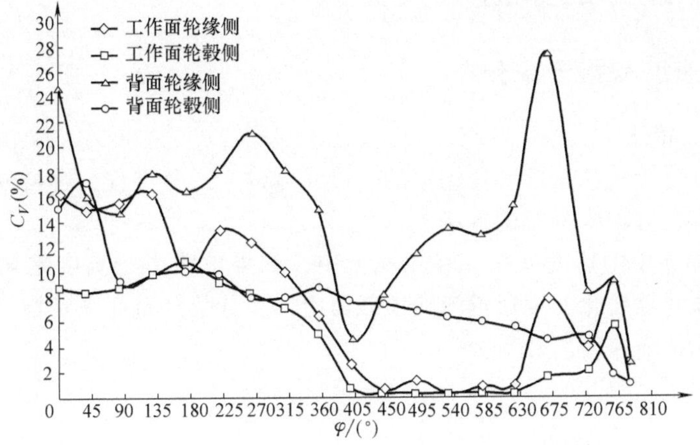

图 8-74　$d=0.076$mm，$C_V=10\%$工况 C_V-φ 曲线

图 8-75 所示为固体颗粒粒径 0.076mm，固相体积分数 10%时，螺旋离心泵叶轮固体颗粒运动轨迹。

由 p-φ 曲线和 v-φ 曲线（见图 8-72、图 8-73）可知，在螺旋段进口部分压力基本没有增加，速度略有增加，能量增加不大，所以该段的功能主要是对固体颗粒的导向作用。在叶片其他部位压力逐渐增加，但在叶片末端包角为 630°~710°附近工作面轮缘和轮毂侧压力都有所降低，整体压力轮缘侧高于轮毂侧，工作面压力高于背面压力。在整个包角范围内速度逐渐增大，过渡段到离心段压力和速度有明显的增加，显然该段对液体做功，液体能量的增加在此段完成，这和其他流体机械叶轮工作机理是不同的。

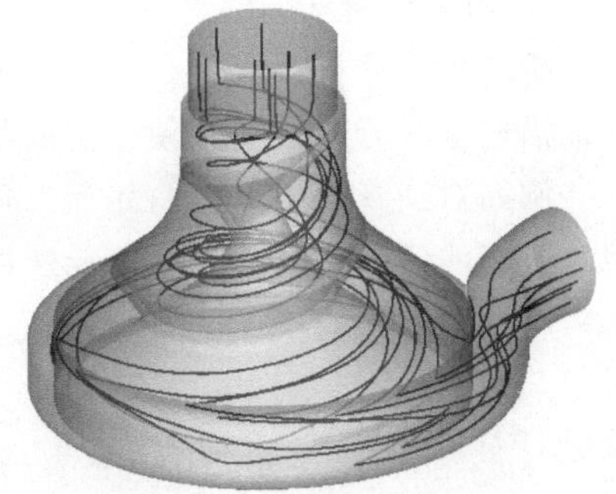

图 8-75　$d=0.076$mm，$C_V=10\%$ 工况固体颗粒流动迹线

由图 8-75 可看出粒子的流线基本呈螺旋形运动。由 C_V-φ 曲线（见图 8-74）可知在整个包角范围内颗粒的体积分数分布一直比较紊乱，且有较大波动，颗粒分布的紊乱必然会造成颗粒与液体之间的碰撞等不良现象，也必然会影响到整机的效率和可靠性，这与螺旋线形状有一定关系，从改善泵的外特性和可靠性角度来讲，应进一步完善螺旋线设计，具体何种型线螺旋离心叶片更为合理还有待于进一步研究。

8.2　螺旋离心泵内固液两相场空间分布及速度滑移

叶轮的高速旋转和蜗壳等非对称性，使得螺旋离心泵流道内部流体流动参数呈强非线性，属于多尺度不规则的复杂流动。通过理论分析和数值模拟技术，讨论了湍流的不规则性、非定常流动引起的流场脉动信息以及由于固液两相流运动与动力学的耦合特性，注重分析了流场畸变的过程以及后续流场的响应，通过研究得出的流动信息重塑流场非定常瞬时场的变化。

8.2.1 相速度和相含率分布

1. 微分分析法

所谓微分分析法就是针对流场中的一微元体建立微分方程，解微分方程得到速度和体积分数在流场中分布的方法。

（1）单相流中的速度分布 在单相流中，如果忽略由于温度差异和压强差异而引起的流体物性变化，在通道流通横截面上体积分数分布通常是均匀一致的。

圆管内无量纲速度的分布为

$$u^{+}=\frac{1}{k}\ln y^{+}+C \tag{8-1}$$

（2）两相流中的速度分布 假设流动是局部均匀的，那么上述针对单相流的方法同样也适用于两相或多相流动。

2. 积分分析法

所谓积分分析法，就是先假设流场中相速度和体积分数分布，用积分形式的方程来描述这些分布，同时使它们满足动力学条件和几何条件要求。

例如对圆管内的气液两相流，Bankoff 变密度模型即是以局部均匀流动及没有相对速度的假设为基础，假定相速度和体积分数分布服从乘方律，于是有

$$\frac{u}{u_m}=\left(\frac{y}{r_o}\right)^{\frac{1}{m}} \qquad \frac{a}{a_m}=\left(\frac{y}{r_o}\right)^{\frac{1}{n}} \tag{8-2}$$

式中 u_m 和 a_m——管道中心的连续相速度值（m/s）和当地含气量值（%）；

y——离壁面的距离（m）；

r_o——管道半径（m）。

等效单相流动的平均速度可由积分得到

$$\bar{u}=\frac{49}{60}u_m \tag{8-3}$$

若含气量为 a，液膜中的平均速度为

$$u_{\mathrm{f}}=\frac{1}{\pi r_0^2(1-a)}\int_0^{r_0(1-\sqrt{a})}u_m\left(\frac{y}{r_0}\right)^{\frac{1}{7}}2\pi(r_0-y)\,\mathrm{d}y \tag{8-4}$$

积分后得

$$u_{\mathrm{f}}=\frac{49}{60}u_m\frac{(1-\sqrt{a})^{\frac{8}{7}}\left(1+\frac{8}{7}\sqrt{a}\right)}{1-a} \tag{8-5}$$

由壁面剪切应力定义知

$$\tau_{\mathrm{w}}=C_{\mathrm{fw}}\,\frac{1}{2}\rho u^{-2} \tag{8-6}$$

8.2.2 固液两相速度滑移现象

分析可知，当 $\rho_s>\rho_l$ 时，$w_s>w_l$；当 $\rho_s<\rho_l$时，$w_s<w_l$。与此同时，圆周速度只与流体为微团的位置有关，也就是说，在叶轮内部任意位置，固液两相流体因密度差而导致两相之间相对速度和绝对速度不同，出现速度滑移，产生固液两相速度非同步性。

1. 相对速度滑移

叶轮作为泵对流体的主要做功部件，叶轮域的固液两相速度滑移现象也最为明显。图 8-76 所示为设计工况下，含沙水（$d=0.076\text{mm}$，$C_V=15\%$）叶轮区域内两相的相对速度滑移变化。

a) 工作面轮缘线

b) 背面轮缘线

c) 工作面轮毂线

d) 背面轮毂线

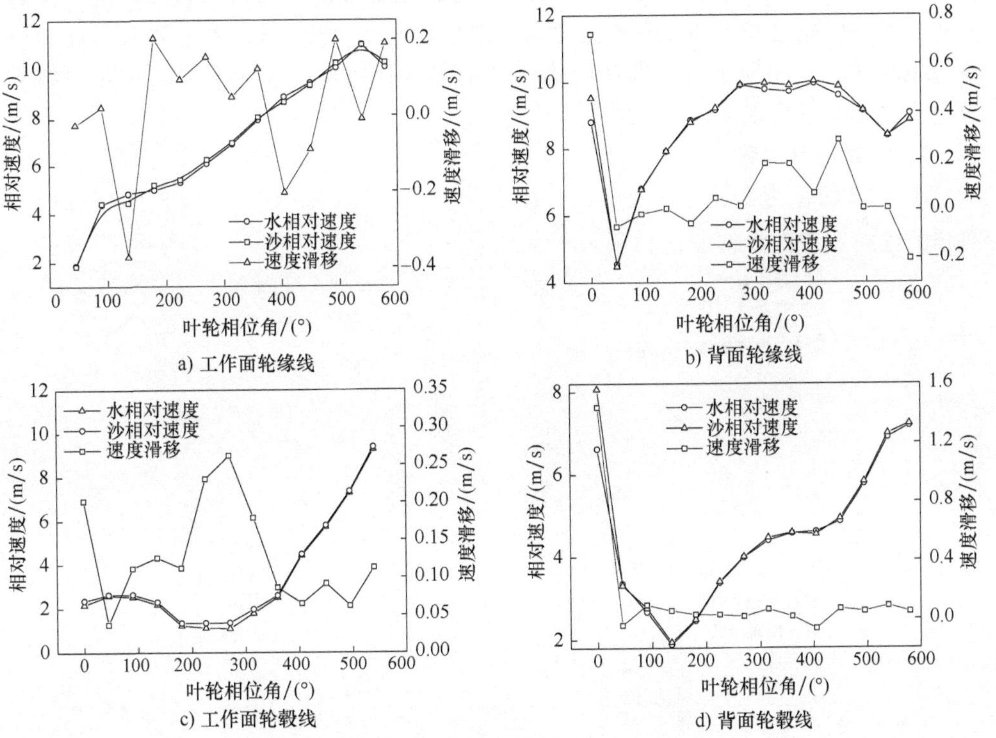

图 8-76 叶轮区域内两相的相对速度滑移变化

由图 8-76 可以看出，工作面的相对速度滑移现象要比背面的相对速度滑移现象明显且多变，背面除了叶轮相位角从 0°~50°急剧下降外，其他位置相对速度滑移虽然存在振荡，但幅度不大，尤其是在背面的轮毂处。这也正好说明叶轮的做功面主要是叶片的工作面。这个由相对速度的变化也可以表明这一点。在图 8-76 中，还可以看出，叶轮相位角从 0°~150°速度滑移现象出现先升高后降低的现象，这是因为在含沙水进入泵腔之前，固相和液相颗粒密度差异产生了速度滑移现象，当叶轮作用后，由于模拟的含沙水介质固相的粒径较小，体积分数不大，因此，两相耦合性较好，速度滑移有所降低。

在图 8-76a 中，工作面相对速度滑移在叶轮相位角从 150°~350°，速度滑移现象出现反复振荡，但变化不大，这是叶轮前段的螺旋段出力，该过程只起到螺旋推进作用，对流体结构改造不大；在叶轮相位角从 350°~580°，流体进入了叶轮螺旋段向离心段过渡以及离心段过程，主要是离心力作用，因此，在工作面轮缘处，速度滑移现象多变且明显。

在图 8-76b、d 中，在前面已做分析，属于叶轮背面，在轮缘处叶轮相位角为 450°处速度滑移出现突变，这是由于处于叶片过渡段，该位置是叶轮半径的转折点，叶轮对流体的牵连作用先升后降，因此，速度滑移出现了大的波动。

在图 8-76c 中，在叶轮相位角从 150°~450°速度滑移出现先升后降，这一位置区间主要是叶轮改变了固液两相流力场，固相速度改变要慢于液相；而在叶轮相位角为 300°左右，出现了升力和离心力做功的转换，因此，叶轮域中工作轮毂线上的相对速度滑移出现了先升后降。

2. 绝对速度滑移

图 8-77 所示为在设计工况下，含沙水（$d=0.076\text{mm}$，$C_V=15\%$）叶轮区域内两相的绝对速度的滑移变化。

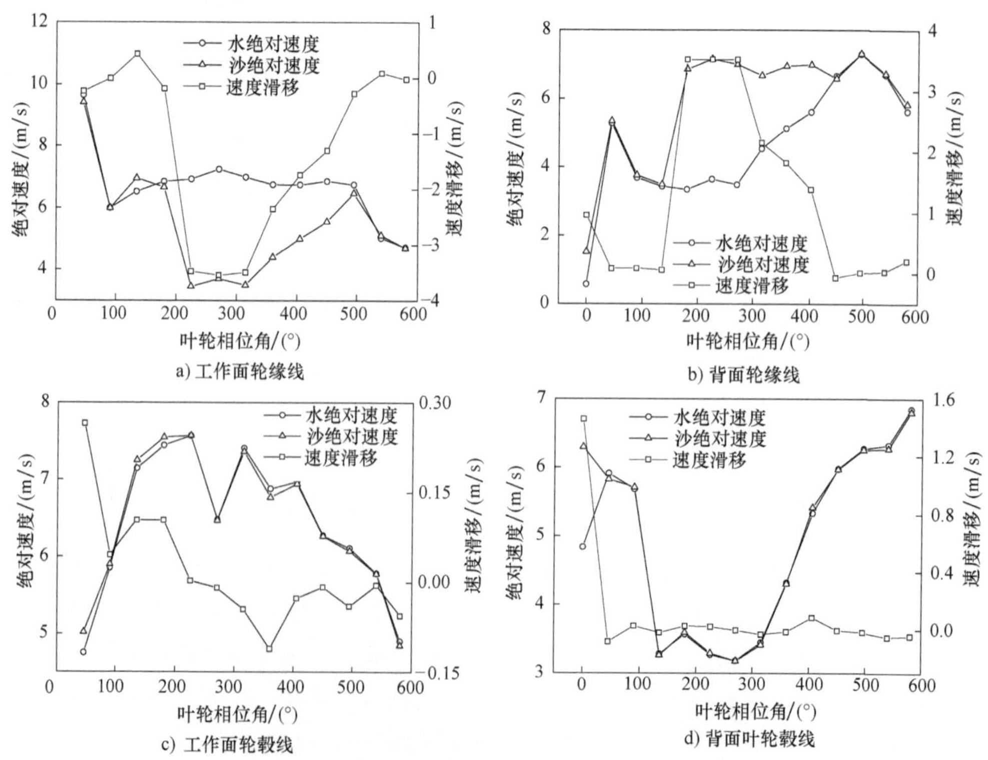

图 8-77 叶轮区域内两相的绝对速度的滑移变化

将图 8-77a~c 与图 8-76a~c 对比分析可知，工作面轮缘线、背面轮缘线和工作面轮毂线在叶轮相位角为 150°~450°绝对速度滑移出现的变化趋势刚好与相对速度滑移现象相反，其他位置基本一致。这是因为虽然该区域的相对速度在降低，但叶轮的半径一直在增加，因此，圆周速度的增加使得绝对速度在增大，同时，半径的增大带来的另一个变化就是离心力对密度不同两相的影响。如果固体颗粒的速度慢于液体的速度，两者之间的速度差势必会出现所谓的“塞流”作用；如果固体颗粒的速度快于液体的速度，反而相互促进。整体来看，靠近轮缘处速度滑移现象比靠近轮毂处大，而且，在整个流场中，固相的流动多滞后于液相。图 8-76d 与图 8-77d 两者变化不大，说明背面轮毂处对流体作用弱于其他位置。

8.3　螺旋离心泵内固液两相场空间结构

涡旋是流体机械内流体运动的最重要的表现形式。涡旋源于黏性流体不能承受剪切，会产生、发展、合并、撕裂，最终可能耗散为流体的内能（热能等）。近代力学奠基人之一的德国力学家普朗特（L. Prandtl）的学生空气动力学家屈西曼（D. Küchenmann）曾经说过“涡旋是流体运动的肌腱”，这句话深刻地概括了涡旋在流体中的作用。普朗特的另外一个学生北京航空航天大学陆士嘉教授更进一步提到“流体的本质就是涡，因为流体经不住‘搓’，一‘搓’就‘搓’出了涡”，这里的‘搓’指的是作用在流体上的剪切力。这句话既道出了流体与固体的本质区别，同时又点明了流体出现涡旋的原因。

杨本洛教授在其著作《湍流及理论流体力学的理性重构》一书中，从宏观力学的哲学和数学角度指出涡的本质，涡是运动中流体粒子为了实现属于其自身的有效运动，对应于“局部空间域”以及“有限时间间隔”中的有序结构，也就是说，涡在流体黏性和斜压性共同作用下，在时间和空间上维持一种有序的流动形式。

8.3.1　泵内涡结构理论分析

有旋性是流体运动的重要特性，涡量是有旋性的特征量，尤其当涡量集中在有限封闭体中，流体具有强烈旋转，也就是说，湍流场必定是有旋的，它的涡量是随机分布的，并由各种尺度不同的脉动涡量组成。

固液两相流由于其密度的差异，导致在流动中易形成不同体积分数，产生分层现象，尤其在旋转机械中，这种现象更加突出。在旋转机械的叶轮作用下，使得流场具有涡量的流动，即形成有旋流动，固液两相流中固体与液体之间的速度差，造成流体机械内部速度梯度和压力梯度变化较大，进而诱发漩涡的产生。

由上面分析可知，漩涡的产生原因主要有以下三点。

1）流体黏性的根本原因。黏性的存在使得流层之间产生了切应力，所以两个流层之间有了速度差，相邻流层之间速度慢的流层相对于速度快的流层是一种阻力，产生向上的切应力；反之，速度快的流层加速慢的流层，产生向下的切向力。这样，流层间的切应力组成一对力偶，组成流体质点产生旋转的趋势，叶轮域内两相滑移速度如图 8-78 所示。

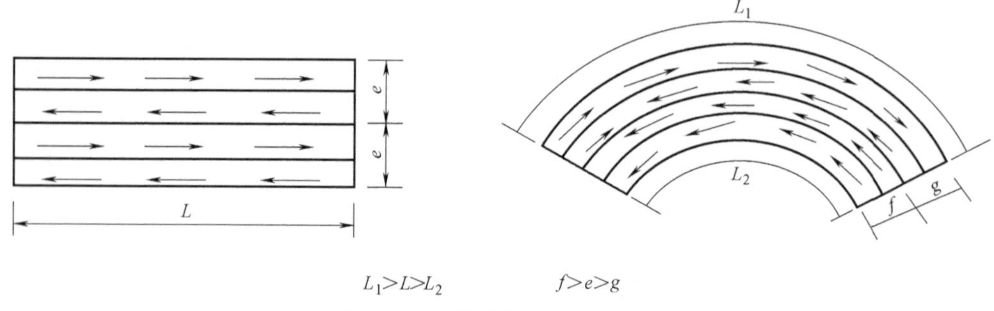

图 8-78　叶轮域内两相滑移速度

2）液层波动的不稳定性。由于叶片的作用，使得液层在时间和空间上发生着改变，这种改变的直接动力来源是流层之间的波能量传递。在波峰处，由于微小流速的伸长，流束的水流段面减小，因而流速增大；反之，在波谷处，流速减小。在泵内部，这样速度的脉动，导致相邻流层之间产生压差，随之流道出现升力，而这种升力在波峰和波谷之间形成一组力偶，进而促进流层间的振幅增大。

3）叶轮对固相体积分数在流道中重新分配。固液两相在旋转流道中，旋转机械重新构建力场。由于固液两相之间的密度不同，该力场对固液两相分布进行重新分配，而这种分配只能进一步加大压强梯度，这是升力力偶形成的又一因素。在升力和剪切力共同作用下，流道中诱发了涡旋。

8.3.2　螺旋离心泵内涡结构

从几何意义上来说，涡旋是流线的扰动。图 8-79 所示为 100LN-7 型螺旋离心泵内流体在非定常流动一个周期内的轴向中间截面的流线分布，可以明显地看到涡旋的分布和演变过程。

流线为任一时刻流体的速度在空间上是连续分布的，流线表示的是某一瞬时流场中许多处于这一流线上的流体质点的运动情况。因此，可以通过流线直观地判断涡旋的出现。

由图 8-79 可以看出，在螺旋离心泵中间轴截面上，叶轮头部以及进入蜗壳的叶轮流道处有涡旋出现，由图 8-79 中放大图可以观察到。这些位置是泵流道对流体运动速度改变较大的地方，尤其是速度的方向，这个下面可以结合压力和涡量的变化来分析更深层次的原因。

由图 8-79a～f 可以看到，在螺旋离心泵中间轴截面涡旋生成、扩散以及溃灭的演变过程。在图 8-79a 中，$T/6$ 时刻，只有叶轮头部有出现涡旋的趋势，这是由于进入泵腔的流体收到叶轮头部的冲击，对速度改变引起的；在图 8-79b～c，即 $2T/6$

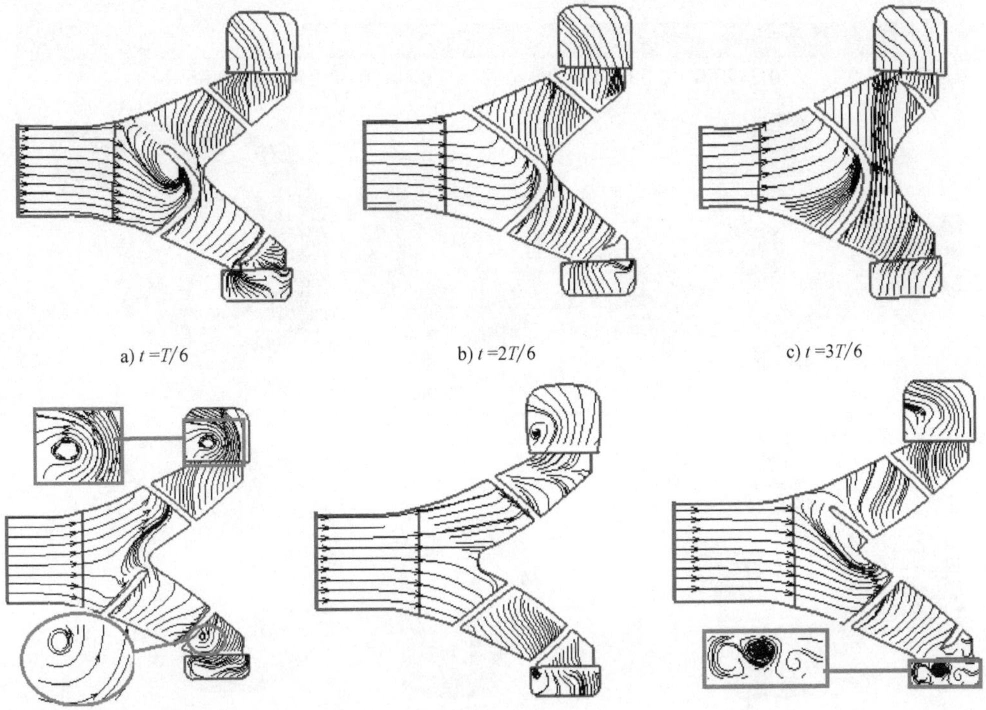

a) $t=T/6$　　b) $t=2T/6$　　c) $t=3T/6$

d) $t=4T/6$　　e) $t=5T/6$　　f) $t=T$

图 8-79　轴向中间截面的流线分布

时刻～$3T/6$ 时刻，流线分布较为均匀；在图 8-79d～f，即 $4T/6$ 时刻～ T 时刻，涡旋在蜗壳中叶轮离心段流道中出现，并有增强的趋势，随之进入叶轮旋转的下一个周期，完成涡旋演变的又一个过程。

8.3.3　螺旋离心泵内涡量与涡结构

图 8-80 所示为 100LN-7 型螺旋离心泵内流体在非定常流动一个周期内，中间轴向截面湍流强度下的流线分布以及压强下的流线分布和涡结构演变过程。

由图 8-80 可以看出，不管是湍流强度或是压强下，截面 B、截面 C 和截面 D 中流线始终较为均匀，而这些截面上湍流强度和压强梯度并不明显或变化剧烈；在截面 A 上，涡旋出现明显且数量较多，同时对比湍流强度可以看出，涡旋生成的地方，均出现在以涡旋为中心的高湍流或低湍流位置；对比压强变化，高压区和低压区均会出现涡旋，周围的压强梯度越大，涡旋强度也随之越大。在叶轮旋转一个周期内，叶轮改变了泵腔中流体的湍流强度和压强分布，也就是说，高能量或低能量集中，均会诱发涡旋的产生。

涡量是由于黏性作用扩散到流动中的，而且随着过流面积的变化，流动加速或减速，加强了涡旋的产生，这是涡旋生成的根本原因。同时，旋转机械的做功部件

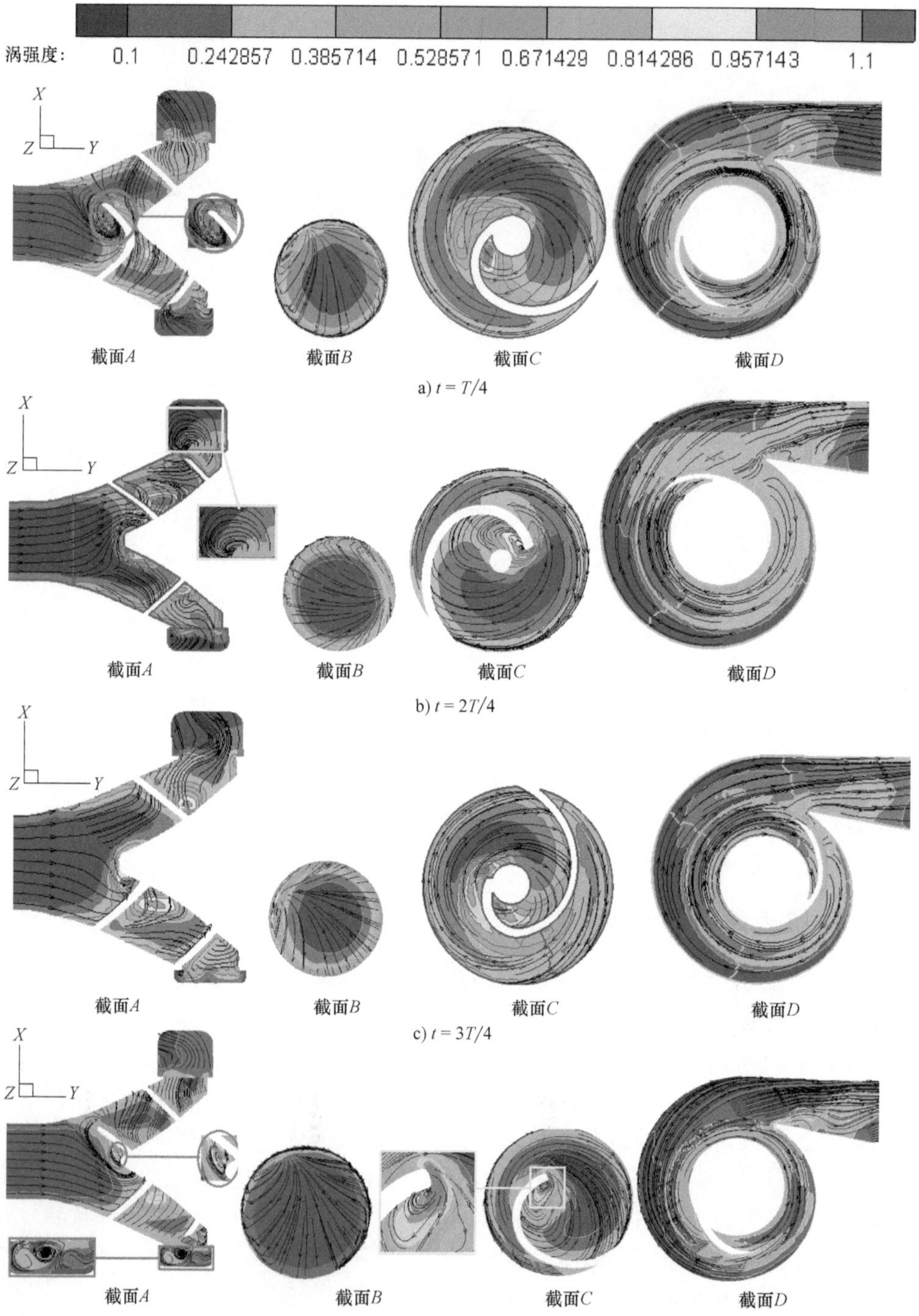

涡强度: 0.1 0.242857 0.385714 0.528571 0.671429 0.814286 0.957143 1.1

截面A 截面B 截面C 截面D

a) $t=T/4$

截面A 截面B 截面C 截面D

b) $t=2T/4$

截面A 截面B 截面C 截面D

c) $t=3T/4$

截面A 截面B 截面C 截面D

d) $t=T$

图 8-80 中间轴向截面湍流强度下的流线分布以及压强下的流线分布和涡结构演变过程

对流体空间分布的重构，使得空间上压力梯度和体积分数梯度出现非正交性，流层之间出现与流体速度方向呈一定夹角的剪切力，这是涡旋生成的直接原因；而当介质为固液两相流时，改变了流体流场中的力场，对涡旋的产生起到了促进或抑制的作用。

8.4 旋流泵内部流动特性及结构形式

8.4.1 旋流泵内部流动结构描述

1. 旋流泵内部流动结构简述

与普通离心泵相比，其结构有着叶轮后缩于后缩腔的特点，使其内部流体在随叶轮旋转时于无叶腔中形成循环流和贯通流，如图 8-81 所示。其中，循环流使旋流泵在输送含有固态颗粒介质时，进入泵内的流体可以在进入叶轮前就在无叶腔内实现固液分离，并随贯通流排出泵体，从而减少对叶轮的磨损，延长了泵的使用寿命。这一特点使其具有无堵塞性能好、耐磨性好以及具有良好的抗汽蚀性能，同时也是其在矿山、化工等行业中应用日益广泛的原因。

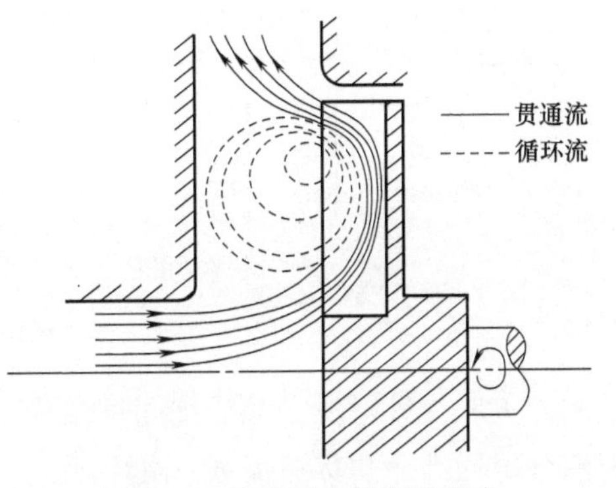

图 8-81 旋流泵内部流动形式

也正因为旋流泵特殊的结构形式、复杂的内部流动结构，使得探究其内部流动结构与机理、提高其效率成为研究的热点和难点。

2. 旋流泵内部流动结构模型

针对旋流泵内部流动特性及流动机理，20 世纪 80 年代的 Schivley、大庭英树、青木正则在前人的基础上依据试验建立了流动模型，同时，我国的学者也提出修正模型。目前，国内外学者共提出了以下四种模型，如图 8-82 所示。

（1）Schivley 流动模型 20 世纪 80 年代初期英格索兰试验研究中心的 Schivley 等人首先提出了旋流泵的流动模型。Schivley 假定流动是稳定且轴对称的，且所有流动参数仅是半径的函数，则在轴面图中将无叶腔内的液流分成三个区域：（Ⅰ）入流和循环流的混合区；（Ⅱ）黏性旋涡区；（Ⅲ）出流区。

分析时采用一元理论进行分析，并以空气为介质，用三孔探针测量了内部流场的速度和压力，与计算结果比较后发现周向速度和试验结果相差较大，仅在叶轮外径处较准确。

（2）大庭流动模型 1982 年，日本学者大庭英树根据自己在无叶腔不同轴面

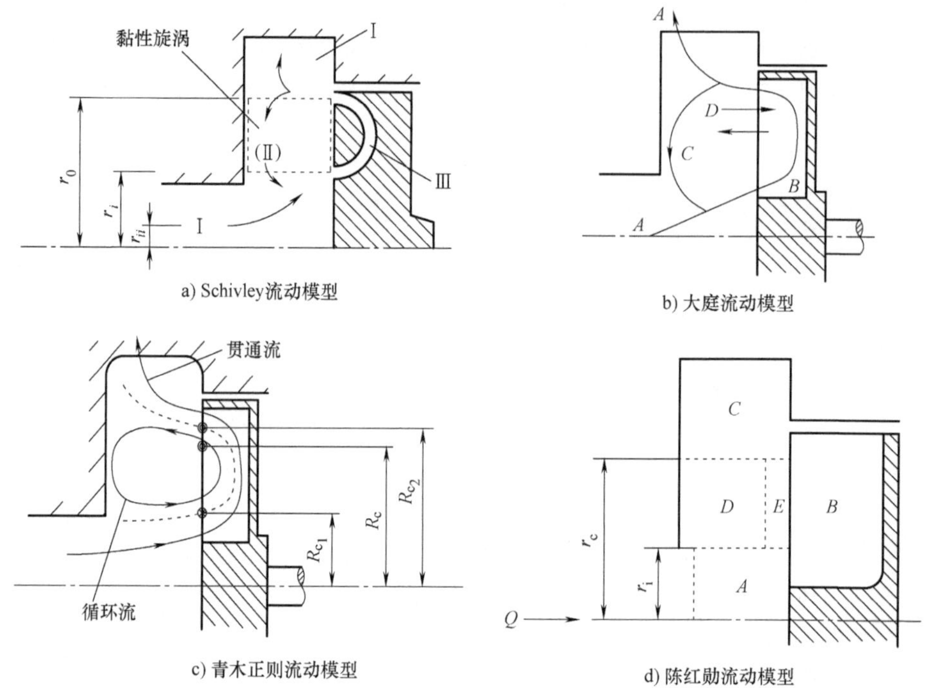

图 8-82　流动模型

上利用五孔探针对流场的详细测试结果，提出了新的流动模型。大庭英树将泵内的液流分成四部分：贯通流 A、循环流 C、A 与 C 的合流 B 以及无叶腔与叶轮分界处的流入流出叶轮的流动 D。对叶轮内的主流采用奇点分布法进行计算，计算时不考虑 D 部分的影响，将其视为损失，而对于无叶腔内的流动，在轴对称的假设下利用动量矩方程计算了前腔的速度与压力分布。该模型可以看作是对 Schivley 流动模型的一种改进。

（3）青木正则流动模型　1985 年，青木正则从确定贯通流和回流在叶轮处的平均流入流出半径入手，提出了一种流动模型，其中 R_{c_1}、R_{c_2} 分别是贯通流和循环流的分界线，R_c 则是循环流流入和流出叶轮的分界点，虚线表示贯通流和循环流的分界线。根据该模型，青木正则利用试验方法说明内部流动与泵性能的关系，指出了叶轮结构参数变化引起泵性能变化的原因。

（4）陈红勋流动模型　1991 年，陈红勋等人对旋流泵叶轮内部的流动速度和叶片表面压力进行测试，结合前人测得的无叶腔内部流动测试结果，建立流动模型，并对叶轮内的流场进行全三维势流计算。将泵内流动分为 A ~ E 五个区域，在区域 A 内，由吸入口流入的流量 Q 和循环流流量混合后一起流入叶轮；区域 B 为叶轮区；在区域 C 内，从叶轮流出的液体一部分成循环流，另一部分流出泵外；区域 D 内是以切向旋涡流为主的流动；区域 E 内存在着由工作面流向背面的流动，由于此区域运动非常复杂，还无法计算，遂将此区域流动作为水力损失处理。

分析现有研究成果，发现这些结果大都建立在各种假设之上，对部分未知流动做了将其视为水力损失的处理，而且提出的水力设计方案也多依赖于经验；同时，对其内部旋涡及循环流、贯通流的演化机理仍然难有准确的定论。

8.4.2 旋流泵模型建立

以卧式 150WX 200-20 型旋流泵为研究对象进行研究时，拟采用数值分析和试验测试的研究方式，对其内部流动结构分布及各流动形式的演化过程进行研究，获得具体的循环流、贯通流的具体演化过程，以建立更符合实际流动的旋流泵内部流动模型。

1. 水力设计

以 150WX200-20 型旋流泵为对象，其设计流量 $Q_d = 200\text{m}^3/\text{h}$，设计扬程 $H_d = 20\text{m}$，设计转速 $n = 1450\text{r/min}$，叶轮叶片采用直叶片放射状分布和折叶片两种形式。图 8-83 所示为旋流泵的结构，相对应的主要几何及结构参数见表 8-2。

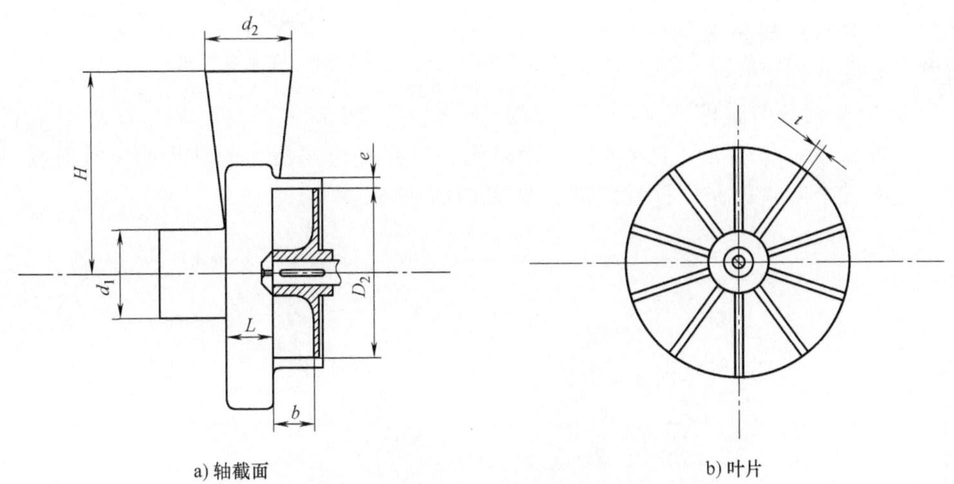

图 8-83 旋流泵的结构

表 8-2 旋流泵主要几何及结构参数

部 件	参 数	数 值
蜗壳	进口直径 d_1/mm	130
	出口直径 d_2/mm	130
	无叶腔宽度 L/mm	70
	隔舌起始角 φ/(°)	30
	半螺旋型压出室基圆直径 D_1/mm	280
	第Ⅷ断面至出口垂直高度 H/mm	300

（续）

部　件	参　数	数　值
叶轮	叶片数 Z/片	10
	叶片宽度 b/mm	60
	叶片厚度 t/mm	8
	叶轮直径 D_2/mm	250
后缩腔	后缩腔环形壁面与叶轮外径间隙 e/mm	15

2. 模型建立

依据设计的模型尺寸，采用 Pro/E 对旋流泵计算域进行建模及网格划分，计算域由进口段、无叶腔、叶轮、后缩腔、压水室和出口段组成。为了得到较高的计算精度，对泵进出口进行延伸，延伸长度为直径的 3 倍左右。旋流泵模型如图 8-84 所示。

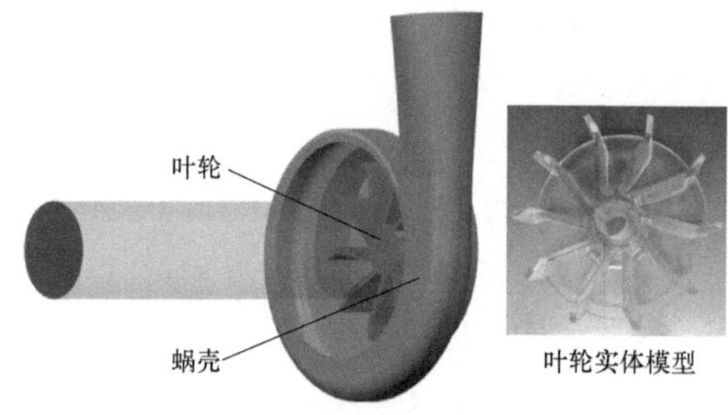

图 8-84　旋流泵模型

3. 网格划分与数值方法

对计算域，应用 ICEM 软件进行网格划分，并进行网格无关性检查。计算模型约有 300 万个网格单元，计算域网格如图 8-85 所示。

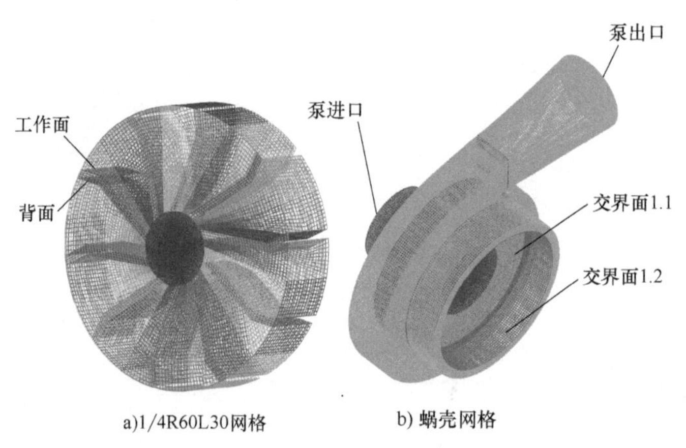

图 8-85　计算域网格

旋流泵流道由叶轮域和蜗壳域组成，采用固定在叶轮表面的旋转坐标系为相对坐标系。将整个流道内部流场视为三维不可压稳态湍流场。计算时，进、出口分别采用质量流量进口和自由出流边界条件，在临近固壁的区域采用标准壁面函数，湍流模型采用 k-ε RNG 模型，算法采用 SIMPLE 算法，离散格式采用二阶迎风。

8.4.3　旋流泵无叶腔的内流特性分析

1. 研究方案

为分析旋流泵无叶腔内流体在不同工况下运行时的流动特性，选取无叶腔中截面Ⅰ—Ⅰ、轴截面Ⅱ—Ⅱ和轴截面Ⅲ—Ⅲ，如图 8-86 所示。

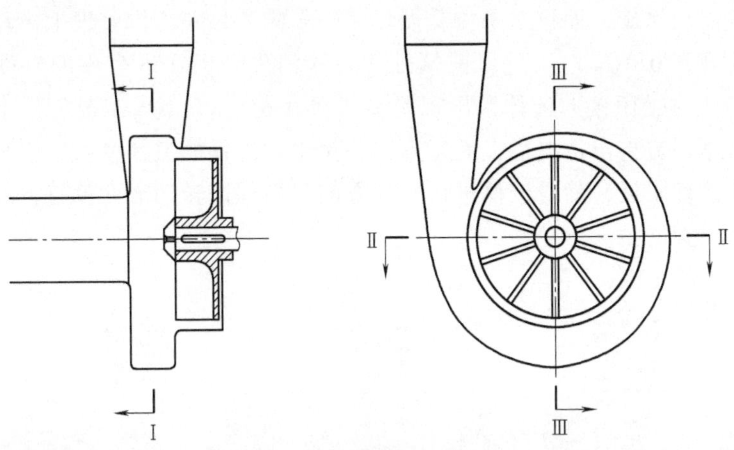

图 8-86　截面选取示意图

2. 旋流泵无叶腔内旋涡位置及其强度变化规律的分析

对各工况点进行非定常计算，判定计算收敛后，选定叶轮的某一旋转位置为 0 时刻，并连续输出 0、T、$2T$ 三个时间点的数据，分析不同工况下无叶腔内各截面上涡量分布情况，如图 8-87 所示，其中黑线表示的是流线。

分析图 8-87 中 $0.2Q_d$ 工况下各截面的涡量云图及速度流线图可知，距离叶轮中心轴 $0.29R_2$ 处形成了涡量环，且圆环随时间的增长做逆时针转动（与叶轮转向相同），但速度流线在三个截面相对应的地方并未形成封闭的环线，说明该区域内流体微团虽具有较大的涡量值，由于是小流量工况，在流体从叶轮处所获得的能量中，离心力大于流体自旋的向心力，故并不能形成旋涡；喉部区域附近，蜗壳第零断面处不断产生涡量较大的流体微团，运动到其他蜗壳断面的过程中时，流体微团不断被周围小涡量的流体拉伸，导致微团的涡量逐渐减小，需要指出的是，对比同时刻三个截面的涡量分布及速度流线可以发现，蜗壳内部的速度流线已形成封闭的环线，说明了蜗壳内的流体是以螺旋推进的方式向扩散段运动的，同时该处的流体微团的涡量维持在一定量级，并不会与周围流体的相互作用下达到涡量的平衡。随着流量从 $0.4Q_d$~$1.4Q_d$ 的增长，可以发现循环流受进口流速的影响开始变大，涡量环也被逐渐分散成四五个涡量团，该区域内的速度流线形成封闭的环线，并随着循环流一起转动，涡旋中心不在流体微团的涡量极值点；进口处流量的排挤作用不断增大的同时，循环流涡量团中心的半径位置逐渐偏离无叶腔中心，其轨迹的圆度也开始降低；无叶腔内的整体涡量值增加，出口涡量也开始变大；在 $1.0Q_d$ ~ $1.4Q_d$ 工况下，蜗壳的第Ⅷ断面处重新出现涡量的峰值。以上现象说明在无叶腔内，其进口周围存在转动的循环流，而蜗壳内则为贯通流，且两种流动的涡量值之间存在较为明显的界线。

由图 8-87b、c 可知，在 $0.2Q_d$ 工况下，由于进口流速较小，流体未充满流道，进口段前端出现涡旋，而进口末端受循环流的影响，也在不同程度上出现涡旋；当进口流量提高到 $0.4Q_d$ 时，进口前端处的旋涡消失，但在进口段的末端，循环流中大涡量的流体微团侵入流体，出现涡旋，在 $0.6Q_d$ ~ $1.4Q_d$ 工况下，不断进入泵中的流体将循环流挤出进口段，而正是循环流中大涡量的流体微团所引起的涡旋被压至无叶腔前壁附近，使得流体进口速度方向与循环流转动方向垂直，形成了速度矩，加剧了涡旋的生成。

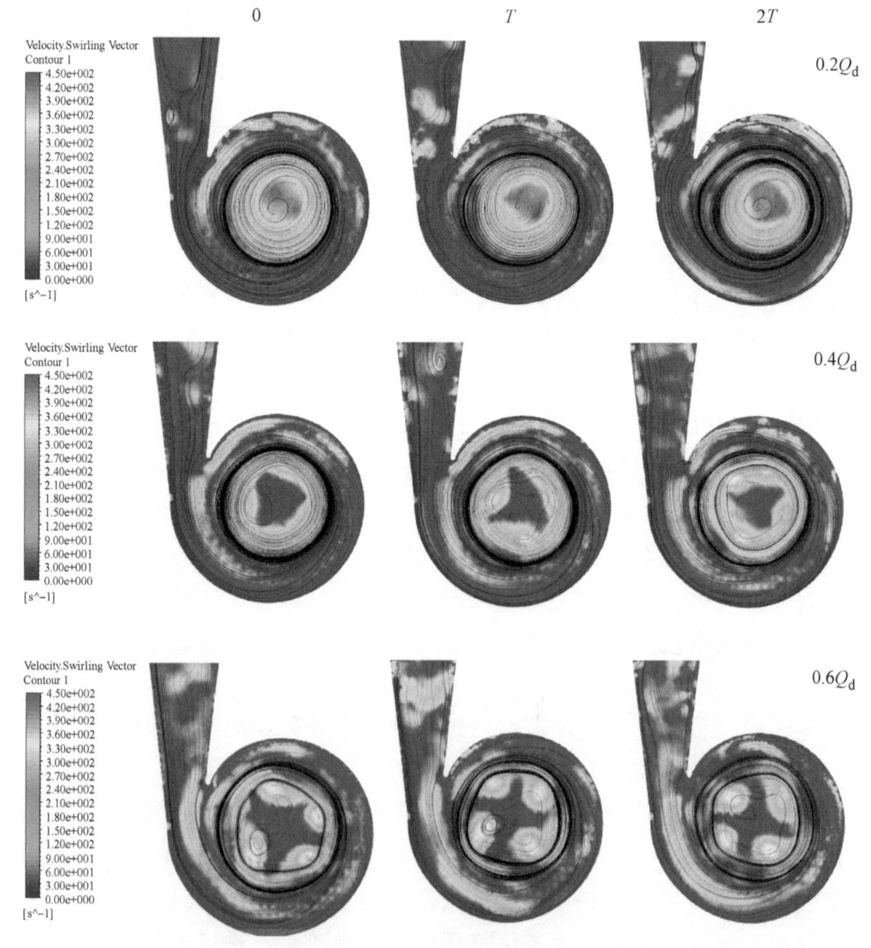

图 8-87　设计工况下无叶腔各截面的涡量分布

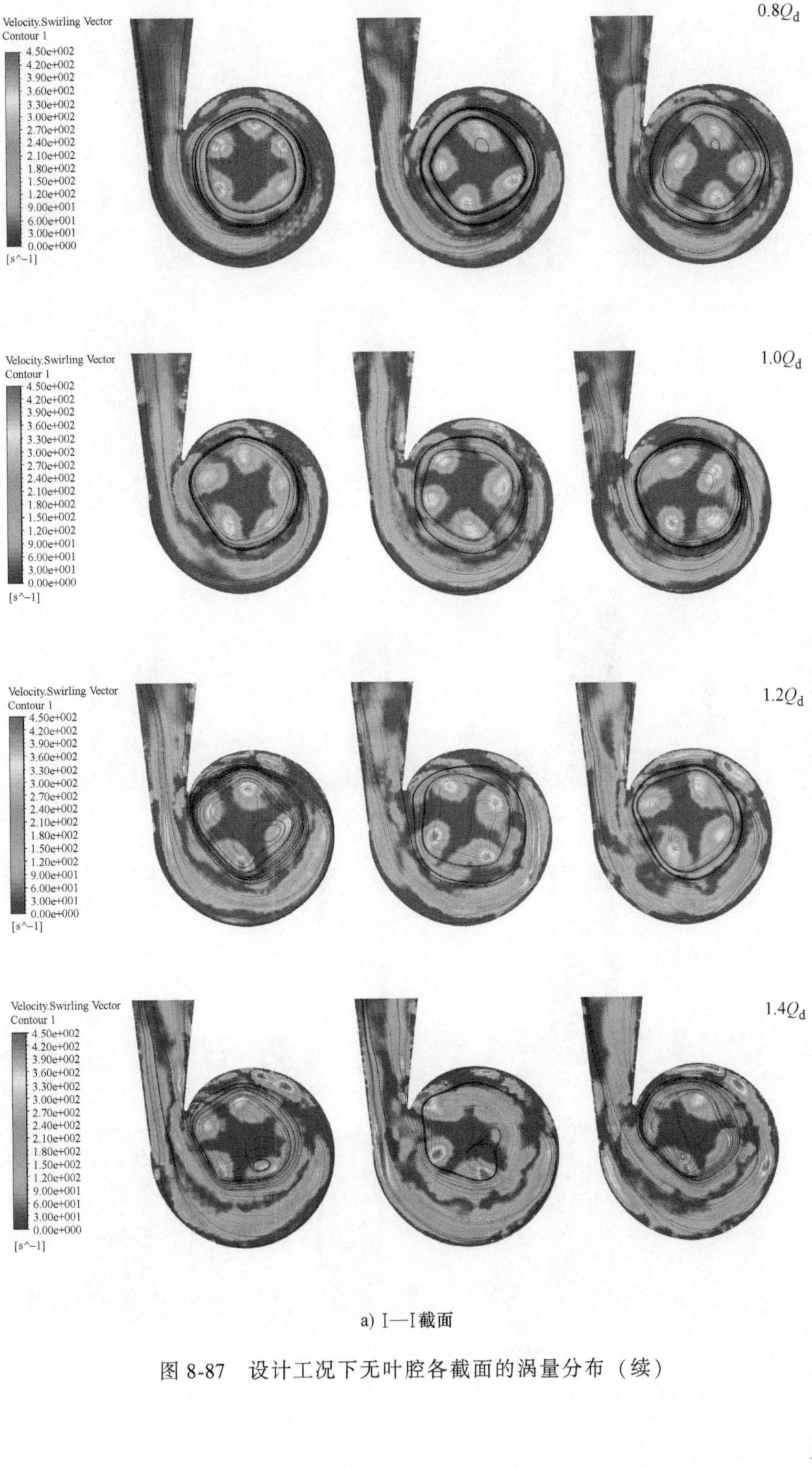

$0.8Q_d$

$1.0Q_d$

$1.2Q_d$

$1.4Q_d$

a) Ⅰ—Ⅰ截面

图 8-87　设计工况下无叶腔各截面的涡量分布（续）

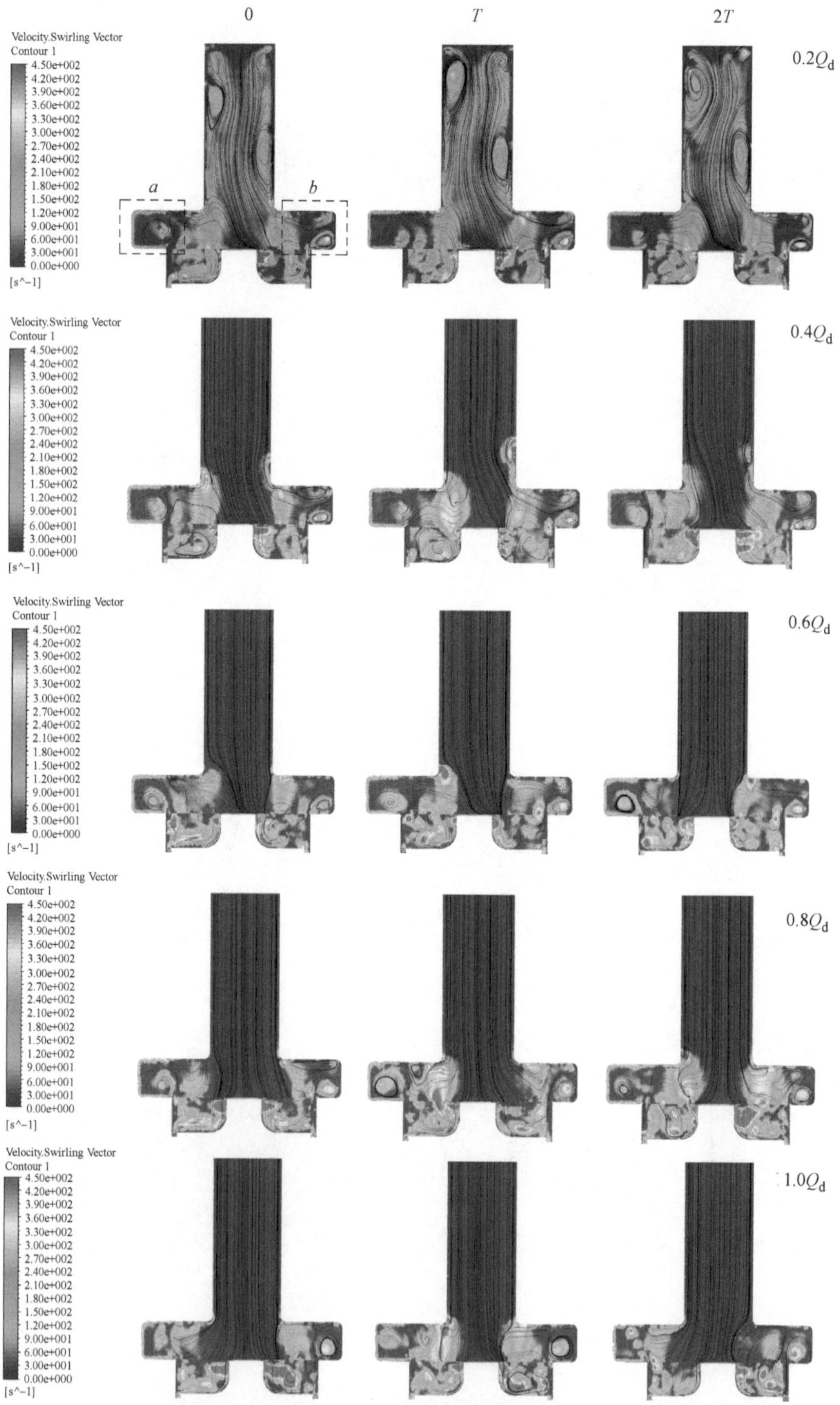

图 8-87 设计工况下无叶腔各截面的涡量分布（续）

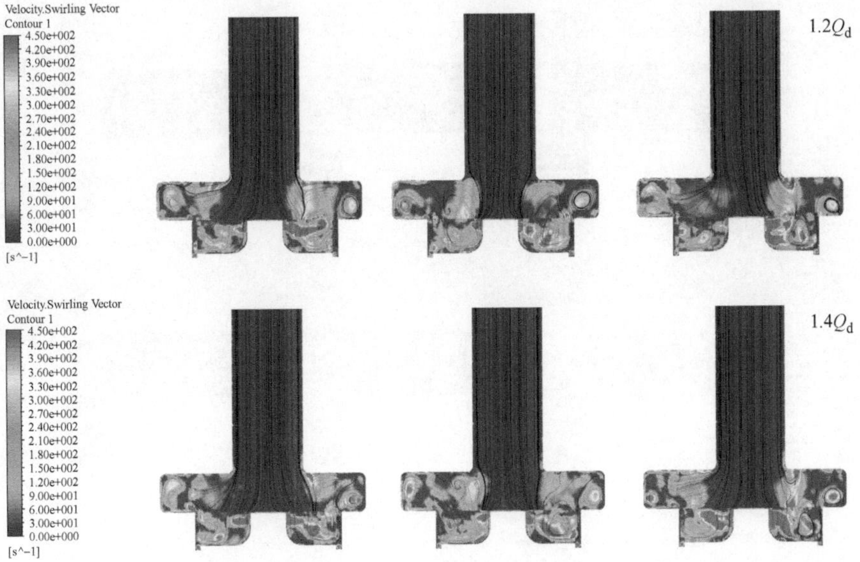

Velocity.Swirling Vector
Contour 1
4.50e+002
4.20e+002
3.90e+002
3.60e+002
3.30e+002
3.00e+002
2.70e+002
2.40e+002
2.10e+002
1.80e+002
1.50e+002
1.20e+002
9.00e+001
6.00e+001
3.00e+001
0.00e+000
[s^-1]

$1.2Q_d$

Velocity.Swirling Vector
Contour 1
4.50e+002
4.20e+002
3.90e+002
3.60e+002
3.30e+002
3.00e+002
2.70e+002
2.40e+002
2.10e+002
1.80e+002
1.50e+002
1.20e+002
9.00e+001
6.00e+001
3.00e+001
0.00e+000
[s^-1]

$1.4Q_d$

b) Ⅱ—Ⅱ截面

0　　T　　$2T$

Velocity.Swirling Vector
Contour 1
4.50e+002
4.20e+002
3.90e+002
3.60e+002
3.30e+002
3.00e+002
2.70e+002
2.40e+002
2.10e+002
1.80e+002
1.50e+002
1.20e+002
9.00e+001
6.00e+001
3.00e+001
0.00e+000
[s^-1]

$0.2Q_d$

Velocity.Swirling Vector
Contour 1
4.50e+002
4.20e+002
3.90e+002
3.60e+002
3.30e+002
3.00e+002
2.70e+002
2.40e+002
2.10e+002
1.80e+002
1.50e+002
1.20e+002
9.00e+001
6.00e+001
3.00e+001
0.00e+000
[s^-1]

$0.4Q_d$

Velocity.Swirling Vector
Contour 1
4.50e+002
4.20e+002
3.90e+002
3.60e+002
3.30e+002
3.00e+002
2.70e+002
2.40e+002
2.10e+002
1.80e+002
1.50e+002
1.20e+002
9.00e+001
6.00e+001
3.00e+001
0.00e+000
[s^-1]

$0.6Q_d$

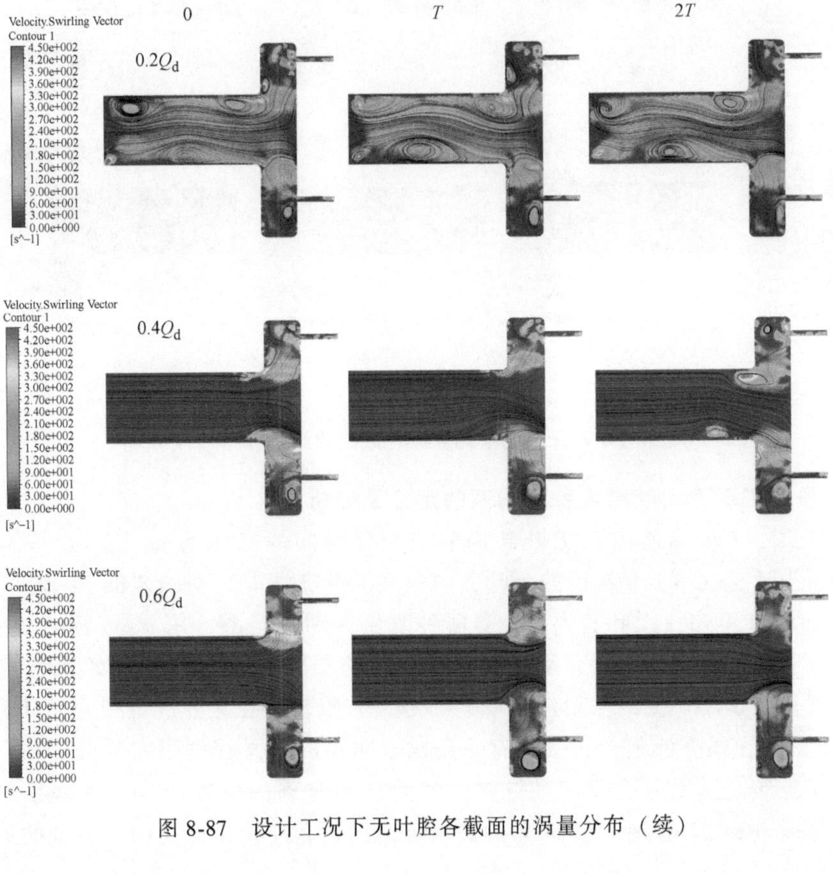

图 8-87　设计工况下无叶腔各截面的涡量分布（续）

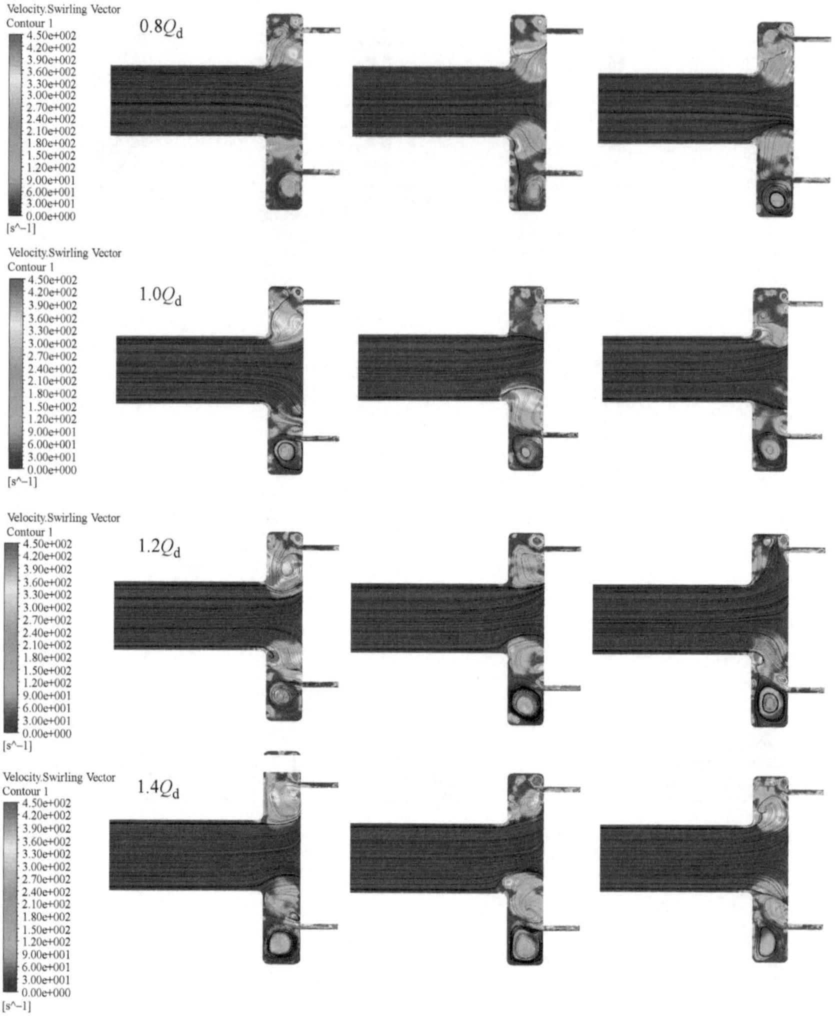

c) Ⅲ—Ⅲ截面

图 8-87　设计工况下无叶腔各截面的涡量分布（续）

3. 设计工况下无叶腔内特征涡系的定位及分析

为了进一步说明旋流泵无叶腔内的流动随时间的变化情况，在 0、T、$2T$ 时刻，分析设计工况（$1.0Q_d$）的无叶腔内涡系的分布情况，如图 8-88 所示。

由图 8-88 可知，无叶腔内存在着两种明显区别的涡系，用 a、b 标出，a 涡系处于无叶腔中心区域，由涡量等值面形成中空的类圆柱体，结合速度流线图可知，这些类圆柱体是循环流的主要流动形态，数量有限，并在无叶腔内跟随循环流一起转动。b 涡系在蜗壳流道内，其中有一条比较明显的涡系占据了大部分区域，该涡系是旋流泵形成扬程的主要流动结构；然而在 0 时刻的位置 M 处，b 涡系出现中断，在 T 时刻和 $2T$ 时刻，位置 M 的涡量等值面重新连接，这是由于该处的涡量值

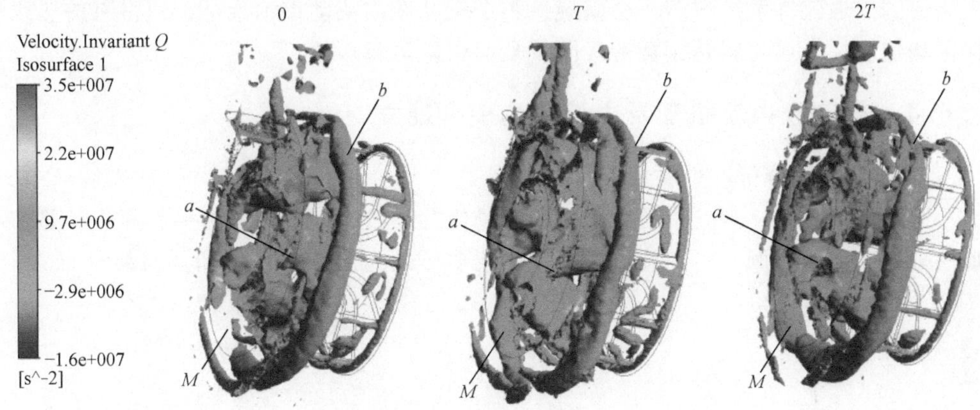

图 8-88　无叶腔内涡系的分布情况

低于等值面的标准值，而当流动继续进行时，该处的涡量值逐渐增大，说明蜗壳流道内的贯通流是以螺旋推进方式流动的。

4. 不同工况下无叶腔内流动差别的分析

为了进一步说明流量对无叶腔内流动的影响，分析不同工况下相同叶轮位置的无叶腔内涡系的分布情况，如图 8-89 所示。

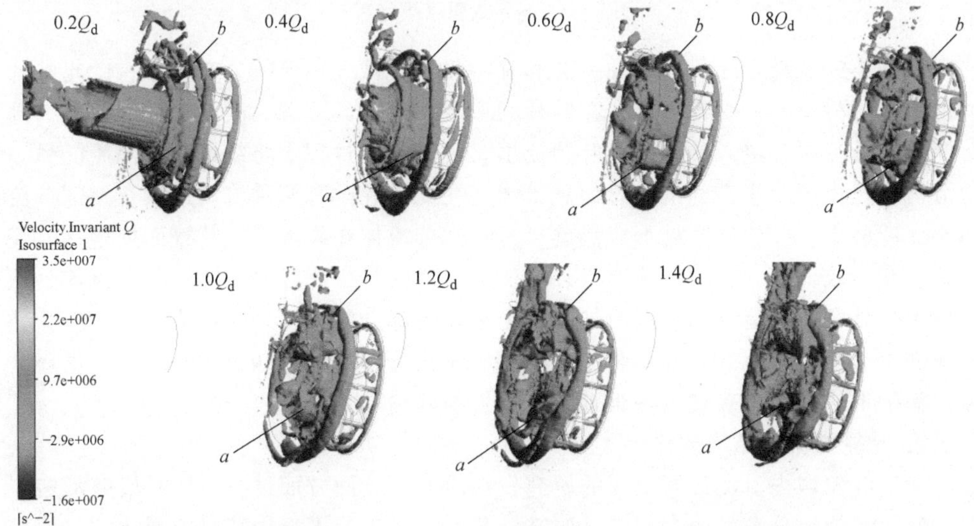

图 8-89　不同工况下无叶腔内涡系的分布情况

由图 8-89 可知，$0.2Q_d$ 工况下，a 涡系并没有形成几个类圆柱的涡量等值面，而随着流量的增大，类圆柱等值面逐渐形成在 a 涡系里生成，而当流量大于设计流量时，类圆柱等值面开始分散形成多个小的涡系；b 涡系随着流量的增加，涡系截面逐渐变大，但是沿贯通流运动方向，截面形状发生较大的突变。以上现象说明，流量越大，循环流内的涡旋越明显，贯通流越小，而当流量过大时，涡旋被溢出蜗壳流道的贯通流冲散形成若干个涡旋，整个无叶腔内流动逐渐紊乱，使得泵的非线性振动加剧，金属材料达到疲劳极限，从而引发运行事故。

8.4.4 旋流泵内流机理及内流结构模型建立

1. 流体流线分析

通过数值模拟，得到了各截面内的流场信息。以设计工况下Ⅰ—Ⅰ、Ⅱ—Ⅱ和Ⅲ—Ⅲ三个截面为例，研究旋流泵内流体流动形式，得到图8-90所示流线分布。

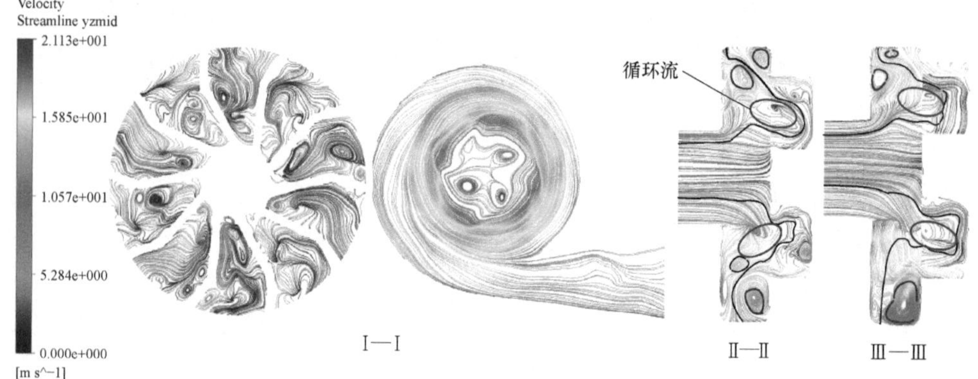

图8-90 部分截面流线分布

由图8-90，结合Ⅰ—Ⅰ、Ⅱ—Ⅱ和Ⅲ—Ⅲ三个截面内流线分布可知，叶轮叶片间的流动结构复杂，一部分流体在叶片间形成涡旋，其位置一般紧贴叶片；另一部分流体从叶片根部进入叶轮后从叶顶流出，流体运动过程中将绕过形成涡旋的另一部分流体。由Ⅰ—Ⅰ截面的流线信息可知，在无叶腔内有两种流动形式。一部分流体在无叶腔中与叶轮同高处形成涡旋，另一部分流体在靠近无叶腔壁面处流动，流动速度相对较低，并且可以流出泵外。值得注意的是，无叶腔中的一部分流体会从叶轮出口处开始与流动圈分离而加入流出泵体的部分流体，这两种流动形式应为循环流和贯通流。结合Ⅱ—Ⅱ和Ⅲ—Ⅲ截面的流线分布情况可知，无叶腔中的循环流将以涡的形式存在，表现为一组轴对称布置的涡结构。

2. 叶轮内流动结构演化

为对叶轮域内流场进行全面的研究，在研究时分两方面进行。一是研究额定工况下叶轮域流线分布的演变；二是研究轴截面在各工况下流动情况的变化。

图8-91所示为设计工况下叶轮域流线演变，XⅠ—Ⅰ截面、XⅡ—Ⅱ截面和XⅢ—Ⅲ截面分别为从叶轮进口到出口等间距的叶轮域径向截面。

由图8-91可以看出，XⅠ—Ⅰ截面内流线表明在该截面上少有涡旋；XⅡ—Ⅱ截面上的流线显示，当流体流经该截面时，在叶片间形成了一定数量的涡旋；XⅢ—Ⅲ截面上的流线分布最为复杂，除类似涡核的结构外，还在截面中心明显形成了一个涡带，涡带的中心接近叶轮基圆圆心，且该截面上大部分的流线都集

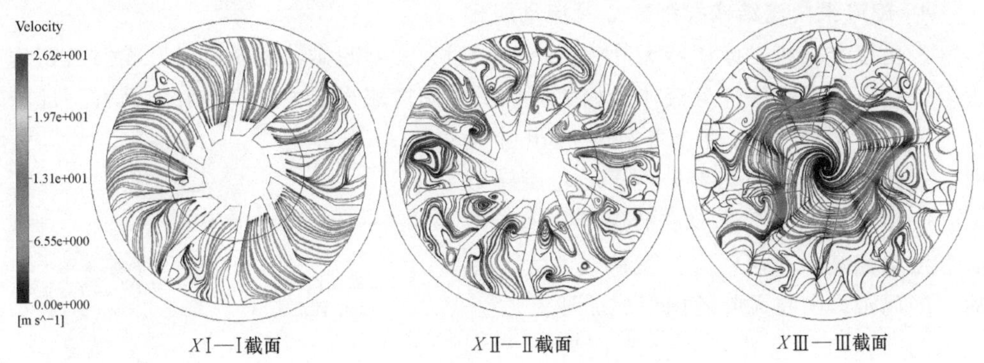

图 8-91 设计工况下叶轮域流线演变

中于此涡带。

3. 变工况对叶轮内部流动结构的影响

图 8-92 所示为不同工况下轴截面流线分布情况。

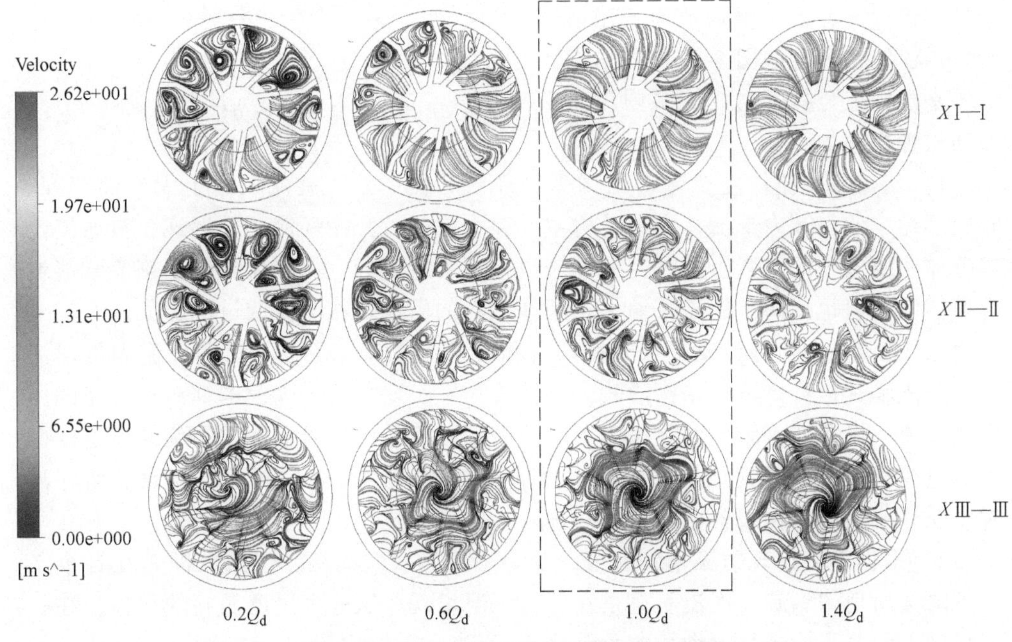

图 8-92 不同工况下轴截面流线分布情况

由图 8-92 可以看出，XⅢ—Ⅲ截面流线与其他两个截面的分布情况不同，故对其单独进行分析。对 XⅠ—Ⅰ截面，随流量增加，可以看出涡旋数明显下降，大流量时，叶片间几乎不存在涡结构；对 XⅡ—Ⅱ截面，随工况的变化可以观察到涡旋尺度有所减小，小流量时几乎占满叶片间隙的涡结构在设计工况后少有出现，涡旋尺度明显减小。

4. 旋流泵内流结构模型建立及流动机理

经由以上分析，流体经无叶腔流进叶轮后，受叶轮做功以及流进叶轮时的初速度等作用下，既有一部分流体在相邻叶片的中间区域形成大尺度涡旋，又有一部分流体紧邻叶片表面的流出叶轮；流出叶轮时，在叶轮与无叶腔交界处由于叶轮旋转形成一个由许多涡旋汇聚而成的涡带，涡带中心靠近蜗壳基圆几何中心；流体进入无叶腔后，受涡带影响在无叶腔内形成循环流。

同时，由于流体可以从不同叶片间流出、携带的初速度方向不一、流出时间不同等，因此形成的循环流为一组轴对称布置的循环流；另一部分不参与循环的流体从叶轮流出后经由扩散段流出，即为贯通流，同时，循环流中会有一小部分流体在叶片出口与循环流分离，汇入贯通流而流出泵体。旋流泵内流结构模型如图 8-93 所示。

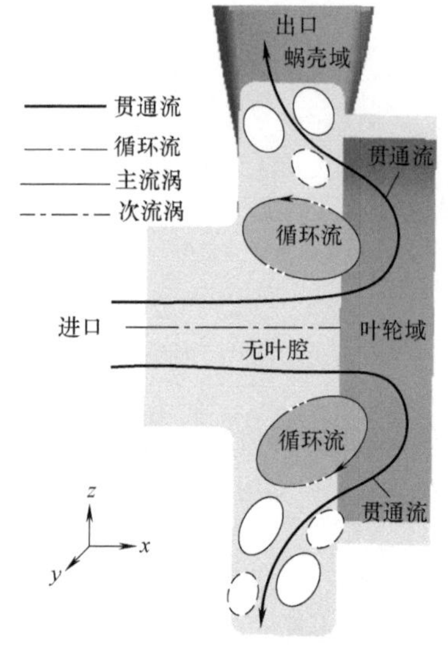

图 8-93 旋流泵内流结构模型示意图

基于以上分析，对旋流泵内流动结构及流动机理描述如下：

1）旋流泵内流体主要流动结构为循环流和贯通流，旋流泵由于无叶腔存在，叶轮后缩，使得其内部流体流动结构主要存在贯通流和循环流两种形式，贯通流是对流体主要做功的因素，同时，循环流也是不可避免的，循环流降低了旋流泵能量转换性能，但也提高了旋流泵输送含固体颗粒的固液两相流时的过流能力。

2）旋流泵内流体流动形式除循环流和贯通流之外，还存在由循环流和贯通流诱发和激励其他流体流动结构形式，以涡旋为主。比如由无叶腔中轴对称分布的主次循环流、受循环流影响的贯通流、叶片间不随流量变化而消散的涡旋及流道内由于流量变化而出现的其他涡结构或水力撞击组成；其中，在以涡结构表征循环流时，循环流涡结构在泵轴面分布不对称。

3）根据涡旋出现的频率，又可以分为主流涡和次流涡，主流涡即是在各个工况下均会出现的涡旋，次流涡只是在特定工况出现，这些大尺度涡旋的存在，在一定程度上削弱了旋流泵的做功能力。

4）在无叶腔和叶轮进口处，由于余旋和叶轮旋转作用，会有涡带出现，叶轮叶片间的大量涡旋不会随流量增加而消散，但有一定程度的减少；流体流进叶轮后，在各种因素作用下一部分流体在叶片间形成涡旋，另一部分流体则紧贴叶片表面流出叶轮；流出叶轮时，在叶轮与无叶腔交界处形成一条涡带，且涡带中心随流量变化而在轴面几何中心做小幅度偏移。

5）扩散段内的流动形式相对简单，只在小流量时有涡旋存在。旋流泵内流结

构模型说明如图 8-94 所示。

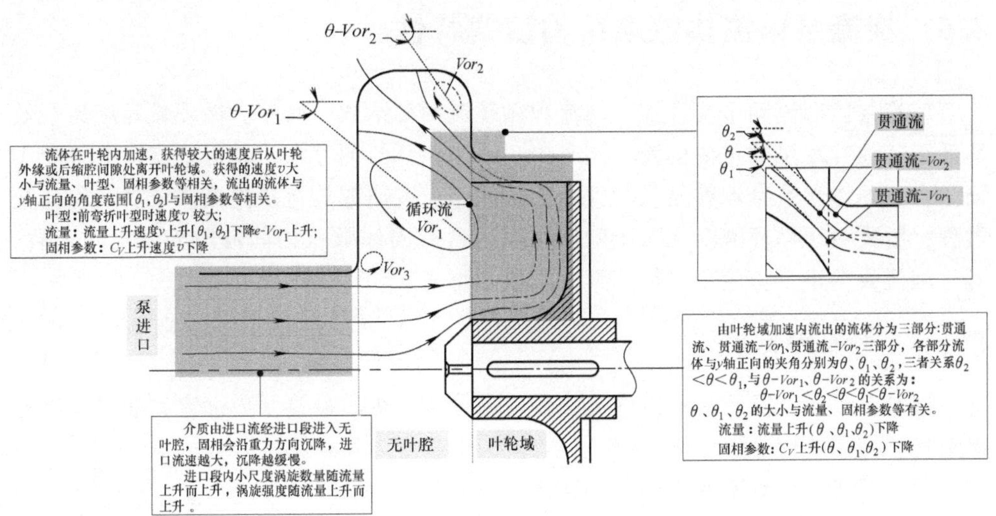

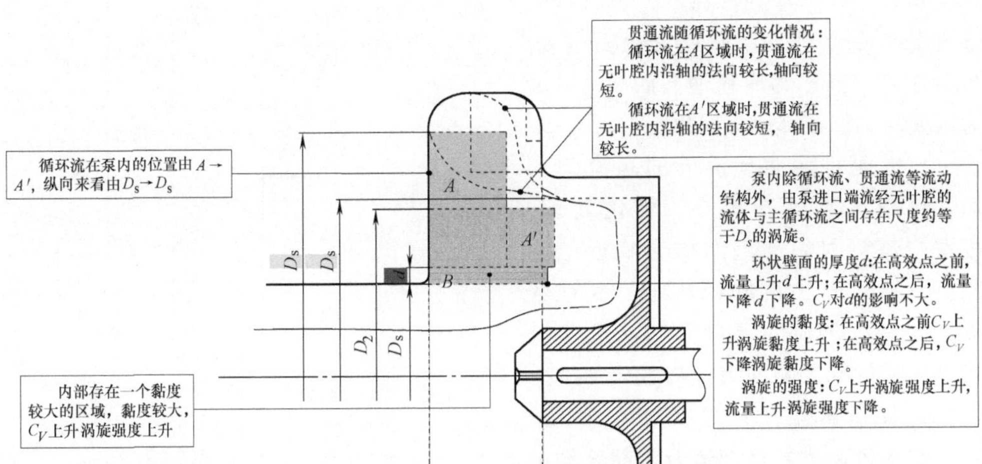

图 8-94 旋流泵内流结构模型说明

总结以上可知，旋流泵内流体在无叶腔中主要存在着贯通流及主、次循环流，并伴随不同程度的其他涡结构；从泵进口流入泵体，经由叶轮、无叶腔、扩散段流出泵外的流体发展为贯通流，其中，在无叶腔流域内，贯通流占无叶腔内流体总体积的比例会受主、次循环流变化的影响而发生改变；从叶轮流出的部分流体并未离开泵体，而是在无叶腔中形成一组轴对称分布的循环流动的流动结构，这部分流体发展为循环流，其中，由于流体可从叶顶和叶片根部流出叶轮，从而在无叶腔中形成主、次涡流，当这组循环流涡结构的位置和尺寸达到稳定状态时，旋流泵的效率最高；循环流与贯通流在无叶腔中接近叶片出口处，开始有小部分循环流加入贯通流，从而流出泵体。

8.5 旋流泵内流体流动结构演变特性

旋流泵内部流动主要存在贯通流和循环流两种形式，其中，循环流是旋流泵效率低于其他叶片泵的主要因素，同时，正因为循环流的存在，使得旋流泵更有利于输送含有固体颗粒且颗粒粒径较大的固液两相流。研究旋流泵内流体流动结构演变过程，解决由于循环流存在对于效率和输送含有固体颗粒的固液两相流之间矛盾，对于旋流泵的进一步应用和推广具有重要的意义。

8.5.1 特征参数定义

通过对不同工况下轴截面内流线变化的分析，得出旋流泵内部流动除循环流外涡结构，如图 8-95 所示。

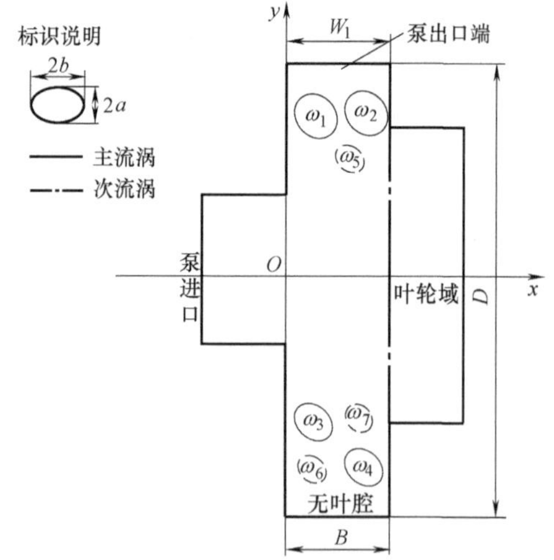

图 8-95 截面内涡结构分布示意图

研究发现，在旋流泵内部，除循环流外的涡旋均以类似椭圆形状涡结构存在，其中，$\omega_1 \sim \omega_4$ 为主流涡，也就是所有情况均会出现，且循环流涡结构 ω_1 与 ω_2、ω_3 与 ω_4 为成对逆向涡；$\omega_5 \sim \omega_7$ 为次流涡，仅在部分工况出现。

为方便对除循环流外的涡流的几何、物理参数进行统一、量化处理，根据旋流泵内涡流涡结构形状近似椭圆形，提出形状系数和几何关联系数作为衡量循环流的涡形状和涡尺寸对能量转换效率影响的表征参数。

1. 形状系数 *F*

由于贯通流和循环流对不同区域的影响，以及受泵体边界约束，使得循环流产生的涡结构呈现类椭圆形，故采用椭圆来表征。图 8-96 所示为旋流泵内常见的涡结构特征示意图，循环流涡结构的长、短轴分别用 a、b 表示。

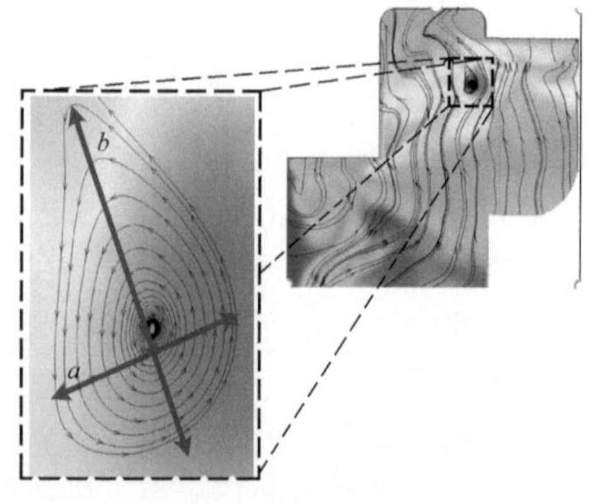

图 8-96 旋流泵内常见的涡结构特征示意图

由此，定义循环流涡结构的长轴 a 与短轴 b 之比为形状系数，记为 F。

$$F=\frac{a}{b} \tag{8-7}$$

通过对不同工况下涡结构形状系数 F 值的变化，描述旋流泵内涡结构演变过程。通过研究 F 值的变化，找到旋流泵效率与循环流涡结构形状之间的联系，从而获得涡形状对能量转换的影响。

2. 几何关联系数 S

为了进一步研究旋流泵内涡结构变化，尤其是流体受旋流泵叶片作用，对涡结构重塑过程，即涡旋形状变化，定义循环流涡结构的长轴 a、短轴 b 分别与无叶腔的直径 D、宽度 B 之比为几何关联系数 S，分别记为 S_1、S_2。

$$\begin{cases} S_1 = \dfrac{a}{D} \\ S_2 = \dfrac{b}{B} \end{cases} \tag{8-8}$$

将涡形状与无叶腔几何尺寸相关联，得到涡结构在无叶腔中的占比。通过对不同工况下涡结构 S 值的变化，表征不同流量下循环流涡结构在无叶腔中的占比情况，找到循环流在无叶腔这部分流道中所占比例与旋流泵效率之间的关联，从而得出涡占比变化与能量转换效率之间的关系。

8.5.2　形状系数对能量转换的影响

由叶轮域轴截面可以看到流体通过进口、无叶腔、叶轮域和蜗壳域的流动特性，因此，拟通过分析叶轮域轴截面流线变化情况来研究循环流涡结构的形状、尺寸对能量转换的影响。通过对叶轮域轴截面湍动能在各工况下的分布及其变化进行研究，获得变工况下叶轮域轴截面内流线变化，如图 8-97 所示。

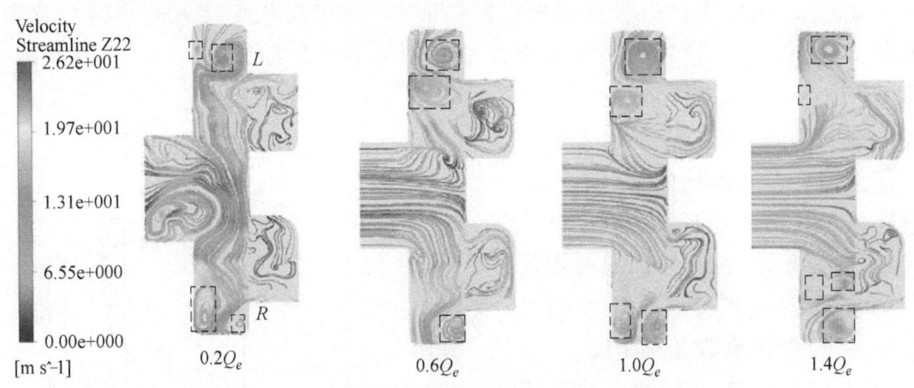

图 8-97　叶轮域轴截面流线分布变化

由图 8-97 可知，ω_1、ω_2、ω_3 和 ω_4 在各个工况下均稳定出现，故分为一类，称为主流涡；ω_5、ω_6 和 ω_7 只在某些工况下出现，故分为另一类，称为次流涡，由旋流泵叶轮轴面流线分布，也很好地说明了旋涡变化形式，在接下来的分析中将对这 7 个涡分成两组进行分析。

1. 主流涡 $\omega_1 \sim \omega_4$ 随工况的变化

图 8-98 所示为旋流泵效率随主流涡 $\omega_1 \sim \omega_4$ 形状系数变化曲线。

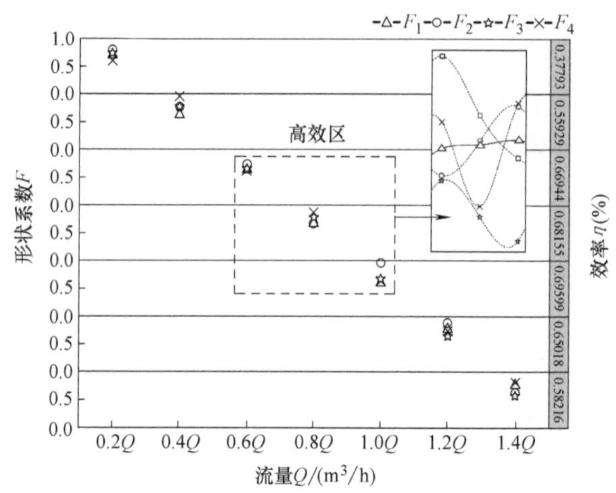

图 8-98　旋流泵效率随主流涡 $\omega_1 \sim \omega_4$ 形状系数变化曲线

分析图 8-98 可知，$\omega_1 \sim \omega_4$ 的形状系数分布在 0.4~1.0 之间，且曲线随工况做类正弦曲线变化。其中，F_3、F_4 曲线的变化趋势一致，F_1 与 F_2 的变化趋势接近，但 F_2 的波动更快。在高效区，除 F_2 的变化趋势与效率曲线变化一致外，F_1、F_3 和 F_4 都与效率曲线变化趋势相反。从整体来看，四个涡之间的形状系数会先相互接近，F_2 和 F_3、F_1 和 F_4 变化趋势一致。

通过对高效区 F 值变化趋势的分析可知，F_1、F_3 和 F_4 会随旋流泵效率增加而减小，ω_1、ω_3、ω_4 会以形状更接近椭圆，而 ω_2 则以形状更接近圆形时，有利于提高旋流泵的效率，这是因为旋流泵内部循环流涡结构 ω_1、ω_3、ω_4 接近椭圆时，短轴有利于增加贯通流过流面积，对于循环流涡结构 ω_2 接近于蜗壳出口处，圆形降低了其涡结构对贯通流的阻碍，使得其出现在高效区。

2. 次流涡 $\omega_5 \sim \omega_7$ 随工况的变化

图 8-99 所示为旋流泵效率随次流涡 $\omega_5 \sim \omega_7$ 形状系数变化曲线。

由图 8-99 可知，ω_5 的变化趋势与效率曲线基本一致，ω_6 只在 0.4Q 和 0.8Q 工况下出现，而 ω_7 仅在 0.8Q 工况下出现。

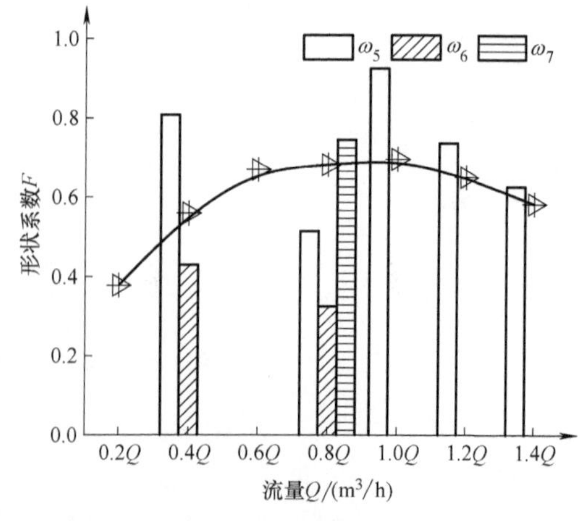

图 8-99　旋流泵效率随次流涡 $\omega_5 \sim \omega_7$ 形状系数变化曲线

通过对次流涡 $\omega_5 \sim \omega_7$ 的变化进行分析，说明 ω_5 在小流量时，是由叶轮不同位置流出的流体相互作用形成的，随工况接近高效区，其形状趋于正圆且在位置上与 ω_1 接近；ω_6 和 ω_7 则随流量的增加而逐渐与 ω_3 和 ω_4 融合在一起。

8.5.3 几何关联系数对能量转换的影响

1. 主流涡 $\omega_1 \sim \omega_4$ 随工况的变化

图 8-100 所示为旋流泵效率随主流涡 $\omega_1 \sim \omega_4$ 几何关联系数变化曲线。

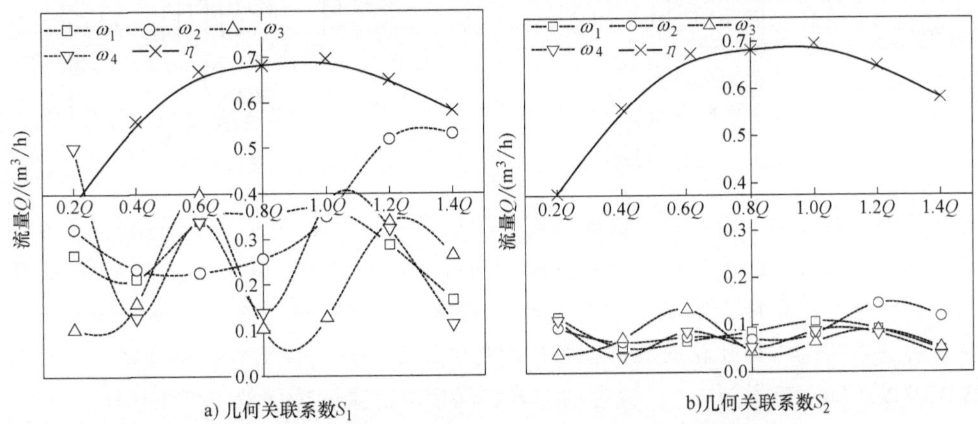

图 8-100 旋流泵效率随主流涡 $\omega_1 \sim \omega_4$ 几何关联系数变化曲线

由图 8-100 可知，对 S_1 值，ω_1 的曲线变化与效率曲线变化完全一致，ω_3 和 ω_4 变化趋势相似，ω_2 的变化趋势则是先缓缓下降再大幅上升，高效区内 ω_2 的 S_1 值随流量增加而升高，ω_3 和 ω_4 则均为先减小后增加。对 S_2 值，$\omega_1 \sim \omega_4$ 的变化趋势均做类似正弦曲线式变化，高效区内，随流量的增加，ω_1 的 S_2 值增大、ω_2 几乎无变化，而 ω_3 和 ω_4 都先减小后增大。

经过分析，可知 ω_1 与旋流泵能量转换效率有直接关系，且 ω_1 越大旋流泵的效率越高；小流量时 ω_2 与效率变化趋势相反，高效区内，则与效率变化趋势相同；ω_3、ω_4 的大小对效率变化没有影响。

2. 次流涡 $\omega_5 \sim \omega_7$ 随工况的变化

图 8-101 所示为旋流泵效率随次流涡 $\omega_5 \sim \omega_7$ 几何关联系数变化曲线。

由图 8-101 可知，ω_6 会在 0.4Q 和 0.8Q 工况下出现，而 ω_7 只在 0.8Q 工况下出现。对 S_1 值，ω_5 是先减小后增大的变化，ω_6 的 S_1 值随流量增加而增大；对 S_2 值，ω_5 的变化趋势与 S_1 值时相反，ω_6 也随流量增加而增大。

通过分析可知，ω_6 在无叶腔中占比增加可以提高旋流泵的效率，当达到高效区后，ω_6 消失；ω_5 和 ω_7 在无叶腔中的占比则对效率影响不大。

8.5.4 旋流泵内流动结构演变特性

在旋流泵无叶腔内涡结构除循环流外，主要以主流涡和次流涡两种流动形式表

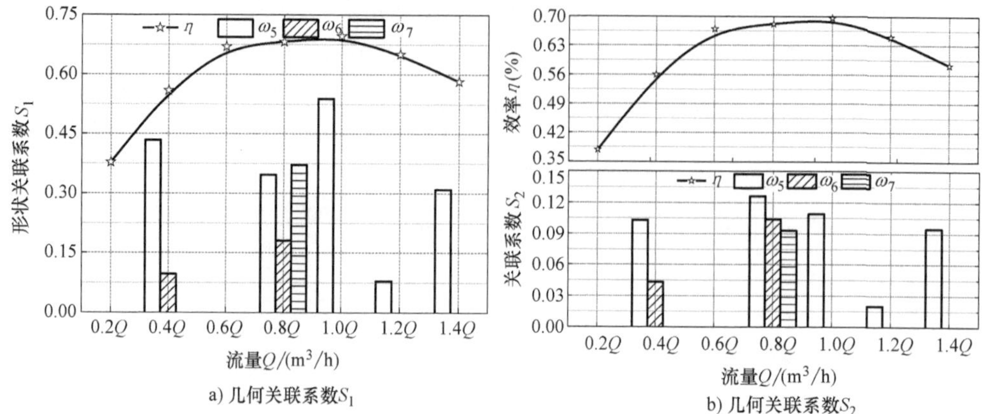

a) 几何关联系数S_1

b) 几何关联系数S_2

图 8-101 旋流泵效率随次流涡 $\omega_5 \sim \omega_7$ 几何关联系数变化曲线

现。其中，主流涡稳定存在，次流涡则受流量影响，只在某些工况下存在。小流量时，循环流与其他湍流形式夹杂在一起，随流量的增加而逐渐突显。主流涡 ω_1 在无叶腔中的占比直接影响旋流泵能量转换效率。大流量时，由于大量流体流入泵内，后进入的流体与叶轮内流体相互作用加强了泵内水力撞击和涡旋的强度，其中次流涡以协助主流涡 ω_3、ω_4 稳定的方式，间接对能量的传递效率产生作用。

旋流泵内出现在叶轮及无叶腔中的大小涡旋，一部分会随流量变化汇入循环流或贯通流中，为旋流泵的效率传递和能量传输做正功，另一部分自始至终消耗叶轮旋转带来的能量，这一部分涡旋主要集中在叶轮域中。其中，叶轮内流动的稳定性与无叶腔中循环流的稳定性呈正相关关系，随工况接近最优工况，叶轮内涡旋及无叶腔内循环流趋于稳定，同时循环流涡结构在无叶腔中流动结构的占比增大且形状趋于规则，其中主流涡 ω_2 和 ω_4 的形状越稳定且占比越接近，对旋流泵能量转换效率贡献越大。

当泵内主次循环流涡结构均稳定存在，此时表现为在无叶腔中出现的低黏度等值圈，循环流依靠自身黏性力占主导的优势“吸附”其余无序的流动形式，此时旋流泵的能量转换效率最高。由以上分析可知，可以从改变或减弱循环流中主流涡和次流涡大小、形状等提高旋流泵效率。

参考文献

[1] 童秉纲，尹协远，朱克勤. 涡运动理论［M］. 合肥：中国科学技术大学出版社，2009.

[2] 权辉，李仁年，韩伟，等. 螺旋离心泵固液流体分层效应的涡旋形成机理［J］. 兰州理工大学学报. 2014，40（3）：54-58.

[3] 权辉，李瑾，李仁年，等. 基于叶片翼型负荷的螺旋离心泵叶轮域能量转换机理［J］. 机械工程学报 2016，52（16）：169-175.

[4] QUAN H, LI R N, HAN W, et al. Energy performance prediction and numerical simulation analysis for screw centrifugal pump [J]. Applied Mechanics and Materials. 2014, 444-445: 1007-1014.

[5] QUAN H, LI J, LI R N, et al. Mathematical modeling for the evolution of the large and meso. scale vortex in the screw centrifugal pump with the buoyancy effect [J]. Advances in Mechanical Engineering, 2017, 9 (5): 1-12.

[6] 傅百恒. 旋流泵内流特性与流致噪声特征联系的研究 [D]. 兰州: 兰州理工大学, 2015.

[7] QUAN H, CHAI Y, LI R N, et al. Numerical simulation and experiment for study on internal flow pattern of vortex pump [J]. Engineering Computations, 2019, 36 (5): 1579-1596.

[8] QUAN H, CHAI Y, LI R N, et al. Influence of circulating flow's geometric characters on energy transition of a vortex pump [J]. Engineering Computations, 2019, 36 (9): 3122-3137.

[9] QUAN H, GUO Y, LI R N, et al. Optimization design and experimental study of vortex pump based on orthogonal test [J]. Science Progress, 2019, 103 (1): 1-20.

[10] 权辉, 郭英, 杨宇娥, 等. 叶片型式对旋流泵能量转换的影响 [J]. 农业机械学报, 2020, 51 (3): 123-129.

第9章　固液两相流泵磨蚀、腐蚀机理与防护

对于固液两相流泵，磨蚀是其难以避免的问题，尤其是杂质泵。前面提到，固液两相流泵主要用于输送含有悬浮固体、密度较高的两相流体，广泛应用于电力、冶金、交通、水利等行业。在实际使用中需要输送的固液浆体中含有固体颗粒，使其过流部件容易被磨损，这不仅降低了运行的可靠性，且频繁的检修也对生产造成了不必要的损失。因此，对其过流部件磨损问题的研究显得尤为重要。

固液两相流泵的磨损形式与其工作的环境密切相关。我国河流多泥沙，汛期更甚，在浑水中工作的机械设备不可避免地存在着泥沙冲蚀与空蚀磨损。这导致固液两相流泵叶轮破坏加剧、机组效率下降、使用率和可靠性降低，危及安全运行或是引起频繁检修，造成重大的经济损失。如何运用科学技术来避免或是减弱固液两相流泵过流部件磨蚀问题，对减少检修费用以及停机带来的损失，提高设备运行效率等都具有重大的经济意义和社会意义。

9.1　固液两相流泵磨蚀研究现状

关于磨蚀机理的研究，长期以来有争论。第一种理论是先空蚀后泥沙磨损，第二种理论是先泥沙磨损，后才产生空蚀破坏，还有一种理论是泥沙磨损与空蚀两者联合作用的结果。笔者更认同最后一种说法，本书就含沙水颗粒粒径对固液两相流泵的磨蚀进行讨论。

9.1.1　泵磨蚀国外研究现状

对泵磨损规律的研究，国外进行的较早，做过大量的基础性试验研究和理论分析等工作。1960 年 Finnie I 通过研究刚性粒子对塑性材料的磨损提出微切削理论，把固体颗粒看作许多微型刀具，在冲击速度作用下，缓慢地把材料切除，并得到重要的参数——冲击角；1963 年 J. G. A. Bitter 在冲蚀磨损过程能量平衡的基础上提出了冲蚀磨损模型，给出了磨损量的计算公式，认为冲蚀磨损是由切削磨损、变形磨损以及它们的复合磨损造成；1969 年 G. P. Tilly 在研究 Finnie 的微切削磨损理论基础上做了修正和完善，认为总的切削磨损是两次冲蚀复合形成的结果，不止与第一次冲蚀有关；1975 年 G. Grant 和 W. Tabakoff 在大量的试验研究基础上提出了颗粒对涡轮机械的磨粒磨损模型，并归纳出磨损量与粒子冲击速度以及冲角之间的关

系，提出磨损率的计算公式，即 TG 磨损模型，用该模型预测了不同靶材的磨损量；1987 年 M. C. Roco 采用单流体混合物连续介质模型对泵内的固液两相流动进行了分析，通过求解固相体积分数扩散方程，得出了离心泵内固相体积分数的分布规律，并对固体颗粒的磨损机理进行研究提出三种壁面摩擦磨损模型；2007 年 Y. A. Khalid 等设计研制出一种离心泵叶轮磨损测试的试验装置，并通过试验发现叶轮的磨损主要原因是固体颗粒的冲蚀磨损，并且在叶片边缘处比叶片中心磨损严重；Pagalthivarthi K V 等讨论了离心泵侵蚀磨损趋势的数值预测，结果表明随着泵流量的增加磨损率趋于均匀。

Sunil Chandel 等在变颗粒直径和变固相体积分数以及变旋转速度下，对应用青铜和轻度钢材料的泵体进行侵蚀磨损规律的试验研究，通过失重数组分析表明，泵中的侵蚀磨损已被认为是浆料输送过程中的主要问题，泵体材料、固体颗粒直径、旋转速度的变化对泵的磨损接近线性变化；Mehta M 等采用粒子图像测速仪（PIV）技术检测到转速和体积分数都非常大时颗粒易受惯性力和离心力双重作用，浆料颗粒将沿着叶片压力面滑动导致叶片压力面的磨损较严重；Karimi A 等广泛地观察了材料表面波纹的形成是受小角冲击侵蚀，并通过扫描电子显微镜观察金属合金中的划伤主要是由磨损机制引起，确定波纹尺寸随时间而增加，并可以获得反映局部流体流动条件的稳定状态；日本的 Yoshiro Iwai 等人在不同的试验条件下，对 13 种不同材料的衬套进行了耐杂质磨蚀特性研究，探讨了不同冲角和颗粒尺寸条件下材料的磨蚀特性，并给出了计算磨蚀损失的经验公式；Craig I. Walker 等通过试验对不同形式的衬套对杂质泵磨损的影响进行了研究，并给出了磨损对主要参数影响的经验公式。W. A. Stauffer 在试验基础上提出，水力机械中的主要磨损形式是擦划型冲刷磨损，并对多种材料进行了磨蚀试验；Bergeron P 将材料的磨损类型分为摩擦型和冲击型两种。AH 沙利亚利用单颗粒动力学模型（轨道模型）研究了离心泵叶轮中固体颗粒的运动，并对其中的磨损问题进行探讨；Russell R 等采用 DPM 和 Euler-Euler 颗粒模型，利用泵压力头验证了较高的磨损速度发生在叶轮叶片的压力侧和扩压器，采用 Euler-Euler 模型使得颗粒体积分数分布更加均匀，能够较 DPM 准确地预测涡轮机的侵蚀；Yang CX 等应用 Finnie 塑性模型材料侵蚀和多相流模型 Euler-Lagrange 模拟了固液两相流双吸泵在变固相质量分数与固体颗粒直径下固相体积分数与侵蚀速率在叶片压力面和吸力面的分布情况，结果表明叶片压力面的磨损速度较大且磨损主要发生在叶片入口与出口处。

9.1.2 泵磨蚀国内研究现状

关于固液两相流泵磨损的研究国内进行的工作也较多，田爱民、罗先武等用失重法、磨损量测法、表面涂层法等研究了叶片参数、颗粒体积分数、叶轮转速和叶片数对磨损的影响，总结了磨损规律；洪亮等介绍了一种渣浆泵材料的磨损试验方法，并指出了使用该方法要考虑的问题；杨建国提出了用导轮来减轻固液两相流对叶片磨损的方法，并初步验证了其可行性；刘忠祥、王荣贵、邢述彦等人从不同角度探讨了杂质泵的磨损机理，并提出了抗磨蚀措施；刘汉伟等探讨了过流部件材质的使用现状；高粱如等以减少磨损为出发点，论述了水力机械机体材质的选择；Xing Jun 等人探讨了高铬铸铁的熔、焊及热处理过程在杂质泵中的应用；何希杰等研究了渣浆泵用材料失重量的影响因素及排序，提出了预测泵用材料失重量的一种方法，对渣浆泵的设计、造型和运行具有重要的实用价值。但是，由于磨损机理比较复杂，并且在实际中磨损往往和空蚀联合作用，并受外界条件的影响，使得磨损规律更加复杂，加上研究投入不足，关于磨损的研究仍有大量的工作要做。

图 9-1 和表 9-1 分别为甘肃某引黄提灌泵站 2016 年度运行 6 个月 24SH-8B 双吸泵检修叶轮破坏状况和 2017 年度泵站机组汛期运行情况，可以看出，磨损是非常严重的，因此，磨蚀效应仍然是含沙河流中流体机械长久稳定和安全运行所要解决的主要问题。

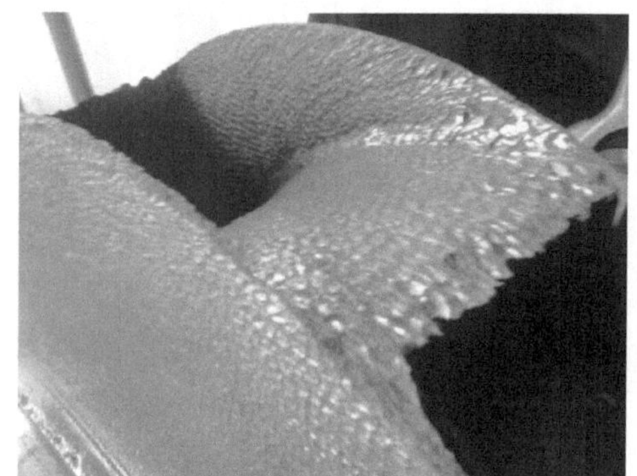
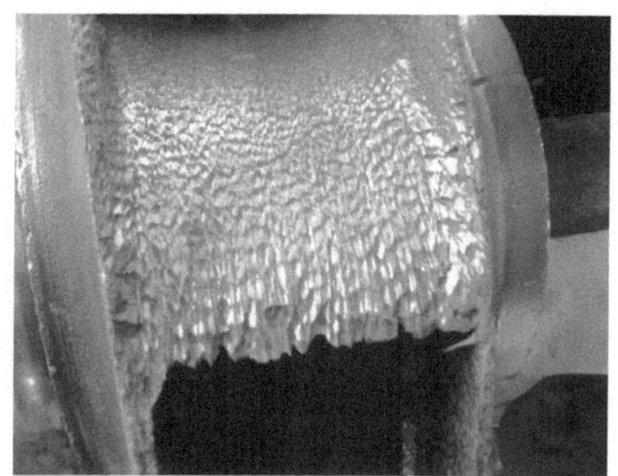

图 9-1 甘肃某引黄提灌泵站 2016 年度运行 6 个月 24SH-8B 双吸泵检修叶轮破坏状况

表 9-1 甘肃某引黄提灌泵站 2017 年度泵站机组汛期运行情况

序号	泵型号	最大径向振幅增量(%)	最大轴向振幅增量(%)	频发噪声频率变化/dB	频发噪声增量(%)
1	32SH-10	54.3	23.4	89/60	48.3
2	32SH-10A	57.9	33.6	89/62	43.5
3	24SH-8	110.2	65.3	128/66	93.9
4	24SH-8B	98.5	42.1	126/70	80.0

1998 年，吴玉林等则利用两相流动的多流体模型和 k-ε-Ap 两相流湍流模型计算了水煤浆泵叶轮内的二维固液两相湍流，并与试验结果进行了对比；2001 年，吴玉林等使用大涡模拟的方法计算了离心叶轮内部的固液两相流动，并研究了固体颗粒的分布及相对速度场；2006~2008 年，刘娟等利用粒子成像测速技术对离心泵流道中固体颗粒速度场进行了研究，发现粒径和形状是影响运动速度的关键因素；2009 年，刘树红等利用两相介质理论对轴流转桨式水轮机压力进行预测，得到水

轮机压力脉动特性；2010 年，吴波采用离散相模型（DPM）磨损特性研究，预测过流零件的磨损趋势；2010 年，陶艺等利用 CFX 中的 Particle Euler 多相流模型对离心泵内流场数值模拟并进行快速磨损试验，得到叶片磨损的规律与试验测得数据基本吻合；2015 年，董文龙采用离散模型对离心泵内大直径固体颗粒在固液流场中磨损规律分析；黄剑峰等应用多重参考系模型，Euler-Euler 法的代数滑移混合多相流模型对混流式水轮机全流道在泥沙介质时进行磨损分析，获得了泥沙磨损发生部位与真机转轮磨损情况基本一致，证明了该数值模拟方法的可行性；崔巧玲等在非定常流下研究了双流道泵的磨损特性，研究结果表明一个周期内扬程和效率呈现正弦曲线变化，在蜗壳进口前壁面、叶轮前盖板和后盖板处固体颗粒的分布居多，叶轮磨损比蜗壳较严重，吸力面出口处的滑动磨损严重，蜗壳壁面发生滑动磨损，隔舌部位受冲击磨损较严重；朱祖超等通过水力试验对双流道泵水力性能和磨损进行了研究，发现随固体体积分数增加，泵进出口表压、扬程及效率均呈递减趋势，且验证了双流道泵具有效率高、抗堵塞、抗缠绕和耐磨蚀的特点；李昳对磨损进行了数值模拟和试验研究确定了颗粒直径和受力关系，不同的颗粒直径分别选用 Mixture 模型和 DPM 模型；李昳通过对固液两相流研究，揭示了离心泵内部流动特征对泵磨损特性的影响，发现叶片上主要发生滑动磨损，隔舌部位主要发生冲击磨损；罗亮等采用 DPM 两相流模型数值计算出压水室的磨损多发生在隔舌附近的区域，叶片的磨损多发生在叶片头部和压力面出口处；采用 Eulerian 两相流模型数值计算出磨损严重区域发生在叶片出口和盖板出口；黄思等采用离散相模型（DPM）研究了不同颗粒直径和不同固相体积分数下固体颗粒群的运动轨迹和材料磨损率的分布情况；史建强、房景奎等针对螺杆泵转子与定子橡胶间的磨损问题，对采油螺杆磨损机理进行了试验性研究，分析摩擦系数和磨损量与速度、载荷、环境介质之间的规律；张强等采用 CV 多相流动模型对不同固体颗粒、同种混合比例的燃料及同种颗粒、不同比例的燃料进行数值模拟，并对其测试分析；贾彦基于 Ansys 数值模拟平台，重点研究了不同进气管结构和进气工况对其磨损的影响，得出进气管与射流方向的夹角 $\beta=45°$，且空气卷吸进入吸气室（即进气口为静压）时射流泵磨损最小的研究结果；杨凌波等分别采用 Euler-Euler 和 Euler-Lagrange 两相流模型对离心式纸浆泵进行了数值模拟，探讨了各自的特性，为两相流的数值模拟预估磨损特性提供了参考；史丽晨等针对往复式活塞隔膜泵磨损故障，采用混沌理论和分形技术，对隔膜泵不同连接处磨损时的系统非线性表现形式加以研究，发现往复式活塞隔膜泵的磨损故障运行状态为混沌运动，其振动信号的最大李雅普诺夫指数和关联维数可以作为隔膜泵运行状态监测的特征指标；万毅提出了基于最小二乘支持向量机的离心泵磨损特性分析方法，通过对算法的实现，建立了离心泵的磨损特性分析和几何参数优化的智能模型，模拟得到离心泵的磨损特性关系，分析了磨损随轮叶片几何参数的变化规律。朱步生等应用 Fluent 软件对疏浚工况下泥泵的固液两相流进行了数值模拟分析，研究了不同泥沙粒径和不同泥沙体积分数下泥泵内的泥沙颗粒和压力分布，探讨了泥泵内磨损与汽蚀现象的发生与变化规律。

9.1.3 渣浆泵磨蚀研究现状

对渣浆泵来说，磨损是非常普遍的现象，要比其他固液两相流泵磨蚀更严重。因为渣浆泵所输送的物料中一般含有极具破坏能力的磨料，当磨粒以一定速度通过泵内过流部件时必然对材料表面施加作用，反复的作用使材料最终失效。磨损不仅导致渣浆泵的材料损失，同时使得泵的性能变差，如叶轮外径磨短，使扬程降低，各种配合间隙增大，使容积效率和流量也相应降低，这样使得实际运行工况点偏离设计工况，泵的效率降低，运行稳定性变差，影响固液泵的正常运转。遭受磨损的过流部件表面材料流失后，流动边界发生变化，往往使泵内流动状态恶化，严重时会诱发汽蚀，导致磨损和汽蚀的联合作用，使得泵的磨损更快、性能下降更迅速。磨损还将导致一些影响，如轴封失效、泄漏严重、振动加剧、噪声加大等，使运行环境更趋恶化。

渣浆泵的过流部件一般采用价格较高的耐磨材料制造，磨损造成的材料消耗将增加生产成本。磨损使泵的效率降低，导致大量的能源浪费。磨损将使泵的过流部件更换频率加快，维护和检修工作加重，增加了工人的劳动强度。而且磨损严重时诱发剧烈振动和噪声，恶化了运行场所的工作环境，对操作和维护人员的健康不利，也不利于系统的安全运行。从国民经济的宏观角度来看，固液泵在各生产部门无处不在，应用的范围广泛且数量很大，因磨损导致的材料浪费和能源浪费十分巨大。

固液两相流泵内磨损研究之所以困难，主要是因为泵内固液两相流动的复杂性。浆体自吸入管流入泵的流道至从排出管排出，其本身的运动特性不断变化。如在叶轮入口，浆体的流动方向由轴向转为径向，粒径较大的颗粒会撞击叶片的头部区域，并且液体在绕流叶片时易出现流动分离，在叶轮出口附近，液流容易产生脱流，流出叶轮进入护套的液流，颗粒由于仍具有一定的惯性而向蜗壳边壁移动，造成颗粒在近壁处聚集。此外，固液两相流泵的水力设计和结构设计也影响泵内的流动特性。如果设计合理，泵内的流动平顺，可以避免较大尺度的脱流和颗粒与流动壁面的直接冲撞，固液泵的磨损状况就好，否则会恶化泵内流动，固液泵的磨损加剧。

9.1.4 磨蚀及空化对固液两相流泵运行影响

对于工作在自然环境下的水力机械与水工建筑物而言，其流动问题都可以归属于复杂的多相流动问题。水中泥沙的存在，可对水力机械的工作性能产生影响，并造成材料的损伤与破坏。除泥沙磨蚀外，空化也是影响水力机械运行的另一因素，空化的存在及相互作用，会加剧磨蚀对固液两相流泵运行影响。含沙水流中空化的发生及其与泥沙磨蚀的耦合作用可能导致如下结果：

1. 机器性能下降

由于空化的发展会改变水力机械的流动结构，同时大量气泡的产生会导致流道堵塞，最终导致机械流量改变，也就是改变了水力机械的运行工况；空化发展到一定程度以后，无论是泵还是水轮机都会表现出急剧的性能下降；这是水力机械运行中关注的重点问题之一。

2. 材料破坏

空化泡的溃灭阶段，会导致水力机械部件材料表面的破坏，这种现象称为空蚀；早期在水力机械中也称为汽蚀，当然汽蚀这一概念包含了气泡的发生和发展过程。空蚀的发生所造成的破坏与时间有关，随着时间的推移，材料破坏越加严重，在材料表面形成大量蜂窝状蚀坑；这种改变，也是导致水力力学性能出现不稳定现象、性能下降的重要原因。

3. 流动的不稳定或非定常现象

空化的发生和发展会导致流动的非定常特性或动态响应特性，使流动出现不稳定性，比如旋转空化和空化喘振等；这种不稳定特性会导致水力机械流量和压力的脉动，从而引起固液两相流泵部件的破坏、振动、噪声等一系列非稳态特性的出现。

总体上来讲，对于固液两相流泵，空化的发生和发展会导致其性能下降、材料破坏、流动的不稳定；因此一直以来是水力机械运行和设计所要极力避免的问题。而当液体中含有沙粒或固体颗粒物时，这一问题变得更加复杂。含有固体颗粒时，水力机械流动成为含有气（汽）、固、液三相流动问题，其耦合作用包含相变过程、固液流动、气液流动，不仅存在上述三种危害，而且固体颗粒的存在又会导致材料的磨损；研究表明，空蚀与磨损的联合作用，导致机器部件的严重破坏。同时，固液两相流泵的不稳定现象导致的振动和噪声进一步加剧。

综合以上分析，含沙条件下空化的发生以及由此导致的空蚀破坏，加上由于沙粒的磨损造成的磨损作用，对固液两相流泵的性能、运行稳定性具有严重的负面影响。其发生和发展不仅造成固液两相流泵性能的下降，还会导致振动加剧、噪声加大以及一系列的非定常现象发生。目前对于含沙条件下运行的固液两相流泵的空化空蚀以及磨损问题，虽然在试验方面进行了一些工作，但是还存在一些问题；其机理尚不完全清楚，其抑制和防护机制还不完善；特别是数值处理上大多数研究还是基于清水空化相变模型，对于固体颗粒的促进和抑制空化的机理还没有定论。由此导致无论是固液两相流泵的设计还是其运行都不能完全避开空蚀和磨损的联合作用工况，造成较大的经济损失。

9.2　固液两相流泵磨蚀特性

9.2.1　磨蚀机理

根据流体机械的工况条件，其磨损形式主要包括三种：冲蚀磨损、空蚀磨损以及冲蚀与空蚀交互磨损。

1. 冲蚀磨损

冲蚀磨损是流体机械最容易出现的问题之一。冲蚀磨损是指流体机械在运送流体时，机械表面由于受到流体的冲击，导致流体机械表面物质流失的现象，也就是指流体机械的表面在运送含有固体物质的流体时，固体物质与流体机械表面发生相对运动，流体机械的表面受到固体物质的冲击而产生磨损。

磨损形态：轻微处有集中的沿水流方向的划痕和麻点；磨损严重时，表面呈波纹状或沟槽状痕迹，并常连成一片如鱼鳞状的磨坑。表面紧实呈现金属阴暗光泽。磨损强烈发展时，可使部件穿孔，成块崩落。

由于冲蚀磨损主要是材料受到小而松散的流动粒子冲击时，表面出现破坏的一类磨损现象。冲蚀磨损一般涉及多相流，占主导地位的连续相起着承载多相流动作用，称为主相；夹杂在主相中引起冲蚀磨损的连续流体或是颗粒称为次相。根据主相中携带介质的不同（即辅相的成分）及携带颗粒的组合，冲蚀磨损可按表 9-2 分类。

表 9-2　冲蚀磨损按介质分类

冲蚀磨损	主　相	次　相	实　例
喷砂型冲蚀	气体	固体颗粒	输送管道
雨滴冲蚀	气体	液滴	飞行器
泥浆冲蚀	液体	固体颗粒	泥浆泵
汽蚀性冲蚀	液体	气泡	水轮机叶片

由上可知，按照流体介质的种类来对冲蚀磨损进行分类，冲蚀磨损可以分为喷砂冲蚀、泥浆冲蚀、雨滴冲蚀和汽蚀性冲蚀四种。喷砂型冲蚀是指携带有大量固体粒子的气流在被传输的过程中，流体机械表面受到固体粒子的打击而产生的磨损，在航空企业中航空发动机叶片就经常受到喷砂冲蚀。泥浆冲蚀也是常见的一种冲蚀磨损形式，主要原因是流体机械在运送有液体的时候，由于有液体中含有的固体杂质对流体机械表面产生的磨损，这种磨损在石油管道、矿山开采的机械中经常发生。雨滴冲蚀主要是由于高速的液体对机械材料的表面产生的磨损，例如露天放置的飞行器受到高速雨滴的冲蚀而受到磨损。气蚀性冲蚀是由于液体受到外界条件的变化影响变成气体、气泡等以及气泡泯灭的时候对机械表面产生的磨损。

四种磨损各具特点，在日常的工程机械中，要根据实际的流体机械容易受到的冲蚀磨损类型，根据具体情况采用最适合的减少冲蚀磨损的方法，进而延长固液两相流泵的使用寿命。而对于固液两相流泵，磨蚀以由固体颗粒引起的冲蚀磨损为主。

2. 空蚀磨损

空蚀磨损是空化引起的结果。当液体内局部压力降低时，液体内部或液固交界

面上空穴的形成和发展的过程就是空化。空蚀磨损主要是指空化泡破裂产生的冲击破坏材料表层结构的现象。在慢速固液两相流泵中这种现象并非严重问题，但在高速固液两相流泵中这会导致机械磨损破坏，产生振动、噪声，从而大幅度降低其工作效率，图 9-2 所示为泵叶轮空蚀。

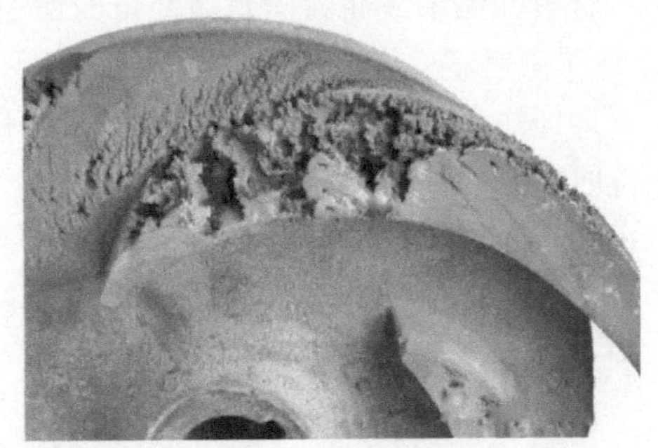

图 9-2 泵叶轮空蚀

3. 冲蚀与空蚀交互磨损

冲蚀与空蚀交互磨损是冲蚀磨损与空蚀磨损的复合作用，两种磨损同时发生，相互耦合。实际工况中空蚀与冲蚀交互磨损普遍存在，二者的联合作用往往比单独的冲蚀或空蚀更加严重，两种磨损相互促进，加速了固液两相流泵工况条件的恶化。

当空蚀磨损的强度大大超过冲蚀磨损强度时，叶轮的磨蚀遵从空蚀磨损规律。当冲蚀磨损强度大大超过空蚀磨损强度时，叶轮的磨蚀遵从冲蚀磨损规律。但是在实际工况中，空蚀磨损与冲蚀磨损强度接近，材料的破坏表现为两者的共同作用。空蚀与冲蚀交互磨损是一个包含气、液、固三相流的复杂问题，目前，对其磨损的机理在业界还没有定论。

9.2.2 磨损理论

对于材料冲蚀理论的研究，科学家们进行了近半个世纪的工作，到目前为止仍未能建立起较完整的理论。Finnie I 发展出塑性材料受斜射粒子冲击时的微切削理论；Sheldon 提出压痕理论；Bitter 根据冲蚀过程的能量交换提出冲击变形造成磨损的学说；Levy 发展了挤压、锻造式的冲击“成片”学说。这些理论都能在一定范围内解释试验现象，但各种模型都存在一定的局限性，有待于进一步修正和完善。

理论和实践证明，固液两相流泵在不同的材质、不同的冲击速度和不同的冲角下，其磨损机理是不同的。为了正确说明不同情况下固液两相流泵的磨损，现有的磨损理论如下。

1. 微切削理论

Finnie I 在 1958 年首先提出了刚性粒子冲击塑性材料的微切削理论，这是研究低冲角下冲蚀的第一个较完整的定量表达冲蚀率与冲角关系的理论。他认为固体颗粒就如同一把微切削刀具，它在冲击速度的作用下从材料表面上划过而把材料切除。

微切削理论认为在磨粒冲击材料表面造成冲蚀的过程中，冲击角度是个十分重要的参数。冲蚀率随冲击角度的变化应该呈现出两种规律，一是当冲角小于某一临界角 α_0 时，材料冲蚀率或冲蚀体积随冲角的增加而明显增加；二是当冲角大于α_0

时，材料冲蚀率或冲蚀体积随冲角的增加而逐渐减少，其减少的程度不如冲角小于 α_0 时那样明显。

冲蚀切削理论在解释低冲角下塑性材料受刚性磨粒冲蚀时是较成功的，但用它来说明高冲角下材料上出现的冲蚀还存在不少缺点，因而要用新的冲蚀机理来解释。

2. 变形磨损理论

1963 年 J. G. A. Bitter 提出冲蚀的变形磨损理论。该理论的主要出发点是冲蚀过程中的能量平衡。可总结为

$$W_D=\frac{1}{2}M(v\sin\alpha-K)^2/\varepsilon \tag{9-1}$$

式中 W_D——变形磨损量（cm^3）；

M——总入射粒子质量（s^2/cm）；

v——冲击速度（cm/s）；

K——临界速度，即弹性极限内的最大碰撞速度（cm/s）；

ε——变形磨损因子，即在变形磨损中造成单位体积材料流失的能量（cm/cm^3）。

由变形磨损理论可知，只有法向速度 $v\sin\alpha$ 大于临界速度时，才发生材料流失现象。Bitter 认为，从能量平衡理论出发，可以用三种情况来描述冲蚀磨损，即变形磨损、水平速度分量在碰撞后仍具有一定数值以及它变为零时的切削磨损，即

$$W=W_D+W_{c_1} \quad 或 \quad W=W_D+W_{c_2} \tag{9-2}$$

式中 W——总冲蚀磨损量（cm^3）；

W_{c_1}——碰撞后仍有一定水平速度时的切削磨损量（cm^3）；

W_{c_2}——碰撞后水平速度为零时的切削磨损量（cm^3）。

而

$$W_{c_1}=\frac{2MC(C\sin\alpha-K)^2}{(v\sin\alpha)^{1/2}}\left[v\sin\alpha-\frac{C(v\sin\alpha-K)^2}{(v\sin\alpha)^{1/2}}Q\right]$$

$$W_{c_2}=\frac{M}{2Q}\left[v^2\cos^2\alpha-K_1(v\sin\alpha-K)^{3/2}\right] \tag{9-3}$$

式中 M——冲击磨粒的质量（s^2/cm）；

v——磨粒的速度（cm/s）；

Q——切削磨损系数；

α——冲角，$W_{c_1}=W_{c_2}$ 时的角度；

C、K、K_1——常数。

3. 锻造挤压理论

锻造挤压理论，又称为冲蚀“成片”理论，Levy 的锻造挤压理论可以总结为冲击时粒子对材料表面施加压力，使材料表面出现凹坑及凸起的唇片，随后的冲击粒再对唇片进行“锻打”，在严重的塑性变形后，材料呈片屑状从表面流失。冲蚀

中表面会吸收冲击粒子的动能而发热。

可以将整个过程分为以下两个阶段：

初始阶段：形成第一批片层但未从表面脱落，表层受热，出现加工硬化区。

稳态冲蚀阶段：表面出现片层及加工硬化区，并达到稳态，在近表层中出现表面退火层及硬化砧层，材料以片屑方式流失。

冲蚀中近表层的退火层是因冲击发热而造成的，它使近表层硬度降低，在退火层下便是一层加工硬化层。颗粒冲击如同锻锤，加工硬化层作为砧，而退火后的软表面不断受到挤压而以片屑方式脱离母材。

9.2.3　固液两相流泵磨蚀特性分析

1. 叶轮磨蚀

叶轮是泵的“心脏”，是固液两相流泵最重要的零件，泵的水力性能主要取决于叶轮的水力性能。固液两相流泵的失效主要都是因为过流件磨损严重而报废的，尤其是杂质泵。其中叶轮的磨损失效最为常见，使用寿命也最短。要提高该泵整体的使用寿命，提高叶轮的使用寿命是最重要的一环。

叶轮在固体颗粒磨损后在表面留下的损伤形态主要有以下几种：

1）鱼鳞坑状：磨损破坏后，留下的痕迹像一片片的鱼鳞坑，排列起来，很有规律。如在显微镜下观察，鱼鳞片中还有很多微小的磨损条纹。

2）条形沟状：磨损破坏的痕迹呈条纹，有的顺叶轮旋转方向，磨损严重的部位呈一大片很深的条形沟槽，面与面的相交棱角被冲刷破坏成很深的沟纹。

3）锯齿状和粒状：锯齿状和粒状破坏多在磨损破坏严重的部位。凡棱角部位都被破坏成锯齿状。局部平面部位被冲击磨蚀破坏成粒状。固体颗粒撞击和冲蚀金属壁面，承磨面抗冲击的变形程度不同，较差的变形表面出现裂纹和脱落，如此循环，承磨面出现诸多深坑，深坑之间有被冲击面脱落的大金属颗粒。

4）点蚀麻面状：叶轮内的点蚀麻面破坏多属下面两种情况，一是泵内汽蚀所致，另外是细颗粒的撞击磨损，两种综合结果使泵内流道壁面呈密密麻麻的针尖小点及细微短小的纹路。

2. 叶轮主要磨损破坏部位

对于固液两相流泵，磨蚀主要发生在叶轮部分磨损较严重的部位是叶片进口边、叶轮流道中前段靠近叶片压力面的后盖板内侧、叶片压力面与后盖板交界处及叶片压力面端面；背叶片部分磨损较严重的部位是背叶片压力面外缘，磨损过程是从背叶片压力面外缘端面开始，磨损沿径向往轮毂处、沿轴向往盖板处发展；背叶片吸力面除了在叶片中段出现少许磨损；背叶片流道盖板仅在流道中段出现少量磨痕。

叶片进口处一般呈现蜂窝状，叶片背面进口处有带形凹坑，叶片工作面严重冲刷，大面积成蜂窝状麻面和沟槽，至叶片出口磨损最严重，出现明显沟槽，端部呈锯齿状，叶片和叶轮盖板边缘多次穿孔，叶轮外盖板被磨损呈麻点，至外圆部位磨损的痕迹像一条条的流线。

磨损轻重程度依次为：叶片背面、盖板靠叶片背面部分，盖板靠工作面部分、叶片工作面，对于采用背叶片的，由于要承受颗粒磨蚀的作用，往往受损较快，叶轮及背叶片的磨蚀情况如图 9-3 所示。

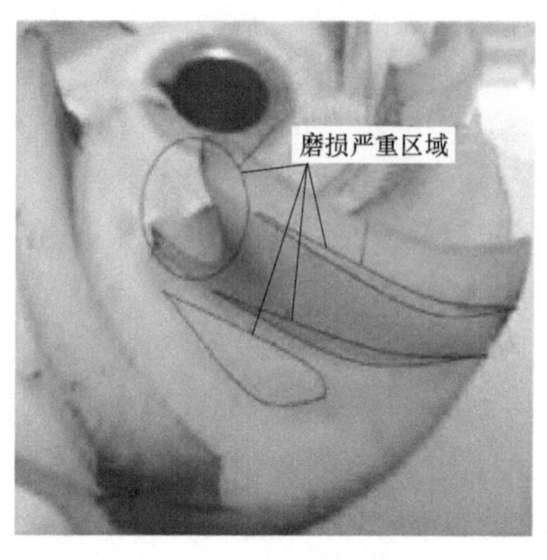

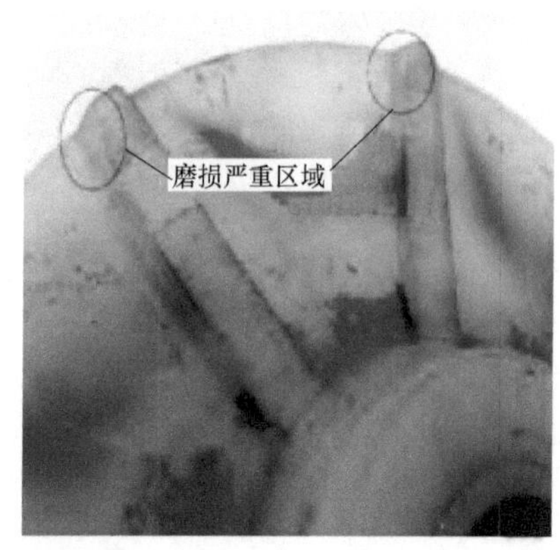

图 9-3　叶轮及背叶片的磨蚀情况

固液两相流泵过流部件的不同位置，由于固液两相流动特征及其材料的表面结构特征发生变化，被磨损表面显现出不同的外观形貌。根据固液两相流泵的磨损形态，可将磨损分为普通磨损和局部磨损两种基本形态。

普通磨损指的是泵内夹带硬质固体颗粒的液流冲刷过流部件表面引起的普遍性磨损，这类磨损分布面积广而均匀，破坏相对较轻。普通磨损的过流部件表面往往呈现深浅大致相同的波纹状冲刷痕迹，能很清晰地看出颗粒的运动方向。例如在渣浆泵的进水管和出水管内表面、前护板和后护板的大部分表面、叶轮叶片压力面等部位，常常可以观察到冲刷磨损。当过流部件有大而平坦的过流表面时，波纹状磨损痕迹又发展到以鱼鳞坑的形式出现，例如护套周向内壁的磨损形貌常为鱼鳞状。

局部磨损多数是在大面积的普通磨损中发生的过流部件局部部位的严重磨损，也有某些过流部件部位单独出现的局部严重磨损。局部磨损的破坏程度比普通磨损大得多，严重的局部磨损往往是过流部件报废的直接原因。固液两相流泵运行一段时间后，局部磨损常常表现为较深的沟槽、孔洞或深坑，进一步可发展至穿孔、断裂，从而使过流部件失效报废。在不同情况下，泵过流部件呈现出局部磨损的部位也不尽相同。例如，在颗粒较细的情况下叶轮叶片出口处易出现局部磨损，而粗颗粒情况下，叶片的磨损常出现在头部、护套与护板配合处等部位。

3. 叶轮水力磨蚀主要形式

在固液两相流泵运行中，普通磨损是不可避免的。人们常用改善泵内部流动状态，提高过流部件材质的抗磨能力和提高流道表面光洁度来减轻磨损。影响局部磨损的因素主要有水力和材质等方面。其中水力因素可分为三种情况。

（1）冲蚀磨损　冲蚀磨损指的是材料受到小而松散的流动粒子冲击时表面出

现破坏的一种磨损形式。松散粒子尺寸一般小于100μm，冲击速度在550m/s以内，超出这个范围出现的材料损伤，常不属于冲蚀磨损讨论之列。其基本原理与磨料磨损颇为类似，主要区别在于后者的磨料粒子一般是静止的，不具有冲击作用。造成冲蚀的粒子通常都比被冲蚀的材料硬度大。但流动速度高时，软粒子甚至水滴也会造成冲蚀。

（2）漩涡磨损　如流道的突然拐弯、扩散或收缩，绕流障碍物，流道表面不平整而引起漩涡，在漩涡中高速旋转的硬质固体颗粒将对过流部件材料产生明显的切削作用，从而引起材料的破坏。

（3）弯道磨损　当固液两相进入弯道时，由于惯性作用，导致弯道外侧遭受强烈磨损而弯道内侧磨损轻微。材质因素有铸造缺陷、机械加工缺陷、不同材质交接处，在这些部位易受到料渣中固体颗粒的破坏，容易发展成局部磨损。

实际上，普通磨损和局部磨损往往不能截然分开，有时候会交杂在一起，当泵中某些部位存在汽蚀时，汽蚀将与磨损联合作用，相互促进，加剧了破坏进程，这种局部破坏不再是单纯的局部磨损，常称为局部磨蚀。

4. 浆体冲蚀磨损理论分析

在磨蚀机理中提到，固液两相流泵主要以冲蚀磨损为主。以往的试验、理论研究和运行实践表明，影响渣浆泵磨损的因素大致包括：浆体特性，如体积分数、固体物粒径、硬度以及颗粒形状；浆体运动条件，即相对速度、冲角等；设计和制造条件，如设计参数、材质和制造质量。

对于材料冲蚀理论的研究，科学家们进行了近半个世纪的工作，到目前为止仍未能建立起较完整的理论。F IImie发展出塑性材料受斜射粒子冲击时的微切削理论；Sheldon等提出压痕理论；Bitter根据冲蚀过程的能量交换提出冲击变形造成磨损的学说；Levy发展了挤压、锻造式的冲击“成片”学说。这些理论都能在一定范围内解释试验现象，但各种模型都存在一定的局限性，有待于进一步修正和完善。

固液两相流泵在不同的材质、不同的冲击速度和不同的冲角下，其磨损机理是不同的。浆体冲蚀是指含有硬质颗粒的液体在高速冲击表面固体，使固体表面损坏的现象，现把浆体冲蚀的特点总结如下。

（1）磨损机理方面　冲蚀磨损机理对于认识冲蚀磨损过程、选择耐冲蚀材料和采取耐磨措施很有指导意义。普遍认为，按被冲蚀材料的性质可以划分为脆性冲蚀和延性冲蚀两种不同机理。

脆性冲蚀机理主要针对脆性材料，由于它们塑性较差，受到应力后不发生变形便出现裂纹并很快脆性断裂。所以，当粒子入射速度达到一定数值时，就在粒子冲击部位存在缺陷处产生脆性裂纹并迅速扩展断裂。

对于针对塑性材料的延性冲蚀机理，巴哈第尔提出的理论得到了较广泛认同。该理论认为，冲蚀磨损同时存在切削磨损和变形磨损两个过程。切削磨损即材料在冲击颗粒的水平方向的动量作用下产生微切削把材料除去。同时存在的变形磨损是以冲击坑（刻痕）或犁沟的形式出现，在颗粒作用下形成冲击坑，并在冲击坑的边缘形成挤压唇和表面的加工硬化，由于连续的颗粒冲击，挤压唇被碾平，颗粒的犁沟变形作用使之形成分层片状结构的堆积，进一步的颗粒冲击造成层状结构的边缘碎化，与此同时，表面因连续的变形作用，只是表面的空穴聚集并扩展，在压表面层产生裂纹，引起材料的被除去。

当冲角较小时，切削作用比例大；冲角较大时，变形作用的比例更大。在大多数冲蚀条件下，切削作用比变形作用要小些。

（2）影响因素

1）冲角（即冲蚀角度）。冲角指粒子入射轨迹与表面的夹角。对浆体冲蚀，由于浆体铺展效应的影响，塑性材料的冲蚀磨损率随冲角增大而增加，然后减少，以后又重新增加，冲蚀率最大值对应的冲角随着材料类型不同而变化；而脆性材料一般在一个约 80°的中间冲角达到最大值，然后随着冲角的增加，冲蚀磨损率下降直到 900。

2）冲击速度。只要冲击速度超过门槛冲击速度值，材料的冲蚀率 E 就与粒子速度呈指数关系，即 $E=KV$。一般认为，速度指数和冲蚀磨损机理有关，由于浆体冲蚀在多数情况下微切削磨损机制更容易发生，以及浆体对固体颗粒有黏性阻力作用，所以对于延性材料，浆体冲蚀的速度指数小于气固粒子冲蚀。同时，冲击角度越大，材料硬度越大，速度指数越小。

3）粒子性能。尖而硬的颗粒比圆而软的粒子冲蚀严重，对于浆体冲蚀，冲蚀率随着粒子尺寸增大而增加。另外，若粒子脆性较大，冲击后发生破碎的概率增大，破碎粒子屑片将会对凹凸不平的表面产生二次冲蚀。

4）受冲材料的硬度。在一般情况下，随着材料硬度的升高，冲蚀率下降。

9.2.4 影响磨损特性的因素

1. 颗粒形状影响磨损特性

流体机械在运送流体的过程中，流体内含有的固体磨粒形状不同所形成的磨损特性也不同。固体磨粒的棱角比较多相对于比较圆滑的圆形或椭圆形磨粒给流体机械造成的磨损更加严重，如果在同样的冲击角度下进行试验，以 45°冲击角为例，棱角比较多的固体磨粒给流体机械造成的磨损量是球形或椭球形磨粒的 4 倍还要大。犁削变形是球形或圆滑的椭圆形磨粒对流体机械的主要磨损方式，而棱角比较多的磨粒对流体机械的磨损则以切削方式为主。

2. 颗粒的粒度影响磨损特性

磨粒粒度是影响冲蚀磨损特性的一个重要的参数。冲蚀磨损受到磨粒粒度的影响主要体现在两个方面，一是磨粒的尺寸效应，不同的磨粒尺寸对流体机械的磨损特性也不同，试验证明，尺寸在 20~200μm 之间的磨粒对流体机械的磨损率随着磨粒尺寸的增大磨损程度提高，但是磨粒的尺寸增加到某个临界值的时候对立体机械的磨损率不会继续上升，而是基本保持不变，这就是所谓的磨粒尺寸效应；二是脆性材料对磨损特性的影响，磨粒的粒度对由脆性材料组成的流体机械造成的磨损会随着材料的变化而发生相应的变化，不同的脆性材料在受到同一磨粒冲击的时候，所遵循的变化规律是不一样的。除了上述两个方面以外，同一物质不同的粒度分布，其磨损特性也是不同的，磨损率会随着粒度分布的变化而变化。

3. 冲击角度影响磨损特性

所谓冲击角度是指流体中所含的固体磨粒在与流体机械表面发生摩擦时，固体磨粒的移动方向和流体机械磨损表面所形成的夹角。冲击角度的不同所形成的磨损特性也不相同。研究表明冲击角度对流体机械磨损特性的影响还与流体机械磨损件的材料有关，以塑性材料和脆性材料为例，塑性材料受冲击角度的影响，当冲击角度为 20°~30°时，所造成的磨损最为严重，而对于脆性材料当冲击角度为 90°的时候，所造成的磨损最严重。

4. 固体磨粒的速度对流体机械表面磨损特性的影响

对于不同的流体机械材料，磨粒速度对流体机械表面磨损的特性也不尽相同。对于任何的流体机械材料，磨粒的速度都存在一个最小值，当磨粒的冲击速度小于这个最小值的时候，流体机械不会产生磨损，而是只发生弹性形变，当磨粒随着流体离开流体机械表面的时候，弹性形变就会恢复。对于超过冲击速度最小值的冲击速度，流体机械受到的磨损与磨粒的冲击速度成正比关系，即冲击速度越大对流体机械表面冲蚀越严重。此外，不同的材料受到同一冲击速度冲击的时候，虽然都成正比例关系，但是其比例系数却不相同。

5. 冲击时间对流体机械表面冲蚀磨损特性的影响

冲击时间对流体机械表面的冲蚀磨损特性有非常大的影响。冲蚀磨损在刚刚受到磨粒冲击的时候不会马上表现出来，而是存在一定时间的潜伏期，也就是说，受到短时间的磨粒冲蚀，流体机械表面会表现为非常的粗糙，但是材料不会发生流失，只有经过长时间的磨粒冲击，流体机械表面才会发生磨蚀现象，一旦发生磨蚀现象，磨蚀的程度会随着时间的推移而逐渐变得严重。

6. 不同的环境温度对流体机械磨蚀的磨损特性

流体运送环境的温度对流体机械表面磨蚀特性也会产生非常大的影响。环境温度对磨蚀特性的影响比较复杂，有的随着温度的升高，磨蚀程度会越来越大，有的随着温度的升高，磨蚀现象反而变得不明显。温度升高磨蚀程度增大是由于高温下促使材料的屈服极限降低，受到同样的冲击材料的磨蚀会变得严重。温度升高磨蚀现象不明显的原因是在高温下，有的材料在表面会形成一层厚厚的氧化膜，氧化膜通常情况下非常的坚硬，会给流体机械表面形成一种保护，进而提高了材料的抗磨损能力。

7. 不同的硬度对流体机械磨蚀的磨损特性

钢铁材料腐蚀磨损过程中温度、冲击速度和载荷的影响如图 9-4 所示。

硬度对流体机械表面的磨蚀特性有非常大的影响，这里的硬度包括两个方面：一是磨粒的硬度对流体机械的影响；二是流体材料本身的硬度对磨蚀特性的影响，硬度对流体机械磨蚀现象的影响是通过磨粒硬度与流体机械本身材料的硬度之间的比值决定的。对于塑性材料，当二者之间的比值大于1.2时，冲蚀程度会随着比值的上升而减小，反之，当二者之间的比值小于1.2时，冲蚀程度会随着比值的增加而增大。

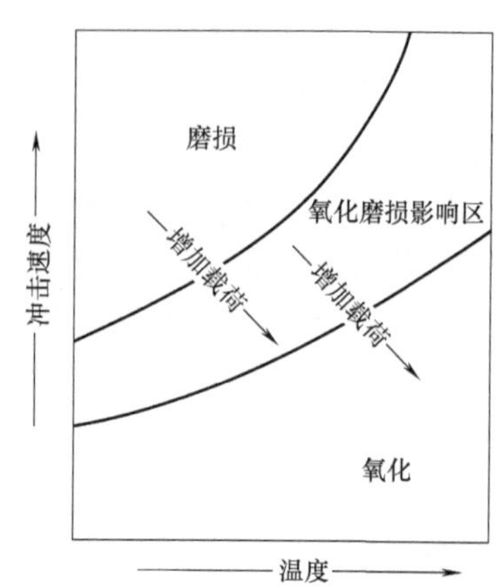

图9-4 钢铁材料腐蚀磨损过程中温度、冲击速度和载荷的影响

9.3 固液两相流泵腐蚀

由于固液两相流介质的作用，泵体及零部件材料除了受到磨蚀外，通常还受到腐蚀的作用，尤其是在输送含有固体颗粒的化学废液及市政污水输送中，两相流泵腐蚀尤为严重。腐蚀是传送介质具有一定的酸碱度时，对过流部件材料造成电化学腐蚀磨损。金属的腐蚀包括电流及化学的作用，表现出复杂的腐蚀现象，会使泵过流部件被剥蚀破坏，使特性曲线改变，性能下降，同时，产生噪声和振动，是水力机械向高速发展的巨大障碍。

腐蚀的结果是材料发生显著变化，导致系统或构件功能受到损害。腐蚀损坏可以通过防腐措施进行限制或避免。腐蚀类型不同，产生的损坏形式也不一样。对于固液两相流泵，最常见、最主要的腐蚀类型是湿腐蚀。

9.3.1 腐蚀类型

1. 根据腐蚀均匀程度分类

均匀腐蚀是最常见的腐蚀，主要是指发生在金属表面全部或大部分的腐蚀率相同的腐蚀，与其相反的局部腐蚀，则是指发生在金属表面各个局部的腐蚀，其根源是由于形成溶解度不同的腐蚀产物从而导致的局部不同的腐蚀负荷（温度、体积分数、流速等）。

2. 根据腐蚀发生位置分类

除此之外，根据腐蚀发生位置不同，又可以分为点蚀、缝隙腐蚀和接触腐蚀。其中，点蚀是一种受限于电化学、局部的导致形成点状空穴的材料腐蚀。其根源在于存在腐蚀因素，主要是氯化物。点蚀现象在不锈钢和铝合金上尤为严重，图9-5所示为泵叶轮的点蚀现象。

图9-5 泵叶轮的点蚀现象

缝隙腐蚀是发生在同类金属之间或金属和非金

属之间的狭窄缝隙。因为氯化物增加或形成氧化层的氧气减少，从而产生腐蚀因素。接触腐蚀（电偶腐蚀）是因为金属之间的腐蚀电极电位不同，形成腐蚀因素而发生的。期间，电极电位较低的金属（阳极）溶解速度加快，电极电位高的金属则成为阴极反应面。腐蚀速度由腐蚀电极电位之差和两个反应面的比率决定。当腐蚀电极电位差别很大时，如果阳极面积很小，而阴极面积很大，则是极为不利的。

3. 由于材料不同发生的腐蚀

根据材料不同发生腐蚀主要包括选择性腐蚀、石墨化腐蚀、晶间腐蚀和脱锌或脱铝腐蚀等。其中，选择性腐蚀是一种某些晶界成分或合金成分优先腐蚀的腐蚀类型。图 9-6 所示为叶轮的选择性腐蚀现象。

石墨化腐蚀是一种灰铸铁中因防护层不足导致金属成分溶解的选择性腐蚀，最后只剩下最初形状的、充满腐蚀产物的石墨框架；晶间腐蚀是指晶粒边界发生的优先腐蚀，在不锈钢中，由于碳向晶粒边界扩散，导致“贫铬”，从而引发晶间腐蚀，这种腐蚀类型会导致晶粒的迅速衰变；脱锌或脱铝是有色金属因为金属锌或铝的选择性腐蚀引起的。

图 9-6　叶轮的选择性腐蚀现象

4. 其他腐蚀

除以上腐蚀类型外，还有其他类型的腐蚀，如静态腐蚀，是在不流动的液体中发生的腐蚀，这种腐蚀只发生在设备停止运转期间；微生物腐蚀是一种受微生物影响的腐蚀，如硫酸盐还原细菌。

9.3.2　带有机械应力腐蚀

带有机械应力腐蚀是指因机械力而产生的耦合腐蚀，因为机械力的存在，会加速材料的腐蚀，通常包括侵蚀-腐蚀、摩擦腐蚀、应力腐蚀和腐蚀疲劳等现象。其中，侵蚀-腐蚀是机械表面剥蚀和腐蚀的交互作用，在这个过程中，因为防护层受到破坏而产生剥蚀，剥蚀的后果是腐蚀。图 9-7 所示为泵叶轮的侵蚀-腐蚀现象。

图 9-7　泵叶轮的侵蚀-腐蚀现象

摩擦腐蚀是指因机械摩擦导致表面层或钝化层受损从而受到腐蚀介质影响的腐蚀；金属在承受各种拉载荷时因具

体腐蚀介质影响而出现裂纹的现象，在这个过程中，材料无明显腐蚀产物，脆性断裂称为腐蚀疲劳；金属由于机械交变载荷与腐蚀交互作用所造成的低变形、大多跨晶粒断裂的现象视为应力腐蚀。

9.3.3 腐蚀其他影响因素

1. 影响腐蚀的因素

腐蚀因素是由于彼此间通过金属和电解质相连接的阳极和阴极而产生的电子因素。这种因素可以通过各种金属（接触腐蚀）、结构相（选择性腐蚀）、通风和离子体积分数（缝隙腐蚀和点蚀）引起。在此过程中，电位较低的金属、结构相起到阳极（金属离子超过电解质）的作用，电位较高的金属起到阴极表面（阳离子从电解质中减少）的作用。通过不同的通风和腐蚀产物的沉淀，同一金属表面也会形成局部阳极和阴极。

2. 电极电位

电极电位是电解质中金属或电导固体的电势，电极电位只能作为衡量参比电极的电位来测量。图 9-8 所示为各种材料电解电化学电动势。

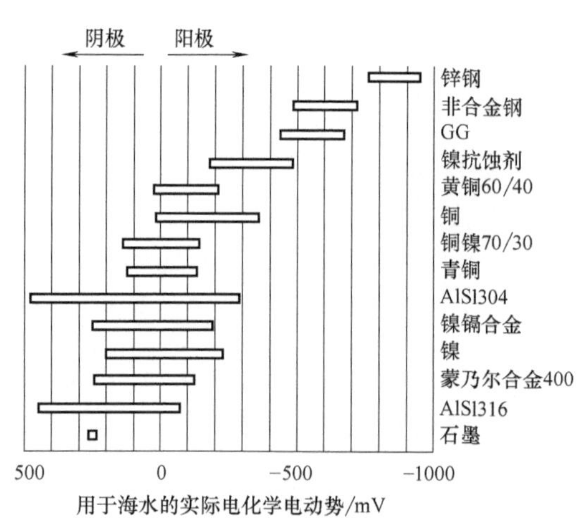

图 9-8 各种材料电解电化学电动势

同时，比电极、自腐电位、点蚀电位、再钝化电位、钝化等对泵的腐蚀都有一定的影响。金属处于稳定环境下时，阳极金属溶解速度降低，电极电位按照电位较高的贵金属的变化值进行改变，或者氧化溶液的体积分数增加，这种情况称为被动性。在此过程中，金属表面形成一层薄的氧化膜（钝化层、保护层），从而进一步降低金属溶解速度，使得电位较低的纯金属或金属合金具备良好的耐蚀性。

其实，在固液两相流泵中，磨蚀、空蚀或腐蚀大多时候是同时存在的，难以分开研究，并且存在相互激励现象，加速了对泵过流部件的破坏，也是今后研究者主要面对的课题之一。

9.4 磨蚀数值计算模型

由于磨损试验需要建立试验台，并且投入较大、试验周期长，目前，可以采用数值模拟的方法对固液两相流泵的磨损特性进行预测及分析。在 CFD 中计算颗粒对固体壁面的磨损，往往采用冲蚀模型，以下是计算流体力学中常用冲蚀模型的介绍。

9.4.1 冲蚀速率

冲蚀速率 E_f 定义为壁面材料在单位时间、单位面积上损失的质量［单位为 kg/(m^2 · s)］。通过计算每一个颗粒对壁面的累积损伤来计算冲蚀速率。

$$E_f = \frac{1}{A_f}\sum_{\pi(f)}\dot{m}_\pi e_r \tag{9-4}$$

式中 A_f——网格单元面积（m^2）；

$\dot{m}_\pi$——冲击壁面的颗粒质量流量（kg/s）；

e_r——冲蚀速率，取决于颗粒流动状态（以何种方式冲击壁面）以及选择的冲蚀率。

9.4.2 Fluent 中的冲蚀模型

采用数值模拟方法研究固液两相泵磨蚀情况时，常选用离散相模型，在所有的壁面监视颗粒的磨蚀与沉积情况。其中磨蚀速率定义为

$$R_{erosion} = \sum_{p=1}^{N}\frac{mC(d)f(\alpha)v^{b(v)}}{A} \tag{9-5}$$

式中 N——颗粒数；

m——颗粒质量流量（kg/s）；

$C(d)$——颗粒直径的函数；

α——颗粒对壁面的冲击角（°）；

$f(\alpha)$——冲击角函数；

v——颗粒相对于壁面速度（m/s）；

$b(v)$——相对速度函数；

A——颗粒在壁面上投影面积（m^2）。

参数 C、f、b 需要定义为分段线性、分段多项式或多项式函数以将其定义为边界条件。因此，在实际工作中很有必要在文献中找寻合适的函数。

在 Ansys Fluent 中很容易实现不同冲蚀模型的模型常数及角度函数。这些方程所描述的冲蚀模型很容易修改为通用冲蚀速率模型。冲击角函数可以通过分段线性函数进行拟合。对于更复杂的模型，还可以用 UDF 宏 DEFINE_DPM_EROSION 来定义冲蚀模型。

9.4.3 CFX 中的冲蚀模型

CFX 中对于冲蚀的模拟主要有两种模型，Finnie 模型和 Tabakoff and Grant 模型。

1. Finnie 模型

壁面由于颗粒的冲蚀效应造成的磨损是关于颗粒冲击、颗粒及壁面属性的复杂函数。对于大多数金属，冲蚀可认为是粒子冲击角及速度之间的函数。

$$E = kv_{\mathrm{p}}^{n} f(\gamma) \tag{9-6}$$

式中　E——无量纲质量；

v_{p}——颗粒冲击速度（m/s）；

$f(\gamma)$——冲击角的无量纲函数。冲击角为颗粒轨迹与壁面的夹角（以弧度为单位），对于金属，指数 n 通常取 2.3~2.5。

Finnie 模型定义冲蚀速率为冲击到壁面上的颗粒动能的函数（$n=2$），其表示为

$$E = kv_{\mathrm{p}}^{2} f(\gamma) \tag{9-7}$$

式中

$$E = kv_{\mathrm{p}}^{n} f(\gamma) = \begin{cases} \dfrac{1}{3}\cos^2\gamma & \tan\gamma > \dfrac{1}{3} \\ \sin(2\gamma) - 3\sin^2\gamma & \tan\gamma \leqslant \dfrac{1}{3} \end{cases}$$

2. CFX 中使用 Finnie 模型

在 CFX 中使用 Finnie 模型，需要调整系数 k 以获得无量纲冲蚀因子。

$$E = \left(\frac{v_{\mathrm{p}}}{v_0}\right)^{n} f(\gamma) \tag{9-8}$$

式中　$v_0 = \dfrac{1}{\sqrt[n]{k}}$，一些典型材料的 v_0 见表 9-3。

表 9-3　典型材料的 v_0

壁面材料	v_0/(m/s)	壁面材料	v_0/(m/s)
铝材	952	低碳钢	1310
铜	661	淬火钢	3321

3. Tabakoff and Grant 模型

在 Tabakoff and Grant 模型中，冲蚀速率 E 为

$$E = k_1 f(\gamma) v_{\mathrm{p}}^2 \cos^2\gamma [1 - R_{\mathrm{T}}^2] + f(v_{\mathrm{PN}}) \tag{9-9}$$

式中

$$f(\gamma) = \left[1 + k_1 k_{12} \sin\left(\gamma \frac{\pi/2}{\gamma_0}\right)\right]^2$$

$$R_{\mathrm{T}} = 1 - k_4 v_{\mathrm{p}} \sin\gamma$$

$$f(v_{\mathrm{PN}}) = k_3 (v_{\mathrm{p}} \sin\gamma)^4$$

$$k_2 = \begin{cases} 1.0 & \gamma \leqslant 2\gamma_0 \\ 0.0 & \gamma > 2\gamma_0 \end{cases}$$

4. CFX 中使用 Tabakoff and Grant 模型

原始 Tabakoff and Grant 模型中的一些常数仅适用于颗粒速度以 ft/s 形式指定，

在 CFX 中对原始模型进行了修订。

$$E=f(\gamma)\left(\frac{v_{\mathrm{p}}}{v_1}\right)^2\cos^2\gamma\left[1-R_{\mathrm{T}}^2\right]+f(v_{\mathrm{PN}}) \tag{9-10}$$

式中

$$f(\gamma)=\left[1+k_1k_{12}\sin\left(\gamma\frac{\pi/2}{\gamma_0}\right)\right]^2$$

$$R_{\mathrm{T}}=1-\frac{v_{\mathrm{p}}}{v_3}\sin\gamma$$

$$f(v_{\mathrm{PN}})=\left(\frac{v_{\mathrm{p}}}{v_3}\sin\gamma\right)^4k_2$$

$$k_2=\begin{cases}1.0 & \gamma\leqslant 2\gamma_0\\ 0.0 & \gamma>2\gamma_0\end{cases}$$

CFX 中的变量与原始模型变量对照见表 9-4。

表 9-4 CFX 中的变量与原始模型变量对照

变 量	CFX 变量	变 量	CFX 变量
k_{12}	k_{12} 常数	v_2/(m/s)	参考速度 2
k_2		v_3/(m/s)	参考速度 3
v_1/(m/s)	参考速度 1	γ_0/(°)	最大冲蚀角

其中

$$v_1=\frac{1}{\sqrt{k_1}}$$

$$v_2=\frac{1}{\sqrt[4]{k_3}}$$

$$v_3=\frac{1}{k_3}$$

在 CFX 中使用 Tabakoff 模型需要 5 个参数，表 9-5 是一些材料冲蚀的参数，包括石英铝、石英钢、煤钢的冲蚀数据。

表 9-5 材料冲蚀的参数

变 量	符 号	数 值	材 料
磨损常数	k_{12}	5.85×10^{-1}	石英铝
参考速度 1	v_1	159.11m/s	
参考速度 2	v_2	194.75m/s	
参考速度 3	v_3	190.5m/s	
最大冲蚀角	γ_0	25°	

（续）

变　量	符　号	数　值	材　料
磨损常数	k_{12}	2.93328×10^{-1}	石英钢
参考速度 1	v_1	123.72m/s	
参考速度 2	v_2	352.99m/s	
参考速度 3	v_3	179.29m/s	
最大冲蚀角	γ_0	30°	
磨损常数	k_{12}	-1.321448×10^{-1}	煤钢
参考速度 1	v_1	51.347m/s	
参考速度 2	v_2	87.57m/s	
参考速度 3	v_3	39.62m/s	
最大冲蚀角	γ_0	25°	

9.5　固液两相流泵磨蚀数值分析应用实例

鉴于含沙水条件下，流体机械受到沙粒的作用，极易对流体机械主要做功部件叶轮磨蚀而使其失去原有功效，为了研究含沙水中固体颗粒粒径对螺旋离心泵磨蚀的影响，采用 N-S 方程和标准 k-ε 湍流模型对螺旋离心泵的内部流场进行数值模拟计算。

选用流体介质为黄河含沙水，固体密度为 2650kg/m^3，固相体积分数约为 5%，选用颗粒大小分别为 0.076mm、0.5mm 和 1mm 对叶轮域的磨蚀情况进行了数值模拟，模拟结果及分析如下。

9.5.1　颗粒体积分数变化

图 9-9 所示分别为 0.076mm、0.5mm 和 1mm 下的叶轮域的固相体积分数分布。

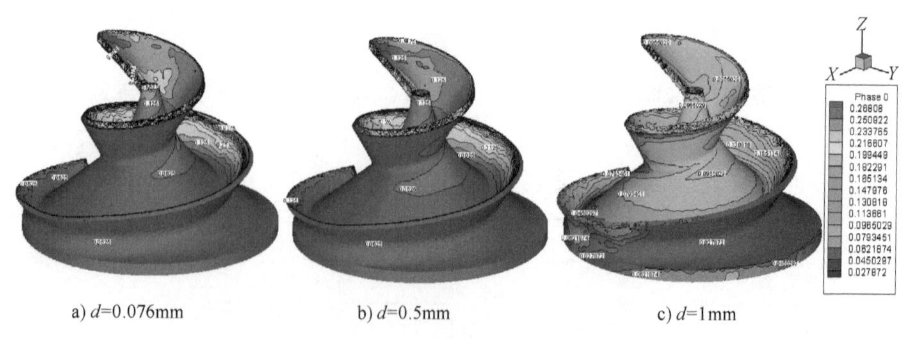

a) d=0.076mm　　b) d=0.5mm　　c) d=1mm

图 9-9　固相体积分数分布

由图 9-9 体积分数可以看出，体积分数分布比较紊乱，叶片背面外缘处体积分数分布明显高于靠轮毂侧的体积分数分布，工作面在螺旋段进口部分和离心段出口部分外缘体积分数分布高于靠轮毂侧体积分数分布，其他部分体积分数相差不大。小颗粒没有往轮毂聚集的趋势，这与国内对颗粒运动轨迹的研究结论一致。

9.5.2 叶轮域速度变化

叶轮表面的法向速度对叶轮主要是冲击破坏，切向速度对叶轮表面主要是磨蚀破坏，工作面为叶轮做功面。图 9-10 所示为在粒径为 0.5mm 时的固相沿工作面轮缘、轮毂的叶轮域速度变化。

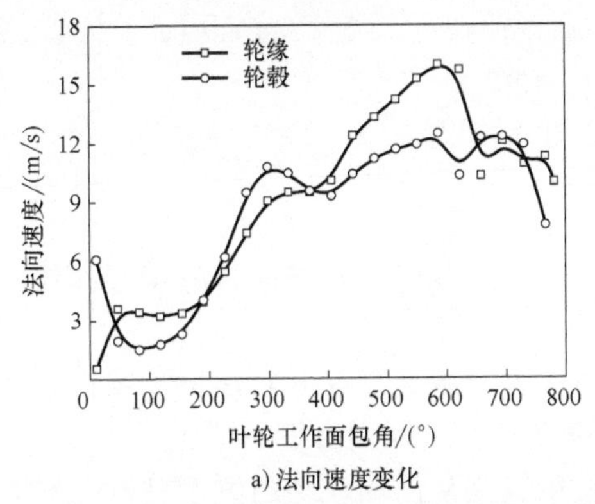

a) 法向速度变化

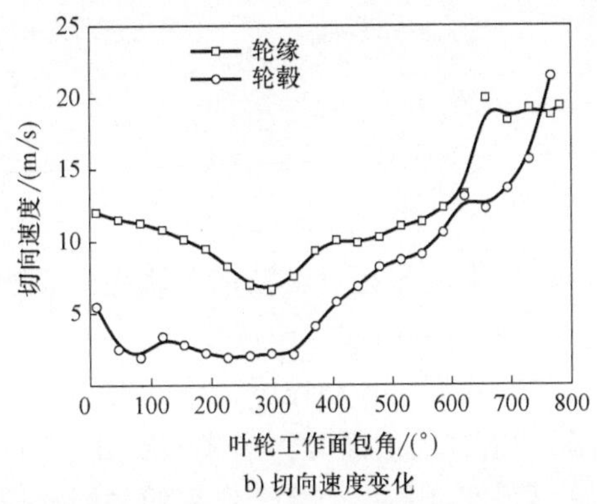

b) 切向速度变化

图 9-10 叶轮域速度变化

由图 9-10 可以看出，无论是法向速度还是切向速度，沿叶轮工作面的轮缘处的速度整体上大于轮毂处，这在一定程度上说明磨蚀在轮缘处要比轮毂处更容易发生；对比叶轮同一位置可以看出，无论在轮缘还是轮毂，切向速度数值整体大于法向速度，也就是说在冲击磨损和磨蚀中，切向速度的大小决定了磨蚀的程度。下面就不同颗粒粒径下磨蚀进行分析。

9.5.3 磨蚀云图

在 Fluent 软件中，DPM 模型中参数腐蚀速率是对磨蚀程度衡量的一个重要参数，单位为 $kg/m^2 \cdot s$。图 9-11 所示为在颗粒大小分别为 0.076mm、0.5mm 和 1mm 下的叶片域的腐蚀云图。

由图 9-11 可以看出，在粒径分别为 0.076mm、0.5mm 和 1mm 时，叶片域的磨蚀云图变化趋势基本一致，说明了粒径对叶轮的磨蚀区域变化影响不大；从磨蚀指标腐蚀速率可以看出，粒径越大，磨蚀指标腐蚀速率越大，也就是说粒径决定了磨蚀的程度。

由综合体积分数变化和磨蚀指标来看，粒径越大，颗粒在叶片轮缘聚集越多，体积分数梯度越大，对轮缘的磨蚀比靠轮毂侧的严重，同时，粒径越大，在模拟中并不是磨蚀越明显，通过分析可知，磨蚀是由多因素综合决定的，除了粒径之外，还与颗粒的硬度、速度、冲击角等有关。

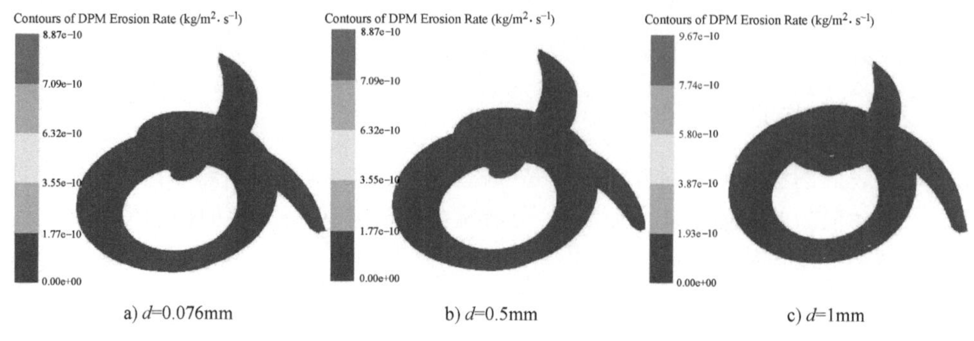

a) d=0.076mm　　b) d=0.5mm　　c) d=1mm

图 9-11　磨蚀云图

9.5.4　结论

1）颗粒粒径对颗粒运动轨迹的影响，一般认为颗粒粒径越大，越偏向叶片的轮缘，对轮缘的破坏越严重。

2）在同一种颗粒下，由于粒子相对密度一样，因此，在叶轮作用下颗粒大对叶轮冲击越大，同时，形成体积分数的梯度不均匀，更加剧磨损的破坏。

3）磨蚀是一个综合作用的共同效应，文中只是从固相粒径的方面进行一定的探究，关于固相多因素对磨蚀的影响，有待进一步研究。

9.6　固液两相流泵防磨蚀措施及技术

解决固液两相流泵磨蚀问题，除了改善流道线性设计，选用相对抗磨蚀的材料外，由于磨蚀发生在固液两相流泵过流部件的表面，表面抗磨防护是行之有效的措施。

9.6.1　水力设计中的抗磨措施

一般来说，闭式叶轮比开式叶轮耐磨性要好，因磨损导致叶轮与护板之间的间隙增大，对闭式叶轮泵的水力性能影响较小，叶轮进口的有效面积直接决定了浆体的进口速度，而且与泵的汽蚀余量有关，因此必须合理确定。

叶片设计是叶轮设计的关键，固液两相流泵的叶片设计不同于清水泵的情况，要充分考虑固液两相的流动差异对泵性能及磨损的影响。设计不良的叶片不但水力性能很差，而且很容易导致局部磨损。通常对比转速较低的渣浆泵可采用进口处扭曲、出口处为圆柱形的叶片，这样有利于叶轮的制造。叶片的进、出口安放角和叶片包角也应适当选择。

总之，水力设计应兼顾固液泵的水力性能和耐磨性，提高泵的效率和整机性能，将磨损减小到最低的程度。

9.6.2 运行中的抗磨措施

固液两相流泵的使用寿命和运行周期内的性能与其运行维护有很大的关系。运用得当则不仅泵的使用寿命长，而且水力性能可以发挥得更好。反之泵的耐磨性可能大打折扣。所以在其使用中，应根据磨料磨损规律，在泵选型时尽量考虑选择合适的运行参数，使泵处于良好的运行状态，并注意在实际操作中实时调节，以达到高效节能、抗磨节材的运行效果。

还应该考虑泵与管路系统的匹配问题。现有离心式固液两相流泵的管路系统中，常存在泵的额定扬程比管路所需扬程大得多的情况。根据离心式固液两相流泵扬程与流量的关系，降低扬程使用必然使工况点偏向大流量区。降低扬程运行容易使泵内流速增大，流态发生恶化，会加剧过流部件的磨损，功耗增加，浪费大量能源。因此准确测量计算管路系统的压力，为其选型提供可靠的数据，对合理使用固液两相流泵和延长泵的使用寿命具有重要意义。

9.6.3 抗磨材质的应用

过流部件材质对增强固液泵抗磨损能力有重要意义。较好的材质可延长固液泵的使用寿命，也可提高泵在有效运行寿命内性能的稳定性和可靠性。常用的耐磨材料非金属材料有陶瓷、工程塑料、碳化硅、橡胶等，耐磨金属材料有奥氏体高锰钢、碳素钢、合金钢、耐磨合金白口铸铁等。

近年来非金属材料在固液泵制造行业中得到一定的应用，如用各种陶瓷、高分子聚合物、金属基复合材料及非金属复合材料生产过流部件。非金属耐磨材料在抗强酸、强碱等方面具有金属耐磨材料无法比拟的性能。在许多特殊环境下工作的渣浆泵常选择非金属材料制造过流部件。

大部分离心式固液两相流泵还是选择耐磨金属材料做过流部件材质。因为耐磨金属材料的力学性能好，又便于进行机械加工。在耐磨金属材料中，又以耐磨合金白口铸铁的应用最广泛。白口铸铁中的镍硬铸铁和高铬铸铁耐磨性优异，被大量采用。

9.6.4 涂层技术

另一种处理腐蚀的方法是涂覆。即使是最贵的金属也容易腐蚀，但是运用涂层可以将金属表面与其环境隔离。采用现代涂层防护技术，既可以在新的过流部件上制造防护涂层，又可对废旧过流部件进行再制造，实现材料的循环再利用，越来越受到相关行业的关注。

工厂广泛应用的涂层有熔接环氧树脂（FBE）和聚四氟乙烯（PTFE），而涂层的有效性通常取决于涂层的类型、涂料的制备、涂层的应用、涉及的腐蚀类型以及涂层暴露于的液体类型。常用的防护涂层制备技术包括热喷焊、热喷涂、堆焊、激光熔覆、高分子涂覆等，这些技术在过流部件表面防护方面起到了一定作用，但仍然存在许多问题，如结合强度低、孔隙率高（等离子喷涂、电弧喷涂、高分子涂覆等）；存在裂纹、变形、夹杂（等离子熔覆、堆焊、激光熔覆等）缺陷，而超声速火焰喷涂技术可以较好地平衡这些矛盾，在实际应用中，还需考虑经济等因素，合理地选择抗磨蚀技术。

9.6.5 高分子复合材料应用

高分子复合材料是通过高分子聚合物、陶瓷粉末和碳纤维等多种材料复合而成的双组分或多组分的材料，是在高分子化学、有机化学、胶体化学和材料力学等学科基础上发展起来的高技术学科。

高分子复合材料应用有以下几个优点：修复保护时工作温度低，这就克服了堆焊及喷熔工艺引起的热应力变形，施工过程简单；由于它的特殊分子结构赋予的高弹性，适应交替变形和温度的变化等性能，确保材料的吸震性、耐磨性的提高，可以抵抗大多数环境下的磨损、冲蚀等工况。

高分子材料更具备优异的防腐性能，抗多数低温的有机酸和无机酸的腐蚀，可大大延长部件使用寿命。其高密度的分子量及光滑表面，不但提高抗气蚀的能力，还可以提高泵效。

参考文献

[1] 权辉，李仁年．含沙水下螺旋离心泵磨蚀效应数值分析［J］．西华大学学报（自然科学版），2014，33（3）：91-94.

[2] 李彬．动力学参数对叶轮冲蚀与空蚀交互磨损的影响研究［D］．湘潭：湖南科技大学，2014.

[3] 陶艺，袁寿其，张金凤．渣浆泵叶轮磨损的数值模拟及试验［J］．农业工程学报，2014，30（11）：63-69.

[4] NEILSON J H，GILCHRIST A. Erosion by a stream of solid particles［J］．Wear，1968（11）：111-122.

[5] OKA Y I，OKAMURA K，YOSHIDA T. Practical estimation of erosion damage caused by solid particle impact. Part 1：Effect of impact parameters on a predictive equation［J］．Wear，2005，259：95-101.

[6] MCLAURY B S，SHIRAZI S A，SHADLEY J R，et al. Modeling erosion in chokes［C］．ASME FED conference，1996，236（1）：773-781.

[7] HAUGEN K，KVERNVOLD O，RONOLD A，et al. Sand erosion of wear-resistant materials：Erosion in choke valves［J］．Wear，1995，186：179-188.

[8] 赵斌娟，袁寿其，刘厚林，等．基于 Mixture 多相流模型计算双流道泵全流道内固液两相湍流［J］．农业工程学报，2008，24（1）：7-12.

[9] 李昳，何伟强，朱祖超，等. 脱硫泵固液两相流动的数值模拟与磨损特性［J］. 排灌机械，2009，27（2）：125-128.

[10] 沈宗沼，杨定军，刘爱圆，等. 液固两相流泵叶轮内流场数值分析与试验研究［J］. 煤矿机械，2010，31（1）：56-59.

[11] GEISS S，DREIZLER A，STOJANOVIC Z，et a1. Investigation of turbulence modification in a non-reactive two-phase flow［J］. Experiments in Fluids，2004，36（2）：344-354.

[12] VIRDUNG T，RASUSON A. Hydrodynamic properties of a turbulent confined solid-liquid jet evaluated using PIV and CFD［J］. Chemical Engineering Science，2007，62（21）：5963- 5978.

[13] HALL N，ELENANYM M，ZHU D Z，et a1. Experimental study of sand and slurry jets in water［J］. Journal of Hydraulic Engineering，2010，136（10）：727-738.

[14] AZIMI A H，ZHU D Z，NALLAMUTHU R. Experimental study of sand jet front in water［J］. International Journal of Multiphase Flow，2012，40（4）：19-37.

第10章　固液两相流泵试验测试

固液两相流泵作为一种典型的水力机械，为了获得流体和泵之间能量转换的过程属性，需要对固液两相流泵进行试验测试。目前，对于固液两相流泵试验测试可分为两部分：

（1）性能试验　主要通过测试获得以表示泵工作的过程参数，形成性能曲线，如 H-Q 曲线、η-Q 曲线和 p-Q 曲线等，描述泵各个工况的变化。

（2）内流场测试　包括流动测量和流动显示两方面，主要通过试验的方法来研究流体的流动及热量、质量传输等与流体运动的相关现象。

性能试验和内流场测试是固液两相流泵测试的两个重要组成部分，两者相辅相成，性能测试是内流场测试的外在特征表现，而内流场测试是性能试验的根本内因。通过性能试验可以获得泵的各个工况点的变化，可以作为泵工作过程判断和选择的依据，内流场测试是研究泵性能优越的重要方式，只有通过性能试验和内流场测试，才能综合评价和优化固液两相流泵。

10.1　固液两相流泵试验概述

目前，由于固液两相泵输送介质的复杂性，固液两相泵种类繁多，使得固液两相泵并没有专门统一的试验标准和规范，大多数情况下还是按清水泵的试验要求进行，主要关注固液两相流泵运行试验，一般分为磨合性运行试验和稳定性模拟运行试验。

1. 磨合性运行试验

磨合性运行试验实质上是综合检查机械加工和组装的质量是否达到最基本的要求。

1）试验的内容：开机后是否有异样的振动和噪声；检查泵的轴承及轴封处的温升是否合乎要求；检查轴封泄漏程度；停机后检查轴承、平衡机构的磨损状况。

2）磨合运行试验的持续时间见表 10-1。

表 10-1　磨合运行试验的持续时间

规定工况下输入功率/kW	运行试验时间/min	规定工况下输入功率/kW	运行试验时间/min
≤50	30	>100～400	90
>50～100	60	>400	120

3）磨合性运行试验运行状况点的选定，一般以规定点（设计点）为运行状况点。

2. 稳定性模拟运行试验

稳定性模拟运行试验实质上是依据用户现场的运用条件，在生产厂的试验台上进行较长时间的运行试验。

需要做这种试验的产品，一般来说，一定是运行状况非常特别，产品质量必须达到某些稳定性指标的要求，保证今后在运用场合运行安全稳定。

这种试验的试验内容，除常规的试验内容外，有的试验项目是依据在现场运行流程中可能碰到的危险要素设定的。模拟运行试验保证万一碰到这些要素时产品仍能正常运行。

试验介质的性质、试验温度及压力应严格按照要求进行，这类试验通常与验收试验一起合并进行，只是其试验内容、试验精度及判别依据也需严格按供货合同要求执行。

10.2 固液两相流泵试验测试系统与性能测试

固液两相流泵测试试验台，是主要对固液两相流泵进行出厂试验和型式试验的软硬件装置。测试系统由流量转速测试仪、压力扬程测试仪、单/三相电参数测量仪、带电绕组温升测试仪及流量计、压力变送器、压力表等组成。固液两相流泵试验台有开式与闭式两种。

10.2.1 两种试验台的适用性

固液两相流试验台除测试汽蚀试验采用闭式试验台外，一般以开式试验台为主。固液两相流泵测试试验台与普通水泵测试试验台相似，在有些情况下，为了保证固液两相流在泵进口固液混合物均匀性，一般需要加搅拌工具，降低由于固液相对密度差异导致沉降现象的发生。常见固液两相流泵试验装置及系统如图 10-1 所示。

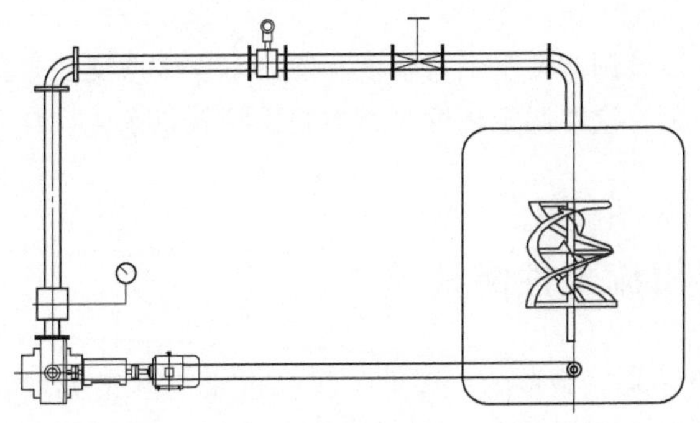

图 10-1 常见固液两相流泵试验装置及系统

图 10-2 所示为兰州理工大学能源与动力工程学院搭建的 100LN-7 型螺旋离心泵开式试验台和闭式试验台，其主要结构组成如下。

（1）管路　采用 PVC 管，吸入管和排出管直径均为 100mm。

（2）阀门　吸入管设有水封阀以控制吸入管路并调节进口压力，排出管设有手动调节阀以调节泵的流量。

（3）蓄水桶　考虑后期在该试验台基础上改造进行 PIV 测试，方便示踪粒子回收和节省试验成本，液体储蓄在直径为 1.5m、高为 2.5m 的蓄水桶中。

a) 固液两相流开式试验台

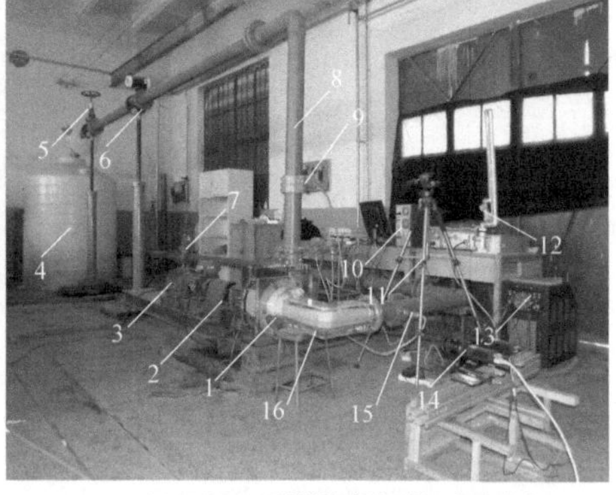

b)100LN-7型螺旋离心泵闭式试验台

图 10-2　两种试验台

1—100LN-7 型透明螺旋离心泵　2—转矩仪　3—电动机　4—蓄水桶　5—手动调节阀　6—电磁流量计　7—闸阀　8—出口管道　9—出口测压　10—数据采集装置　11—三脚架　12—片光源　13—激光发射装置　14—高速摄像机　15—进口测压　16—进口水管

10.2.2　两种试验台的特点

开式系统从水池吸水再泵回水池，其散热性好，系统较简单。但是汽蚀试验中只能调节进口阀开度来改变装置汽蚀余量，不易准确控制试验工况，阀门的节流本身也会产生汽蚀，因而试验精度差，尤其当泵的汽蚀余量较小时，汽蚀点测量有困难。

闭式系统可以通过调节蓄水桶真空度和筒内水位来改变装置汽蚀余量。装置汽蚀余量的变化较稳定，汽蚀测定精度高，但是系统较复杂，设计安装要求较高，散热性差。

10.3　固液两相流泵性能试验

泵的性能试验是泵试验最为重要的一种，由于流体在水力机械中流动十分复杂，是一种非定常的三维湍流，至今还不能完全用分析的方法确定水力机械的性能特性，只有通过试验确定水力机械的特性曲线，来描述水力机械在不同工况下的运行特性。水力机械的特性曲线对其研究、开发、设计和使用具有重要的意义。

泵的性能试验就是要测得泵的主要功能参数值，如流量 Q、扬程 H、效率 η、泵的输入功率 P、汽蚀余量 NPSH，这些参数之间存在一定的相互关系，反映这些性能参数之间的互相关系曲线，即 H-Q 曲线，P-Q 曲线，η-Q 曲线等成为性能曲线。

对于固液两相流泵性能测试，需要注意的是固液两相流体不同于清水的即为密度，因此，在测试获得数据处理时应采用测试流体的密度计算。

10.3.1 性能试验测量系统

参数测量系统分在线测量和非在线测量两部分。目前，大多采用在线测量参数，其中包括输入转矩、转速、进口压力、出口压力、流量。测量仪器及说明如下。

(1) 转矩、转速和功率测量　采用转矩、转速传感器和扭矩仪配套测量，并显示转矩、转速和功率。

(2) 流量测量　常采用涡轮、电磁流量计和超声波流量计进行流量测量。

(3) 压力测量　泵出口压力由出口压力变送器测量。一般情况下，进口通常为负压，大多选用同出口同类型的压力变送器。

(4) 启动调节　为了保证泵启动的稳定性，采用变频器进行启动调节，逐渐达到泵的额定转速。

10.3.2 性能试验方法

1) 根据仪器设备条件按要求连接各仪表、装置。

2) 试验前先记录所试验的泵、管路及环境条件等原始资料。

3) 在进口管路闸阀全开和出口管路上的调节阀关闭的状态下启动泵，运转不超过 3min，待运行稳定后打开出水管路上的调节阀。

4) 在测取试验数据之前，使泵在保证的流量下和工作范围内进行试运转，试运行时间一般为 20~30min。对轴承和填料的温升、轴封的泄露、振动与噪声等情况进行全面地检查，一切正常方可进行试验。

5) 试验的测量点，从汽蚀初生的流量开始取 13 个不同的流量点，一直取到大流量 ($1.2Q_e$) 点流量的 15%，试验的流量点要均匀地分布在曲线上。

6) 打开进口管路上的闸阀，使其处于全开状态。逐次调节出口管路上的调节阀的开度使泵在给定流量下运行，对应每一个流量点，都要在稳定运行情况下测取流量、转速、转矩、压力，并详细记录，直至测到大流量的 15%。

10.3.3 性能试验计算

1. 扬程

流量由智能电磁流量计直接读出。扬程由进口、出口压力变送器测量，通过公式

$$H_1 = Z_1 + \frac{p_1}{\rho g} + \frac{{v_1}^2}{2g} \tag{10-1}$$

$$H_2 = Z_2 + \frac{p_2}{\rho g} + \frac{{v_2}^2}{2g} \tag{10-2}$$

由此得出泵的扬程

$$H = H_2 - H_1 = H_2 = Z_2 - Z_1 + \frac{p_2 - p_1}{\rho g} + \frac{v_2^2 - v_1^2}{2g} \tag{10-3}$$

式中 ρ——流体的密度（kg/m^3）；

g——重力加速度（m/s^2）。

$v_1 = Q/A_1$，$v_2 = Q/A_2$，$A_1 = \pi {D_1}^2/4$，$A_2 = \pi {D_2}^2/4$。D_1、D_2 分别为泵的进出口管的直径。

2. 功率

轴功率由数字转矩转速功率仪测的转矩，即可按下式获得功率

$$P = M\omega \tag{10-4}$$

式中 M——流体压力和黏性力对叶轮回转轴的转矩（N·m）；

ω——叶轮旋转角速度（rad/s）。

3. 效率

效率可按下式计算

$$\eta = \frac{\rho g q_V H}{P} \times 100\% \tag{10-5}$$

式中 q_V——通过固液两相流泵的体积流量（m^3/s）；

ρ——试验介质密度（kg/m^3）。

10.3.4 注意事项

1）测量用仪器、仪表的系统误差应保证测定的测量误差不大于所规定的误差范围。

2）试验要有足够的持续时间，以获得一致的结果并达到预期的试验精度，每测一个流量点应有一定的时间间隔，并同时测量流量、压力、转速和转矩。

3）试验完成后，认真检查试验记录与试验过程是否出现异常波动，如出现与实际不符的记录，查找原因。

4）多测几组数据，以消除随机误差，提高置信度。

5）工况点的选取确定后，一定要调节阀门开度保证流量从小到大变化，以保证不破坏流动的稳定性与连贯性。

10.4　固液两相流泵其他综合试验

10.4.1　泵的汽蚀试验

1. 试验原理

由泵的汽蚀理论可知，在一定的转速和流量下，泵的必需汽蚀余量 NPSHr 是一个定值。但装置的有效汽蚀余量 NPSHa 却随装置情况的变化而变化，因此可以通过改变吸入装置情况来改变 NPSHa。当泵发生汽蚀时，NPSHa = NPSHr = NPSHc，NPSHc 就是求得的临界汽蚀余量。

汽蚀试验宜采用改变水泵进出口阀门开度两个调节参数而使流量保持不变的方法进行，并规定在给定流量下试验扬程（或效率）下降（$2+K/2$）%时的 NPSHa 值作为该流量下的 NPSHc 值。其中，K 为型式数。型式数是一个无因次量，由下式定义

$$K=\frac{2\pi n\sqrt{Q}}{60(gH)^{3/4}} \tag{10-6}$$

式中　n——转速（r/min）；

Q——泵设计工况点流量（m^3/s）；

H——泵设计工况点扬程（m）；

g——重力加速度，为 9.81m/s^2。

注：型式数按泵设计工况点计算。

2. 试验操作

汽蚀试验具体操作就是操作进、出管路上的两只球阀，操作时须配合同时调节，阀门的开闭切不可幅度过大，因为汽蚀试验时，压力表、真空压力表非常灵敏。

3. 试验数据测量

汽蚀试验要测取的参数有 Q、H、η 和 NPSHa，其中 Q、H、η 的测量与性能试验相同，主要是 NPSHa 的测量。

$$\text{NPSHa}=\frac{p_{amb}-p_v}{\rho g}+\frac{v_1^2}{2g}-H_1 \tag{10-7}$$

式中　NPSHa——有效汽蚀余量（m）；

p_{amb}——环境大气压力（Pa）；

p_v——试验温度下的水汽化压力（Pa）；

H_1——真空压力表读数（m）；

ρ——液体密度（kg/m^3）；

v_1——液体入口平均流速（m/s）。

4. 试验步骤及操作要点

1）在泵的工作范围内选定 3 个流量。

2）在选定的流量下进行试验数据测量。具体方法为：在开式试验台上，改变泵的吸入管路闸阀开度，实质上是改变吸入管路的阻力，使可用汽蚀余量改变。为了摆正流量不变，须在改变吸入管路上的闸阀开度的同时，随时调节出口管路上的调节阀，进行 NPSHa、H、n 测量。至少进行 8 个工况点的测量。

3）试验中判断汽蚀是否发生很重要，可从两个角度判断。①扬程（出口压力）明显下降，噪声和振动明显增大时，汽蚀已发生；②当 NPSHa 比平台值下降大于 20%时，汽蚀已发生。建议采用后一种方法。

4）为顺利完成试验，建议试验时前 4~5 个工况点调节幅度小些，以便得到稳定的 NPSHa 平台，后 3~4 个工况点可适当加大调节幅度，以便快速找到 NPSHa 下降大于 20%的点，然后在该点附近适当加密测点以便作出较完整清晰的汽蚀曲线。

10.4.2 泵的振动试验

固液两相流泵在使用过程中，由于汽蚀、泵轴与电动机不同心、出口流量太大、泵轴承损坏和基础或紧固件松动、压力脉动等原因，出现较大的噪声或振动，对于泵的稳定运行和寿命有较大的影响，对泵的运行进行实时监控，才能有效降低安全事故。

1. 振动测量表征参量

1）位移幅值、速度幅值、加速度幅值运用简谐振动的运动方程，见式（10-8）~式（10-10）。

$$s=s_m\cos(\omega t+\psi_s) \tag{10-8}$$

$$v=v_m\cos(\omega t+\psi_v) \tag{10-9}$$

$$a=a_m\cos(\omega t+\psi_a) \tag{10-10}$$

式中 s_m——位移幅值（mm）；

v_m——速度幅值（mm/s）；

a_m——加速度幅值（mm/s^2）；

s——位移瞬时值（mm）；

v——速度瞬时值（mm/s）；

a——加速度瞬时值（mm/s^2）；

ω——角速度（rad/s）；

t——时间（s）；

ψ_s、ψ_v、ψ_a——初始相角（rad）。

2）振动烈度。规定振动速度的均方根值（有效值）为表征振动烈度的参数。

泵的振动不是单一的简谐振动，而是由一些不同频率的简谐振动复合而成的周期振动或准周期振动，设它的周期是 T，振动速度的时间域函数为

$$v=v(t) \tag{10-11}$$

则它的振动速度的均方根值用式（10-12）计算。

$$v_{\mathrm{rms}}=\sqrt{\frac{1}{n}\sum_{i=1}^{n}v_i^2(t)} \tag{10-12}$$

3）设泵的振动由几个不同频率的简谐振动所合成。由频谱分析可知，加速度、速度或位移幅值（a_{m}、v_{m}、s_{m}）是角速度 ω_j（$j=1, 2, \cdots, n$）的函数。根据加速度幅值 a_{m}、位移幅值 s_{m} 或速度幅值 v_{m}，可由式（10-13）计算振动速度的均方根值。

$$v_{\mathrm{rms}}=\frac{v_{\mathrm{m}}}{\sqrt{2}}=\frac{\omega a_{\mathrm{m}}}{\sqrt{2}}=\frac{s_{\mathrm{m}}}{\sqrt{2}\,\omega} \tag{10-13}$$

2. 测量振动烈度的一般准则

（1）测量仪器　应当正确选用振动烈度测量仪器来指示和记录被测泵的振动。在进行振动测量之前应细心地检查，保证测量仪器在主要的环境条件（如温度、磁场、表面粗糙度等）下、在所要求的频率范围和速度范围之内能精确地工作，应当知道在整个测量范围之内仪器的响应和精度。

所用的振动烈度测量仪应经过计量部门检定认可，在使用前对整个测量系统进行校准，保证其精度符合要求。对测量用传感器应当细心地、合理地进行安装，并保证它不会明显地影响泵的振动特性。

（2）泵的安装与固定　机器的固定对所测得的机器振动值有很大的影响。对于泵不应在软安装或固定在软安装底板上测振动，应安装在固定的结构基础上测量。在这种情况下，必须注意只有基础（包括安装用导轨、土壤或混凝土）具有类似的动力学特性，才能对同类泵的振动烈度作正确地比较。如果这些条件不满足，只能对某种特定情况测定其振动烈度，此时，应注明基础和固定方法，作为比较振动烈度时的参考。

泵在实验室作性能试验时，要同时进行振动测量和评价，此时对泵的基础固定要严格要求。泵在试验时属临时安装，当安装质量不如它在工作现场时，允许以在工作现场测得的振动烈度为准。

（3）测点与测量方向　每台泵至少存在一处或几处关键部位，为了了解泵的振动，我们把这些部位选为测点，这些测点应选在振动能量向弹性基础或系统其他部件进行传递的地方，泵通常选在轴承座、底座和出口法兰处。把轴承座处和靠近轴承处的测点称为主要测点；把底座和出口法兰处的测点称为辅助测点。

立式泵主要测点的具体位置应通过试测确定，即在测点的水平圆周上试测，将测得的振动值最大处定为测点。

每个测点都要在三个互相垂直的方向（水平、垂直、轴向）进行振动测量。

（4）泵的振动烈度　比较主要测点，在三个方向（水平 X、垂直 Y、轴向 Z）、三个工况（允许用到的小流量、规定流量、大流量）上测得的振动速度有效值，其中最大的一个定为泵的振动烈度。

辅助测点的振动值不能作为评价的依据。辅助测点的振动大于或接近主要测点的振动值时，只能说明泵的固定或装配有问题。

3. 泵的振动评价

（1）评价振动烈度的尺度　在 10~1000Hz 的频段内速度均方根值相同的振动被认为具有相同的振动烈度。表 10-2 相邻两档之比为 1∶1.6，即相差 4dB。4dB 之差代表大多数机器振动响应的振动速度有意义的变化。

用泵的振动烈度查表 10-2 振动烈度级范围（10~1000Hz），确定泵的烈度级。

表 10-2　泵的振动烈度

烈　度　级	振动烈度的范围/(mm/s)	烈　度　级	振动烈度的范围/(mm/s)
0.11	>0.07~0.11	4.50	>2.80~4.50
0.18	>0.11~0.18	7.10	>4.50~7.10
0.28	>0.18~0.28	11.20	>7.10~11.20
0.45	>0.28~0.45	18.00	>11.20~18.00
0.71	>0.45~0.71	28.00	>18.00~28.00
1.12	>0.71~1.12	45.00	>28.00~45.00
1.80	>1.12~1.80	71.00	>45.00~71.00
2.80	>1.80~2.80	—	—

（2）泵的分类　为了评价泵的振动级别，按泵的中心高和转速把泵分为四类，见表 10-3。

表 10-3　泵分类

类　别	中心高/mm		
	≤225	>225~550	>550
	转速/(r/min)		
第一类	≤1800	≤1000	—
第二类	>1800~4500	>1000~1800	>600~1500
第三类	>4500~12000	>1800~4500	>1500~3600
第四类	—	>4500~12000	>3600~12000

卧式泵的中心高规定为由泵的轴线到泵的底座上平面间的距离 h（mm）。

立式泵本来没有中心高，为了评价它的振动级别，取一个相当尺寸当作立式泵的中心高，即立式泵的出口法兰密封面到泵轴线间的投影距离。

(3) 评价泵的振动级别　泵的振动级别分为 A、B、C、D 四级，D 级为不合格。

泵的振动评价方法是首先按泵的中心高和转速查表 10-3 确定泵的类别，再根据泵的振动烈度查表 10-4，就可以得到评价泵的振动级别。

杂质泵的主动评价方法，如按表 10-3 在第一类的泵，用表 10-4 第二类评价它的振动级别，依此类推。

表 10-4　振动级别

振动烈度范围		评价泵的振动级别			
振动烈度级	振动烈度分级界线/(mm/s)	第一类	第二类	第三类	第四类
0.28	0.28	A	A	A	A
0.45	0.45	A	A	A	A
0.71	0.71	A	A	A	A
1.12	1.12	B	A	A	A
1.80	1.80	B	B	A	A
2.80	2.80	C	B	B	A
4.50	4.50	D	C	B	B
7.10	7.10	D	D	C	B
11.20	11.20	D	D	D	C
18.00	18.00	D	D	D	D
28.00	28.00	D	D	D	D
45.00		D	D	D	D

10.4.3　泵的噪声试验

噪声的物理量有声压、声强和声功率等，应优先选择声功率级方法，在条件不具备时才采用声压级方法。有争议时以声功率级为准。

描述噪声特性的方法可分为两类：一类是把噪声单纯地作为物理扰动，用描述声波的客观特性的物理量来反映，这是对噪声的客观量度；另一类涉及人耳的听觉特性，根据听者感觉到的刺激来描述，这是噪声的主观评价。

1. 泵的噪声测试表征参量

(1) 时间平均声压级 $L_{\mathrm{peq,T}}$　一个连续稳态的声压级，在测量时间间隔 T 内，它与随时间变化的被测声有相同的均方声压，也称等效声压级。

时间平均声压级按式 (10-14) 计算：

$$L_{\mathrm{peq,T}} = 10\lg\left[\frac{1}{T}\int_0^T 10^{0.1L_p(t)}\mathrm{d}t\right] = 10\lg\left[\frac{1}{T}\int_0^T \frac{p^2(t)}{p_0^2}\mathrm{d}t\right] \tag{10-14}$$

式中　T——测量时间间隔（s）；

p——瞬时声压（Pa）；

p_0——基准声压（20μPa）。

注：时间平均声压级一般为 A 计权，用 $L_{\mathrm{Aeq,T}}$ 表示。

（2）单次事件声压级 $L_{p0,1s}$　规定时间性间隔 T（或规定的测量时间 T）上独立单发事件的时间积分声压级，T_0 标准化到 1s。

单次事件声压级按式（10-15）计算：

$$L_{p0,1s} = 10\lg\left[\frac{1}{T_0}\int_0^T \frac{p^2(t)}{p_0^2}\mathrm{d}t\right] = L_{\mathrm{peq,T}} + 10\lg\left[\frac{T}{T_0}\right] \tag{10-15}$$

式中　T——测量时间间隔（s）；

T_0——基准持续时间（s）；

p——瞬时声压（Pa）；

p_0——基准声压（20μPa）。

2. 泵的声功率级测定方法

在需要精确测定泵声源的声功率级时，应考虑原动机（电动机、内燃机等）对噪声的影响，必要时应对原动机采取隔声（如隔声罩）等降低影响的措施。

（1）声学测量环境　理想的声学测量环境应是除一反射面（地面）外无其他反射物体。在反射面上方近似为一自由场。适合本标准的测量环境为宽广的户外或满足要求的房间。测量泵的噪声一般都在实验室（试泵场）进行。

（2）对测量环境（实验室、试泵场）的要求　评定实验室是否符合要求的标准为 $A/S \geqslant 1$（A 为实验室房间的吸声量，S 为测量表面的面积）或环境修正值 $K_2 \leqslant 7$。

（3）背景噪声的要求　在测点上，泵工作时测得的 A 声级与背景噪声的 A 声级之差应至少大于 3dB。

3. 泵的安装与运行工况

（1）安装　在安装泵和试验设备时应注意以下几点：

1）在实验室测量时，出口节流阀应装在离泵较远处。

2）吸入和排出管路噪声过大时，应采取降低噪声影响的措施。

3）应尽量减少来自其他试验设备的噪声影响。

（2）运行工况　在测量离心泵、混流泵、轴流泵等叶片泵的噪声时，应在规定转速（允许偏差±5%）、规定流量下进行。在测量齿轮泵、滑片泵、螺杆泵等容积泵（往复泵除外）噪声时，应在规定转速（允许偏差±5%）、规定工作压力下进行。

4. *A* 声级的测量

（1）测量表面　传声器应位于包络声源的假想测量表面上，可选用两种测量表面方法中的一种：

1）半径为 r 的半球测量表面。

2）各面平行于基准体对应各面的矩形六面体测量表面。

当比较相同类型泵的噪声时，建议采用形状相同的测量表面和同样的测点位置。

（2）基准体　基准体为一包络声源并终止于反射面上的最小矩形六面体。在确定基准体大小时，声源的凸出部件（如凸台、法兰等）只要不是声能的主要辐射体可不予考虑。为了安全起见，基准体可选择足够大，将危险工作点包括进去。

在测量泵的噪声时，用泵声源确定基准体。

在测量泵机组的噪声时，用泵机组声源（包括泵和原动机一起）确定基准体。

5. 半球测量表面上的测量

在选择测量表面时，应优先选择半球测量面，如对单级泵、两级泵、双吸泵、中开泵等要求选择半球测量面。

（1）测点位置　将传声器位于半径为 r、面积为 $A=2\pi r^2$ 的假想半球表面上，半球中心为基准体几何中心在反射面上的投影，半球的半径至少为基准体最大尺寸的 2 倍。

如果被测声源辐射可听的离散频率，选择高出地面为 $0.6r$ 的测点位置来测定 A 声功率级 L_{WA} 时将会带来较大的误差。在此情况下，测点位置可以位于恰好高于地面的半球表面上。但只有地面是坚硬的（如混凝土或沥青地面）情况下可以这样放置，测点离地面的距离不大于 0.05mm。

除需要的反射地面外，传声器距其他反射体应不小于 0.5mm。

（2）试测　对半球测量表面测点位置相对于被测声源的方位（即坐标轴 X、Y 的方位）需要试测加以确定，即用声级计在高度为 $0.6r$ 处沿着距 Z 轴为 $0.8r$ 的圆形路径找出 A 声级最高的一点，使该点与 4 个测点位置之一重合。

（3）测量　对测量声源经过对背景噪声的修正后，计算测量表面平均声压级和平均 A 声功率级。

6. 矩形六面体测量表面上的测量

对大型多级泵、大型立式泵，比如大型泥浆泵等采用矩形六面体测量表面。

（1）测点位置　传声器位于包络声源并与基准体各表面垂直距离为 d 的假想矩形六面体测量表面上，距离 d 一般为 1m，最小距离不应小于 0.25m，测点距反射面的高度 h 为 $(H+d)/2$，H 为基准体高度。测点距反射面最低高度为 0.15m。当基准体高度 H 大于 2.5m 时，测点依次布置在 $(H+d)/2$ 和 $(H+d)$ 两个高度上或根据声源的实际情况来安放，这时除每个高度上的四个测点处，另两个测点如下：

1）距基准体顶面中心垂直距离为 d 处。

2）按标准 GB/T 4214.1—2017 中规定的水平路径上 A 声功率级最高的一点。

（2）试测　对矩形六面体测量表面，测点位置相对被测声源的方向是固定的。

通过试测确定标准 GB/T 4214. 1—2017 中所说的点，找出 A 声功率级最高的一点。

为了安全起见，声源上方的测点可以不取，但必须在试测中证实如此做将不影响声功率级的准确度。具体测量及规范可参见标准 GB/T 4214. 1—2017《家用和类似用途电器噪声测试方法　通用要求》。

7. 泵的噪声级别评价方法

在测量泵的声功率级时，用评价表面上的声压级来评价泵的噪声级别；在测量泵的 A 声级时，不重新规定评价表面，用平均声压级 $\overline{L}_{PA}$ 评价泵的噪声级别。

（1）评价表面　用泵的声功率级评价泵的噪声级别时，规定一个半径为 R 的半球面为评价表面。

$$R=\sqrt{\frac{1}{4}l_1l_2+\sqrt{l_1l_2}+h^2+1} \tag{10-16}$$

式中　l_1、l_2——基准体的长和宽（m）；

h——与泵的中心高有关（m）。

对卧式泵，中心高是泵的轴线到声反射面（地面）间的距离；对立式泵，中心高为出口法兰密封面到泵轴线间的投影距离。当中心高不大于 1m 时，h 取 1m；当中心高大于 1m 时，h 取中心高。

（2）计算评价表面上的声压级　设泵的声功率级为 L_{WA}，按半自由场条件下的点声源，计算半径为 R 的评价表面上的声压级。

$$L_{PA}=L_{WA}/20\lg(R-R_0)-8.0 \tag{10-17}$$

式中　L_{PA}——半径为 R 的评价表面上的声压级（dB）；

L_{WA}——泵声源的声功率级（dB）；

R——规定的评价表面的半径，用式（10-16）计算（m）；

R_0——基准半径（1m）。

（3）划分泵的噪声级别的限值 用三个限值 L_A、L_B、L_C 把泵的噪声划分为 A、B、C、D 四个级别，D 级为不合格。

用下面的公式确定泵的噪声限值：

$$L_A=30+9.7\lg(P_un) \tag{10-18}$$

$$L_B=36+9.7\lg(P_un) \tag{10-19}$$

$$L_C=42+9.7\lg(P_un) \tag{10-20}$$

式中　L_A、L_B、L_C——划分泵的噪声（dB）；

P_u——泵的输出功率（kW）；

n——泵的规定转速（r/min）。

当满足：

$(L_{PA}$ 或 $\overline{L_{PA}})\leqslant L_A$ 的泵噪声评价为 A 级；

$L_A<L_{PA}$ 或 $\overline{L_{PA}}\leqslant L_B$ 的泵噪声评价为 B 级；

$L_B < L_{PA}$ 或$\overline{L_{PA}} \leqslant L_C$ 的泵噪声评价为 C 级；

$(L_{PA}$ 或$\overline{L_{PA}}) > L_C$ 的泵噪声评价为 D 级。

10.5　固液两相流泵内流场显示测试研究

流动测试技术是开展试验研究的必要工具和得力臂助，尤其是近年来日益发展的各种现代流动测试技术，对发现流体运动规律，揭示流动的内在本质具有决定性的作用。传统测试手段和方法有油墨法及染色迹线法，随着计算机和 CCD 设备的发展，目前，现代测试技术中 PIV 和高速动态摄像机应用较广，且准确度较高，逐渐成为流体机械现代测试技术的主流方法，本节重点介绍这两类测试方法在固液两相流泵内流场测试中的应用。

10.5.1　传统流动测试技术研究

最早采用高速摄影方法观察和分析固体颗粒在泵体内运动的是美国的 J. B. Herbich 等人在 20 世纪 60 年代初进行的，试验表明，颗粒倾向于靠近叶片工作面运动。目前，国内外对两相流中的固体颗粒研究有以下三种不同观点：第一种观点认为颗粒质量越大，其运动轨迹越容易偏离叶片工作面。分析指出小颗粒沿着叶片工作面运动，大颗粒由于受叶轮径向较大的离心力，在叶轮流道中运动时就脱离了叶片工作面。或更明确说，小颗粒运动的相对轨迹靠近叶片工作面，主持该观点的有苏波隆等人。第二种观点刚好和第一种观点相反，扎利亚等人认为颗粒质量越大，其运动轨迹越靠近叶片工作面。该观点分析指出颗粒的质量增加时，其绝对速度减小，相对速度增加，圆周速度增大，而相对运动角减小，所以颗粒越大，沿着叶片工作面运动的概率就越大。板谷树等人得出的第三种观点认为颗粒质量对其相对运动轨迹的影响不大。

值得注意的是，即使同是采用高速动态摄像机对泵内固体颗粒运动轨迹进行试验研究，或同一个研究者，不同时期得出了前后矛盾的观点。国外扎利亚在 1983 年发表的文章，其观点与其在几年前发表的文章观点刚好相反。国内朱金曦和赵敬亭对泵轮内颗粒运动轨迹研究前后观点截然不同。

这些对立的理论，说明了受试验条件和对理论知识缺乏足够的认识影响试验结果。国外，峰村先用三元理论计算了离心泵的清水流场，然后将计算结果代入对水流影响的颗粒运动微分方程组内，推导出球形颗粒运动的轨迹。国内大多学者比较赞同第二种观点。国内对叶轮颗粒运动轨迹进行系统而深入研究的是清华大学许洪元和吴玉林等人，从 20 世纪 90 年代初期开始，在总结国内外前人研究基础上，对泵内固体颗粒运动规律应用离子图像测速技术进行了系统的试验研究和分析，表明颗粒的密度和粒径越大，颗粒运动会越趋于叶片工作面，密度大于水的固体颗粒，在叶轮中的轨迹偏向叶片工作面，颗粒质量越大，这种偏向就越明显。

10.5.2 现代流动测试技术发展过程

流体流动是一种复杂的能量转换或转移现象，尤其对于旋转机械中的流体，其流体运动规律更加复杂。现代流体流动测试技术涵盖了流动测量（flow measurement）和流动显示（flow visualization）两方面，主要通过试验的方法来研究流体的流动及热量、质量的传输等现象。

1. 流动测速技术

流体的速度是描述流体流动状态的主要参数之一，流速的测量是研究流场必不可少的环节。最早原始的流动测速可以追溯到1732年，法国工程师毕托（Pitot）在一维管道流动理论基础上，发明了通过测量压力来获取流速的毕托管。当时的毕托管只能测出水流的总压，必须从中减去静压才能计算流速。通常我们所称的毕托管是普兰特（Prandtl）在1905年改进的，可以同时测出总压和静压。后来，出现了同样应用机械能转换的原理设计出的旋桨流速仪。毕托管和旋桨流速仪的最大缺点就在于不能提供流动的紊动信息，不能满足在流体力学紊流研究的进一步发展。在20世纪初，热线技术的问世在这方面取得了突破，实现了从平均速度测量到脉动速度测量的跨越。

热线热膜测速技术（hot wire/film anemometry，HWFA）是1902年Shakepear完成其原理试验，1914年，King的无限长线和流体之间的对流理论奠定了热线热膜测速技术的理论基础。建立在热交换原理的基础上，只考虑强迫对流的热交换下，建立导体温度和周围流速一一对应关系来得出流场流速。根据探针的不同形态，一般分为热线流速仪和热膜流速仪两类，它们具有空间和时间分辨率高、背景噪声低、测量范围大、对流体干扰小的优点，探头可以通过导线引入工作环境，能够在复杂流场取得较高精度的测量，缺点在于由于探针或探头的存在，对所测量的流场产生了一定的干涉，尤其是较小的流场，探头的影响更加明显，测量的空间分辨率受到限制，凸显了接触式测量方法最大的不足。

鉴于接触式测量对流场的影响，试图在不引入误差的情况下观察流体真实运动，开发非接触式测量方法尤为重要，伴随着这方面的探索，声、光技术逐渐进入流动测速领域，并迅速发展成为主导方向。

1917年郎之万最先采用声纳技术进行了水下测量，之后相继出现了其他各种速度测量，像时间差法、射束位移法、相位差法、多普勒方法等，其中多普勒方法因其对速度变化敏感而获得广泛应用。声学多普勒流速仪（acoustic doppler velocimeter，ADV）的原理是基于多普勒效应。ADV具有三维速度测量、精度高、操作简便的优点，但由于流体本身性质诸如温度、盐度和压力等对声速的影响，在利用ADV测速时准确计算相应条件下的声速很重要。更为彻底的非接触测量方法是激光多普勒流速仪（laser doppler velocimeter，LDV），它利用流场中离子的

Mie 散射，通过测量散射光相对于原入射激光的多普勒频移量，计算离子的运动速度。LDV 具有较好的时间分辨率和空间分辨率，测量精度超过了其他方法的精度。

上述几种方法的共同缺点是只能完成流畅单点（或数点）测量，但对于复杂非定常流场来说，获得全流场的瞬时速度场更加有意义。为了实现瞬时全场多点测量系统，人们开始研究另外一种测量方法——流动显示技术。

2. 流动显示技术

流动显示技术的最大优点仍是非接触测量，对被测对象流场不产生影响，测量资料更为可靠，不同于流动测速技术能够提供直观的瞬时全场流动信息。1892 年 L. Mach 研制的 Mach. Zehnder 干涉仪，使得干涉计量进入了流动显示领域，开创了流动显示的定量试验技术。随后出现的激光全息术、光学层析术、散斑、干涉、粒子图像测速等方法的出现，进一步推动了实现瞬时、高分辨率和定量化空间流场显示的进程。表 10-5 是流动显示技术的比较。

表 10-5 流动显示技术的比较

名 称	时间/分类	原理	优点	缺 点
激光诱导荧光技术（laser induced fluorescence，LIF）	20 世纪 70 年代	荧光信号强度与物质含量之间的线性关系	用于浓度场、温度场、压力场等定量测量	①荧光物质的毒性 ②测量完成后后处理，只能通过标定曲线来完成，降低了测量精度
离子图像测速技术（particle image velocimetry，PIV）	激光散斑技术（laser speckle velocimetry，LSV）、粒子跟踪测速技术（particle racking velocimetry，PTV）	荧光粒子示踪流动显示	借助计算机、照相机等处理	①示踪粒子跟随性要求 ②示踪粒子含量对流场影响 ③对其他辅助技术要求较高
层析技术（tomography）	1967 年	计算机断层化显像原理	多方位对流场观测，由所得“投影”数据重建三维图像	①多方位照射许多次完成 ②受时间分辨率限制，所以一般多用于定常流动的测量

由于计算机技术和图像处理技术的发展，离子图像测速技术（particle image velocimetry，PIV）和高速动态摄像机测试技术在流体机械流场测量中已经得到了广泛应用。Adrain 对离子图像测速技术进行了系统的研究，根据示踪粒子成像浓度将其分为激光散斑技术（laser speckle velocimetry，LSV）、PIV 和粒子跟踪测速技术（laser tracking velocimetry，LTV）。PIV 测量系统已在科学研究中体现出了优势。

10.5.3 PIV 测试技术

1. 粒子图像测速技术原理

PIV 技术作为一种非接触、瞬时、动态、全流场的速度场测量技术。通过激光照亮需测试的流场切面，应用数字相机，拍摄散布在流场中跟随性较好的示踪粒子前后两帧图像，对其进行算法处理，得到流场一个切面内定量的速度分布，进一步处理可得流场涡量、流线等流场特性参数分布。粒子图像测速技术原理如图 10-3 所示。

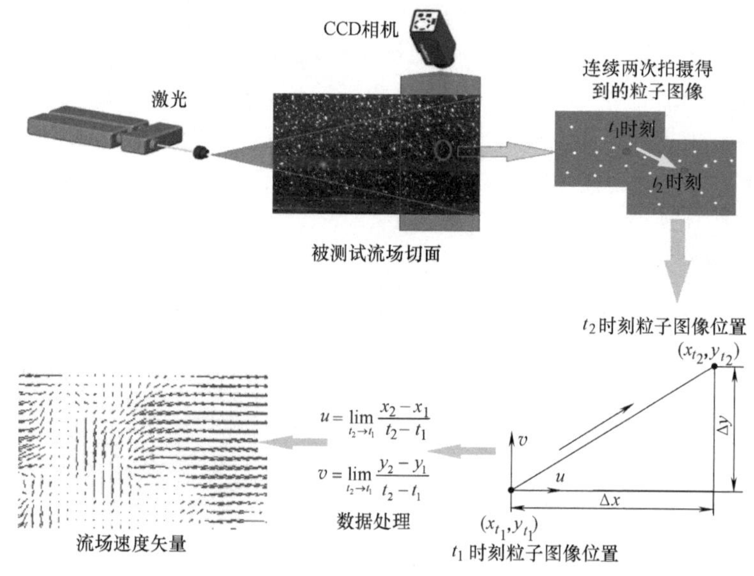

图 10-3 粒子图像测速技术原理

相机在连续两次曝光拍摄到粒子所在位置图像，在已知的时间间隔 Δt 内，流场中某一示踪粒子在二维平面上运动，它在 x，y 两个方向的位移是时间 t 的函数。该示踪粒子所在位置液体质点的二维速度可以表示为

$$u=\lim_{t_2\to t_1}\frac{x_2-x_1}{t_2-t_1}=\lim_{\Delta t\to 0}\frac{\Delta x}{\Delta t}$$

$$v=\lim_{t_2\to t_1}\frac{y_2-y_1}{t_2-t_1}=\lim_{\Delta t\to 0}\frac{\Delta y}{\Delta t} \tag{10-21}$$

在时间间隔 Δt 无限小时，即可得到该粒子的速度矢量值，在通过计算机逐点处理可获得测试流场切面的速度场。

2. PIV 测试系统结构

PIV 测试系统主要由撒入示踪粒子的被测流场、光学照明系统、图像采集和处理系统四部分构成。

1）照明部分主要包括连续或脉冲激光器、光传输系统和片光源光学系统。

2）示踪粒子主要采用有较强的光散射特性和较高的信噪比的粒子。

3）成像部分包括图像捕捉装置和同步器等。

4）图像处理包括帧捕集器和分析显示软件。帧捕集器将粒子图像数字化，并将连续图像储存到计算机的内存中。分析显示软件分析视频或照相图像，实时显示采样的图像数据，显示速度矢量场。

测试时，激光器发出激光束，光学元件将光束变成片光源照亮所测流场。如是脉冲激光器，需设置脉冲间隔、脉冲延迟期和激光脉冲等，高速 CCD 或 MCOS 相机捕捉激光照亮流场的两幅图像，并将图像转化为数字信号传入计算机。PIV 测试系统基本结构如图 10-4 所示。

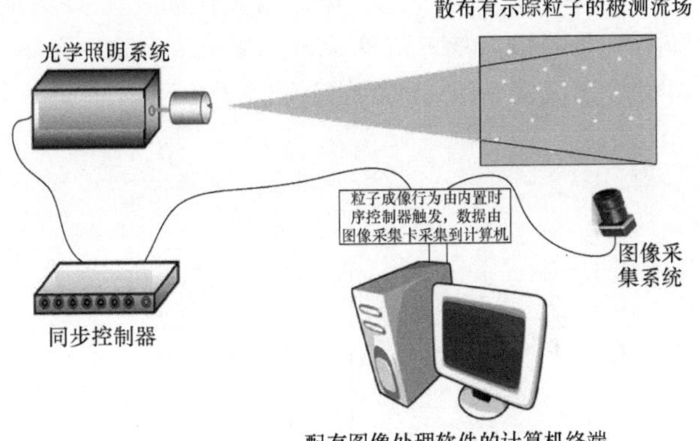

图 10-4　PIV 测试系统基本结构示意图

（1）光源　光源主要用来给测试流场区域有足够的亮度。在 PIV 测试中，为了得到不同时刻的流场图像，常采用双脉冲激光器。图 10-5 所示为双脉冲 YAG 激光器。通过调节输出频率，控制脉冲时间间隔，经过透镜组合输出能量相对集中的片光源。流体流态多变，为实现不同流速变化的打光，挑选激光主要考虑功率、光谱分布和脉冲间隔的可调性。首先，功率必须保证足够大的光照强度和足够短的曝光时间，以便清晰成像；其次，一般选用单色片光源，这样的好处就在于测试粒子的亮度分布均匀；最后，光源的脉冲间隔可调范围尽可能大，保证与 CCD 相机拍摄同步。

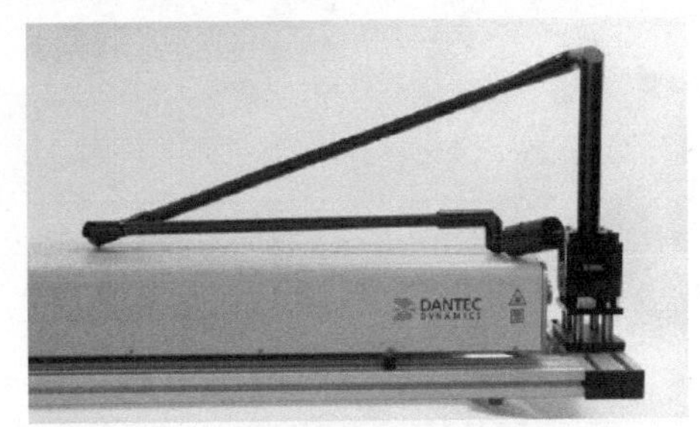

图 10-5　双脉冲 YAG 激光器

（2）示踪粒子选择　粒子图像测速技术的本质就是利用易捕捉的粒子行为来揭示流场的运动规律，示踪粒子作为一种媒介，使流场运动形象化。对于不同的测试环境，对示踪粒子的选择原则不尽相同。除满足一般要求，诸如无毒、五腐蚀、性质稳定等外，示踪粒子的选择主要考虑两方面：跟随性和光散射特性。

跟随性是指颗粒与液体流动的同步性。由于示踪粒子和液体的相对密度往往很难相等，示踪粒子相对于液体运动存在着惯性，导致示踪粒子与液相同一位置产生速度滑移，示踪粒子的运动并不完全等同于液相的运动。若粒子密度过小，虽然跟随性会较好，但示踪粒子会较多地分布在液体的上部，难以反映全流场信息，同时，粒子的大小影响着成像的质量。兼顾各方面的因素，选择示踪粒子时，应当使粒子的密度与液体大致相同。散光性是指粒子对光的散射特性，散光性越好，越有利于粒子成像。

在对示踪粒子使用上，还应考虑在流体中的分布和含量，测试域粒子过多或过少都不利于获得流场的真实流动信息。

粒子的沉降速度 u_t 和弛豫时间 T_{RT} 计算如下：

$$u_t = \frac{\rho_p d^2 g}{18\mu}$$

$$T_{RT} = \frac{v_t}{g} \tag{10-22}$$

式中 ρ_p——颗粒密度（kg/m^3）；

d——颗粒直径（m）；

g——重力加速度（m/s^2）；

μ——动力黏性系数（Pa · s）。

表 10-6 是常选用的示踪粒子的参数，其为三种示踪粒子在 20℃ 的水中（$u = 1.004 \times 10^{-5} N \cdot s/m^2$）的参数。

表 10-6 常选用的示踪粒子的参数

型号	材料	粒径/μm	密度/(g/cm^3)	沉降速度/(m/s)	弛豫时间/μs	折射率
MV-N400	Al_2O_3	0.4	3.9	3.28×10^{-7}	0.345	1.6687
MV-H0105（玻璃微珠）	$Na_2SiO_3+SiO_2$ 等烧结的混合物	1~5	1.05	$(0.568 \sim 1.42) \times 10^{-5}$	0.058~1.45	1.33
MV-H2060（玻璃微珠）	$Na_2SiO_3+SiO_2$ 等烧结的混合物	20~60	1.05	$(2.27 \sim 20.4) \times 10^{-4}$	23.24~209.2	1.33

当流速突然改变时，示踪粒子的响应时间也会随之改变。低湍流时在示踪粒子为球形假设下，忽略重力和浮力影响，当液体流速突然变化时，作用在粒子上的流体动力主要是粒子和与液体之间存在速度滑移引起的阻力，在不考虑其他因素时可建立式（10-23）。

$$m_p \frac{du_p}{dt} = 3\pi u_f d_p (u_f - u_p) \tag{10-23}$$

式中 m_p——粒子质量（g）。

当粒子做变速运动时，m_p 应包含其附加质量，则有

$$m_p = \frac{1}{6}\pi d_p^3 \rho_p + \frac{1}{12}\pi d_p^3 \rho_f \tag{10-24}$$

将式（10-24）代入式（10-23）可得

$$\frac{\mathrm{d}u_\mathrm{p}}{\mathrm{d}t}=\frac{1}{\lambda}(u_\mathrm{f}-u_\mathrm{p}) \tag{10-25}$$

式中　$\lambda=\frac{1}{18v_\mathrm{f}}\left(\frac{1}{2}+\frac{\rho_\mathrm{p}}{\rho_\mathrm{f}}\right)d_\mathrm{p}^2$——示踪粒子的响应时间（s）。

（3）图像采集部分　图像经过采样、量化以后转换为数字图像并输入、存储到帧存储器的过程，称为采集。PIV 测量过程实际是一个图像处理的过程，这些包含信息的图像数据来自图像采集部分，要获得准确的处理结果，优良的图像采集部分是必不可少的。三维 PIV 系统的图像采集部分主要包括摄像机、图像采集卡、计算机和它们之间的连线。

1）CCD 相机。PIV 成像主要通过 CCD 相机来实现。CCD 相机是使用感光性强的半导体材料制成光敏二极管，将捕捉到的光转化成数字信号，记录影像。它的核心是感光元件，一般有线阵和面阵两种，线阵 CCD 主要应用于高分辨率的静态取景，面阵 CCD 每一个光敏元件代表图像中的一个像素，整个图像可一次曝光。

2）滤光片。安装在 CCD 相机镜头前的滤光片有两个作用：一是过滤掉滤光镜的透光范围之外的背景光或杂散光，保证成像质量；二是保护相机的镜片不被"烧坏"。由于激光的高强光，脉冲片光极易损坏镜片，导致图像出现"盲点"或模糊区域，后续数据处理失真，甚至无法处理。

3）同步控制器。在 PIV 测试中，同步控制器（见图 10-6）主要保证脉冲激光和 CCD 相机同步工作，本试验采用的同步器属于绝对值编码器，用光信号扫描分度盘（分度盘与传动轴相连）上的格雷码刻度盘以确定被测物的绝对位置值，然后将检测到的格雷码数据转换为电信号以脉冲的形式输出测量的位移量。

图 10-6　同步控制器

同步控制器可以同时控制 CCD 相机的触发、脉冲激光器、快门、线圈、开关控制器等各种装置，PIV 工作时序过程如图 10-7 所示。

（4）图像处理部分　图像处理部分为 PIV 测试技术的核心部分，将双目立体视觉的思路具体化，用切实的手段实现了摄像机定标、图像预处理、双目融合和三维重构等模块，将采集到的粒子图像进行分析、提取、整理，最后得到处理的结果，即流场的速度矢量分布。因此，这一部分完成了测量流场速度的提取，目前常用的有傅里叶变换法和图像相关法。

1）傅里叶变换法。双曝光粒子图像 $f(x,\ y)$ 看做前一次曝光的粒子图像 $f_i(x,\ y)$ 与后一次曝光的粒子图像 $f_{i+1}(x,\ y)$ 的叠加，对其进行傅里叶变换，令

$$\begin{aligned}F(u,v)&=F\{f(x,y)\}\\F_i(u,v)&=F\{f_i(x,y)\}\end{aligned} \tag{10-26}$$

利用傅里叶变化的平移性质，则有

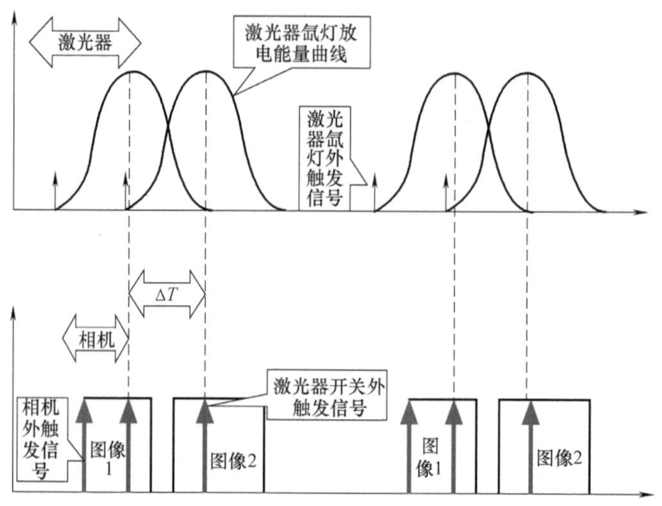

图 10-7　PIV 工作时序过程

$$|F(u,v)| = F(u,v)F^*(u,v) = 4\cos^2\left(\pi\frac{u\Delta x+v\Delta y}{N}\right)|F_i(u,v)| \tag{10-27}$$

对其再进行一次傅里叶变换，同样，应用傅里叶变换的平移性质有

$$G(u,v) = G_i(u-\Delta x,v-\Delta y)+2G_i(u,v)+G_i(u+\Delta x,v+\Delta y) \tag{10-28}$$

$G(u,\ v)$、$G_i(u,\ v)$ 分别是 $|F(u,\ v)|$、$|F_i(u,\ v)|$ 的傅里叶变换，由此把 $G(u,\ v)$ 图像中两个次亮区域中心位置检测出来，就可以得到双曝光粒子图像中的粒子位移（Δx，Δy），与两位置时间间隔 Δt 比值即为速度矢量。该方法的缺点在于计算量大、耗时长。

2）图像相关法。图像相关法根据原理不同，又可以分为自相关和互相关两类。

① 自相关。在图像处理中，相关主要用于模板与原型匹配。假设给定大小为 M×N 的数字图像 $f_i(x,\ y)$，要找到一个与某个大小为 J×K（J<M，K<N）的图像 $f_j(x,\ y)$ 最为相似的区域，一般采用式（10-29）求 $f_i(x,\ y)$ 和 $f_j(x,\ y)$ 之间的相关性解决这个问题。

$$R(m,n) = \sum_{0}^{M-1}\sum_{0}^{N-1} f_i(x,y)f_j(x+m,y+n) \tag{10-29}$$

当 $R=\max[R(m,\ n)]$ 时，表明 $f_i(x,\ y)$ 和 $f_j(x,\ y)$ 在该位置为最佳匹配位置。双曝光粒子图像是将第一、二次曝光图像 $f_i(x,\ y)$ 和 $f_j(x,\ y)$ 重叠，采用式（10-30）进行自相关运算，即可把粒子间的位移监测出来。

$$R(m,n) = \sum_{0}^{N-1}\sum_{0}^{N-1} f(x,y)f(x+m,y+n) \tag{10-30}$$

其中，图像的大小为 $N\times N$。

② 互相关。互相关技术的原理是分别在 t_1 和 $t_1+\Delta t$ 时刻图像的相应位置去一个查询窗口，计算并找出两个窗口的互相关函数峰值，即可得到窗口内粒子的平均位移和方向，这样就可求得速度矢量，将速度矢量赋予窗口中某个固定点，就可获得流场中该点的速度信息。

给定二维函数 $f(x, y)$ 和 $g(x, y)$，它们之间的互相关函数为

$$R_{\mathrm{fg}}(m,n) = \int_{-oo}^{oo} f(x,y)g(x + \Delta x, y + \Delta y)\mathrm{d}x\mathrm{d}y \tag{10-31}$$

式中 Δx、Δy——粒子像在水平和竖直方向上的位移。式（10-31）反映了 $f(x, y)$ 和 $g(x, y)$ 函数间的匹配程度。其离散形式见式（10-32）。

$$R(n,m) = \sum_{0}^{N-1}\sum_{0}^{N-1} f(X,Y)g(X + n, Y + m) \tag{10-32}$$

式中 $n=1, 2, 3, \cdots, N-1$；$m=1, 2, 3, \cdots, M-1$。

$f(X, Y)$ 和 $g(X, Y)$ 分别为 t_1 和 $t_1+\Delta t$ 时刻查询窗口图像函数，$g(X, Y)$ 是 $f(X, Y)$ 经过 Δt 时间后的形态。当 $R=\max\ [R(m, n)]$ 时，可得到 $f(X, Y)$ 经过 Δt 时间后的相对位移，进而求得 t_1 时刻的速度。

3. PIV 试验注意事项

PIV 试验过程除了保证一般试验操作安全性和注意事项外，还有一些其他事项需要特别注意，以保证试验人员的安全和操作仪器的正常运行。

1）尽量避免激光对人体照射的危害。PIV 试验中使用大功率双脉冲激光器，激光对人体的伤害是永久的，尤其是对试验人员的眼睛和皮肤。在激光开启前必须保证片光源前无试验人员，操作人员在实时监控和调试过程中，尽可能地佩戴遮光眼镜。

2）CCD 相机的保护。由于 CCD 相机的感光芯片对光有较强的敏感性，容易被激光等强光源损坏，因此，在激光和 CCD 相机同时工作时，CCD 相机镜头前一般需增加滤光片，避免激光打开采集图像时，激光射入相机从而损伤芯片；在相机对焦和标定前，可以取掉滤光片；当对焦和标定成功后，调试测试系统时，尽量盖上相机的镜头。

3）打开 flow manager version 软件前，必须开启各种试验中用到的硬件，试验中禁止拔掉连接相机等各种硬件的连线，如遇问题，请重启系统。

4）试验过程中必须摘除手表、项链、戒指、钥匙等高反光饰物，以防上述物品反射、折射激光，对相机和试验人员造成伤害。

4. 误差来源分析

PIV 测试技术作为一种较为先进获得流场信息的试验方法，虽然其非接触、无扰等特点有效地提高了获取试验数据的准确性，然而测量结果也会存在一定误差，下面就 PIV 测试技术中可能出现误差的因素进行分析，根据 PIV 测试技术构造和处理手段，可以将这些误差分为系统误差和随机误差两类。

（1） 系统误差

1） 片光源的厚度。这种片光源的特性也是 PIV 试验中产生误差的主要原因之一。如果片光源太厚，不同片光面上具有相同速度粒子容易在图像上留下不同长度的迹线；如果片光源太薄，将会有少量粒子在曝光时间内穿过片光源，带来位移误差。

2） 粒子的跟随性粒子、不规则的形状以及粒径尺寸不均匀的影响。

3） CCD 相机的光轴与片光源平面垂直度。如果 CCD 相机的光轴与片光源平面不是垂直的，两平面之间的夹角越大，误差也相应地越大，会使得粒子运动真实图像在片光源平面的前面或后面，而实际计算仍以片光源平面来处理，必然会使速度矢量值和方向失真。

4） 图像分辨率对离子位移测量精度的影响。粒子图像测速技术即应用图像表征粒子速度的方向和大小，因此，图像分辨率至关重要，当然，图像分辨率越高，粒子位移的测量误差越小，但图像分辨率增加又受到图像采集系统的限制。

（2） 随机误差

1） 流体介质对光的折射。由于测试过程中，激光需要穿过空气、透明材料和流体，这样，三种介质之间对光的折射，使得测量结果存在一定的失真。

2） 模型曲率变化对光的反射。模型由于曲率变化，尤其测试试件形状变化较大时，对光的反射就越严重，容易造成测试的盲区和变形，难以获得测试位置相应的速度矢量。

3） 标定的准确性。如果标定得不到保证，会无形中放大或缩小两个位置时间间隔 Δt 下 Δx、Δy 值，这样就难以得到准确的测量结果。

4） 由 PIV 记录图像和分析图像时，背景光等噪声就会引起误差，传统的处理方式是利用多幅采样的平均或多幅背景对比消除背景噪声。

10.5.4 高速动态摄影技术

随着计算机技术、半导体技术、高频数字电路技术的发展，以 CCD 和 CMOS 半导体器件为传感器的高速摄影技术得到了迅速发展。高速摄影技术顾名思义就是以超过常规的拍摄速度去拍摄记录的录像技术，是一种测试和研究人眼不可分辨的高速瞬变现象和运动的有效手段。

1. 高速动态摄影技术原理

数字高速摄像机主要由镜头、光电转换器件、高速摄像机缓存以及配套的计算机组成。镜头把外界图像成像到 CCD 或 CMOS 光电转换器件上，光电转换器件在选通信号的控制下将接收到的光信号转换成电信号。在时序脉冲电路的驱动下输出有序的模拟信号；该信号经缓冲放大后进行处理得到质量很好的模拟信号，经 A/D 转换成数字信号，送到摄像机的缓存保存。在拍摄结束之后，把拍摄的内容下载到计算机的内存中进行初步处理，得到相关的研究时段图像后保存到计算机硬盘里。在这个过程中，其中核心技术就是 CCD 或 CMOS 光电转换器件。

2. 高速动态摄影机测试系统

测试系统主要由照明装置、接触器固定平台、高速摄像机和计算机组成。照明装置是用来增强被拍摄部分的亮度，提高拍摄图像的清晰度。接触器固定平台为了固定接触器，防止接触器在动作过程晃动。摄像机为高速摄像机，其拍摄速度相当高。控制电路主要用来与主控计算机通信以及控制接触器和摄像机工作。计算机作为上位机，承担着通信、图像处理、数据处理、界面显示的任务。图 10-8 所示为兰州理工大学的高速动态摄影机测试试验台及测试结果。

a) 离心泵高速动态摄影机测试试验台

b) 测试域示踪粒子

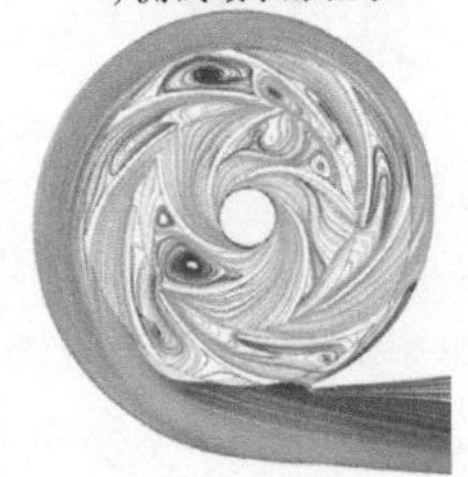

c) 流线变化

图 10-8　高速动态摄影机测试试验台及测试结果

3. 流体机械高速动态摄影机常用测试方法

测试分为在线测量和非在线测量两部分，根据高速动态摄影机对旋流泵内流场的测量要求，按照激光器发射片光的入射方式，分为轴向入射模式和径向入射模式，两种方案都要对进口管和叶轮侧面位置开设测量窗口或采用有机玻璃进口管和泵体材料，其曲率应与泵体曲率一致。旋流泵试验系统及内部流动特性测试方案如图 10-9 所示。

10.5.5　固液两相流泵流场显示测试的难点和处理方法

1. 固液两相流泵内测试难点

虽然流动测试和显示技术获得了长足的发展，也由此推动了泵测试技术的进步，但由于固液两相流和泵作用使得流动呈现强湍流性，限制了测试的准确性，以下为目前测试所遇到的难点。

1）测试试件大小与 CCD 相机焦距匹配关系，影响拍摄的范围。

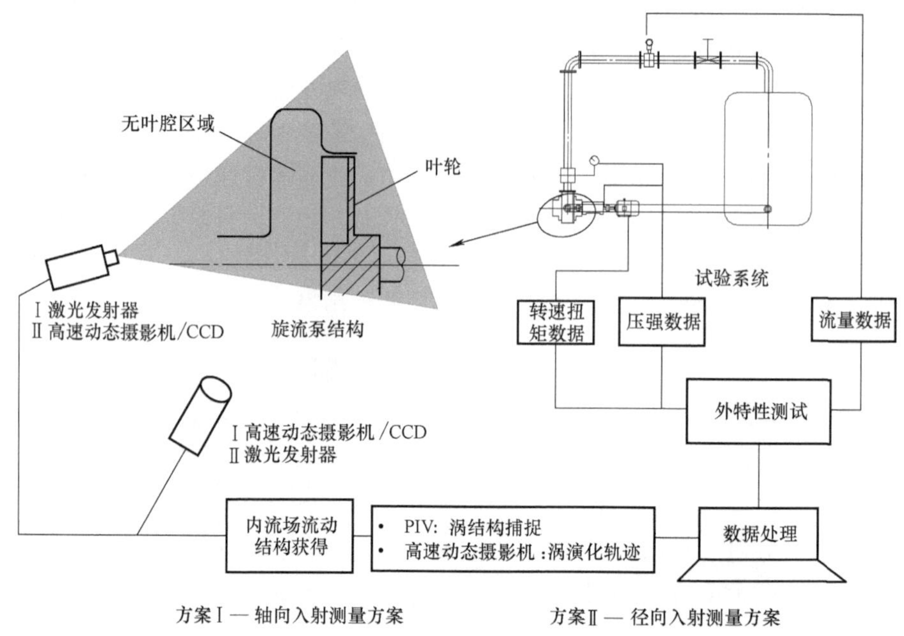

图 10-9　旋流泵试验系统及内部流动特性测试方案

2）测试试件曲率和厚度变化对透光性的影响。

3）泵内部标定的困难。

4）测试存在盲区，使得速度和流线出现不连续现象。

5）固液两相流中固相的测试。由于固液两相之间存在速度滑移现象，使得固相速度测量很难做到准确。

6）固液混合流体速度在泵内识别。固液两相流中作为连续相的液体，速度显示较为容易，而对于作为离散相的固体，同时，固相在液相裹挟下流动，两相在泵内复杂的流动，使得两相速度显示难以识别，也就很难准确获得两相的速度。

2. 固液两相流泵内测试处理方法

为了解决以上难点，可采用以下方法进行测试和处理：

1）测试试件壁厚内加平衡光折射产生误差的液体，以解决测试中由于经过空气-试件-流体产生折射引起的误差和标定等难题。

这种方法在理论上可行，但由于测试试件的厚度变化，尤其是固液两相流泵以保证流线建立的叶轮和泵体，在实际操作中，要想通过在试件壁厚内添加液体以补充光折射带来的误差是很困难的。

2）独立获取两相速度后进行叠加。首先选用一种和液相跟随性比较好的示踪粒子，测试获得液相的速度，然后选用一种和固相跟随性比较好的示踪粒子，获得固相的速度，最后进行速度叠加，获取固液两相流泵的流场速度信息。

这种方法的优势在于测试较容易，同时，由于是独立获取两相速度进行叠加，流场的瞬时性和两相之间作用力均难以考虑，因此准确性差。

3）同时获取两相的速度信息。选取两种涂不同荧光涂料示踪粒子，对示踪粒子选取要求是一种跟随性比较好，和水相同；另一种跟随性和固相相同，通过不同荧光反应来识别离子速度。

这种方法准确性较高，其困难之处在于一是两种示踪粒子很难获得，二是两种示踪粒子识别很困难。

参考文献

[1] 唐洪武．现代流动测试技术及应用［M］．北京：科学出版社，2009.

[2] 郑梦海．泵测试实用技术［M］．北京：机械工业出版社，2011.

[3] 刘在伦，李琪飞．水力机械测试技术［M］．北京：中国水利水电出版社，2009.

[4] 全国泵标准化技术委员会．泵的振动测量与评价方法 通用要求：GB/T 29531—2013［S］．北京：中国标准出版社，2013.

[5] 全国家用电器标准化技术委员会．家用和类似用途电器噪声测试方法 通用要求：GB/T 4214.1—2017［S］．北京：中国标准出版社，2017.

[6] 金守泉．固液两相双流道泵的数值模拟与实验研究［D］．杭州：浙江理工大学，2013.

[7] HITOSHI F，TAKUYA N，HIROHIKO T. Performance characteristics of a gas liquid solid airlift pump［J］. International Journal of Multiphase Flow，2005，31：1116-1133.

[8] ELGHOBASHI S E，ARAB T W. A two equation turbulence closure for two phase flows［J］. Physics Fluids，1993：26-31.

[9] MEHTA M，KADAMBI J R，SASTRY S，et al. Study of particulate flow in the impeller of a slurry pump using PIV［C］. ASME 2004 Heat Transfer/Fluids Engineering Summer Conference，2004，489-499.

[10] FUKUDA N，SOMEYA S，OKAMOTO K. Measurement of unsteady flow in pump turbine for hydropower using PIV method［C］. ASME 2009 Heat Transfer Summer Conference collocated with the Inter PACK 2009，889-896.

[11] ANGST R. Experimental investigations of stirred solid/liquid systems in three different scales：Particle distribution and power consumption［J］. Chemical Engineering Science，2006，61（9）：2864-2870.

[12] 许洪元．离心式渣浆泵的设计理论研究与应用［J］．水力发电学报，1998（1）：23-27.

[13] 顾广运，陈定强，殷毅．固液泵设计漫谈［J］．水力采煤与管道运输，1994（1）：43-47.

[14] 李效贤．超声多普勒流量计在固液两相流测量中的应用［J］．水泵技术，2000（5）：35-37.

[15] 袁寿其，何有世，袁建平，等．带分流叶片的离心泵叶轮内部流场 PIV 测量与数值模拟［J］．机械工程学报，2006，42（5）：60-63.

[16] 陈涟，黄建德．含砂水对清水离心泵性能的影响［J］．机电设备，1997（1）：33-36.

[17] 全国泵标准化技术委员会．泵的噪声测量与评价方法 通用要求：GB/T 29529—2013

[S]. 北京：中国标准出版社，2013.

[18] HERBICH J B, CHRISTOPHER R J. Use of high speed photography to analyze particle motion in a model dredge pump [C]: Procs. of IAHR Congress, London, 1963.

[19] CARIDAD J, ASUAJE M, KENYERY F, et al. Characterization of a centrifugal pump impeller under two phase flow conditions [J]. Journal of Petroleum Science and Engineering, 2008, 63 (14): 18-32.

[20] 苏波隆，B K. 混合液在泥浆泵流道中的流动特性的研究 [J]. 杂质泵技术，1986 (12): 36-54.

[21] 朱金曦，赵敬亭. 叶轮内固体颗粒运动轨迹的分析计算 [J]. 水泵技术，1989 (3): 14-20.

[22] ZARYA AN. The effect of the solid phase of a slurry on the head developed by a centrifugal pump [J]. Fluid Mechanics Soviet Research, 1974 (4): 144-154.

[23] HERBICH J B, CHRISTOPHER R J. Use of high speed photography to analyze particle motion in a model dredge pump [C]. London: Procs. of IAHR Congress, 1963.

[24] 赵敬亭，赵振海. 离心泵流道中固体颗粒的运动 [J]. 水泵技术，1990 (1): 1-6.

[25] MAIO F D, HU J, TSE P, et al. Ensemble approaches for clustering health status of oil sand pumps [J]. Expert Systems with Applications, 2012, 39 (5): 4847-4859.

[26] MINEMURA K, MURAKAMI M, SAWADA S. Behavior of solid particles in a radial flow pump impeller [J]. Bulletin of JSME, 1986, 29 (253): 2101-2108.

[27] 吴玉林，许洪元，高志强. 杂质泵叶轮中固体颗粒运动规律的实验 [J]. 清华大学学报(自然科学版)，1992，32 (5): 57-59.

[28] 许洪元. 关于泵轮中颗粒运动的研究 [J]. 水泵技术，1994 (5): 16-19.

[29] 许洪元，罗先武. 渣浆浓度量测和叶轮中颗粒运动实验概述 [J]. 流体机械，1997，25 (7): 11-15.

第11章　固液两相流泵计算机辅助设计

计算机辅助设计是指利用计算机及其图形设备帮助设计人员进行设计工作。在工程和产品设计中，计算机可以帮助设计人员担负计算、信息存储和制图等项工作，对不同方案进行分析和比较，以决定最优方案；各种设计信息，不论是数字的、文字的或图形的，都能存放在计算机的内存或外存里，并能快速地检索；设计人员通常用草图开始设计，将草图变为工作图的繁重工作可以交给计算机完成；利用计算机可以进行与图形的编辑、放大、缩小、平移和旋转等有关的图形数据加工工作。鉴于计算机辅助设计有节省资本和生产周期等方面优势，固液两相流泵的水力设计和流场分析均可借助流体计算和分析软件进行优化和设计。

本章以螺旋离心泵和旋流泵为例，分别采用 CAD 软件、CREO 软件进行水力设计和模型建立。

11.1　固液两相流泵计算机辅助设计应用实例

11.1.1　设计思想

泵的叶轮水力设计以流体力学观点来看属于反问题，即根据泵的性能要求（取决于泵内的流动情况）来决定泵流道的几何形状。目前，三元问题的直接计算还处于起步阶段，在这方面的研究还很难在设计中发挥作用。

这主要是由于泵内流动状况与泵性能之间的关系尚不完全清楚，无法根据泵的性能要求来确定叶轮内的流速分布和压力分布；即使给出了需要的叶轮内的流速分布，按照它求出的叶片形状也往往不能满足诸如强度、工艺的要求。因此，鉴于一元理论在叶片泵水力设计中理论相对比较完善，该设计思路采用一元理论进行设计。

11.1.2　功能模块划分及流程图

以下为兰州理工大学多相流课题组开发的螺旋离心泵水力设计程序，其他固液两相流泵水力设计均可按此流程水力程序设计和开发。

1. 水力设计按模块的功能模块划分

本螺旋离心泵 CAD 水力设计系统模块由四部分子模块组成。

1）基本参数确定模块：包括泵的基本参数确定和叶轮的基本参数确定。

2）轴面流道设计模块。

3）叶型绘制模块。

4）木模图绘制模块。

2. 水力设计流程图

叶轮的水力设计具体流程如图 11-1 所示。

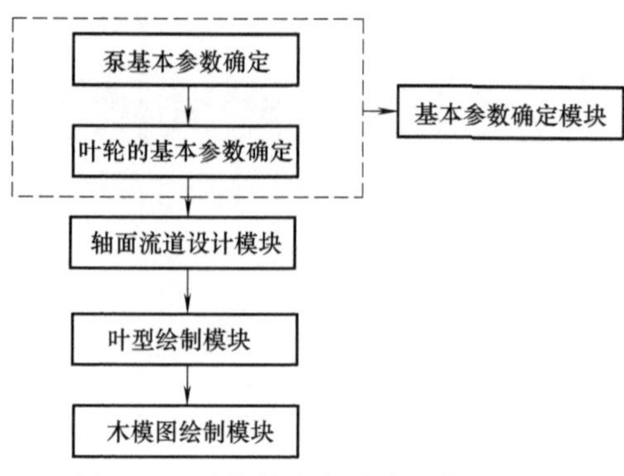

图 11-1　叶轮的水力设计具体流程

11.1.3　设计过程

1. 基本参数确定模块

（1）泵的基本参数确定　输入泵的基本参数，见表 11-1。

表 11-1　基本参数

流量	扬程	转速	装置汽蚀余量	效率	密度
$Q/(m^3/h)$	H/m	$n/(r/min)$	NPSHa/m	$\eta(\%)$	$\rho/(kg/m^3)$

转速 n 可由设计者给定，也可以根据汽蚀条件计算，设计流程按图 11-2 进行，其他固液两相流泵水力设计也可参照该流程进行。

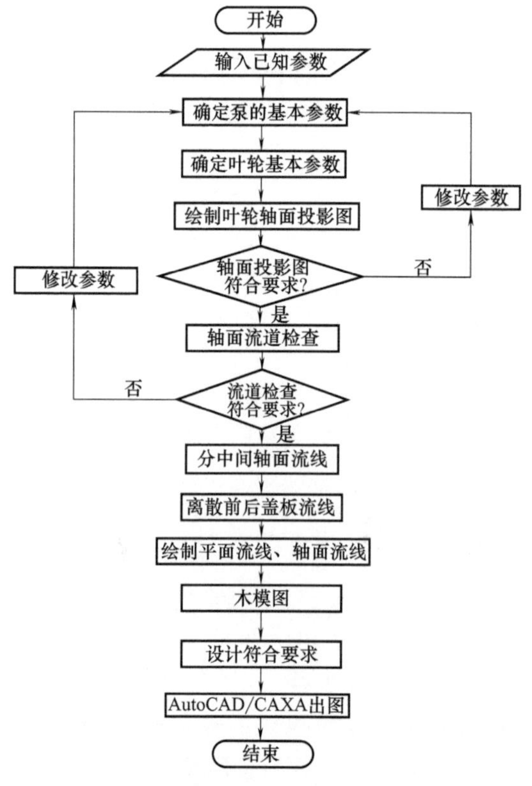

图 11-2　固液两相流泵叶轮水力设计流程

算例是比转速 $n_s=152$ 的螺旋离心泵叶轮设计，其设计参数见表 11-2。

表 11-2　设计参数

$Q/(m^3/h)$	H/m	NPSH/m	$\eta(\%)$	$\rho/(kg/m^3)$
540	32	4	60	1000

下面以相应的操作界面来说明固液两相流泵水力设计过程。由于篇幅的关系，这里不一一列出水力设计的每个屏幕提示，只挑选一些关键的截面进行介绍。

(2) 开始窗口　开始窗口如图 11-3 所示，单击【开始】按钮，就可开始螺旋离心泵叶轮的设计。

(3) 主控模块　主控模块如图 11-4 所示，此窗口包括 4 个小的模块：【确定基本参数】、【画叶轮轴面投影图】、【绘叶片型线】、【木模图】。依次进行基本参数、叶轮轴面投影图、叶片型线和木模图设计过程，单击【下一步】，程序继续执行；单击【结束】，则程序终止执行。

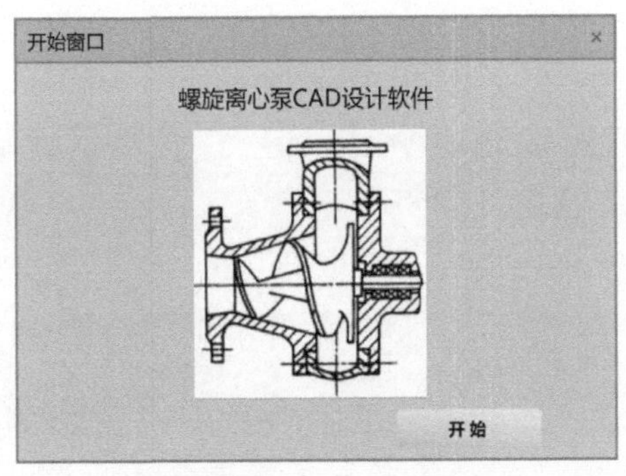

图 11-3　开始窗口

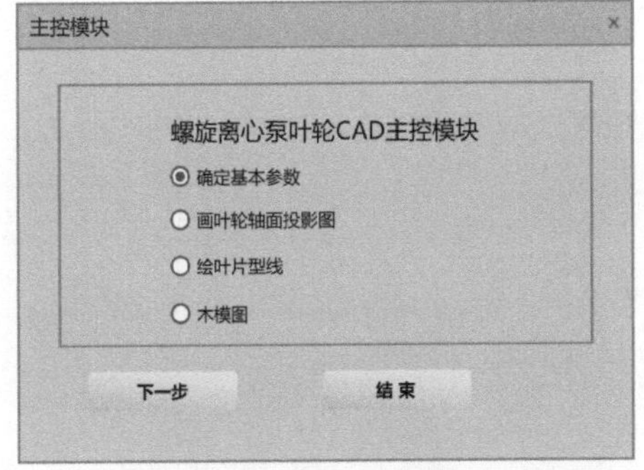

图 11-4　主控模块

2. 设计参数输入模块

设计参数输入模块如图 11-5 所示，此模块输入泵的设计参数，如流量、扬程、汽蚀余量、额定效率和介质密度，然后单击【下一步】，进入下一步的窗口，继续执行。

3. 泵的基本参数计算

此窗口输出泵的基本参数计算模块的计算结果，如果对计算结果不满意，可以返回重新输入参数。图 11-6 所示为 150×100LN-32 型螺旋离心泵的基本参数计算结果。

4. 叶轮的几何参数计算

螺旋离心泵叶轮的几何参数和普通离心泵的参数有所不同，可以单击【显示叶轮几何参数示意图】按钮，就会打开一个窗口，上面绘有具体的示意图。单击【输出结果】按钮，则在文本框中输出程序计算的结果。选择了叶轮的参数后，就可以进入下一步，如图 11-7 所示。

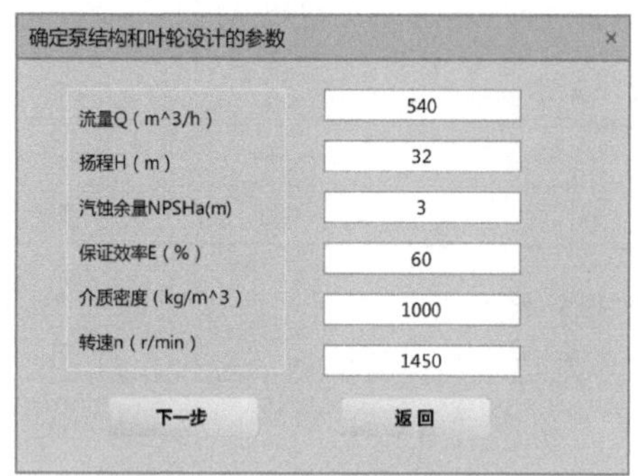

图 11-5 设计参数输入模块

输出计算结果

泵的基本参数计算结果

进口直径（mm）	出口直径(mm)	转速（r/min）	比转速	水力效率
260	200	1450	152.35	0.889
容积效率	机械效率	总效率	理论流量（m^3/h）	理论扬程（m）
0.976	0.927	0.805	550.8	35.995
输入功率（Kw）	原动机功率（KW）	泵轴直径（mm）	轮毂直径（mm）	
58.458	67.226	33.2	30	

输出　开始

图 11-6 泵的基本参数计算结果

5. 叶轮的其他几何参数计算

叶轮的其他几何参数主要包括叶轮轮缘及轮毂侧的进、出口安放角和叶片包角，在计算并选择了参数后，单击【返回】按钮，如图 11-8 所示。

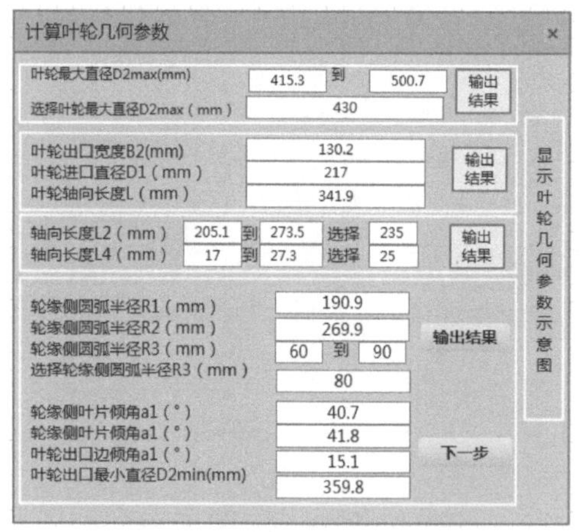

图 11-7 叶轮几何参数计算模块

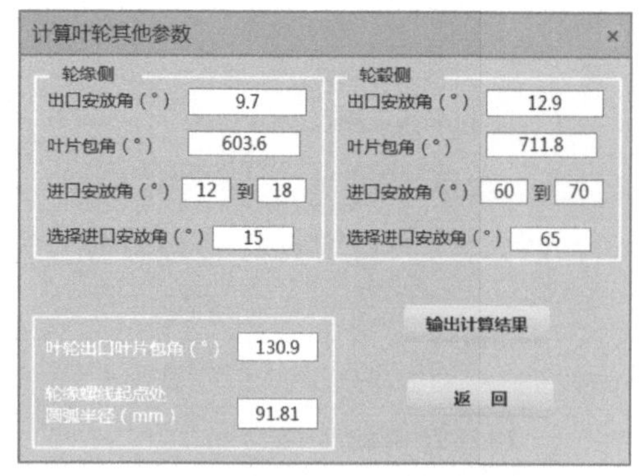

图 11-8 叶轮其他几何参数计算模块

6. 叶轮轴面投影图绘制

叶轮轴面投影图绘制如图 11-9 所示，单击【绘图】按钮，在图片框中输出叶轮的轴面投影图，如若不满意，单击【重新选择参数】按钮，则回到叶轮的参数选择模块；如果满意，可以保存此位图，也可以在 AutoCAD 中输出轴面投影图，单击【下一步】按钮。

7. 叶轮轴面流道检查

首先在文本框中选择要绘制的内切圆个数，单击【绘制内切圆】按钮，则在图片框中输出轴面流道的内切圆。单击【显示过流面积变化规律】按钮，则程序计算得出的过流面积变化规律在图 11-10 中显示出来。如果不满意，单击【重新选择参数】按钮；如果满意，可以保存叶轮轴面图，也可以在 AutoCAD 中输出绘制的图形，单击【下一步】按钮。

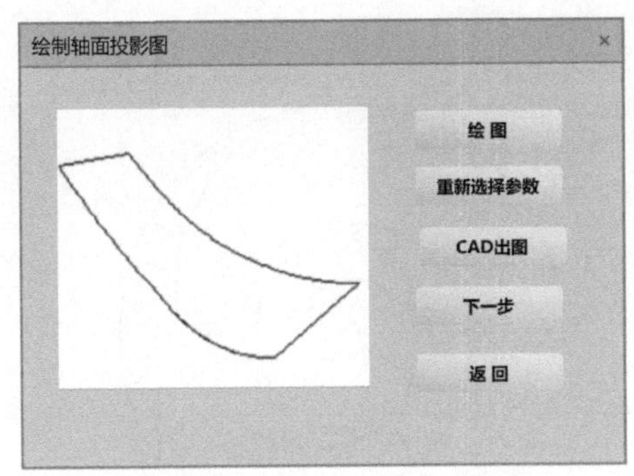

图 11-9　叶轮轴面投影图绘制

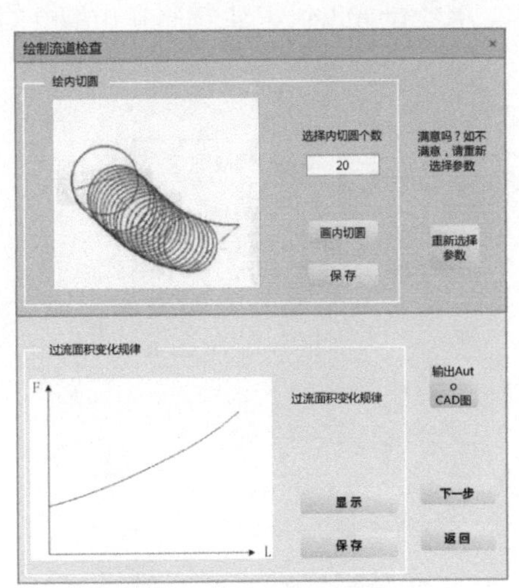

图 11-10　叶轮轴面流道检查

8. 分中间流线

对于低比转速的泵，一般中间流线制作一条，可根据实际情况，选择中间流线的数目。此处螺旋离心泵由于比转速较低，只分一条中间流线，如图 11-11 所示。

9. 离散前后盖板流线

选择分点角度后，单击【分点】按钮，则在图片框中输出分点，同时在文本框中输出了前后盖板的分点数，如图 11-12 所示。

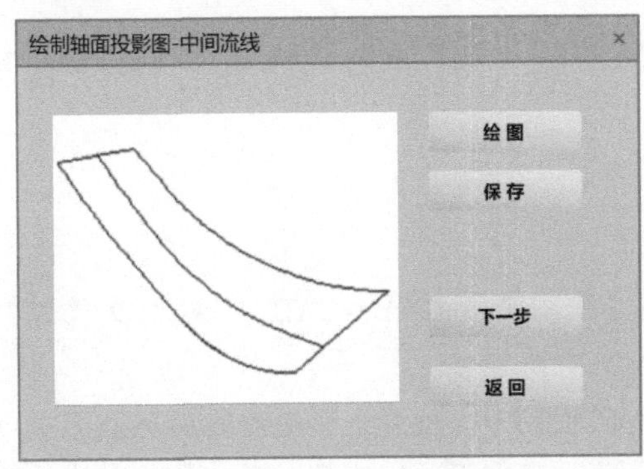

图 11-11　分中间流线

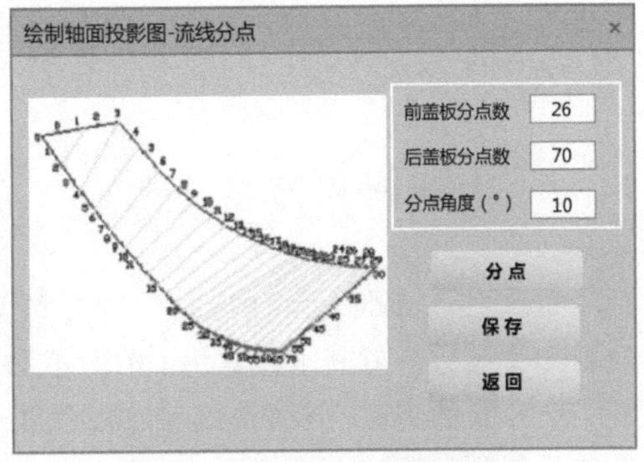

图 11-12　前后盖板流线分点数

10. 绘制叶片型线

选中“绘平面流线与轴面截线”复选框，单击【绘图】按钮，即在图 11-13 中图片框 1 中输出平面流线，与此同时在图 11-13 中图片框 2 中输出轴面截线。若要显示方格网，则单击【显示方格网】按钮。

11. 木模图

最终在 AutoCAD 下编辑输出的叶轮 CAD 木模图如图 11-14 所示。

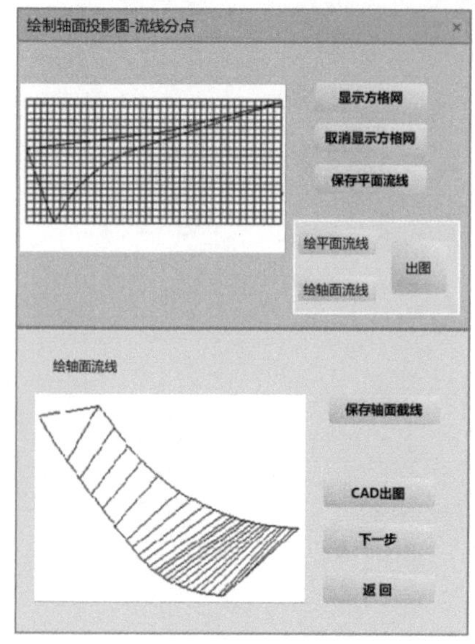

图 11-13 绘制叶片轴面投影图

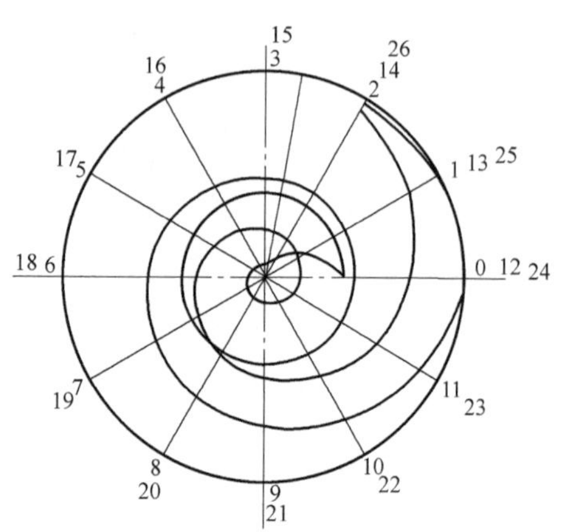

图 11-14 叶轮 CAD 木模图

基于离心泵叶轮轴面流线的一般设计方法，建立了螺旋离心泵叶轮轴面流线的数学模型，并利用 VB 语言链接 AutoCAD 绘图工具编制了螺旋离心泵水力 CAD 软件，通过对螺旋离心泵叶轮轴面流道前后盖板的流线设计、流道过流断面面积检查以及流道中间流线等实际计算验证，其结果表明方法可行、精度高、速度快，大家也可根据具体泵型，借助 CAD 和 CAXA 软件开发新的设计模块，以便高效设计水力过程。

11.2 固液两相流泵建模

通过上一节水力设计得到的设计都是二维图纸（如 AutoCAD、CAXA 文件），及其相关参数，对其水体应用 CREO 软件进行三维建模。

叶轮是螺旋离心泵的核心部件，其几何形状在很大程度上影响着螺旋离心泵的性能，但其结构复杂，通常选取蜗壳的中心面为基准面，以实现叶轮、蜗壳、进出口延伸段共用同一个坐标系，可以在很大程度上方便后续工作。

11.2.1 蜗壳水体建模

1）在菜单栏中，单击【文件】，选择【新建】新建文件，如图 11-15 所示。

2）在对话框中，选择【类型】：零件；【子类型】：实体；【名称】：volute；勾选【使用默认模板】。设置完毕后，单击【确定】按钮。

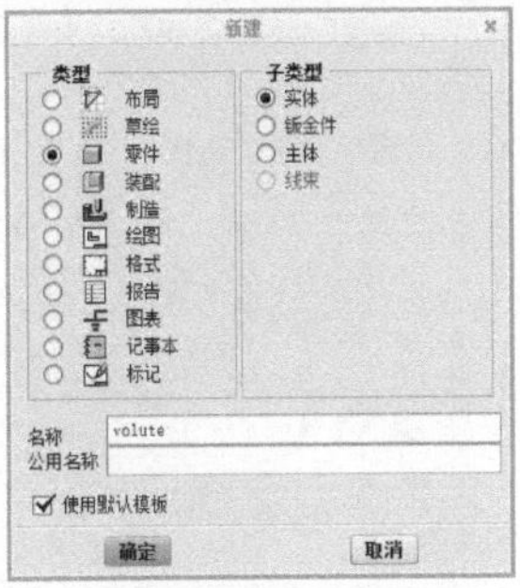

3. 选取基准面

进入操作界面，结合螺旋离心泵的实际旋转方向和旋转轴，确定整机的旋转坐标轴，并建立基准面。在数值模拟实践中，以 Z 轴正方向为旋转方向可以节省很多时间和精力。因而选择 Right 面为蜗壳中间平面，即基准平面。

图 11-15　新建文件

4. 建立草绘

选择草绘平面，即选定 Right 面，单击【草绘】，进入草绘界面后，单击【插入】，打开后缀为 . dxf 的二维图纸文件，如图 11-16 所示。在如图 11-17 的复选框中分别输入旋转角度和缩放比例系数，在此案例中，分别输入 0 和 1，并用鼠标左键先拖动 ⊗ 图标至旋转中心点处再整体拖动至坐标原点处。草绘 1 完毕，单击鼠标中键或单击 ✔ 图标。蜗壳草绘设置如图 11-18 所示。

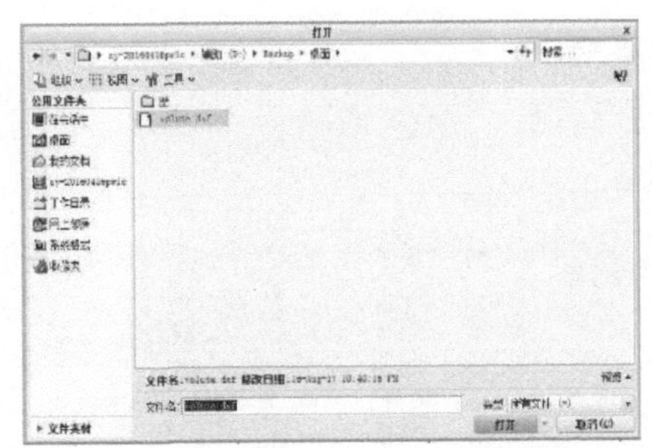

图 11-16　打开二维图纸文件

图 11-17　比例和角度设置

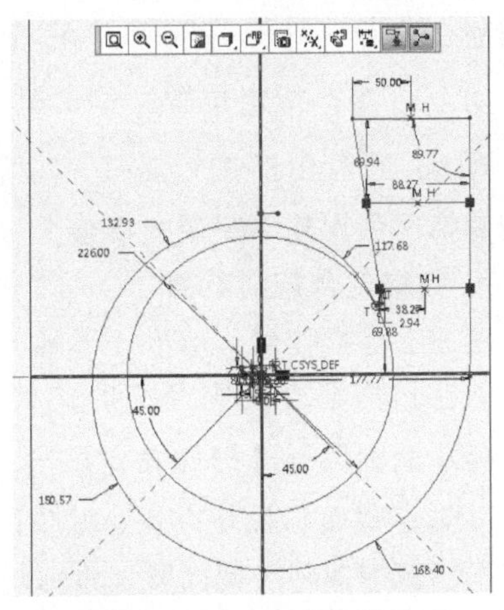

图 11-18　蜗壳草绘设置

5. 建立旋转轴

采用两个平面相交形成交线的方法建立旋转轴，在此例中，旋转轴设定为 Z 轴，故而首先选中 Top 平面，再单击【轴】 轴图标，弹出如图 11-19 所示的对话框。再在左边的模型树中选中 Front 面，此时的对话框如图 11-20 所示，最后单击【确定】按钮，此时旋转轴设置完毕。

6. 建立蜗壳断面形状

在左侧结构树中选中 Right 面，并单击【平面】命令，弹出如图 11-21 所

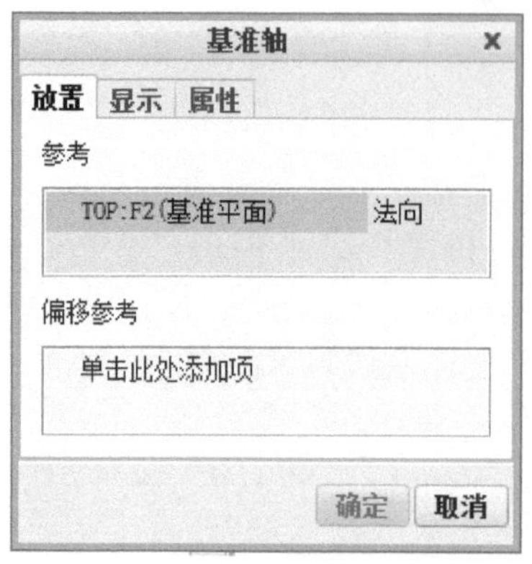

图 11-19　旋转轴基准截面Ⅰ设置

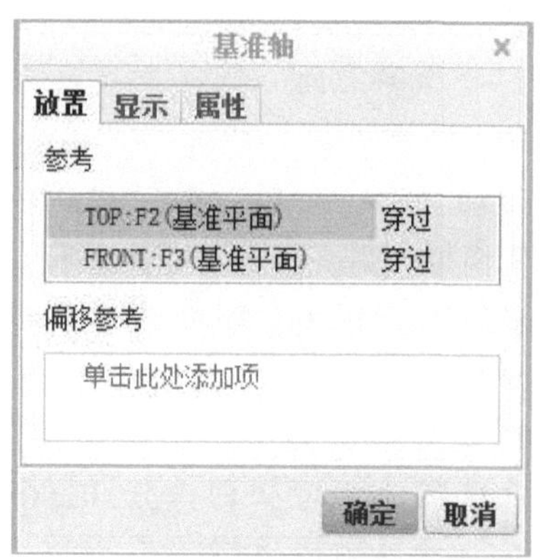

图 11-20　旋转轴基准截面Ⅱ设置

示的对话框，在结构树中选中旋转轴 A_5，输入旋转角度的数值 45，单击鼠标中键或单击【确定】按钮创建第一断面，并依次创建蜗壳各个断面。断面创建完毕后，选中要创建蜗壳断面形状的平面，运行【草绘】命令，单击图标插入蜗壳断面二维图，坐标分别输入 0，比例尺输入 1，并拖动至 ⊗ 图标指定位置，单击鼠标中键或单击 ✔ 图标，并对图形进行必要的编辑，根据蜗壳断面的情况依次建立剩余的草绘。

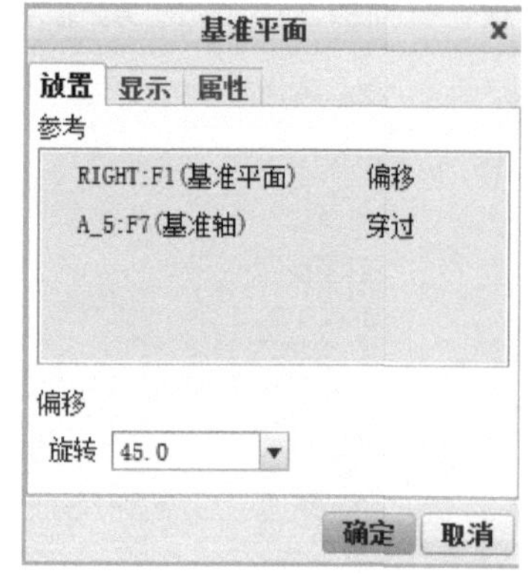

图 11-21　基准面确定

7. 扫描混合规则断面

完成上述操作后，形成一系列的蜗壳断面，由于隔舌段形状特殊，暂时不予以考虑。在扫描混合规则断面时，首先选中第一个要混合的断面草绘，之后单击 扫描混合 图标运行【扫描混合】命令，在【截面】子对话框中，如图 11-22 所示，勾选【选定截面】操作方式，并依次插入各个截面，最后结果如图 11-23 所示。当操作不当或漏掉某一截面时，可通过【移除】命令改正或补救。

8. 隔舌段处理

由于蜗壳的第Ⅷ断面结构特殊，其断面位置上还需建立一个较小的断面，才能使蜗壳结构封闭，首先需通过【扫描混合】命令分别连接两个断面，如图 11-24 所示。以上操作完成后，依次选择如图 11-25 所示的交线，运行【倒圆角】命令，圆角直径对话框中输入数值 3，倒圆角结果如图 11-25 所示。

9. 延伸出口段

在数值模拟过程中，为了准确表现流动状态，需将出口段延伸以提升数值模拟的可靠性，延伸长度一般为 3~5 倍出口管路直径。具体操作为，在结构树中，选择蜗壳的最后一圆断面，运行【拉伸】命令，输入拉伸长度 300，即可得到如图

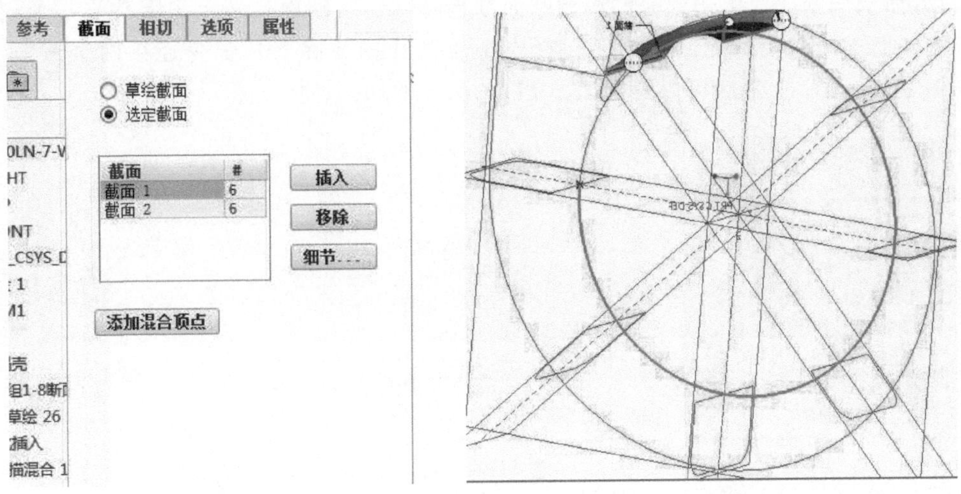

图 11-22　给定界面

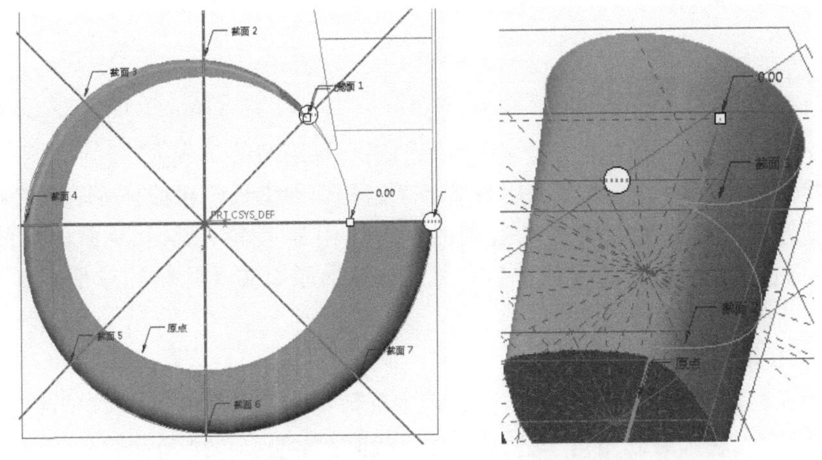

图 11-23　扫描混合 1

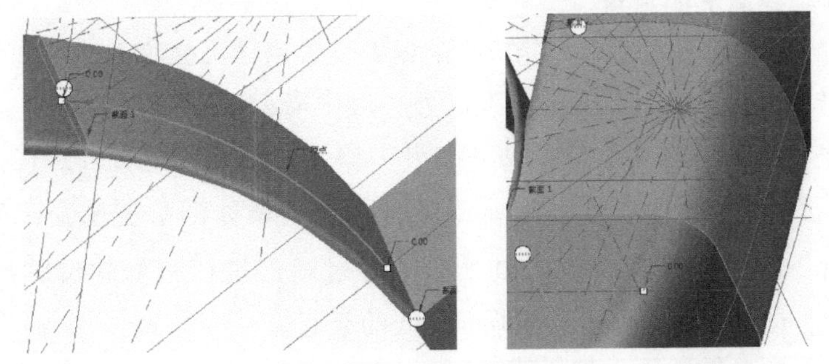

图 11-24　扫描混合 2

11-26 所示的蜗壳。由于蜗壳的第Ⅷ断面结构特殊，其断面位置上还需建立一个较小的断面，才能使蜗壳结构封闭，首先需通过【扫描混合】命令连接两个断面，如图 11-26 所示。最后可以得到如图 11-27 所示的蜗壳结构。

图 11-25　倒圆角

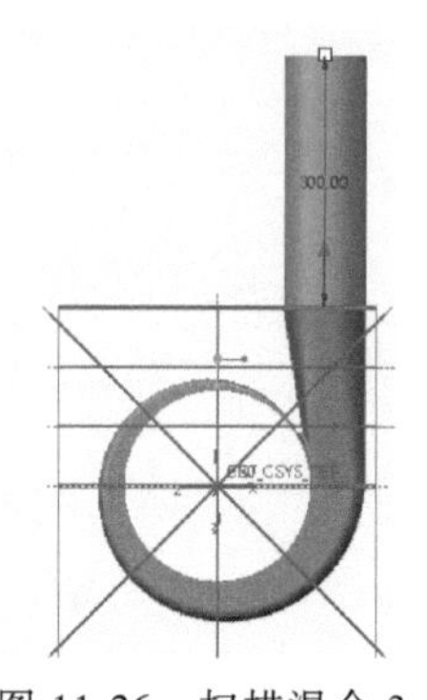

图 11-26　扫描混合 3

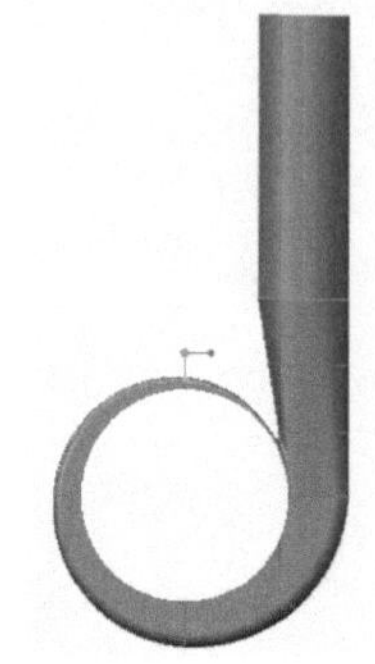
图 11-27　蜗壳结构

11.2.2　叶轮水体建模

由于螺旋离心泵叶轮包角大，用传统的离心泵绘型的难度大、耗时长，考虑到其叶片要求耐磨性优良，大多采用锻造等工艺处理的钢板经扭曲作业后焊接在轮毂上，各处厚度均匀。所以在三维造型时，首先绘制叶轮在各个断面的型线（骨线），再通过扫描混合形成曲面，最后通过整体加厚而实现叶轮的造型。以下具体阐明操作步骤。

1. 建立轴截面

和蜗壳建模类似，在建立截面时，选中旋转轴和参考平面，运行创建【平面】▱命令，依次输入旋转角度，建立所需的截面，如图 11-28 所示。为了在建模过程中避免混淆，尽可能少出错，并依次重命名平面。

2. 绘制轴截面上的草绘

为了有效避免绘图过程中可能产生的误差，采用导入二维图样模型的方法建立各个截面上的草绘图形，具体操作方法为，选中需要建立草绘的平面，运行【草绘】命令，单击【插入】图标，打开后缀为 . dxf 的二维图样文件，设置合适的比例尺和参考点的位置坐标，拖动 ⊗ 图标和文件整体到指定位置，单击鼠标中键或单击 ✔ 图标，结果如图 11-29 所示，并对图形进行必要的编辑后以完成草绘，重复上述步骤一次完成其他轴截面骨线的绘制。

3. 扫描混合各轴截面上的骨线

为了有效避免扫描混合漏掉一些骨线，可将移动草绘与轴面一一对应，如图

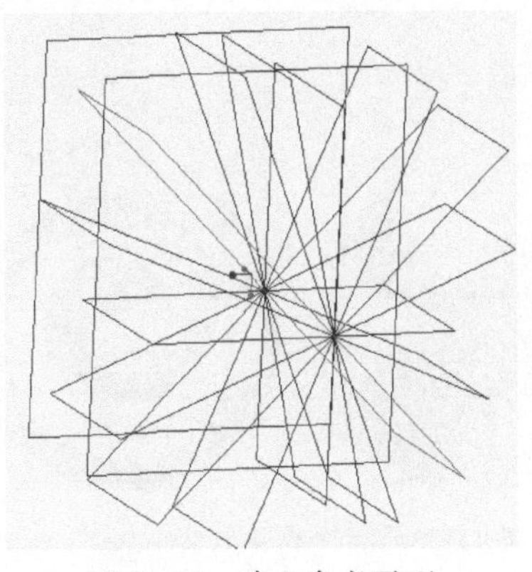

图 11-28　建立参考平面

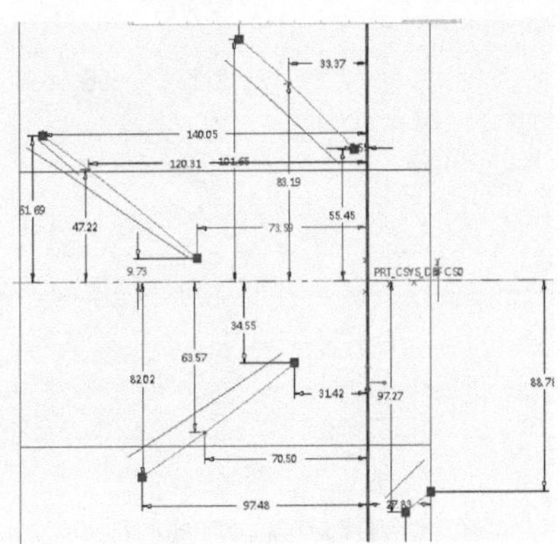

图 11-29　打开二维水力图样

11-30 所示。在运行【边界混合】命令前，为了使视野不受限制需将一些线条和平面隐藏，单击工具栏图标，取消勾选其下拉菜单的各个命令。运行【边界混合】命令，一直按着 Ctrl 键，单击如图 11-31 中所示的【单击此处添加项】命令，并依次选择骨线，如图 11-32 所示。边界混合完成后的图形如图 11-33 所示。

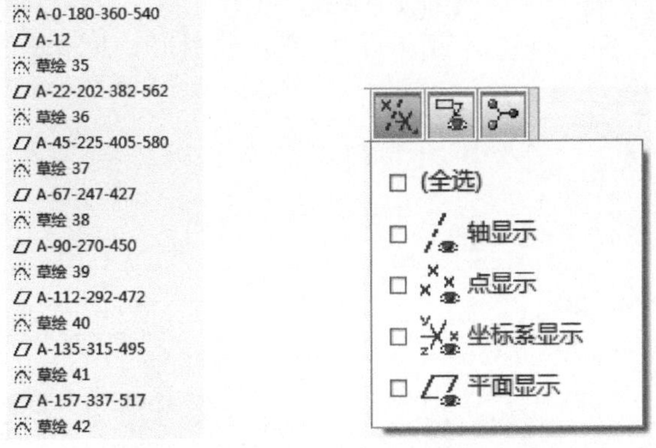

图 11-30　草绘选择

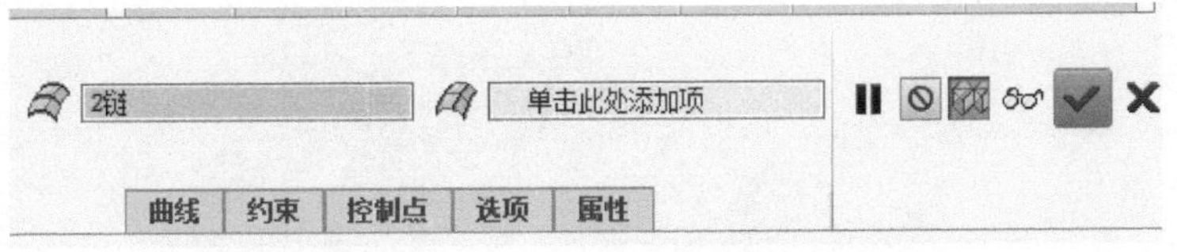

图 11-31　边界混合添加

4. 旋转轮缘、轮毂和进出口边界形成实体

由于经边界混合形成的是曲面，为了去掉叶片所占据的水体区域，需旋转轮

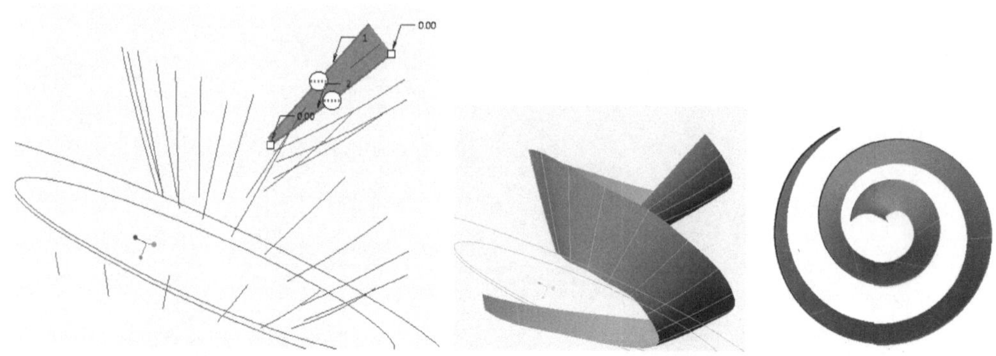

图 11-32　选择骨线　　　　图 11-33　叶片造型完成

缘、轮毂和进出口边界形成实体。单击“旋转”图标运行【旋转】命令，弹出如图 11-34 所示的对话框，单击【放置】按钮，接着选择【定义】操作，弹出如图 11-35 所示的对话框，定义草绘平面和草绘视图方向。和前面草绘的步骤类似，从二维图样导入文件后，完成草绘，并确保形成的区域封闭后，关闭草绘。单击【轴】选项，选择叶轮的旋转轴 A_1，即可呈现出如图 11-36 所示的图形，此步骤的操作结束。

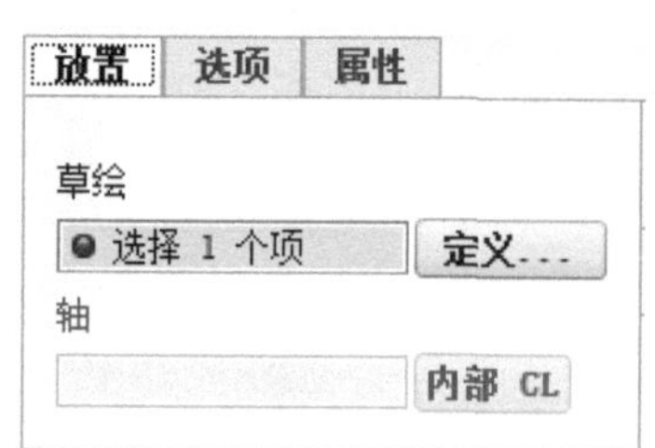

图 11-34　旋转命令

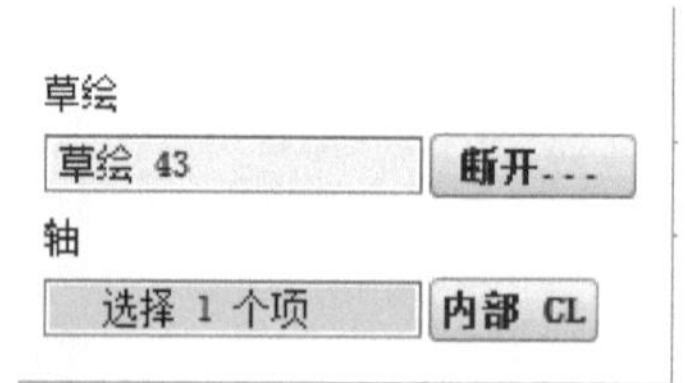

图 11-35　旋转放置

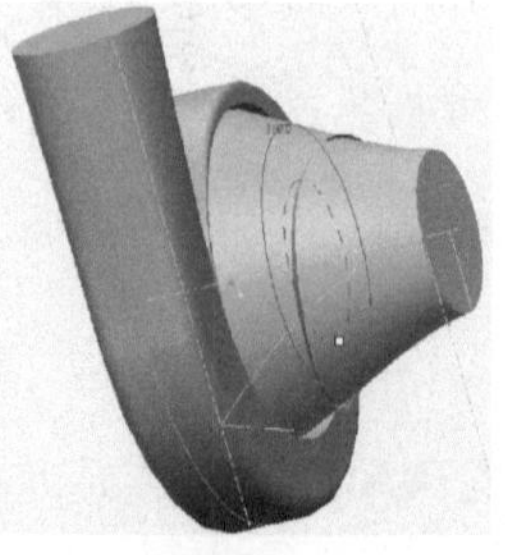

图 11-36　叶轮和蜗壳水体域

5. 加厚叶片

在左侧模型树中选中刚刚建立的边界混合，单击 加厚 按钮运行【加厚】命令，进入加厚界面，在菜单栏选择去除材料按钮，并输入叶片厚度 9.63，单击鼠标中键或单击 图标完成叶片加厚操作，如图 11-37 所示。

图 11-37　加厚命令

6. 对叶片进口边倒圆角

为了使叶片的做功能力和水力性能较好，需要对叶片进口边进行修圆，三维建模中通过倒角功能实现。首先选择叶片端面与叶片侧面的交线，单击 倒圆角 按钮运行【倒圆角】命令，在菜单栏输入圆角半径值 2，如图 11-38 所示，单击鼠标中键或单击 图标完成倒圆角操作，即可获得如图 11-39 所示的圆角。

图 11-38　倒圆角设置

7. 延伸进口段长度

为了保证进入叶轮区域流体介质具有稳定的流动特性，在数值模拟时需将进口段予以延伸，其中延伸长度为进口管路的 3~5 倍。具体步骤为：选择叶轮进口端面，运行【草绘】命令，以旋转轴为圆心，绘制半径为 50mm 的圆。选择上一步草绘的圆，运行【拉伸】命令，输入长度 300，即可实现延伸功能。至此，整个蜗壳和叶轮域的水体三维模型创建完毕，最后得到的图形如图 11-40 所示。

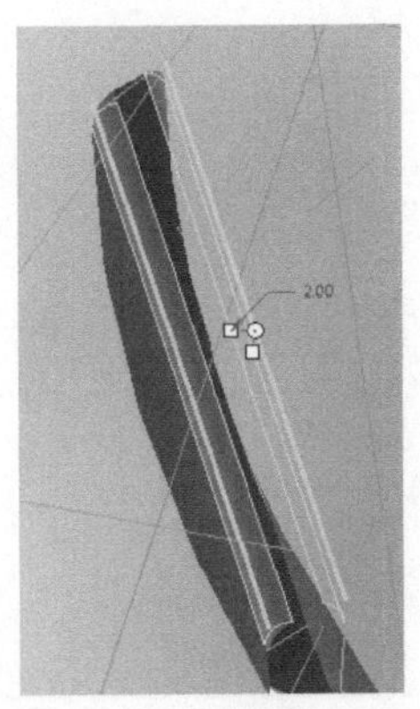

图 11-39　倒圆角完成

图 11-40　螺旋离心泵水体域

11.2.3 文件保存

单击菜单栏【文件】命令，运行【另存为】功能，【保存副本】选项，选择存储目录，添加文件名称，如图11-41所示，即可实现文件的保存。但在后续的网格划分过程中，需要将三维文件以 .stp 的格式保存，这样的保存方法和上述类似，但在最后一步需将文件类型更改为“STEP（ * . stp）”类型，如图11-42所示。

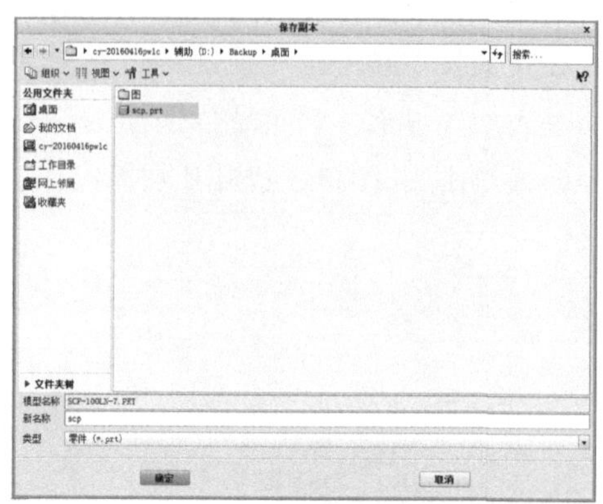

图 11-41　保存副本

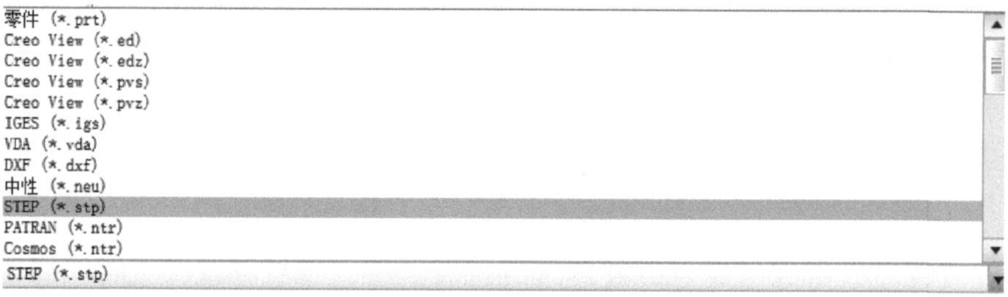

零件 (*.prt)
Creo View (*.ed)
Creo View (*.edz)
Creo View (*.pvs)
Creo View (*.pvz)
IGES (*.igs)
VDA (*.vda)
DXF (*.dxf)
中性 (*.neu)
STEP (*.stp)
PATRAN (*.ntr)
Cosmos (*.ntr)
STEP (*.stp)

图 11-42　选择保存类型

最后，在弹出的对话框中勾选【壳】、【实体】选项，如图11-43所示，单击【确定】按钮，即完成保存。

导出 STEP
几何
线框边
曲面
实体
壳
基准曲线和点
小平面
自定义层...
面组...
全部
非几何
参数
仅限指定的
坐标系
默认
确定
取消
选项...

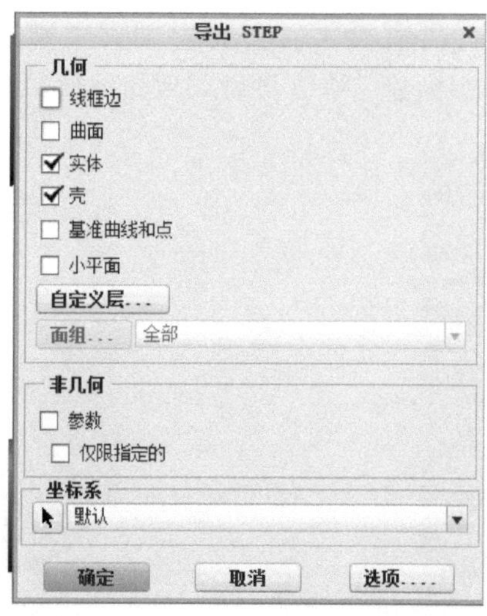

图 11-43　选择导出几何类型

参考文献

[1] 李仁年，王丽晶，韩伟．螺旋离心泵叶轮轴面流道的计算机辅助设计［J］．甘肃工业大学学报，2003，29（3）：61-64.

[2] 李仁年，蔚立华．水力机械中含沙水流的两流体数学模型［J］．甘肃工业大学学报，2000，26（4）：48-53.

[3] 李仁年，王秋红，刘成胜．求解螺旋离心泵内部流动的数值模型［J］．兰州理工大学学报，2006，32（1）：57-60.

[4] 刘小兵．固液两相流及在涡轮机械中的数值模拟［M］．北京：中国水利水电出版社，1996.

[5] 唐学林，余欣，任松长，等．固液两相流体动力学及其在水力机械中的应用［M］．郑州：黄河水利出版社，1996.

[6] 齐学义．流体机械设计理论与方法［M］．北京：中国水利水电出版社，2008.

[7] QUAN H, LI R N, HAN W, et al. Analysis on energy conversion of screw centrifugal pump in impeller domain based on profile lines［J］. Advances in Mechanical Engineering, 2013（7）：1-11.

第12章 固液两相流泵数值分析

数值模拟是一种介于理论分析和试验测试的研究方法，建立在经典流体力学与数值计算基础上，通过计算机计算和图像显示的一门新型独立学科。虽然它的出现晚于其他两种研究方法，但由于其有众多优点，以及随着计算机技术的飞速发展，目前在科学研究领域得到了广泛的应用和发展。固液两相流泵的水力设计和流场分析均可借助流体计算和分析软件进行优化及设计，可节省资金并有效缩短生产周期。

本章以螺旋离心泵和旋流泵为例，分别采用目前较为常用的流体仿真软件 Fluent 和 CFX 对固液两相流泵流场进行分析。

12.1 固液两相流泵数值计算方法

12.1.1 固液两相流数值计算流程

数值模拟总体思想是在流体质点连续地占据流动空间的前提下，根据质量守恒及动量守恒定律建立封闭的流动运动方程式，然后运用数值计算方法，通过计算机强大的计算功能进行数值求解，并把所得离散解作为原科学技术问题的解。数值分析兼有理论性和实践性的双重特点。

解决实际问题的过程可总结为：针对实际问题→建立相应数学模型→运用数值分析理论对其进行离散化→转化为数值问题→利用计算机得出数值方程或方程组解→对研究问题进行预测和分析。

12.1.2 固液两相流数值计算处理方法

与单向流体不同的是，固液两相流中既有连续性质的液体，又有离散性质的固体颗粒，固体颗粒分散在液相流体之中。一般将液相流体称为连续相，固相称为离散相。

研究两相流基本上有两种不同观点：

1）只把液体作为连续相，颗粒群为离散体系，探讨颗粒动力学。

2）除把液体作为连续相外，把颗粒群视为拟连续介质或拟流体，设其在空间有连续的速度和压强分布及等价的输运性质。

12.1.3 固液两相流数值模拟的难点和关键性问题

两相流区别于单向流的最根本特点就是流动中存在被相界面明显分开的两种组分，使得流动情况更加的复杂。这种复杂性主要表现在以下几点：

1）连续相一般分布均匀，离散相受重力、叶轮旋转产生的离心力等，使得离散相分布不均，且粒径大小不一等，在数值模拟中为了方便分析，通常以中值粒径来计算，进口设置假设离散相均匀分布在连续相中。

2）离散相分布在连续相之中，离散相不能做连续相处理。

3）在固液两相流中，由于两相的重度差别而导致惯性不同，因此两相之间存在速度滑移现象。

4）固体颗粒的粒径和形状各不相同，因此每个固体颗粒具有不同的速度。

5）速度梯度和压力梯度的存在，固体颗粒经常处于加速或减速的非定常状态。

6）固体颗粒的湍流扩散系数与连续相的不同，因而其横向扩散运动的特点也不一样。

这些复杂性，给数值模拟带来了很大的困难，因此要保证数值模拟的可靠性，必须解决好以下几个关键性问题。

① 界面和相分布确定，相界面分布及其描述方法。如界面的离散化表示方法，如何在一个由计算单元组成的离散阵列中嵌入一个连续或不连续的表面，如何描述界面的位置和形状。界面随时间的演化，如何计算相界面随时间的变化等。相界面上边界条件的施加方式，如何将期望的相界面边界条件准确地体现在界面周围的计算单元上。

② 物性参数的确定方法。

③ 数值计算方法的选择。

12.1.4 固液两相流数值模型

两相流中各相在空间和时间上随机扩散，同时存在动态的相互作用。对于像旋转机械中复杂的三维两相瞬态问题，先后提出了多种数理模型，主要有以下几种。

1. 均相流动模型

均相流动模型是将两相介质当作一种均匀的流动介质，相间没有速度差。该模型的最大缺陷就在于将两相的介质平均化处理，而实际流动中的两相介质往往由于相对密度的不同，在流场中形成各自的力场，从而存在速度滑移现象，使得分析结果与实际流动结果有相当大的差异。

2. 分相流动模型

分相流动模型是将两相介质分别当作连续流体处理，并考虑相间的相互作用。分相流动模型适用于存在微弱耦合的流场。

3. 漂移模型

分相流动模型是建立在两相平均速度场上的一种模型，故提出了漂移速度概念，当两相以某一混合平均速度流动时，其中一相相对于平均混合速度有一个漂移速度，而另外一相则产生相反的方向漂移速度，以保持流动的连续性。该模型由于考虑了相间速度，因此，具有普遍的适用性。

4. 两流体模型

鉴于两相流动中各相的动力学性质不完全相同或含量分布不均匀，使得运动特性并不同步，均相模型完全没有考虑两相间差异，分相模型和漂移模型在一定程度上引入了两相间相互作用，但过于简单而无法精确描述两相的运动和空间分布。

两流体模型是将两相运动的流体视为充满整个流场的连续介质，针对每相分别写出质量、动量和能量守恒方程，通过相界面间的相互作用将两组方程耦合在一起。它可以用欧拉方法或拉格朗日方法来描述，建立的方程是目前最全面、完整的，因此，也被公认为是最完善、可靠的求解模型。每个模型都具有自己的局限性，两流体模型由于求解中变量多、方程复杂，而使得求解困难，同时，两相流必须面对的一个问题就是如何解决离散相输送及瞬态流动结构之间的相互作用，仍然需要进一步完善。

12.1.5 固液两相流数值模拟的常用方法

固液两相流数值模拟的主要难点就是离散相颗粒的模拟。目前，根据对离散在连续的流体中的离散相颗粒处理不同方法，其中，牛顿流体的 Navier-Stokes（N-S）方程能够较准确描述固液两相的运动规律。由此，流体湍流数值模拟研究方法主要分为以下几种：

1. DNS 直接数值模拟方法

该方法的最大特点就是对三维非稳态的 N-S 方程采用直接求解，从模型层次角度看，可以获得湍流场的精确信息，由于该方法对计算机计算能力要求较高，从而限制了其应用的范围。

2. PDF 概率密度函数法

从统计的角度进行湍流场信息的描述，是一种很有潜力的模型，但工程应用还有一定距离。

3. RANS 雷诺时均 N-S 方程方法即应用湍流统计理论

将非定常的 N-S 方程对时间作平均，求解工程中需要的时均量。在离心泵内部流动数值模拟中应用较广。

4. LES 大涡模拟

它是对紊流脉动的一种空间平均，也就是通过某种滤波函数将大尺度的涡和小尺度的涡分离开，大尺度的涡直接模拟，小尺度的涡用模型来封闭，对计算机资源的要求低于 DNS 方法，在工程上的应用也日趋广泛。

两相流和湍流模型是当前和未来水力机械中流动计算技术的重要基础，也是未来数值计算的一个重要研究方向。

12.2　固液两相流泵网格划分

网格是 CFD 模型的几何表达形式，也是模拟与分析的载体。在对不规则边界流体流动的数值模拟研究中，首先要将计算域离散，也就是划分网格，因此，网格划分是科学计算和工程分析中的一个关键问题，网格的生成质量将直接影响到计算的精度和速度。

本节以固液两相流泵中的螺旋离心泵为对象，建成水体域模型，进行网格划分，为数值分析奠定基础。

12.2.1　网格划分流程

采用目前非常流行的专用 CFD 前处理器软件 ICEM CFD，对螺旋离心泵水体模型进行网格划分。其具体的网格划分步骤如下：

1. 几何模型的导入

将在 CREO 中生成的螺旋离心泵的几何文件以 .stp 格式导入 ICEM CFD 软件。

2. 创建拓扑

对几何表面进行检查和修复，如果检查几何表面有破损，可以通过 ICEM CFD 自带的功能修复，或者利用自动修复功能，以确保网格划分的准确进行。

3. 提取特征线

由于导入的几何模型被认为是一个整体，但是，为了网格划分的精确性，需要将曲度不同的线面分别提取出来，以便以后设置各个 Part 网格的参数。提取特征线时，先打碎整个模型的轮廓，再将能够反映出螺旋离心泵模型的轮廓线提取出来，最后将多余的轮廓线彻底删除，否则将会影响网格的划分工作，导致局部网格划分质量的下降。

4. 提取表面

将模型中同一性质的面归为一类，定义在同一个 Part 里，定义名称，以便进行后期的 Fluent 分析处理等。每一个 Part 在以后导入到 Fluent 软件里面后是一个单独的面，只能定义一种边界条件，所以在提取 Part 时，还要注意把将来要定义成不同类型边界条件的面分开来提取，螺旋离心泵叶轮及蜗壳模型如图 12-1 所示。

5. 创建耦合面（Interface）

耦合面的作用将两种不同性质的流动分开，在螺旋离心泵的整机运转过程中，流体流入进口段、叶轮流道以及蜗壳段，流体的流动将先由非旋转运动变为旋转运动，然后又转为非旋转运动，故应该在这三部分连接处设置耦合面，本模型总共建立了 2 个耦合面。

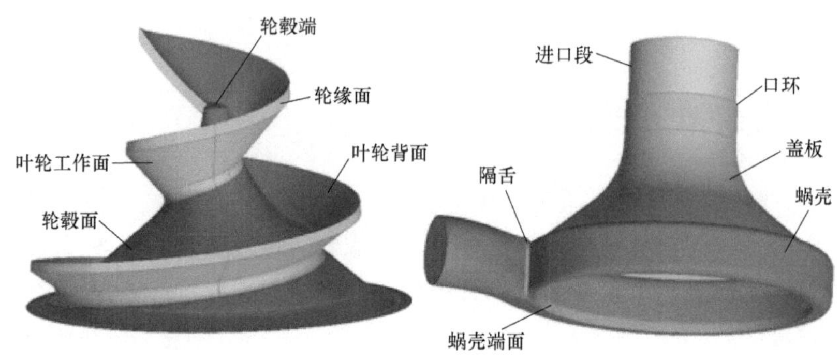

图 12-1 螺旋离心泵叶轮及蜗壳模型

6. 定义材料点（Body）

由于流体在螺旋离心泵内其运动性质随着模型区域的不同而变化，结合上面耦合面的创建，将模型分成三个流体区域，分别为进口段、叶轮流道以及蜗壳流道，因此需要定义相应的三个材料点。

7. 网格划分

将定义好的各个 Part 分别给定网格尺寸，进行网格划分，采用四面体非结构网格，其中，对于模型的曲率变化大或比较剧烈的部位，可以采用软件的局部细化功能来提高网格质量。但是，相邻线面上的网格参数梯度不能太大，否则会影响交接处的网格质量。

8. 网格质量检查

对划好的网格进行质量检查，并且优化网格，以保证网格精度。若达不到要求的网格精度，则需要重新提取特征线、点等，重新划分网格以使其满足精度要求。

9. 选择 Fluent 求解器，并输出网格文件

本文在进行网格划分时，将模型分成进口段、叶轮和蜗壳三段来分别进行划分，然后在 Fluent 中再应用两个耦合面（Interface）来进行装机。一方面避免因模型太大带来的计算机硬件上的问题，另一方面这样可以很好地细化网格，保证各段及局部网格的质量。需要注意的是，在耦合的两段网格尺寸差别不应过大。

12.2.2 ICEM 网格划分操作步骤

工程上大部分情况下采用非结构网格划分，这样耗时小并能达到预期效果，此处我们也采用非结构网格划分，下面介绍螺旋离心泵 ICEM 非结构网格具体划分过程。

1. 设置工作目录

打开 ICEM，设置工作目录操作过程为：File→Change working directory，值得注意的是，运行目录中只能出现数字和字母，不能出现汉字等非法字符，本例中工作目录设置为“E:\ scp”。

2. 导入几何模型

导入几何模型步骤：File→import geometry→Legacy→STEP/IEGS，选择几何模型 scp. stp 并导入，如图 12-2 所示。

3. 划分几何表面

对几何表面进行 Part 的划分，右键单击模型树栏内的 Parts→Create Part，如图 12-3 所示；在 Part 后的输入框输入要创建的 Part 名称，单击 Entities 后的斜箭头在模型窗口中选取面，创建叶片工作面、叶片背面、交界面、进口、出口等，在命名时不能使用汉字等非法字符；创建完成后，表面颜色发生了变化，并在结构树上出现新 Part 的名称，且全以大写字母的形式呈现，如图 12-4 所示，创建后的所有 Part 名称如图 12-5 所示。

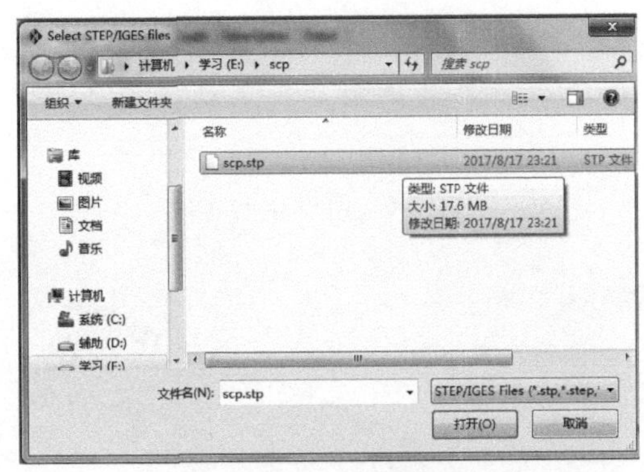

图 12-2　模型导入

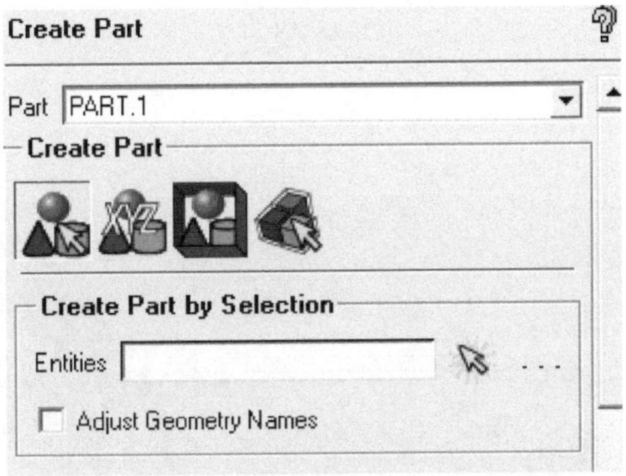

Create Part
Part PART.1
Create Part
Create Part by Selection
Entities
Adjust Geometry Names

图 12-3　创建 Part（1）

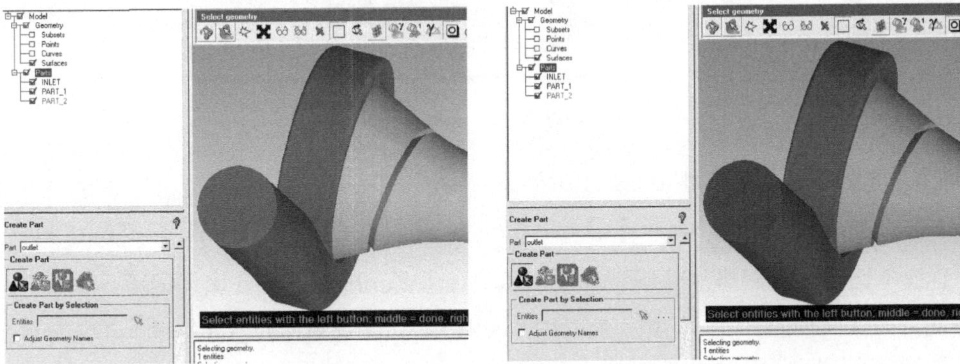

图 12-4　创建 Part（2）

4. 创建 Body

本例中，螺旋离心泵由一个旋转体即叶轮域和两个静止域蜗壳域和进口段组成，因此在划分网格时对应地创建三个 Body，依次命名为，“BODY-JINKOU”

“BODY-YELUN” “BODY-WOKE”。创建方法为，运行命令，弹出如图 12-6 所示的对话框，选择通过两点创建一个 Body 的方法，分别在不同的 Part 上用鼠标左键选取两个点，如图 12-7 所示，并命名为“BODY-WOKE”，单击【Apply】或长按鼠标中键完成创建，并按照上述方法依次创建其他两个 Body，创建完成后的 Body 如图 12-8 所示。

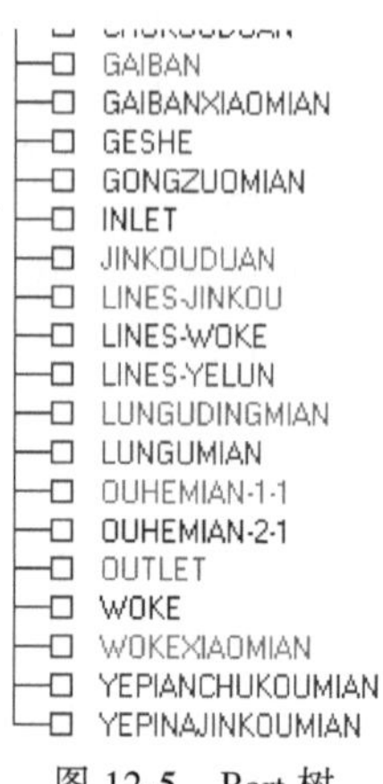

图 12-5　Part 树

图 12-6　创建 Body（1）

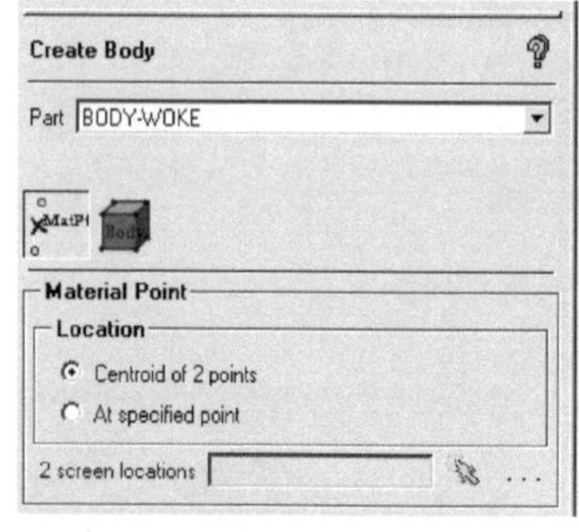

图 12-7　创建 Body（2）

5. 定义全局网格尺寸

进入 Mesh 标签页，单击【Global Mesh Setup】按钮，在如图 12-9 所示的设置面板中选择全局网格尺寸【Global Mesh Size】按钮，设置比例因子 Scale factor 为 1，最大网格单元尺寸为 5，激活选项 Curvature/Proximity Based Refinement，设置 Min size limit 值为 1。

6. 定义体网格尺寸

进入 Mesh 标签页，单击【Global Mesh Setup】按钮，在如图 12-10 所示的设置面板中体网格参量【Volume Meshing Parameters】功能按钮，单击【Define thin cuts】按钮，弹出如图 12-11 所示的对话框，单击【Select】按钮，在弹出的部

件选择框中，选择“GESHE”和“WOKEXIAOMIAN”，如图 12-12 所示。选择完毕的 Thin cuts 定义对话框如图 12-13 所示。单击【Done】按钮完成 Thin cuts 定义。

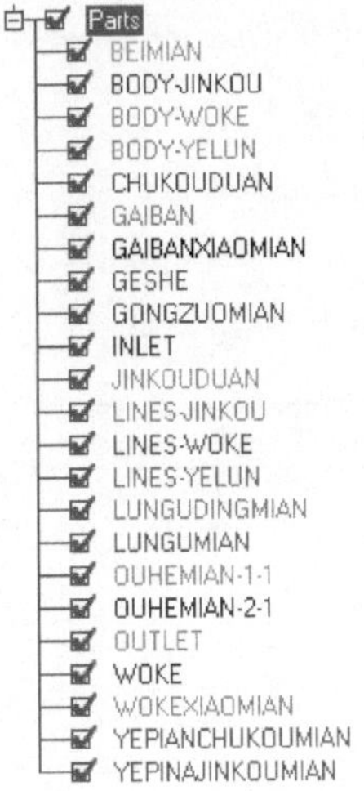

图 12-8 Body 树

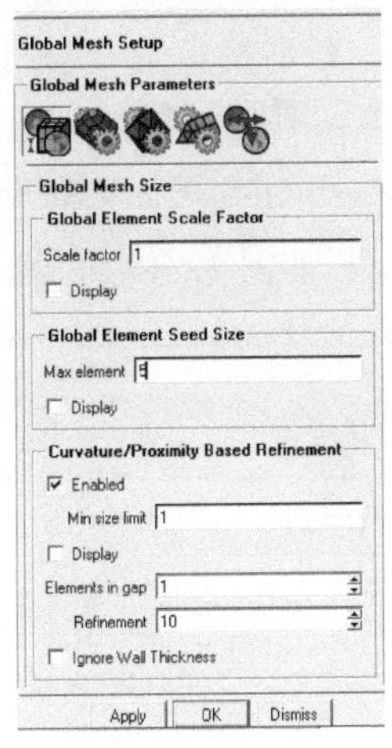

图 12-9 定义网格

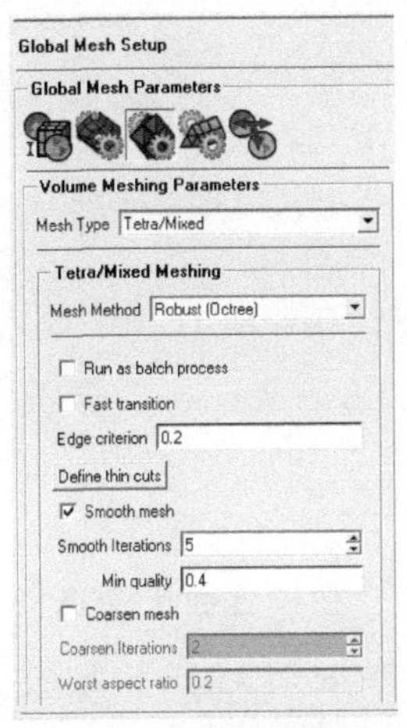

图 12-10 定义网格参量

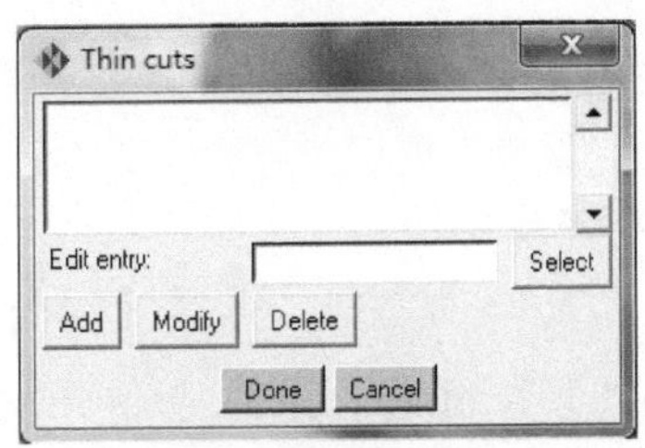

图 12-11 Define thin cuts

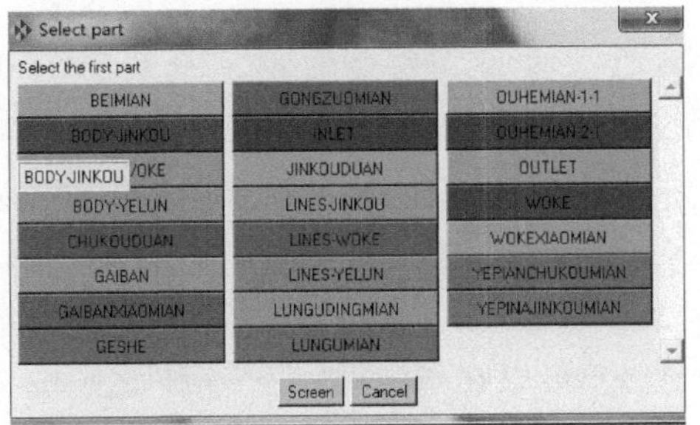

图 12-12 选择 Part

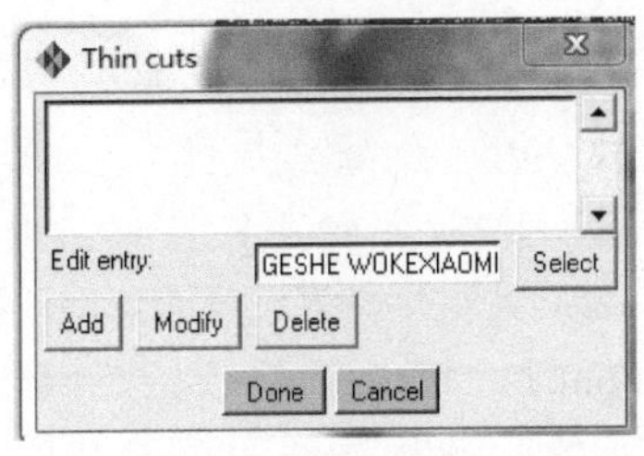

图 12-13 完成 Thin cuts

7. 定义面网格尺寸

进入 Mesh 标签页，选择面网格设置【Surface Mesh Setup】按钮，在如图 12-14 所示的面板中，单击按钮，选择图形显示窗中的所有面，设置 Maximum size 值为 2，最后单击【Apply】按钮确认。

8. 定义边界层网格

进入 Mesh 标签页，选择部件网格参数设置【Part Mesh Setup】按钮，根据计算需要设置如图 12-15 所示的面板，最后单击【Apply】按钮确认。

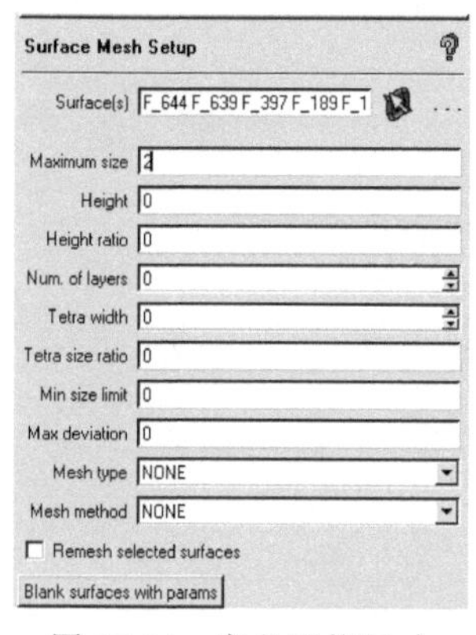

图 12-14　定义网格尺寸

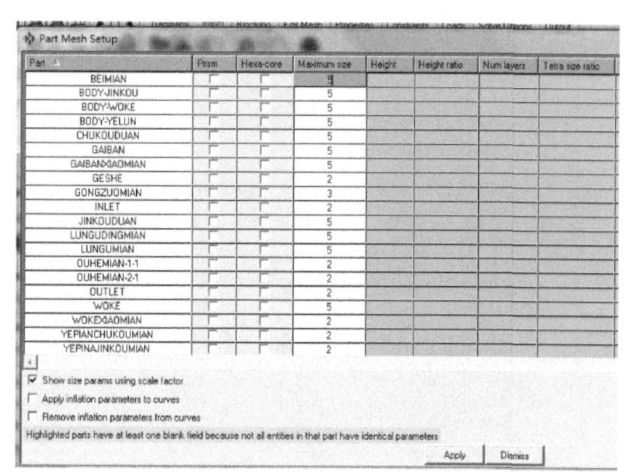

图 12-15　网格划分

9. 生成网格

进入 Mesh 标签页，选择【Computer Mesh】按钮，在如图 12-16 所示的设置面板中选择【Volume Mesh】按钮，激活【Create Prism Layers】选项，单击【Apply】按钮生成网格。

10. 生成网格

进入 Mesh 标签页，选择【Computer Mesh】按钮，在设置面板中选择【Volume Mesh】按钮，激活【Create Prism Layer】选项，单击【Apply】按钮生成网格。生成的面网格和网格质量如图 12-17 所示。

11. 输出网格

进入 Output 标签页，选择【Select Solver】选择求解器按钮，在如图 12-18 所示的设置面板中选择 Output Solver 为 ANSYS Fluent，单击【Apply】按钮确认。单击 Output 标签页下的【Write input】按钮，弹出如图 12-19 所示的保存提示对话框，并单击【Yes】按钮，再在弹出的图 12-20 所示的打开对话框中选择"project1"文件并打开，最后弹出如图 12-21 所示的 mesh 文件保存选项对话框，在 Output file 栏中输入文件保存路径及文件名称，可以在指定路径下得到如图 12-22 所示的后缀为 .msh 的网格文件，至此，非结构网格划分完成。

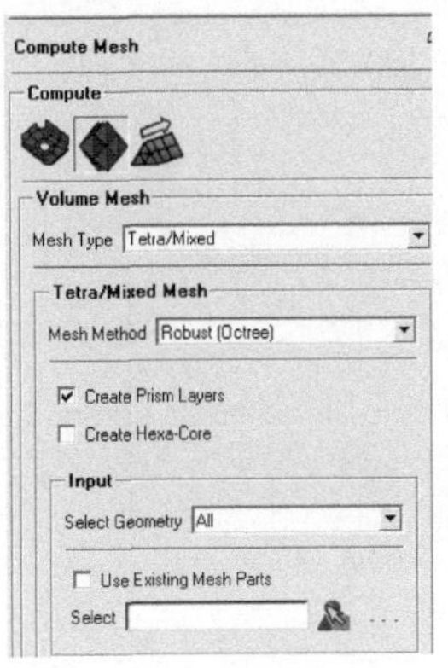

图 12-16　网格划分启动

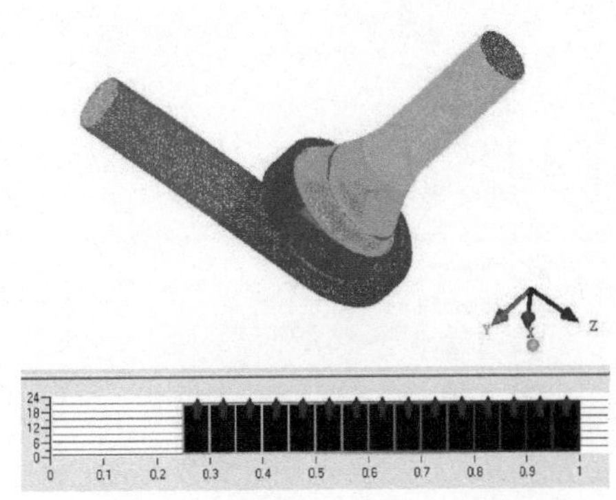

图 12-17　生成的面网格和网格质量

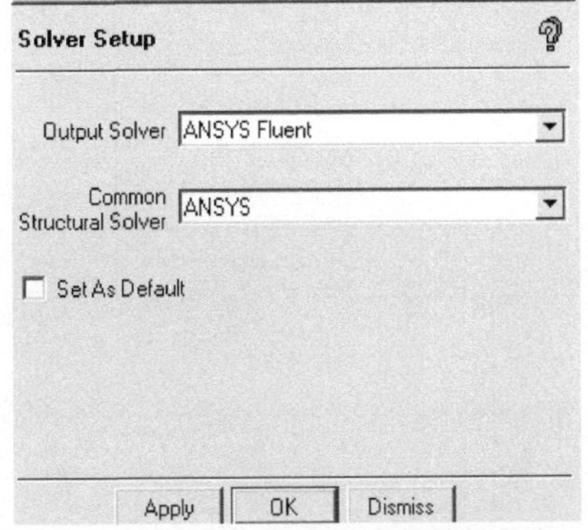

图 12-18　输出类型选择

图 12-19　保存确定

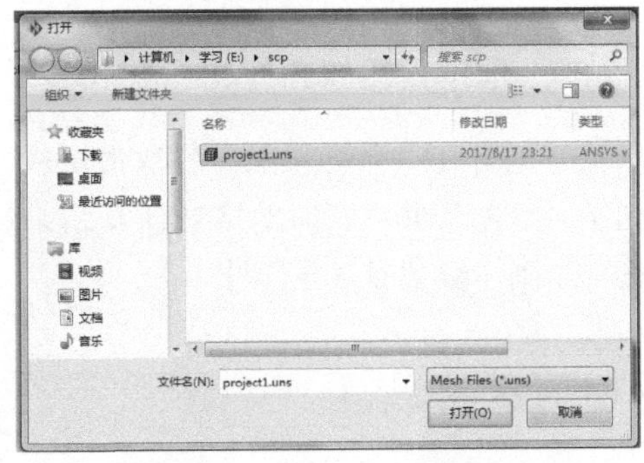

图 12-20　网格尺寸设置文件

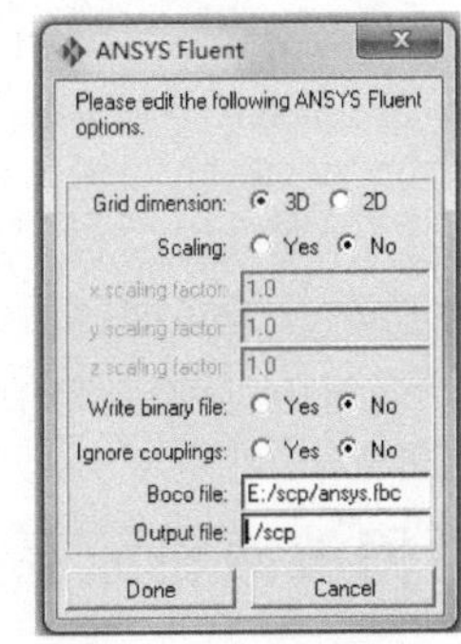

图 12-21　指定路径

12.2.3　网格无关性检查

前面提到过，网格质量决定着数值计算的精度和准确性，网格划分是数值模拟的一个关键步骤。该螺旋离心泵水体模型的最终网格数为 320 万左右，为四面体与

名称	修改日期	类型	大小
ansys.atr	2017/8/18 21:46	ATR 文件	3 KB
ansys.fbc	2017/8/18 21:46	FBC 文件	1 KB
ansys.fbc_dfupdate	2017/8/18 21:50	FBC_DFUPDATE ...	1 KB
ansys.fbc_old	2017/8/18 21:46	FBC_OLD 文件	1 KB
project1.prj	2017/8/17 23:21	ANSYS v150 .prj ...	18 KB
project1.tin	2017/8/17 23:21	ANSYS v150 .tin ...	720 KB
project1.uns	2017/8/17 23:21	ANSYS v150 .uns...	18,061 KB
scp.msh	2017/8/18 21:51	MSH 文件	37,184 KB
scp.stp	2017/8/18 18:15	STP 文件	736 KB
scp.tin	2017/8/18 18:16	ANSYS v150 .tin ...	650 KB

图 12-22　网格保存完成

六面体混合网格，同时，对叶片设置边界层，整体网格如图 12-23 所示，图 12-24 所示为网格数量的无关性检查分析。

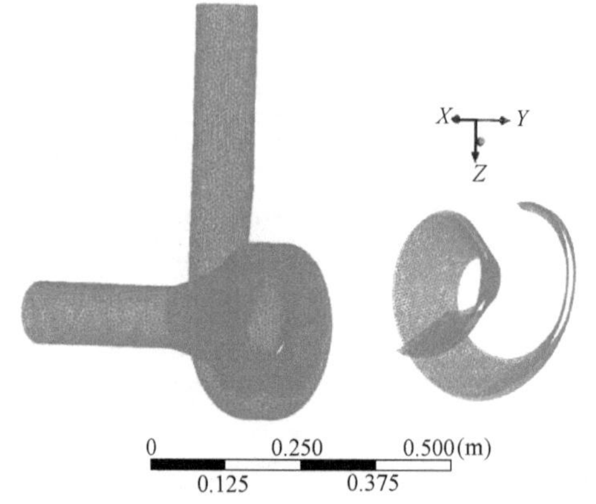

图 12-23　螺旋离心泵整机及叶片网格

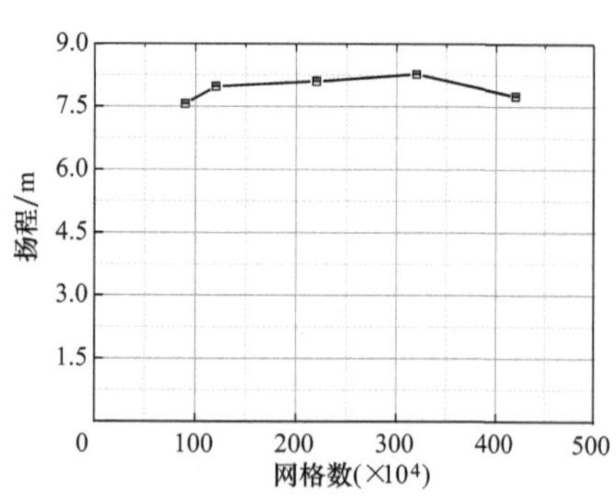

图 12-24　网格数量的无关性检查分析

对 320 万及 320 万网格加密的两种网格下的计算结果的数据文件取值比较，如图 12-24 所示，网格加密后扬程变化不到 1%，这说明生成的网格对计算结果影响不大，并通过 ICEM 自带的网格质量检查，达到了数值计算的要求。

12.3　固液两相流泵 Fluent 两相流数值计算

数值模拟计算问题就是通过建立数学模型把科学技术问题转化为数学问题，然后对数学问题进行离散化，将其转化为数值问题，最后在计算机强大的计算功能帮助下，使用数值计算方法得出数值问题的解。因此，对于建立的数学模型需设置边界条件，瞬态问题还需设置初始条件。流场的解法不同，对边界条件和初始条件的处理方式也就不同。所谓边界条件，是指在求解域的边界上所求解的变量或其一阶

导数随地点及时间变化的规律。因此，螺旋离心泵进行数值求解时只有设置了合适的边界条件才可能获得流场的准确解。为了保证螺旋离心泵内部数值模拟流动特性的准确性，采用统一的边界条件进行数值计算。

12.3.1 固液两相流数值边界条件

由数值模拟原理，对螺旋离心泵边界条件设置：入口处采用速度进口边界条件(velocity. inlet)；在出口处采用自然流出边界条件（outlet)；在进口段、叶轮锥段、蜗壳壁面等固壁上采用无滑移边界条件，即假设固壁上流体质点的速度等同固壁的速度，且在近壁附近流动区采取标准壁面函数，转轮与上下游过流部件的联结通过设置动静耦合面来实现。螺旋离心泵模型各域及边界如图 12-25 所示。

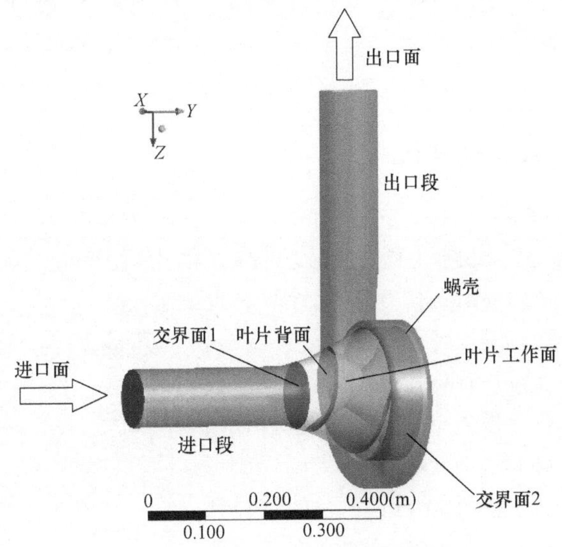

图 12-25 螺旋离心泵模型各域及边界

12.3.2 数值计算方法

Fluent 软件在对螺旋离心泵进行三维定常湍流计算时，将叶轮确定在空间某一固定位置，采用多重坐标系模型（multiple reference frame model）进行计算，即将全流道的流体划分为进口段、叶轮和蜗壳三个计算区域。其中叶轮区域的流体定义在旋转坐标系下，而进水管和蜗壳区域的流体定义在静止坐标系下。在转动区域中应用旋转坐标系下的控制方程进行求解，而在进水管和蜗壳区域中应用静止坐标系下的控制方程进行求解，同时在不同计算域交界面上保证速度矢量的连续性。

12.3.3 计算迭代残差设置

介质为清水时，迭代残差均设置为 10^{-5}；介质为固液两相流时，使得连续方程和湍流耗散率的收敛较为困难，因此，将该两项迭代残差设置为 10^{-5}，其余为 10^{-4}，研究者可根据实际情况确定。

12.3.4 计算收敛性的判定

截至目前，尚没有一个通用的法则来准确判断计算的收敛性，需要针对不同情况进行区别分析。

对于稳态问题的解，或是瞬态在某个特定时间步上的解，往往需要通过多次迭代才能得到。有时，因网格形式或网格大小、对流项的离散插值格式等原因，可能导致解的发散；对于瞬态问题，若采用显式格式进行时间域上的积分，当时间步长过大时，也可能造成解的振荡或发散。因此，对解的收敛性随时进行监视，并在系统达到指定精度后，结束迭代过程。根据实践应用经验，一般可采用监测残差值、计算结果是否趋于稳定，整个系统的质量、动量与能量是否都守恒等方式综合判断迭代的收敛性。

12.3.5 数值模拟设置过程

1. Fluent 软件启动

打开 Fluent 软件，根据计算模型为三维，单击【Dimension】→【3D】；选择【Options】→【Double Precision】双精度计算；此案例不需要进行并行计算，【Processing Options】→【Serial】，同时，通过【Working Directory】设置计算工作目录，以上设置完成后，单击【OK】即可，具体设置如图 12-26 所示。

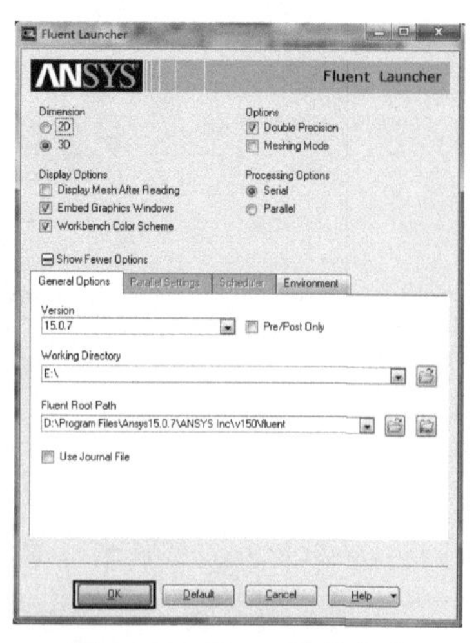

图 12-26　Fluent 软件启动

需要注意的是工作目录和 Fluent 软件路径建议采用英文字母与数字，不能使用中文文字，否则会出现错误提示。

2. 模型导入

网格文件加载如图 12-27 所示，单击【File】→【Read】→【Mesh】，导入螺旋离心泵网格文件 SCP-100ln-7. msh，单击【OK】即可加载网格文件。

通过 ICEM 进行网格划分的网格文件，后缀名为 . msh。

3. 基本设置

（1）模型尺寸单位确定　模型尺寸单位确定如图 12-28 所示，单击【General】，出现常规设置对话框，单击【Scale】→【View Length Unit In】，选择单位为 mm，【Mesh Was Created In】选择 mm，单击【Scale】→【Close】即可完成模型尺寸确定。

一般根据 Pro/E 或 CREO 软件建模时设置尺寸单位为 mm，将模型尺寸修改为

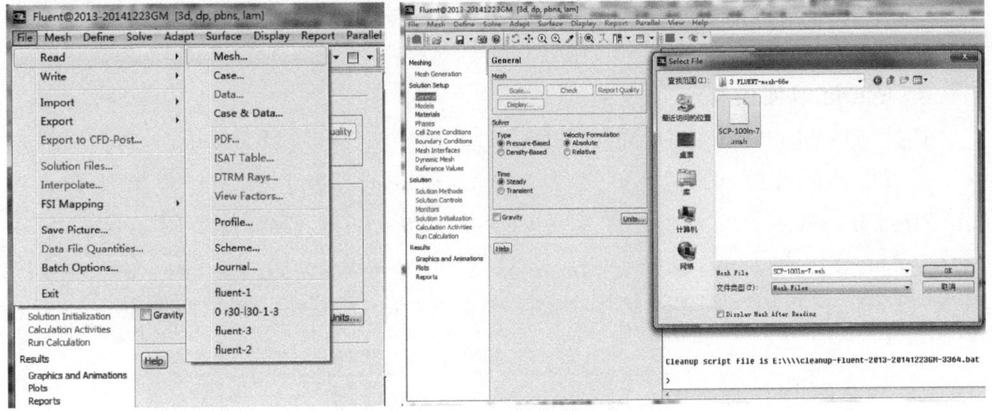

图 12-27　网格文件加载

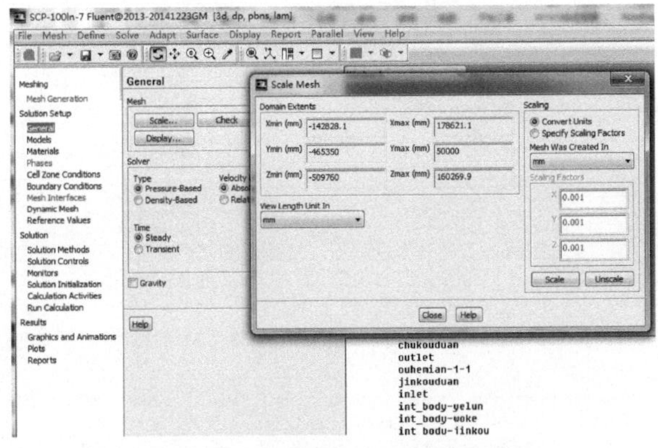

图 12-28　模型尺寸单位确定

mm，同时单击【Units】中调整设置模型单位以及转速单位。

（2）转速单位确定　转速单位确定如图 12-29 所示，单击【Define】→【Units】，

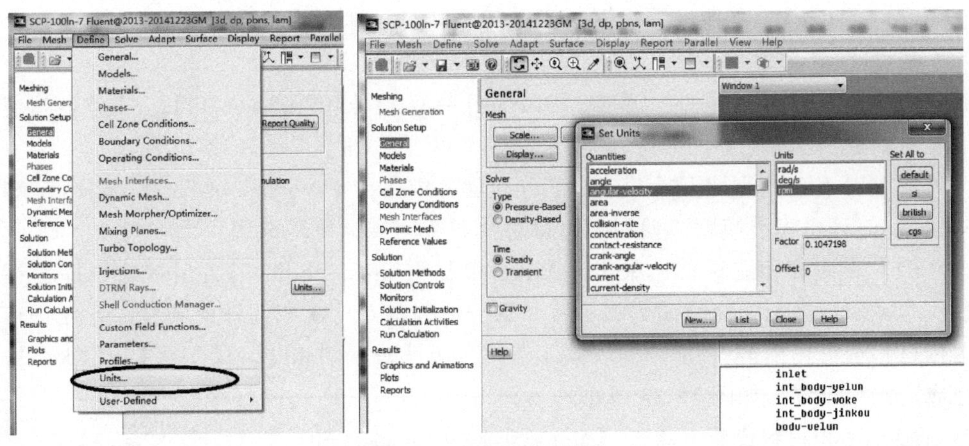

图 12-29　转速单位确定

出现图 12-29 所示对话框，单击【angular-velocity】→【rpm】，设置螺旋离心泵转速单位为 r/min。

4. Interface 面设置

选择【Problem Setup】→【Mesh Interfaces】选项，打开【Mesh Interfaces】面板。

设置滑移耦合面如图 12-30 所示，单击【Create/Edit】按钮，弹出【Create/Edit Mesh Interfaces】对话框，设置【Mesh Interface】为【interface 1】，设置【Interface Zone 1】为【interface_1.0】，设置【Interface Zone 2】为【interface_1.1】，单击【Create】按钮，创建滑移耦合面，单击【Close】按钮，关闭对话框。

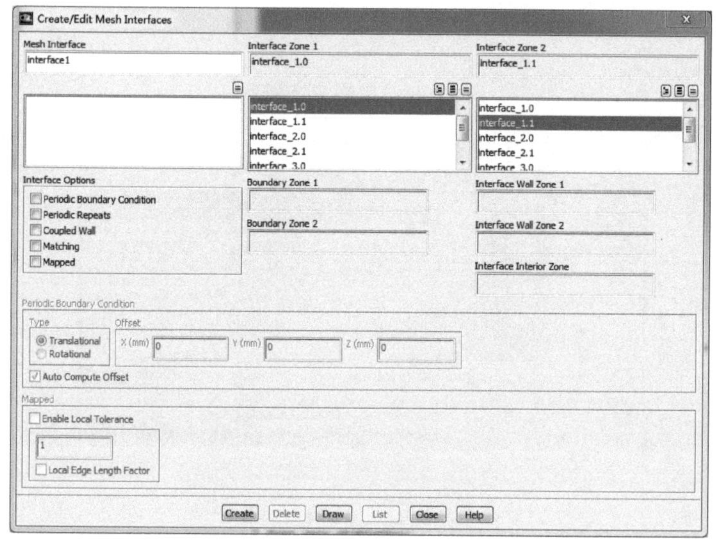

图 12-30　设置滑移耦合面

5. 求解器设置

求解器设置如图 12-31 所示，单击【Models】→【Viscous-Laminar】→【Edit…】，选择【k-epsilon】，其他设置根据所研究问题确定，单击【OK】。

6. 多相流设置

（1）开启多相流模型　单击【Models】→双击【Multiphase-Off】，打开多相流设置对话框，选择【Mixture】多相流模型，单击【OK】，如图 12-32 所示。

在 Models 里选取多相流模型，Fluent 软件中提供了 Volume of Fluid、Mixture 和 Eulerian 三种多相流模型，使用者可以根据研究的实际情况选用。

（2）设置多相流材料　单击【Materials】→【Create/Edit…】，出现材料库对话框，本案例固液两相流介质为含沙水，即主相为清水，次相为沙子颗粒。首先进行主相材料选择，单击【Fluent Database】，选择【water-liquid】→【Copy】→【Close】，完成清水相设置，如图 12-33 所示。

（3）次相材料设置　单击【Materials】→【Create/Edit…】，修改【Name】为

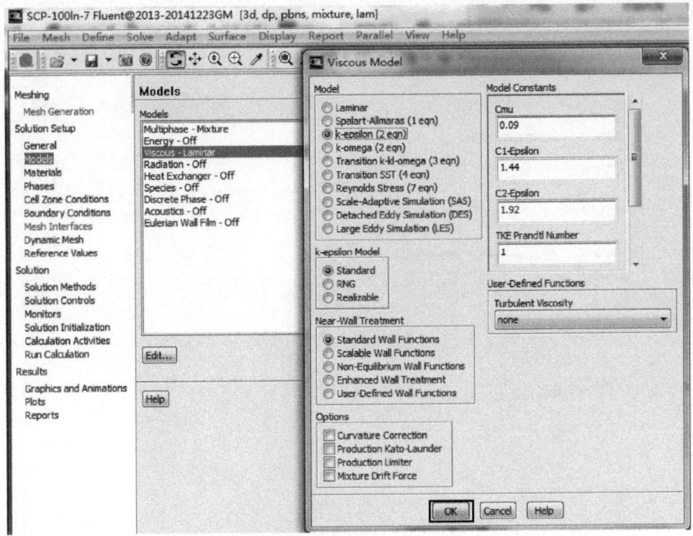

图 12-31　求解器设置

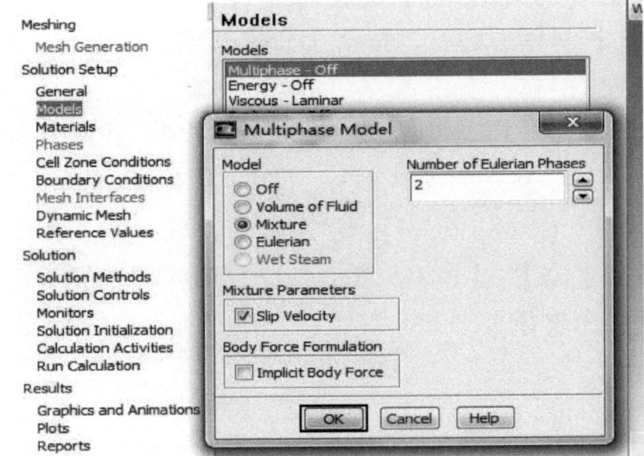

图 12-32　多相流模型开启

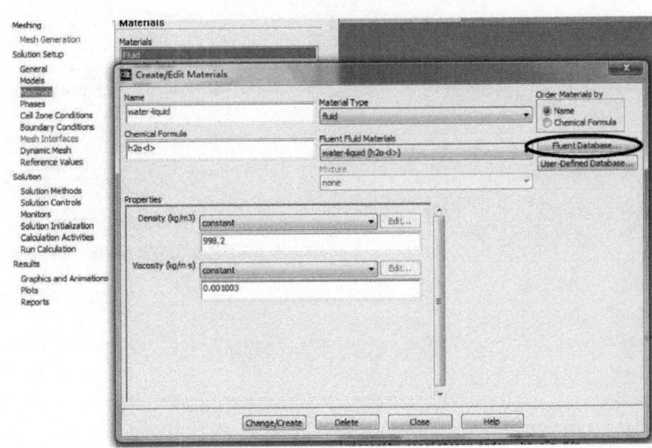

图 12-33　清水相设置

“sand”，并通过【Density】和【Viscosity】设定颗粒相的密度与黏度，之后单击【Change/Edit…】→【Yes】→【Close】，如图 12-34 所示。

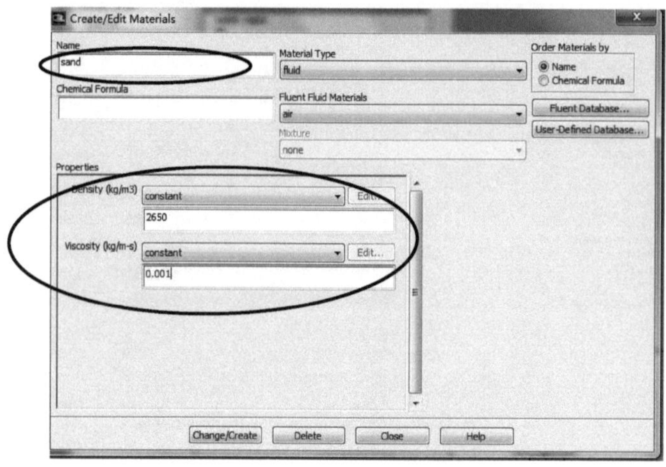

图 12-34　固相材料设置

如果次相材料在材料库中已有，按清水介质选取过程进行设置即可，如果材料库中没有，本案例中为沙粒，按图 12-34 的过程设置。

（4）主次相确定　此处清水为连续相，设为主项，将颗粒设置为次相。首先进行主相确定，如图 12-35a 所示，单击【Phase】→【phase-1-Primary Phase】→【Phase Material】，选择【water-liquid】；然后进行次相确定，如图 12-35b 所示，单击【phase-2-Primary Phase】→【Phase Material】，选择【sand】，单击【Edit…】→【Diameter】给定颗粒的直径。

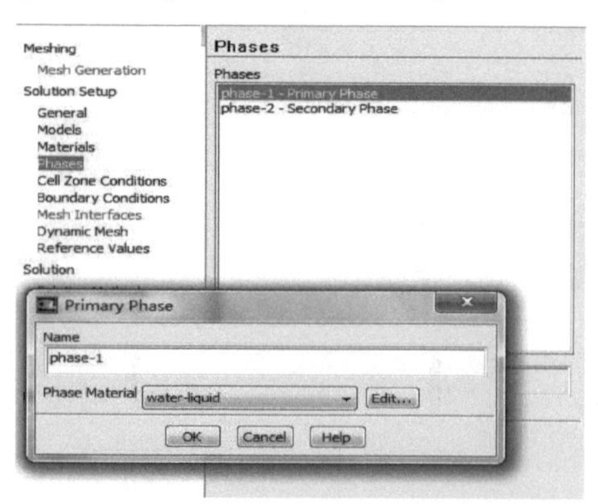

a)

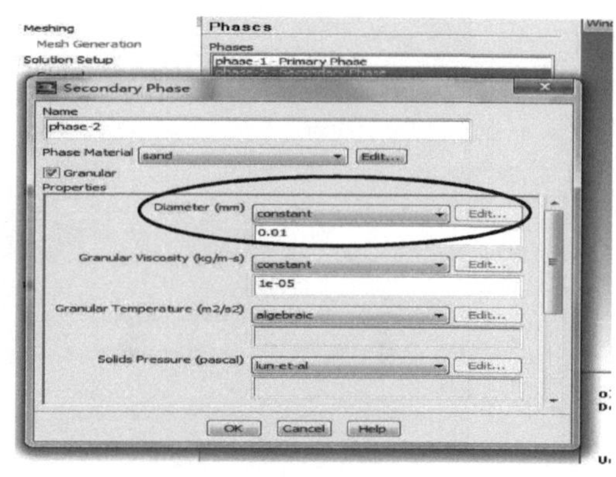

b)

图 12-35　两相确定

7. 域（Domain）的设置

非旋转流体域设置如图 12-36a 所示，单击【Cell Zone Conditions】→【body-jink-

ou】→【Edit…】→【OK】，蜗壳流体域设置过程与其相同。

单击【Cell Zone Conditions】→【body-yelun】→【Edit…】→【Frame Motion】，根据右手定则，判断旋转轴，本案例中旋转轴为 Z 轴，在【Rotation-Axis Direction】中 Z 为1，在【Rotation Velocity】→【Speed】为1450r/min，单击【OK】，如图12-36b所示。

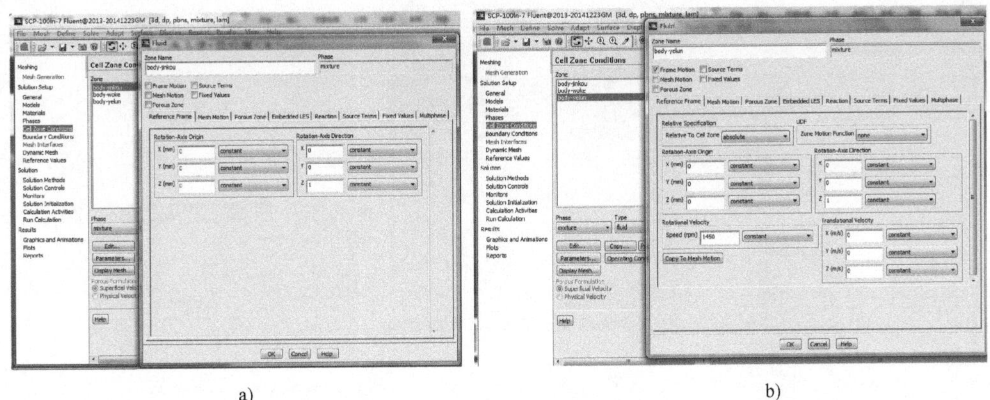

a)　　　　　　　　b)

图12-36　流体域设定

8. 设置边界（Boundary）条件

（1）进口主相边界条件设置　单击【Boundary Conditions】→【inlet】，在【phase】点选【phase-1】→【Edit…】，在【Velocity Specification Method】选择【Magnitude, Normal to Boundary】，【Velocity Magnitude（m/s）】为2.17，单击【OK】，完成主相液体进口边界条件设置，如图12-37所示。

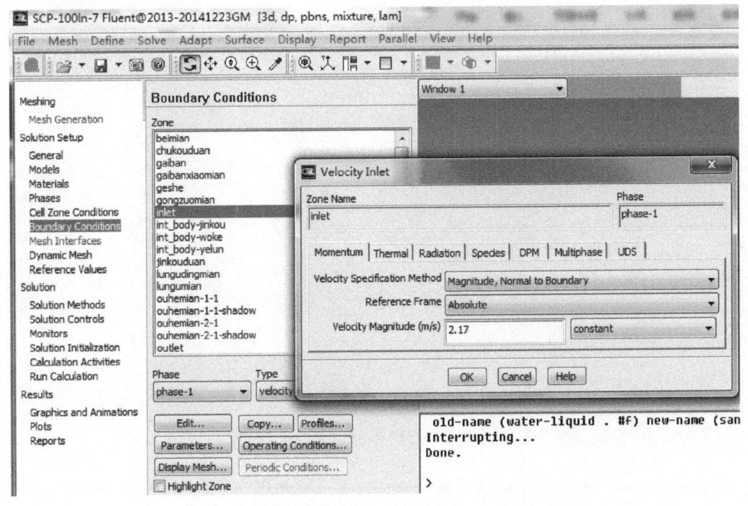

图12-37　进口主相边界条件设置

（2）进口次相边界条件设置　单击【Boundary Conditions】→【inlet】，在【phase】点选【phase-2】→【Edit…】，在【Velocity Specification Method】选择【Magnitude，Normal to Boundary】，【Velocity Magnitude（m/s）】为 2.17，单击【Multiphase】→【Volume Fraction】，设置为 0.2，单击【OK】，完成次相沙粒进口速度和体积分数设置，如图 12-38 所示。

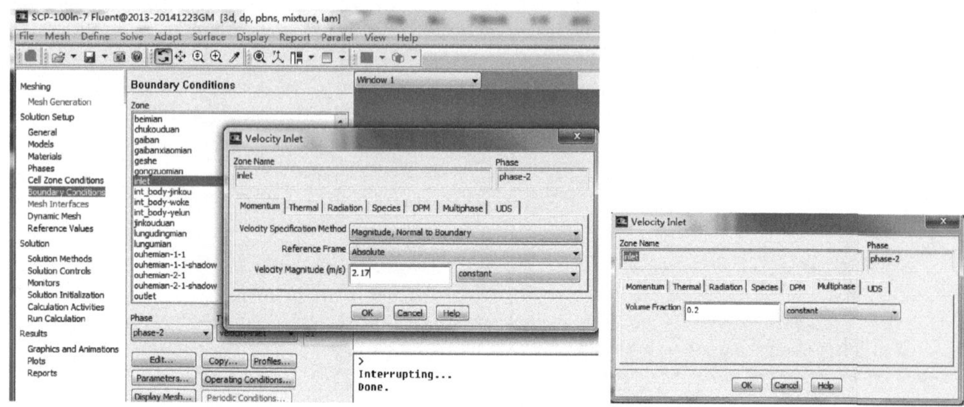

图 12-38　进口次相边界条件设置

（3）旋转域上面边界设置　单击【Boundary Conditions】→【beimian】→【Edit…】，在【Wall】中【Wall Motion】选择【Moving Wall】，在【Motion】中点选【Relative to Adjacent Cell Zone】，同时，点选【Rotational】，单击【OK】，如图 12-39 所示。

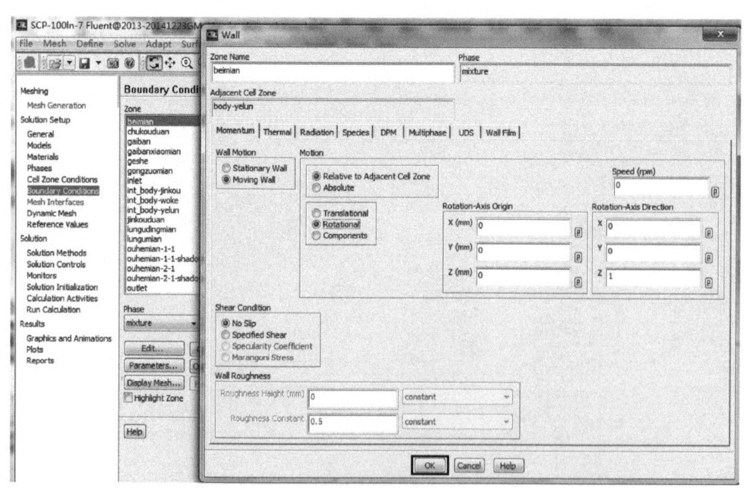

图 12-39　旋转域上面边界设置

其他属于旋转域的面均可按此进行边界条件设置。

（4）非旋转域上面边界设置　单击【Boundary Conditions】→【woke】→【Edit

…】，在【Wall Motion】中选【Stationary Wall】，单击【OK】，如图 12-40 所示。

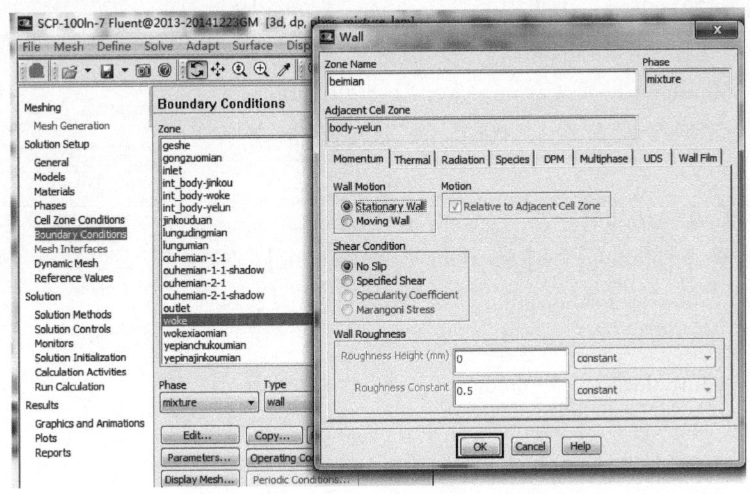

图 12-40　非旋转域上面边界设置

其他属于非旋转域的面均可按此进行边界条件设置，此处不再赘述。

(5) 出口边界设置　单击【Boundary Conditions】→【outlet】，选择【Type】→【outflow】→【Yes】，在【Edit…】单击【OK】，如图 12-41 所示。

至此，螺旋离心泵所有的边界条件设置已完成。

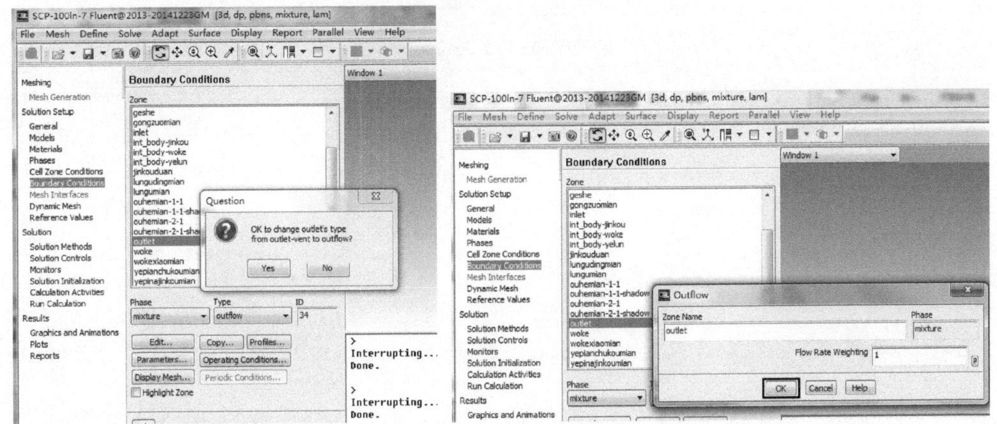

图 12-41　出口边界设置

9. 求解控制参数（Solver Control）

选择【Solution】→【Solution Methods】选项，在弹出的【Solution Methods】面板中对求解控制参数进行设置，如图 12-42 所示。

10. 设置收敛临界值

1) 选择【Solution】→【Monitors】选项，打开【Monitors】面板，如图 12-43

所示。

2）双击【Monitors】面板中的【Residuals Print Plot】选项，打开【Residual Monitors】对话框，如图 12-43 所示，将【Monitor Check Convergence Absolute Criteria】选项中的收敛精度设置为 0.00001，单击【OK】完成设置。

11. 设置流场初始化

1）选择【Solution】→【Solution Initialization】选项，打开【Solution Initialization】面板，如图 12-44 所示。

2）在【Initialization Methods】下选择【Standard Initialization】选项，在【Compute from】下拉列表中选择【in】，其他保持默认设置，单击【Initialize】按钮完成初始化。

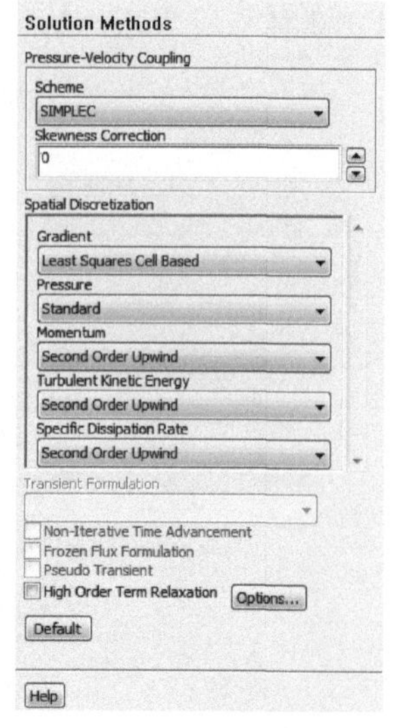

图 12-42　设置求解控制参数

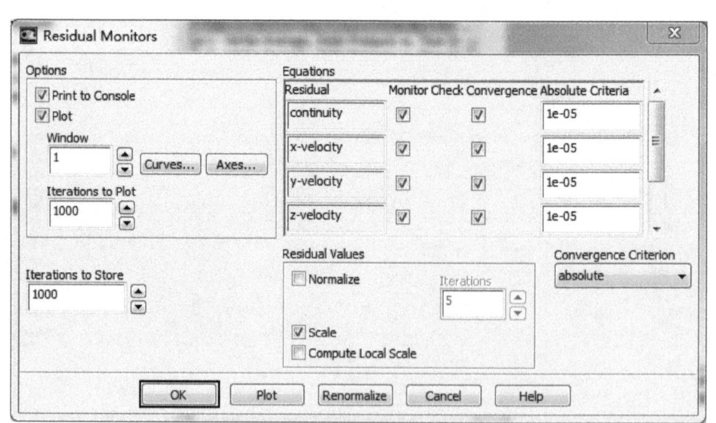

图 12-43　设置收敛临界值

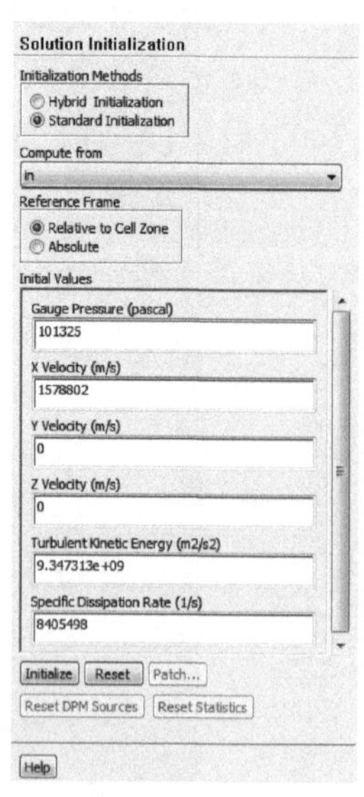

图 12-44　设置流场初始化

12. 迭代计算

1）执行【File】→【Write】→【Case&Date】命令，弹出【Select File】对话框，保存为 SCP-100ln-7. case 和 SCP-100ln-7. date。

2）选择【Solution】→【Run Calculation】选项，打开【Run Calculation】面板设置【Number of Iterations】为 30000，如图 12-45 所示。

3）单击【Calculate】按钮进行迭代计算。

12.3.6 数值模拟结果处理

1. 残差曲线

单击【Calculate】按钮后，迭代计算开始，弹出的残差曲线如图 12-46 所示。

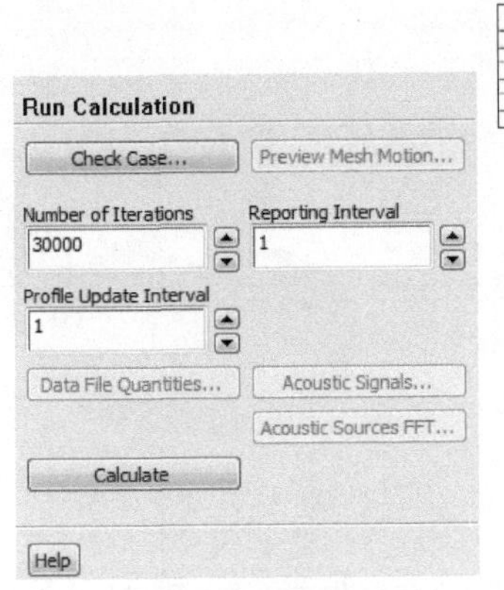

图 12-45 迭代设置对话框

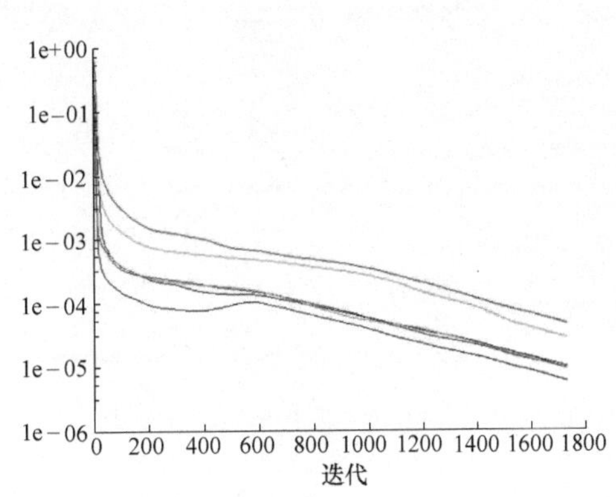

图 12-46 残差曲线

2. 质量流量报告

1）选择【Workspace】下【Results】→【Reports】选项，打开【Reports】面板，如图 12-47 所示。

2）在打开的面板中，双击【Fluxes】选项，弹出【Flux Reports】对话框。在【Boundaries】下选中【inlet】和【outlet】选项，单击【Compute】显示进出口质量流量结果，如图 12-48 所示。

此项除获得流量变化外，可以观测是否质量守恒，作为是否收敛的判断条件之一。

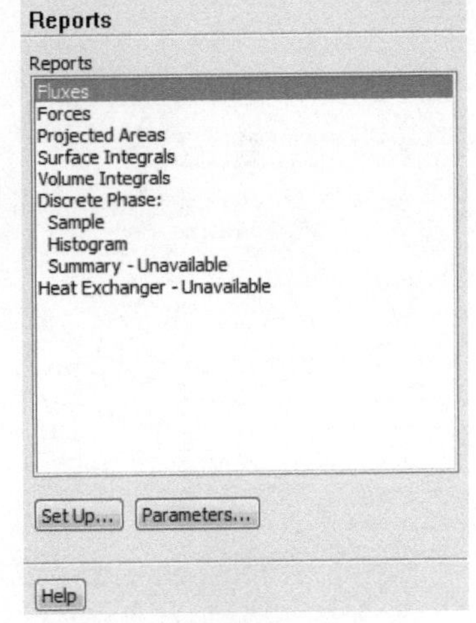

图 12-47 【Reports】面板

3. 压力场、速度场及湍动能分布

1）选择【Results】【Graphics and Animations】选项，打开【Graphics and Animations】面板。

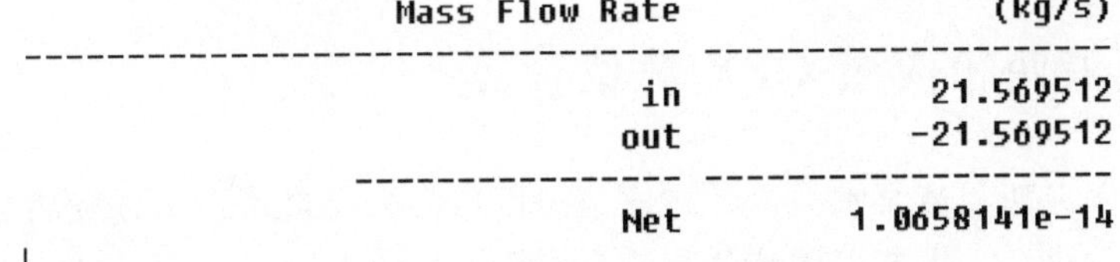

Mass Flow Rate	(kg/s)
in	21.569512
out	-21.569512
Net	1.0658141e-14

图 12-48 进出口质量流量

2）双击【Graphics】列表中的【Contours】选项，打开【Contours】对话框。

如图 12-49 所示，单击【Display】按钮，弹出压力云图窗口，如图 12-50 所示。

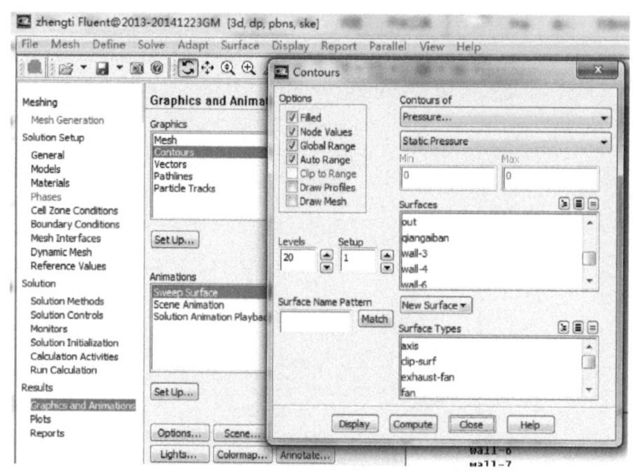

图 12-49　设置压力云图绘制

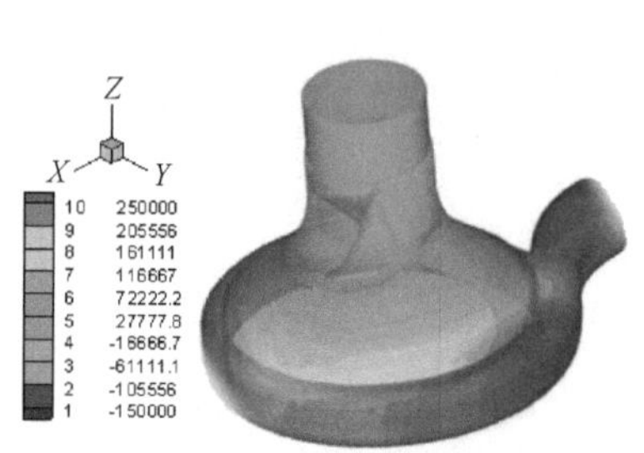

图 12-50　压力分布云图

3）在【Graphics and Animations】面板中双击【Vectors】选项，弹出【Vectors】对话框，如图 12-51 所示，单击【Display】按钮，弹出速度矢量图，显示叶轮的速度矢量图，如图 12-52 所示。

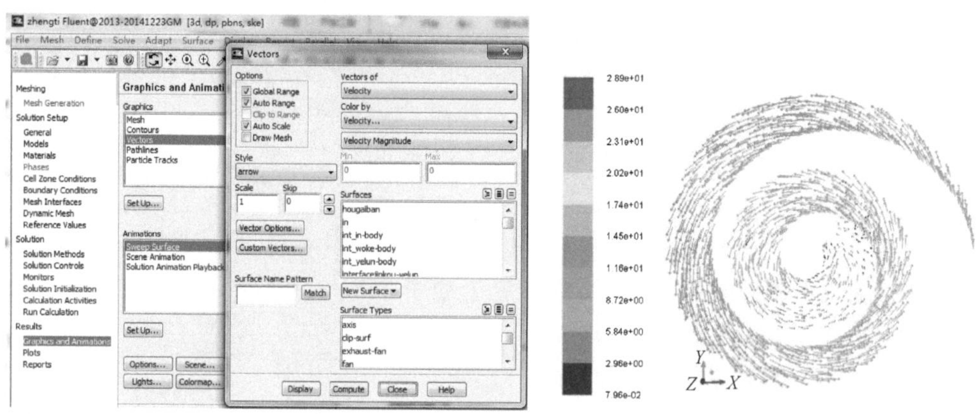

图 12-51　设置速度矢量

图 12-52　叶轮的速度矢量图

12.4　固液两相流泵 CFX 数值计算

前面对固液两相流泵水力设计、建模、网格划分等操作，以螺旋离心泵为模型进行了详细的讲解，本节以固液两相流泵中旋流泵为模型，应用另外一种比较常用的流场分析软件 CFX 进行流场计算的讲解，旋流泵的水力设计、建模过程，可参照螺旋离心泵的操作进行。

12.4.1 旋流泵模型建立

1. 叶轮设计

卧式150WX-200-20型旋流泵的主要设计参数为额定流量 $Q=200\text{m}^3/\text{h}$、额定扬程 $H=20\text{m}$、额定转速 $n=1450\text{r/min}$、比转速 $n_s=132$、额定效率 $\eta=50\%$。对其主要过流部件进行水力优化设计，包括叶轮叶片的偏转角度、折点处倒角大小、弯折形式和楔形形式，得到的叶轮几何参数见表12-1。

表12-1 叶轮几何参数

叶轮外径 D_2/mm	叶片宽度 b/mm	叶片数 N/个
250	60	10

2. 蜗壳设计

旋流泵蜗壳有螺旋形、准螺旋形、环形和圆形等多种。根据其叶轮的结构设计和水力设计，选用环形蜗壳，得到的蜗壳几何参数见表12-2。

表12-2 蜗壳几何参数

基圆直径 D_3/mm	无叶腔宽度 L/mm	叶轮外径与壳体的间隙 e/mm
200	70	30

由以上的叶轮和蜗壳水力设计可得到旋流泵的二维结构模型，具体如图12-53所示。

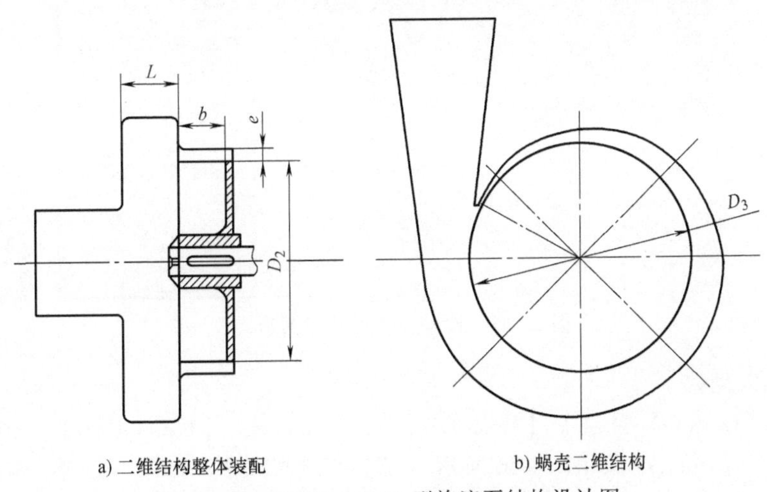

a) 二维结构整体装配　　b) 蜗壳二维结构

图12-53 150WX-200-20型旋流泵结构设计图

结构化网格具有较容易地实现区域的边界拟合，适于流体和表面应力集中等方面的计算，网格生成的速度快、网格生成的质量好、数据结构简单和对曲面或空间的拟合大多数采用参数化或样条插值的方法得到，区域光滑，与实际的模型更容易接近等优势。在前文中介绍了非结构化网格画法，此处选用结构化网格进行数值模拟，鉴于篇幅，此处不再做详细阐述，如有兴趣，可自行学习。图 12-54 所示为旋流泵流体域及网格模型。

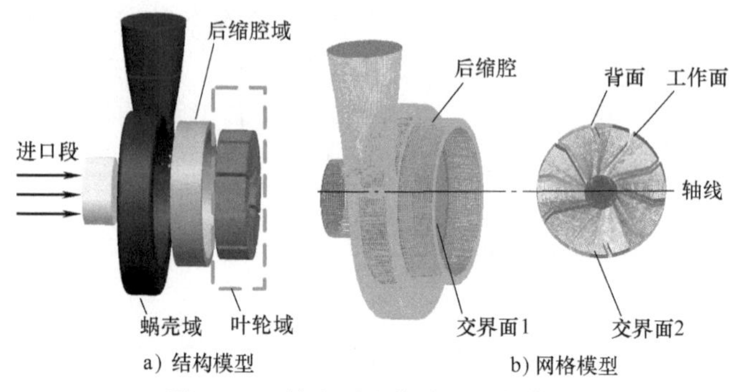

图 12-54　旋流泵流体域及网格模型

12.4.2　全流场 CFX 数值设置

1. 边界条件设置

说明：本例中的边界条件设置若未给出图，则为默认设置。

新建模拟　打开 CFX→设置工作目录→选择【CFX-Pre】→【 (New Case)】→【General】→【OK】，如图 12-55 所示。

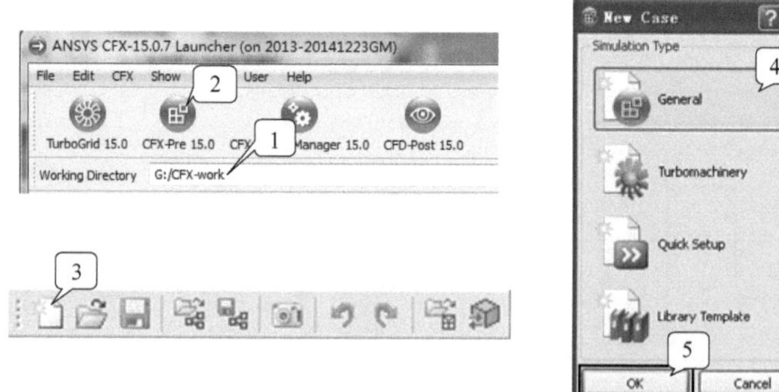

图 12-55　设置工作目录和模拟类型

2. 导入网格

右击【Outline】目录下【Mesh】→【Import Mesh】→【ICEM CFD】→选择对应 cfx5 格式→【Open】，如图 12-56 所示。注意：导入网格时的尺寸选择，Mesh Units 选择 mm。

3. 域（Domain）的设置

（1）蜗壳水体域的设置　【 Domain】→Name 栏里输入 wk→【OK】→在左侧出现的菜单栏中设置 Domain 条件→【OK】，如图 12-57 所示。

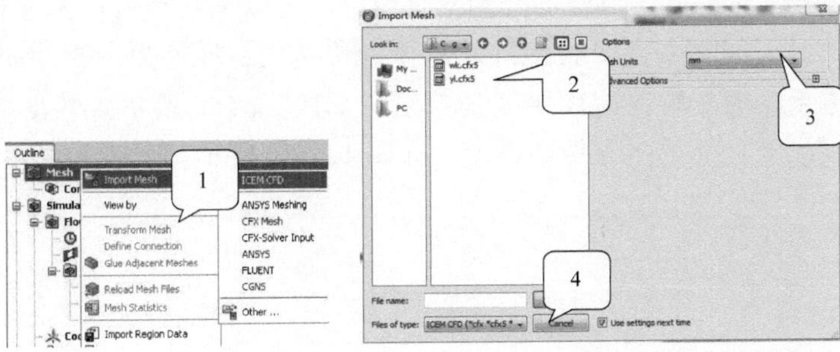

图 12-56　导入网格

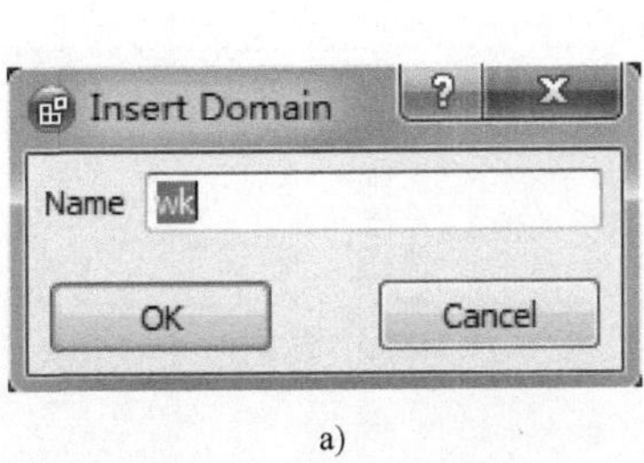

a)

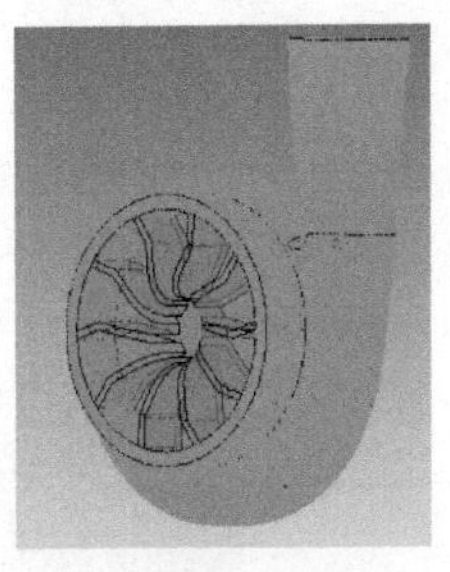

b)

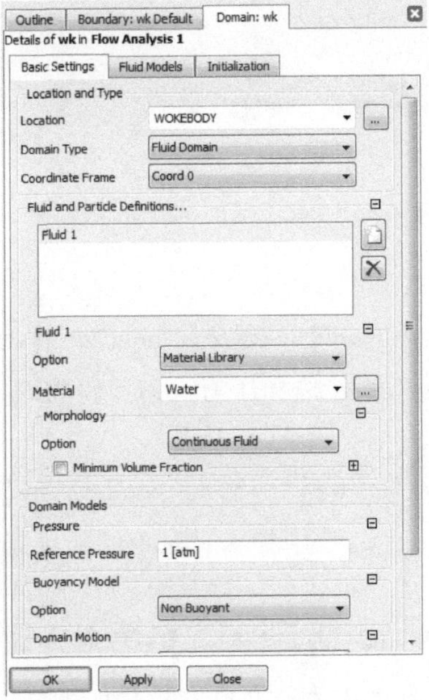

c)

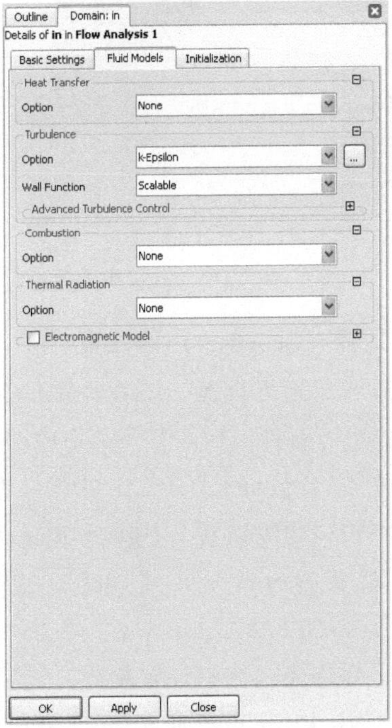

d)

图 12-57　蜗壳水体域的设置

注意：选择 Location 时对应部分网格会变绿，可以据此判断是否选对。

（2）叶轮水体域的设置　设置叶轮水体为旋转域，转速为 1450r/min，转轴为 X 轴，依据右手法则，转速前面要添加负号，如图 12-58a 所示。其他设置与前面的静止域相同。至此完成所有域的设置，如图 12-58b 所示。

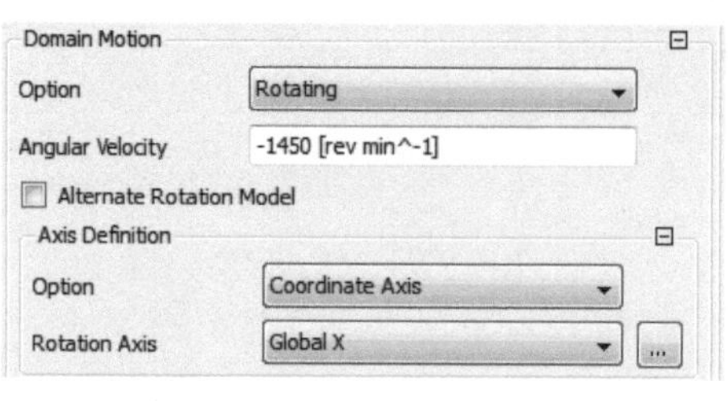

a)

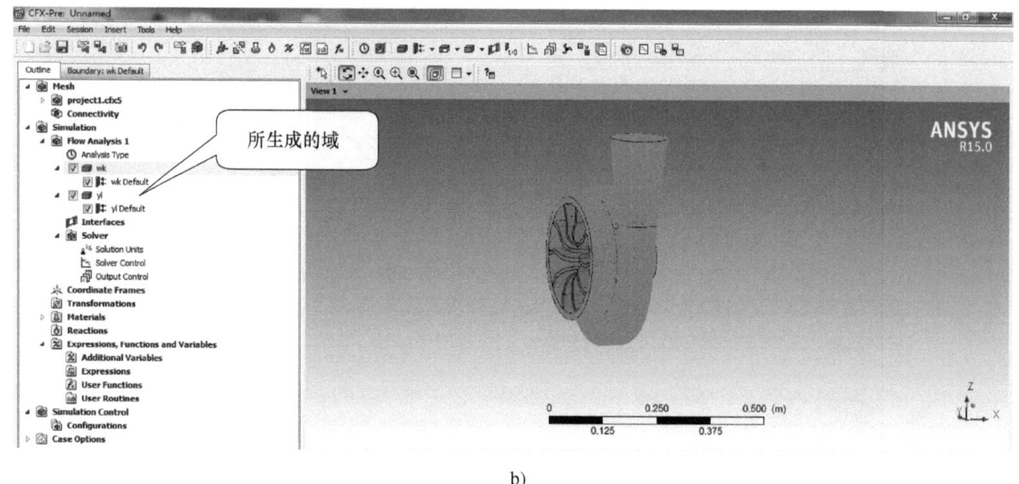

b)

图 12-58　叶轮水体域的设置及所有域设置完成后的树形图

4. 边界（Boundary）的设置

（1）入口边界设置　【 Boundary】→【in wk】→输入“inlet”→【OK】→按下图设置边界条件→【OK】，如图 12-59 所示。此处选择压力入口，设置【Relative Pressure】为 1【atm】，其他为默认设置。

（2）出口边界设置　【 Boundary】→【in wk】→输入“outlet”→【OK】→按图 12-60 设置边界条件→【OK】。在 Domain “wk” 中插入 “outlet”，设置自由出流，如图 12-60 所示。

（3）在蜗壳水体中设置壁面　【 Boundary】→【in wk】→输入“wkwall”→【OK】→按图 12-61 设置壁面条件→【OK】。同样的方法对叶轮域壁面进行设置。

（4）设置壁面表面粗糙度　双击 wkwall→按图 12-62 设置表面粗糙度→【OK】。采用相同的操作对“ylwall”进行表面粗糙度设置，注意在此过程中不要改

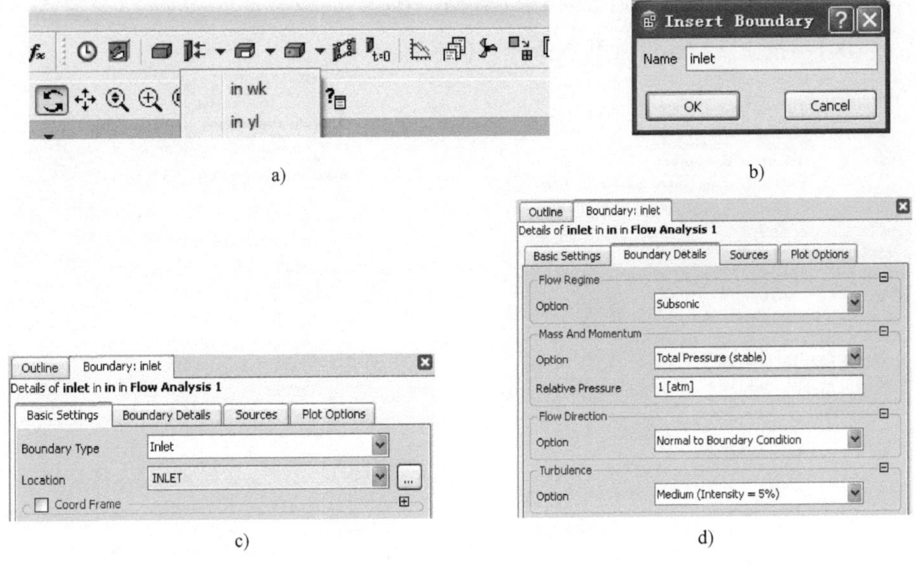

图 12-59　入口边界设置

图 12-60　出口边界设置

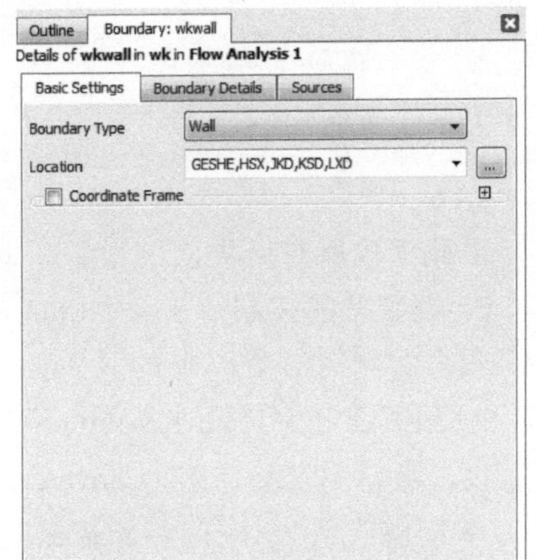

图 12-61　蜗壳壁面的设置

变其他设置（如 Wall Velocity）。

5. 设置域交界面（Domain Interface）

注意事项：在进行交界面设置时要注意：交界面位置要选择正确。当选择交界面时，有面视图中所对应的面会变绿，依此判断是否正确。

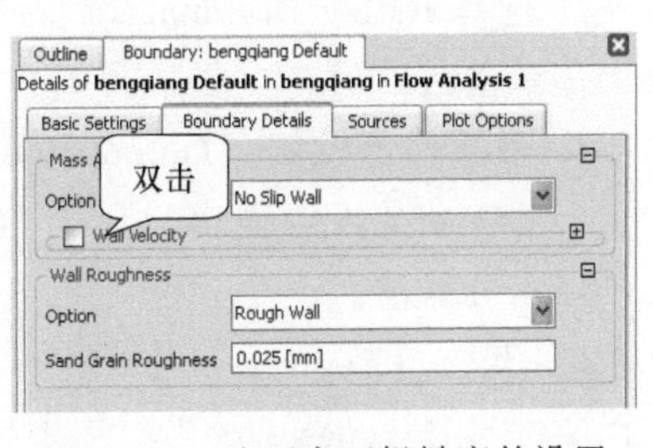

图 12-62　壁面表面粗糙度的设置

（1）设置进口水体与叶轮的交界面　【（Domain Interface）】→输入“jk_yl”→【OK】→按图 12-63 设置基本条件→【OK】。

（2）设置叶轮水体与泵腔水体的交界面【（Domain Interface）】→输入“yl_wk”→【OK】→按图 12-64 设置基本条件→【OK】。

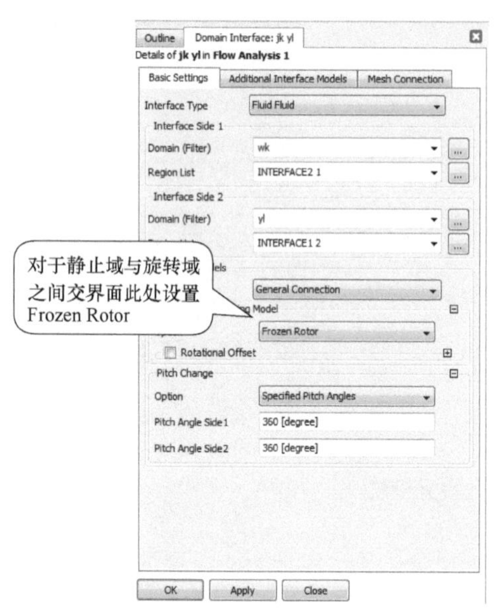

图 12-63　进口水体与叶轮之间交界面的设置

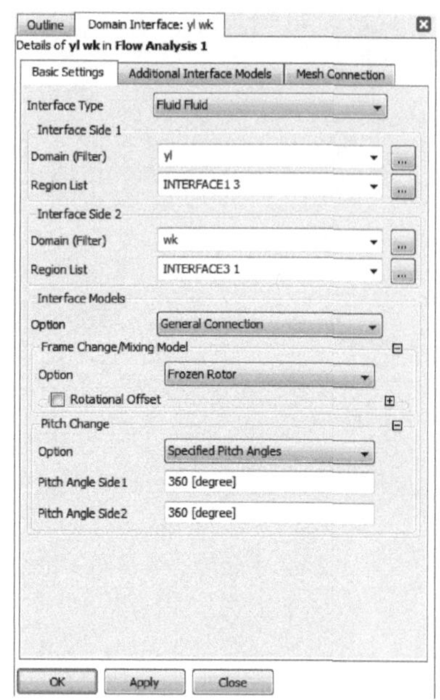

图 12-64　叶轮水体与泵腔水体之间交界面的设置

至此完成所有交界面的设置。此时右侧树形图如图 12-65 所示。

6. 设置求解控制（Solver Control）

双击右侧树形菜单中的【Solver Control】进行设置，如图 12-66 所示，Advection Scheme 设定为 High Resolution；Turbulence Numerics 设定为 First Order（可以根据精度的要求自己设置），Convergence Control 中最小设置 1，最大设置 1000（通常 1000 步能够收敛）。时间步长控制选择物理时间步长（可以选择自动步长）；物理时间步长为 0.0066［s］，推荐物理步长为 $60/2\pi n$，n（r/min）为泵转速；Residual Type 选择 RMS；Residual Target 设定为 0.0001（这个精度基本符合要求），其他默认，单击【OK】。

7. 设置输出控制（Output Control）

一般在此处设置进出口压力监测，前面章节中已做介绍，在这里介绍新的方法：导入公式法。

1）双击【Expressions】进入其设置，右击【Expressions】选择【Import CCL】，选择文件“H_gongshi.ccl”，结果导入了 3 个公式，如图 12-67 所示。

2）双击【Output Control】进入设置，在【Monitor】下设置监测，勾选 Monitor Objects，左键，输入 h 进行命名，单击【OK】，选择【Expressure】，在空白栏

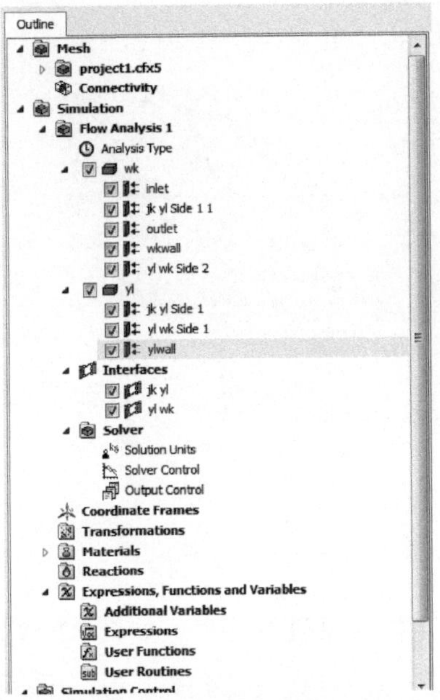

图 12-65　右侧树形图

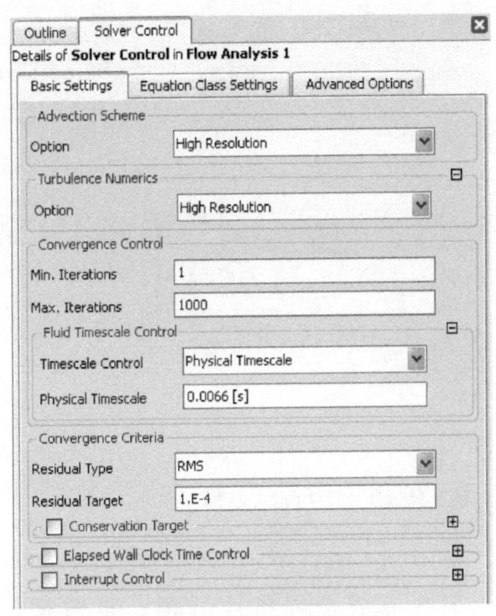

图 12-66　设置求解控制

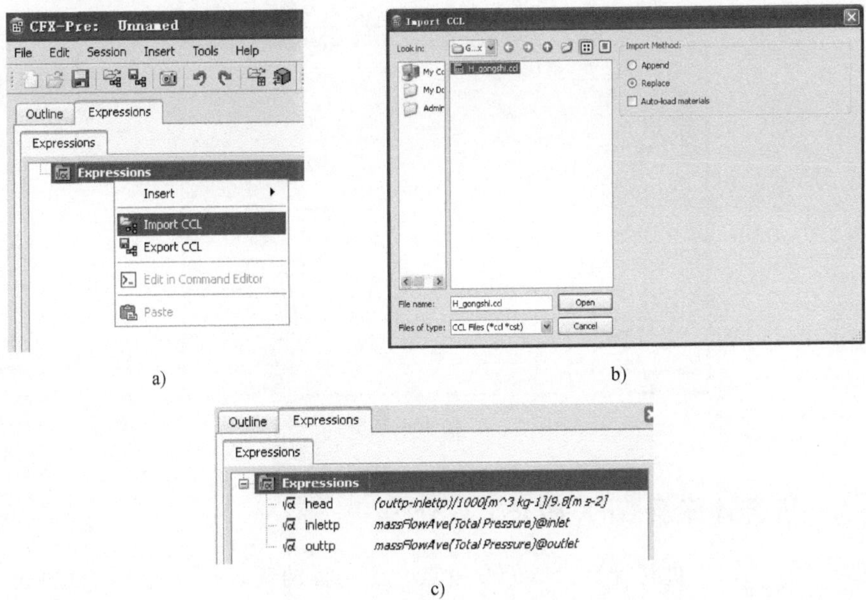

a)

b)

c)

图 12-67　导入公式

中右键，选择【Expressure】，选择导入的 head 公式，单击【OK】完成设置，如图 12-68 所示。

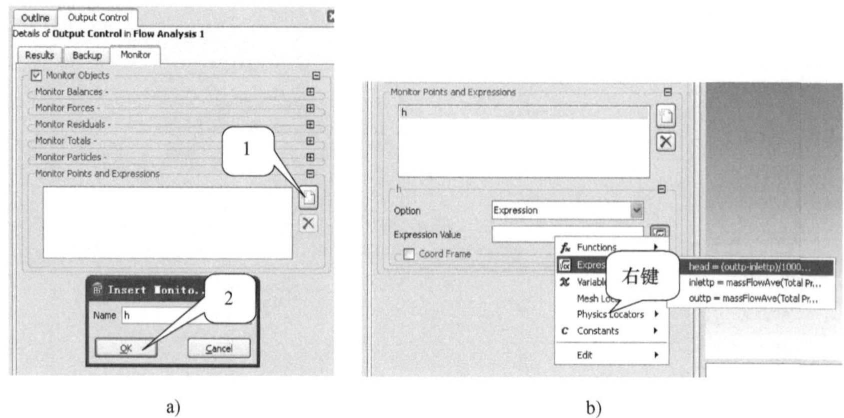

a)　　　　　　　　b)

图 12-68　设置输出控制

8. 输出 Define 文件

单击【(Write Solver Input File)】，选择存储目录进行保存，如图 12-69 所示。至此完成边界条件设置及求解文件的输出。

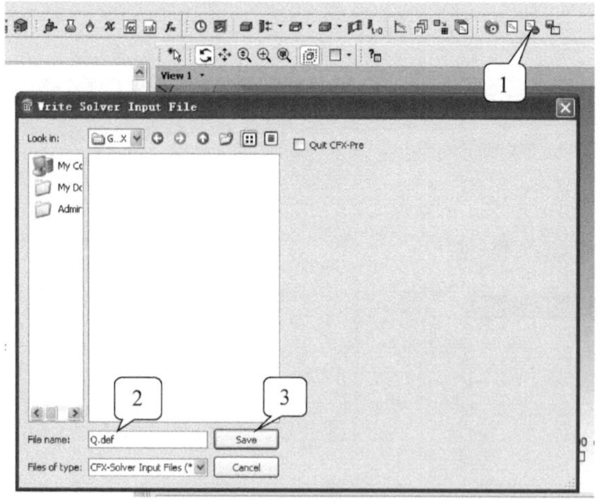

图 12-69　输出求解文件

12.4.3　进行计算及 CFX-POST 后处理

运行“Q. def”，进行计算，本例中重点介绍扬程的读取及泵效率的计算。

1. 扬程读取

双击【Expressions】中的 head 公式，显示扬程为 26. 6404m，此为旋流泵在额定流量 Q 下的扬程，如图 12-70 所示。计算泵的有效功率 $P_e = (1000\times9.8\times200\times26.64/3600)/1000\text{W}\approx14.50\text{kW}$。

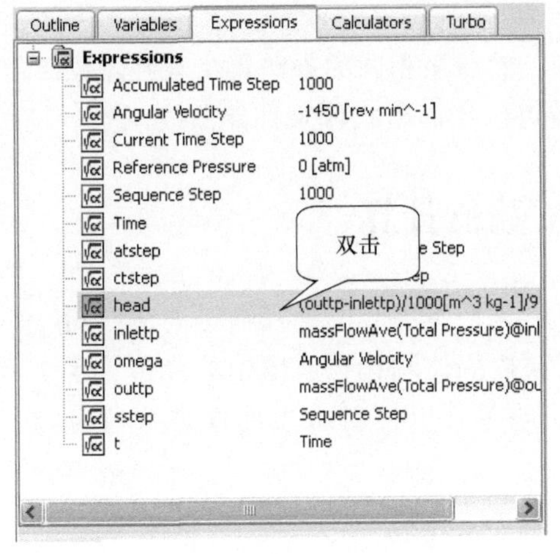

a)

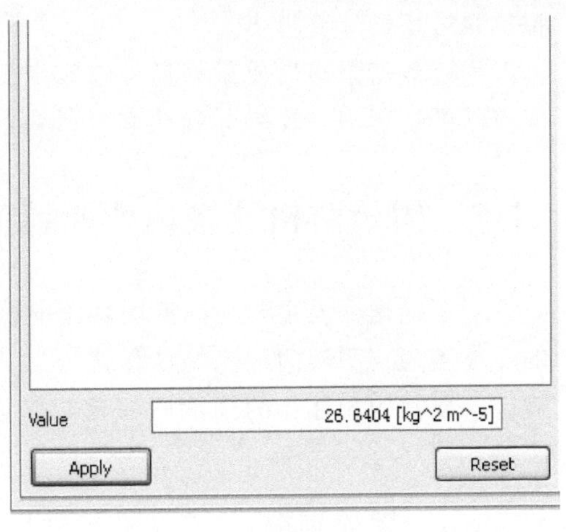

b)

图 12-70　扬程的读取

2. 扭矩读取

读取叶轮扭矩为 132.5158N·m，再读取泵腔水体中盖板处壁面扭矩为 0.21N·m，如图 12-71 所示，将两扭矩相加，计算总功率 $P=[(132.52+0.21)\times1450/9552]\mathrm{kW}\approx20.15\mathrm{kW}$。

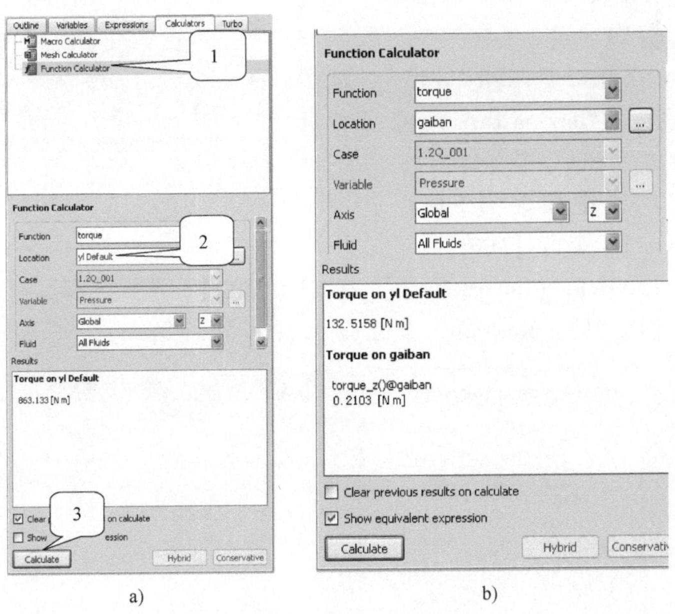

a)　　b)

图 12-71　扭矩的读取

3. 计算泵效率

$\eta=P_e/P=(14.51/20.15)\times100\%=72\%$，即旋流泵在额定工况下全流场数值模

拟的泵效率已计算得出。

通过改变泵出口质量流量可以改变工况点，然后用相同的方法得出泵在不同工况点下的扬程 H、效率 η 和功率 P 等参数，就可以绘制出旋流泵性能曲线。

12.5 固液两相流泵内两相流 CFX 数值计算

对于输送介质主要为固液两相流的旋流泵，人们更关心的是其输送固液两相时的性能表现，固液两相流的计算就是为了获得泵内固体颗粒在液体中的分布、运动规律，以及固相存在的固液两相流对泵性能影响等，以便对水力部件进行研究和改进。

12.5.1 网格划分

本例采用前文中的旋流泵结构化网格模型（见图 12-54），进行两相流的 CFX 设置计算过程演示。

12.5.2 边界条件

1. 将网格文件导入 CFX 前处理

1）打开 CFX 软件，在开始按钮中选【所有程序】→【ANSYS15.0】→【Fluid Dynamics】→【CFX15.0】。

2）打开 CFX 前处理 CFX-Pre15.0，如图 12-72 所示。注意【Working Directory】工作目录不要包含中文路径，单击【CFX-Pre15.0】。

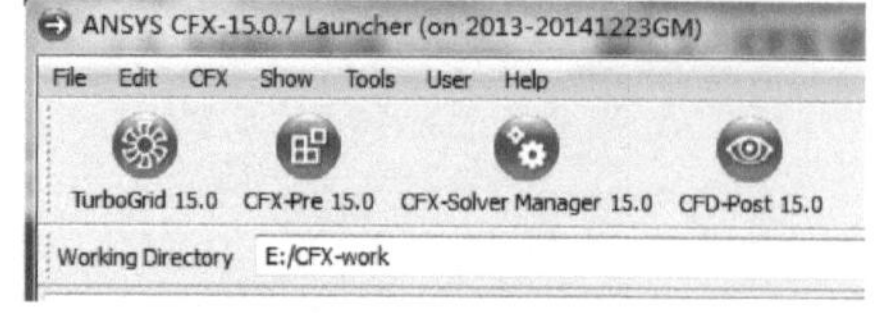

图 12-72　打开前处理

3）在菜单栏中单击【File】→【New Case】→【General】，单击【OK】。

4）右击【Mesh】，【Import Mesh】→【ICEM CFD】，选择网格文件，注意【Import Mesh】对话框中，【Mesh Units】选择 mm；单击【Open】，如图 12-73 所示。

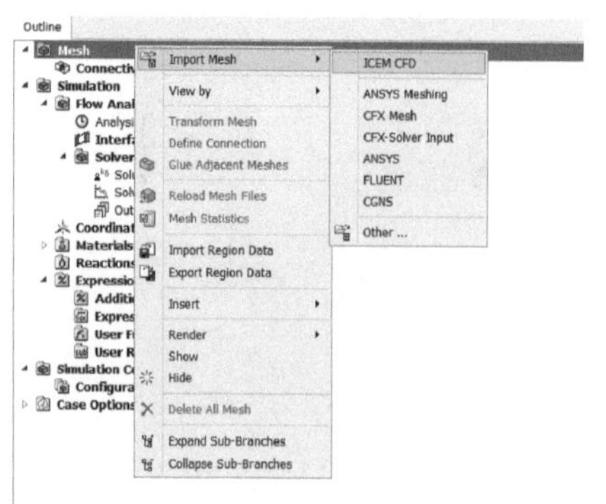

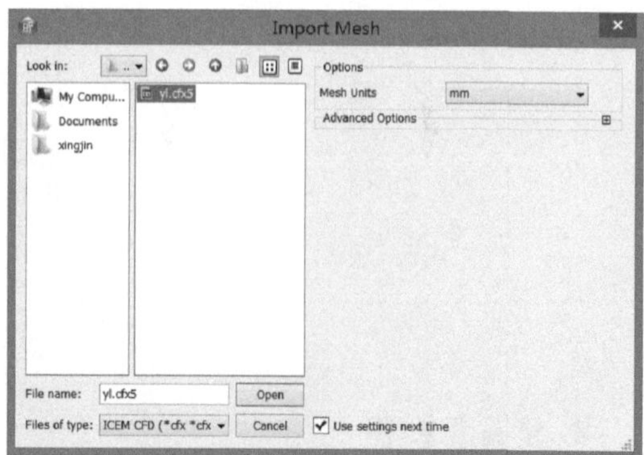

图 12-73　导入网格

2. 域前设定

在任务栏中，单击【 Material】，指定名称，【Name】输入 sand，单击【OK】，如图 12-74 所示。

1）双击打开 sand。如图 12-75 所示，在【Basic Settings】对话框中，【Option】选择：Pure Substance；【Material Group】选择：User；勾选【Thermodynamic State】，在【Thermodynamic State】中选择：Solid。

图 12-74　域命名

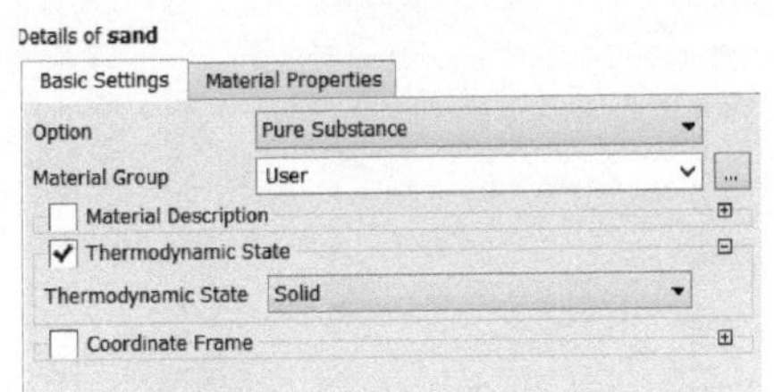

图 12-75　基本设定

2）物质属性设定。如图 12-76 所示，热力学属性中指定【Molar Mass】为 92.14［kg kmol^-1］，【Density】指定为 2600［kg m^-3］。勾选【Specific Heat Capacity】并指定为 0［J kg^-1k^-1］。勾选【Reference State】，【Option】选择 Specified Point。勾选【Dynamic Viscosity】并指定为 0［pas］，其他默认，单击【OK】。

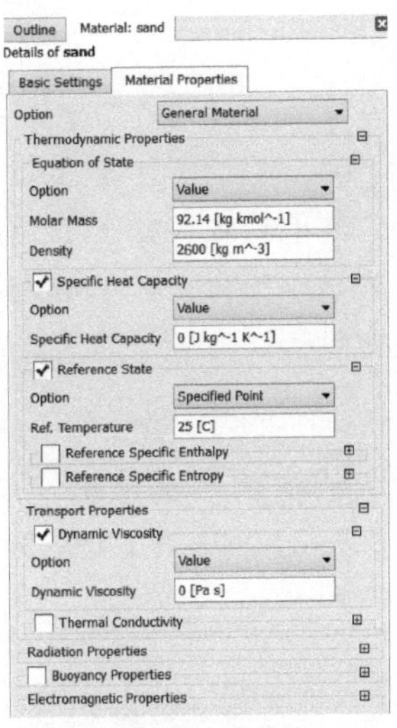

图 12-76　物质属性

3. 生成域

1）在任务栏中，单击【 Domain】生成域。

2）指定名称。在弹出的域命名窗口输入域名 in，单击【OK】，如图 12-77 所示。

3）常规选项。设定常规选项中基本设定，位置选择 Assembly（注意该位置是要选生成域的位置，名称不重要），域类型选择 Fluid Domain 选项，如图 12-78 所示。

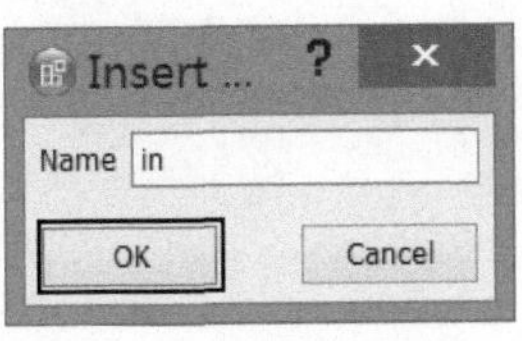

图 12-77　域命名

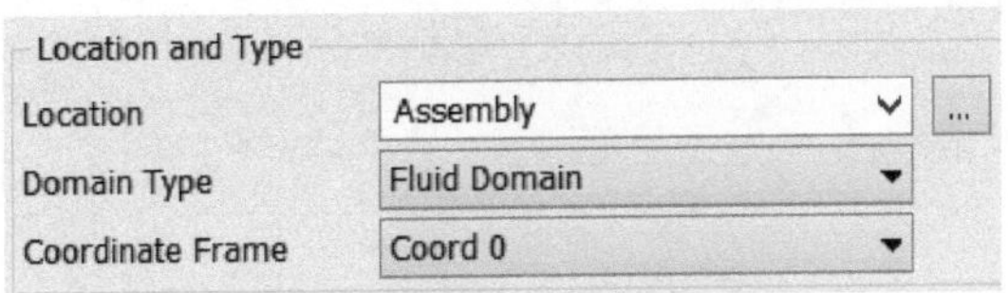

图 12-78　定位和类型

4）流体和固体定义。选定物质 solid，【Material】选择之前定义的 sand，修改【Morphology】类型为 Dispersed Solid，设定【Mean Diameter】值为 0.1［mm］，

【Reference Pressure】是 1［atm］，其他默认，如图 12-79 所示。

5）选定物质 water，【Material】选择 water，【Morphology】类型为 Continuous Fluid，【Reference Pressure】是 1［atm］，其他默认，如图 12-80 所示。

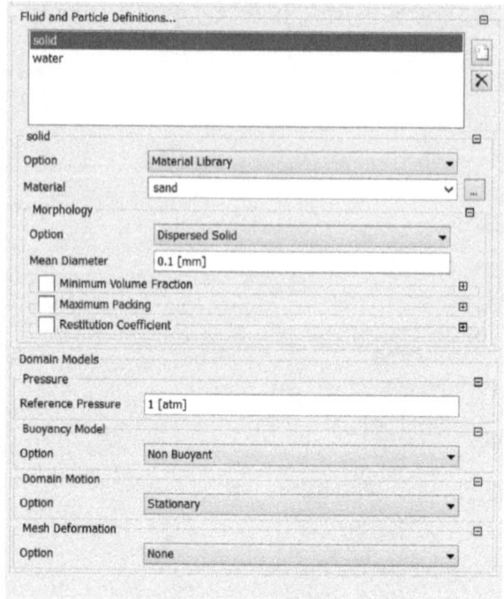

图 12-79　固体信息

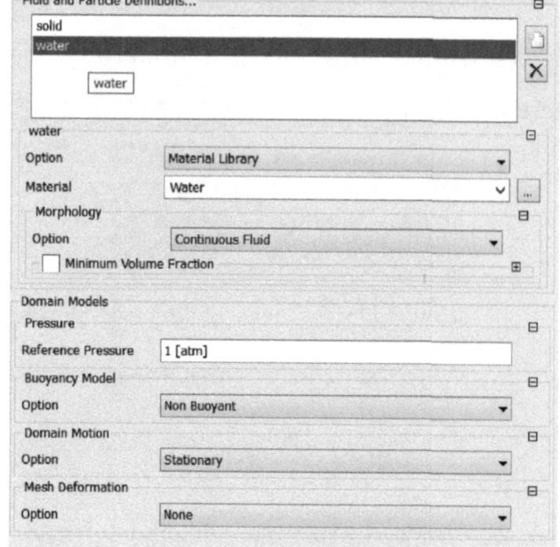

图 12-80　流体信息

6）流动模型【Fluid Models】中，勾选【Homogeneous Model】，选择 SST 模型，其他默认，如图 12-81 所示。

7）【Fluid Pair Moldels】中，选择 Gidaspow，其他默认，单击【OK】，如图 12-82 所示。

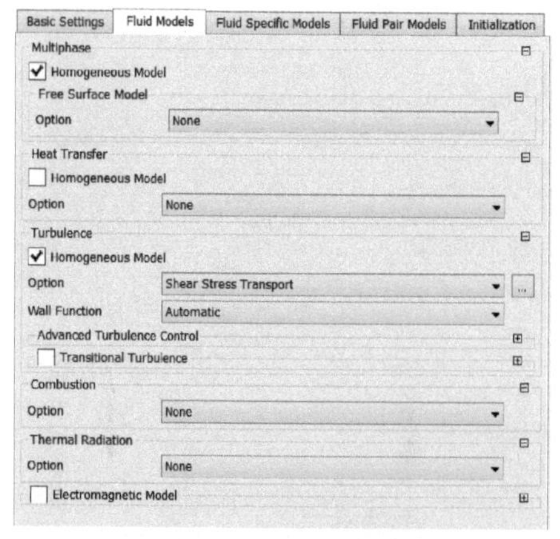

图 12-81　流动模型

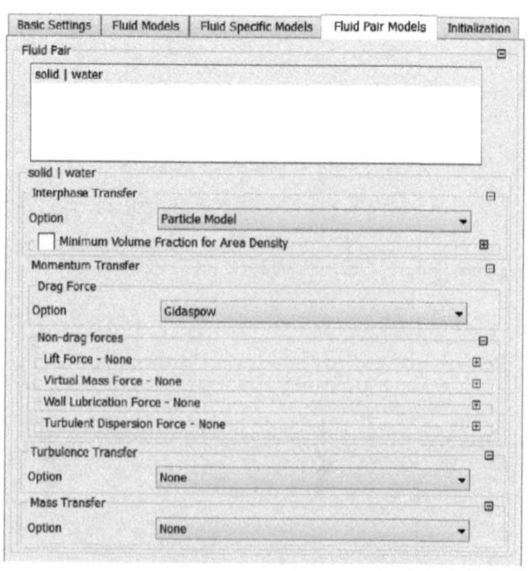

图 12-82　流动双模型

8）将蜗壳水体和出口水体按照和进口水体一样的方法进行域定义，而对于叶轮水体，有些不同。在图 12-83 中，固体信息中【Domain Motion】修改为 Rotating，根据右手法则，【Angular Velocity】为-1450［rev min^-1］。【Axis Definition】选择旋转轴是 Z 轴。其他默认。同样从图 12-84 中可以看出液体信息的改动。

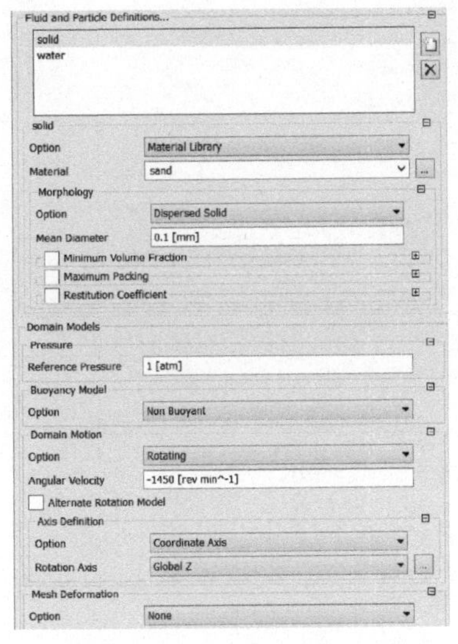

图 12-83 叶轮域中固体信息

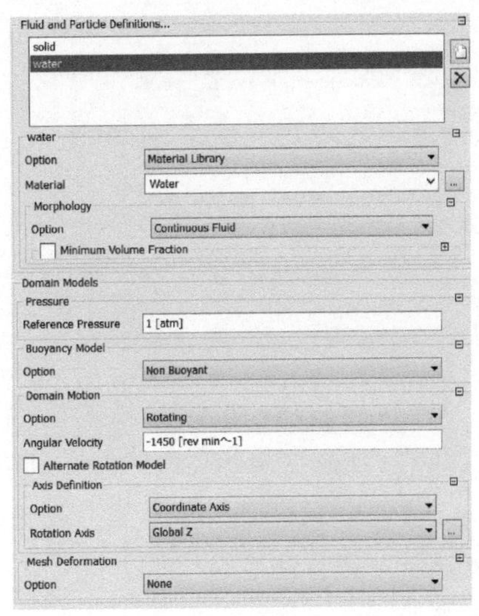

图 12-84 叶轮域中液体信息

4. 设定进口边界条件

1）在任务栏中单击【 Boundary】。

2）指定名称。在弹出的域命名窗口输入域名 inlet，单击【OK】，如图 12-85 所示。

3）常规选项。设定常规选项中基本设定，边界类型设置为 Inlet，位置是 INLET（注意这是选择流体的进口位置），如图 12-86 所示。

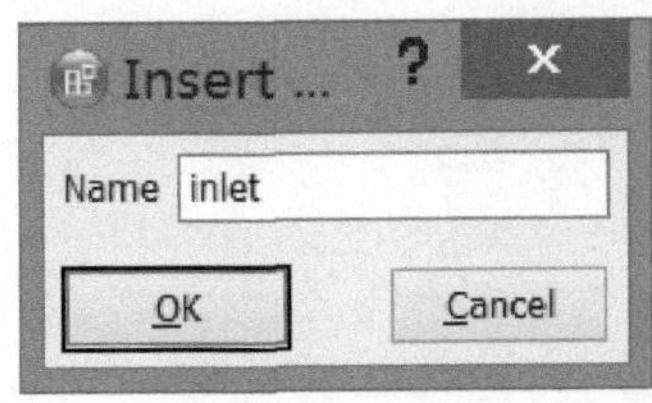

图 12-85 域命名

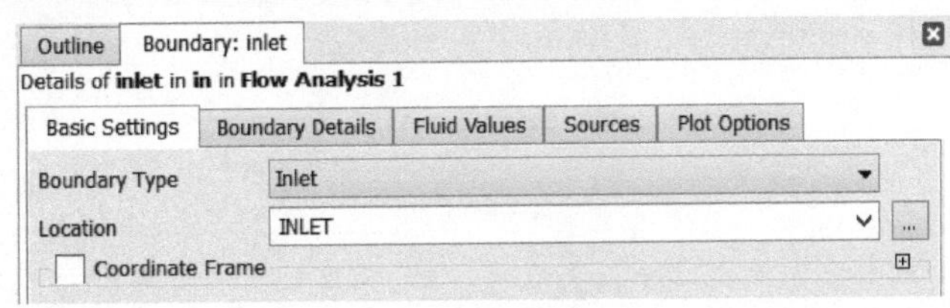

图 12-86 基本设置

4）边界信息中，【Mass and Momentum】选择 Normal Speed，而指定 Normal Speed 为 4.19［ms^-1］，该速度是由流量和叶轮进口直径得到，如图 12-87 所示。

5）流动数值中，固体的体积分数是 0.1，而液体的是 0.9，如图 12-88 所示，其他默认。

5. 设定出口边界条件

1）在任务栏中单击【 Boundary】。

2）指定名称。在弹出的域命名窗口输入域名 inlet，单击【OK】；同样，出口设置同样设置，在弹出的域命名窗口输入域名 outlet，单击【OK】，如图 12-89 所示。

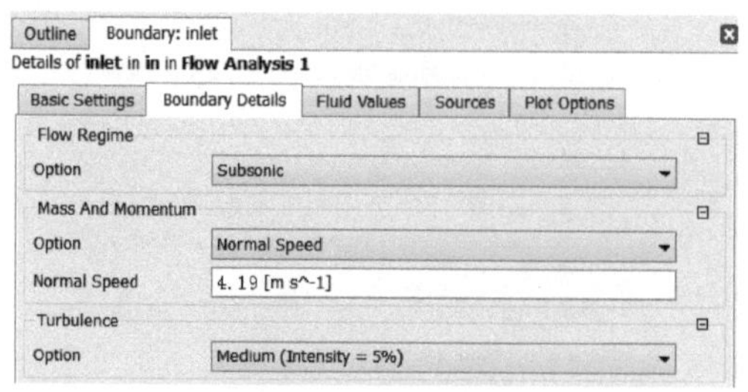

图 12-87　进口速度

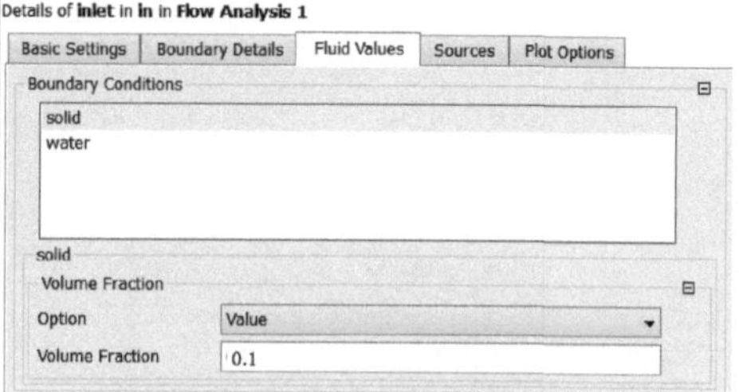

图 12-88　固体和液体的体积分数

3）常规选项。设定常规选项中基本设定，边界类型设置为 Outlet，位置是 OUTLET（注意这是选择流体的出口位置），如图 12-90 所示。

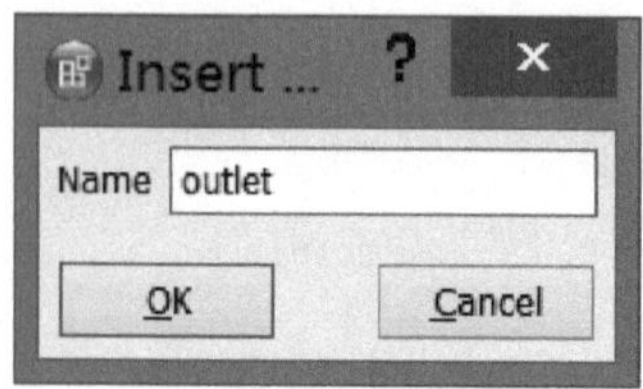

图 12-89　域命名

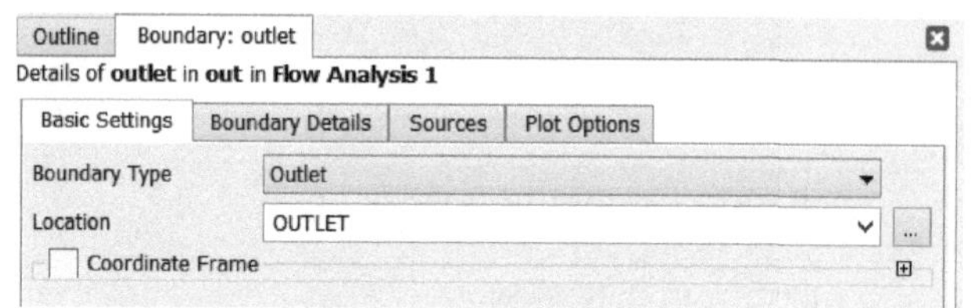

图 12-90　基本信息

4）边界信息中，【Mass And Momentum】选择 Average Static Pressure，而指定相对压力为 0［Pa］，其他默认，单击【OK】，如图 12-91 所示。

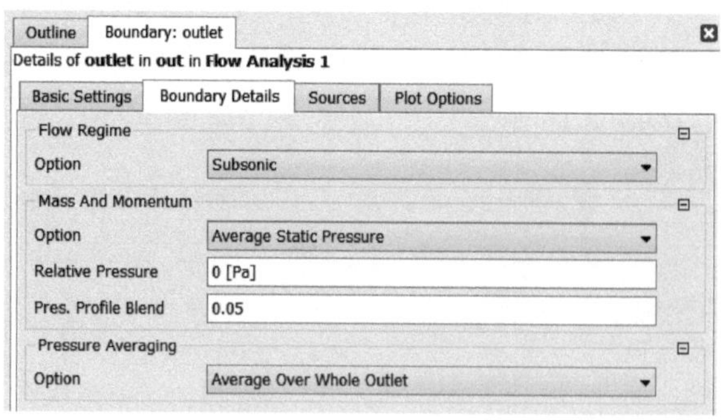

图 12-91　出口边界设置

6. 交界面设置

1）在任务栏中单击【 Iterface】。

2）指定名称。在弹出的域命名窗口输入域名 in_yl，单击【OK】，如图 12-92 所示。

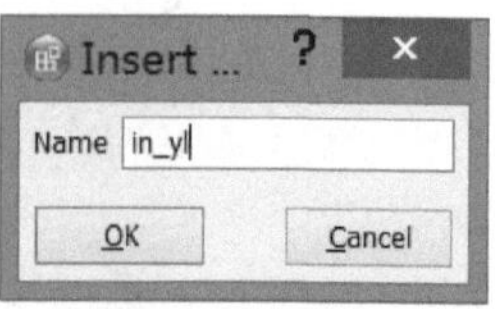

图 12-92　域命名

3）基础设置。如图 12-93 所示，交界面类型为 Fluid Fluid，交界面一边选择进口的出口，另一边选择叶轮的进口。交界面模型是 General Connection；【Frame Change/Mixing Model】选择 Frozen Rotor；【Pitch Change】中

选择 Specified Pitch Angles，【Pitch Angle】两边都是 360［degree］。

4）叶轮和蜗壳的交界面按照前文的方法一样设置。而蜗壳和出口的交界面中与前文有些差异。【Frame Change/Mixing Model】修改为 None，其他默认，如图 12-94 所示。

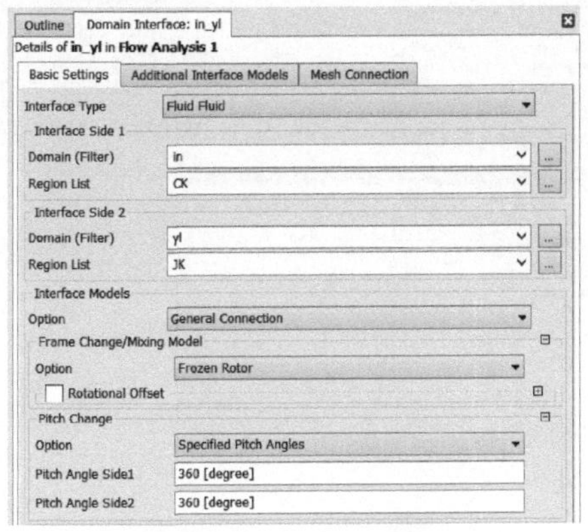

图 12-93　基本设置

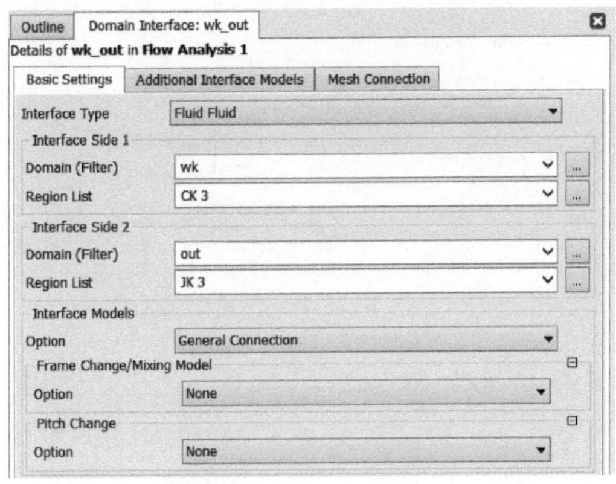

图 12-94　基本信息

7. 设定求解控制

1）在任务栏中单击【 Solver Control】。

2）基本设置。如图 12-95 所示，【Advection Scheme】设定为 High Resolution；【Turbulence Numerics】设定为 First Order（可以根据精度的要求自己设置），Convergence Control 中最小设置 1，最大设置 200（本例中为了较快获得结果设置的较小，实际中一般要 2000 左右）。时间步长控制选择物理时间步长（可以选择自动步长）；物理时间步长为 0.006589［s］（推荐物理步长为 $1/\omega$）；【Residual Type】选择 RMS；【Residual Target】设为 0.0001（这个精度基本符合要求），其他默认，单击【OK】。

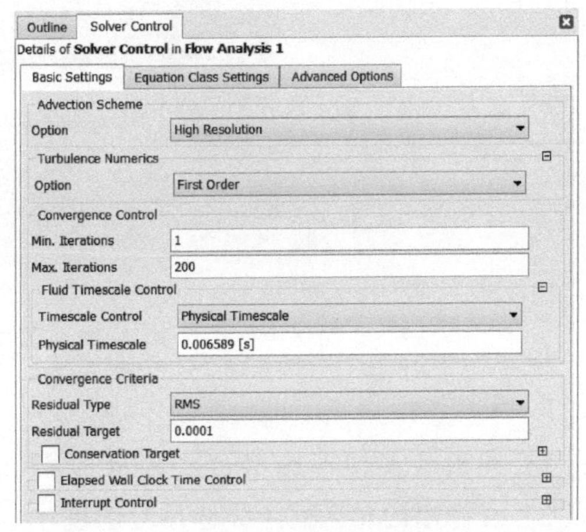

图 12-95　求解控制设置

8. 设定输出控制

1）在任务栏中单击【 Output Control】。

2）如图 12-96 所示，在输出控制中，单击右侧的 新建，然后命名为 pressure_in，进口采用方程来监测，设置进口压力方程 massFlowAve（Total Pressure）@ inlet；而出口则命名为 pressure_out，使用的监测方程为 mass FlowAve（Total

Pressure）@ outlet；扬程则命名为 h，采用的监测方程为（outtp_inlettp）/1000［m ^3kg-1］/9.8［ms^-2］，单击【OK】。

a)

b)

c)

图 12-96　输出控制

9. 定义运行

1）单击【 Define Run】，单击【Save】，如图 12-97 所示。

2）在弹出的对话框中，选择工作目录，单击【Start Run】，如图 12-98 所示。前处理到此结束。

12.5.3　后处理

1. 将结果文件导入 CFX. Post

在开始按钮中选【所有程序】→【ANSYS14.5】→【Fluid Dynamics】→【CFX. Post14.5】，导入结果文件。

2. 旋流泵外特性

1）在【Expressions】，可以看到各种检测的方程，在前处理中设置的三个方程都可以在其中找到，如图 12-99 所示。

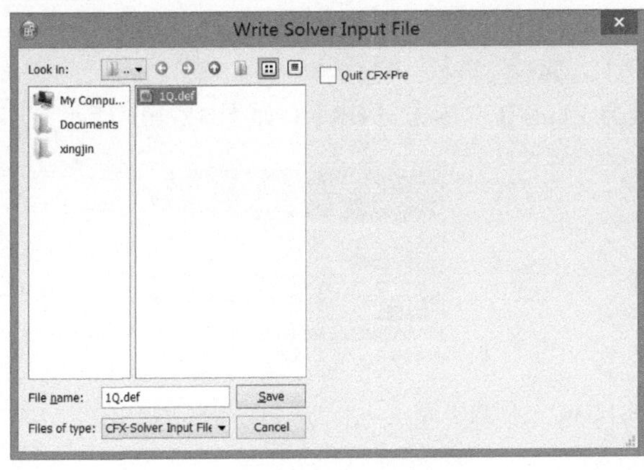

图 12-97 保存

图 12-98 运行

扬程

进口压力

出口压力

a)

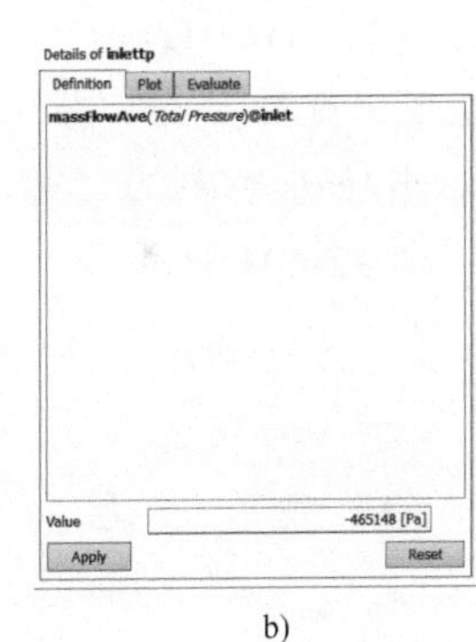

b)

图 12-99 方程式监测值

2）在【Calculators】中，单击【Function Calcular】，功能选择 torque，位置是叶轮水体，选择 Z 轴，单击【Calculate】，如图 12-100 所示。

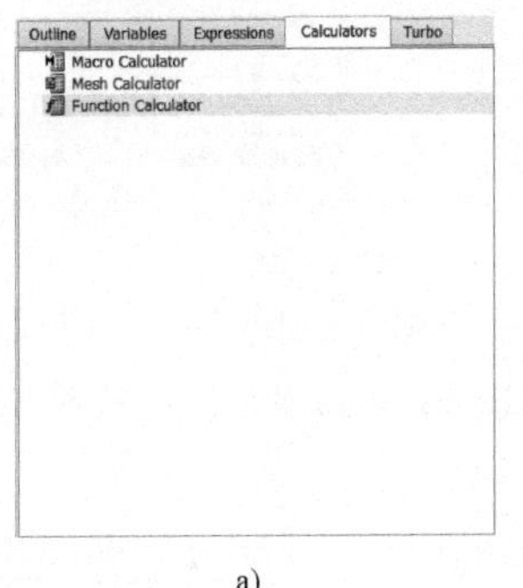

a)

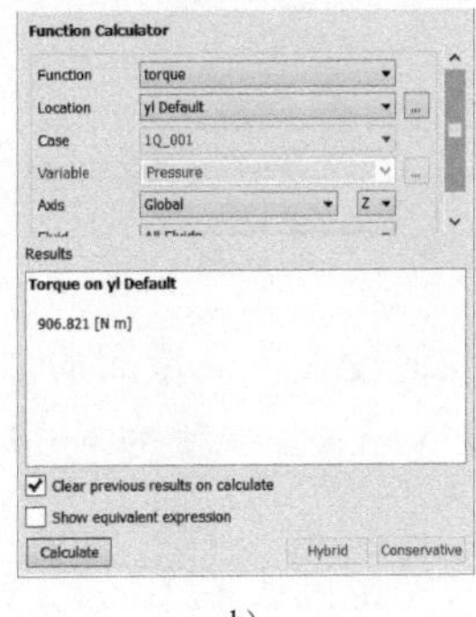

b)

图 12-100 扭矩

3. 创建平面

1）在几何图形上创建横截面。首先关闭几何图形的显示，勾掉【Wireframe】选项，如图 12-101 所示。

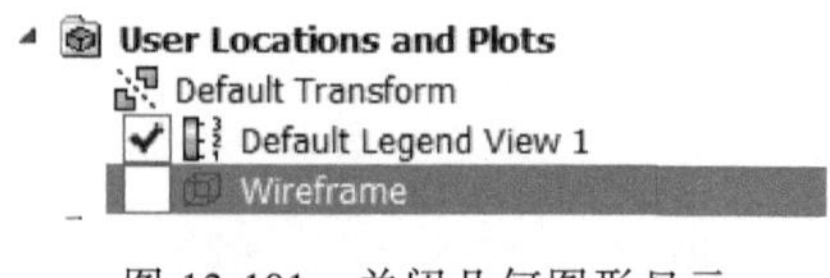

图 12-101　关闭几何图形显示

2）在任务栏中单击【Location】，选择【Plane】选项，并指定名称，默认为 Plane 1，单击【OK】，如图 12-102 所示。

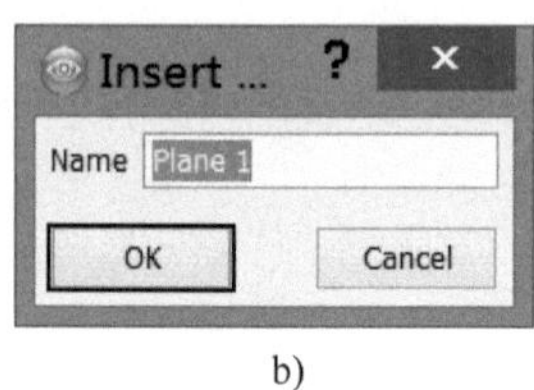

a)　　b)

图 12-102　创建平面

3）在平面信息中，平面生成方法是 XY Plane，Z 值为 150［mm］，其他默认，单击【Apply】，如图 12-103 所示。

4. 生成矢量图

1）单击任务栏中的【矢量】按钮，并指定名称，默认为 Vector 1，单击【OK】，如图 12-104 所示。

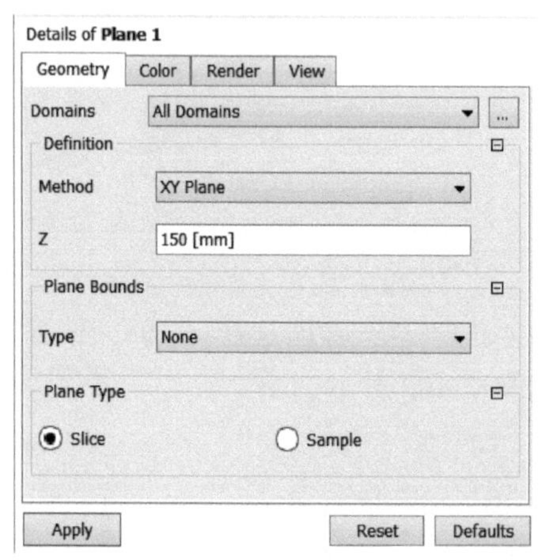

图 12-103　平面设置

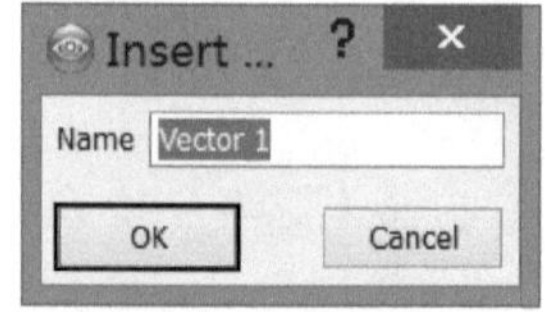

图 12-104　指定矢量名称

2）矢量图几何设置。矢量图的详细信息如图 12-105 所示，位置选择 Plane 1，【Sampling】选择 Vertex，变量为 solid. Superficial Velocity（可以根据自己的需要选择），其他默认。

3）颜色设置。范围改成 Local，其他默认，单击【OK】，如图 12-106 所示。

4）生成的速度矢量图如图 12-107 所示。

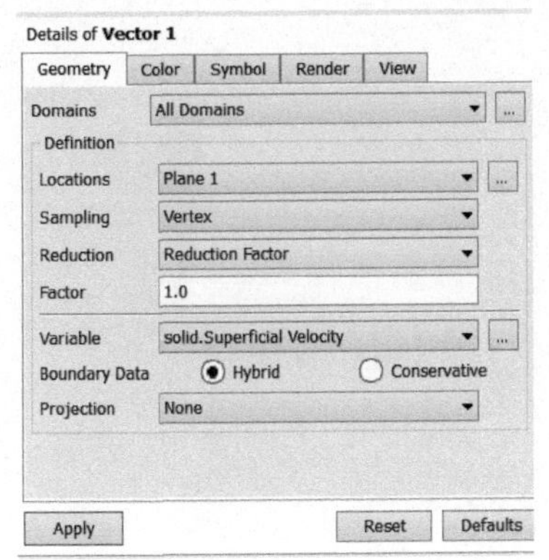

图 12-105　矢量图几何设置

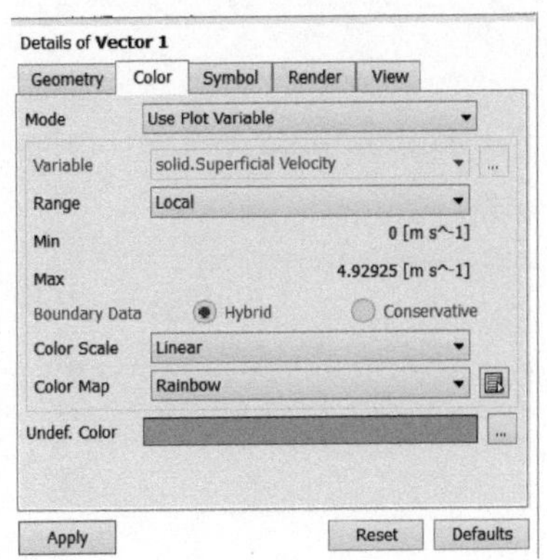

图 12-106　颜色设置

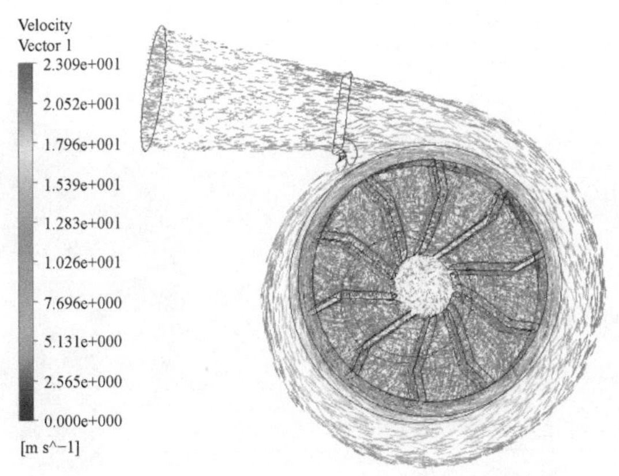

图 12-107　速度矢量图

5. 生成云图

1）单击任务栏中【 Contour】，指定名称，命名为 Press，单击【OK】，如图 12-108 所示。

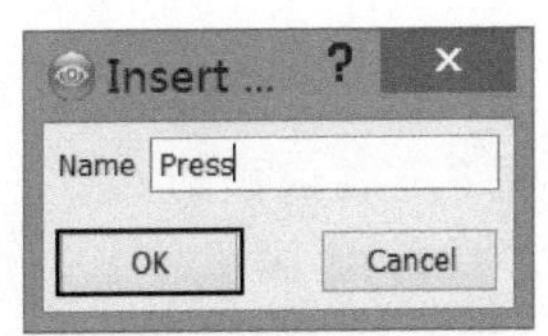

图 12-108　云图命名

2）云图几何设置。位置设为 Plane 1，变量为 Pressure，范围是 Local，其他默认，单击【Apply】，如图 12-109 所示。

3）生成的压力云图如图 12-110 所示。

4）若要生成颗粒体积分数云图，按照 1）~3）中的步骤，将 1）中的名称改为“Particle”。如图 12-111 所示，在云图几何设置中，位置选择 Plane 1（在位置下拉菜单中可以选择在网格文件中设置的各种面），将变量改为 solid. Volume Fraction（在变量的下拉菜单中有几乎所有需要用到的变量），范围改为 Local，其他的默认，单击【Apply】。

5）生成的颗粒体积分数云图如图 12-112 所示。

图 12-109　云图信息设置

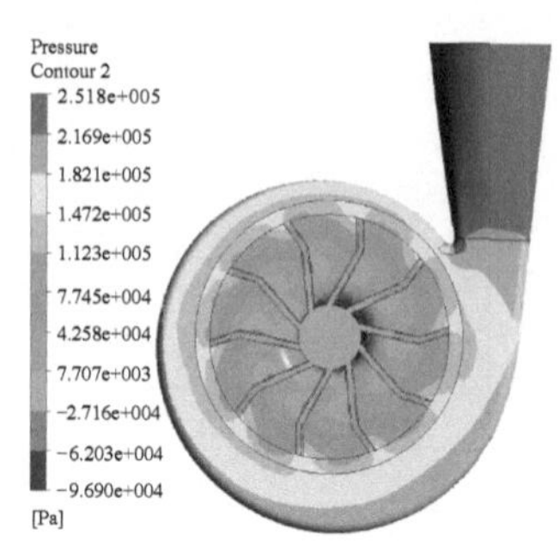

图 12-110　压力云图

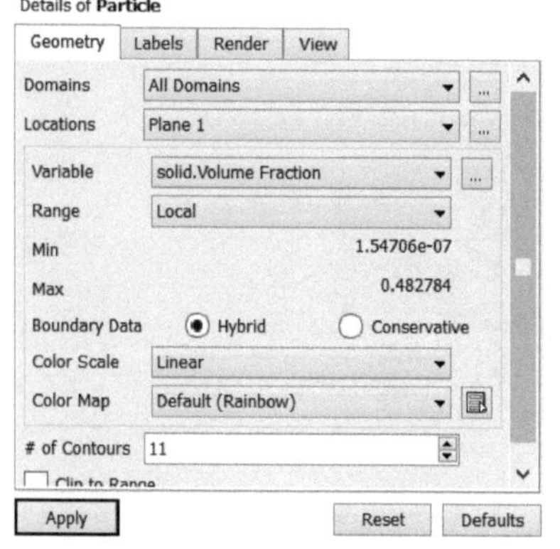

图 12-111　云图信息

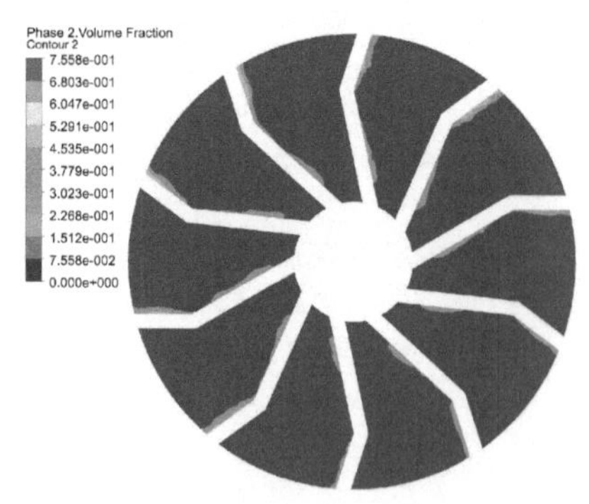

图 12-112　颗粒体积分数云图

6）对于湍动能、表观速度、总压等云图，只要将上面的变量改变即可。如果想看其他表面的云图，就需要在 Location 中进行选择。

6. 流线图

1）单击任务栏中的【 Streamline】按钮，并指定名称，默认为 Streamline 1，单击【OK】，如图 12-113 所示。

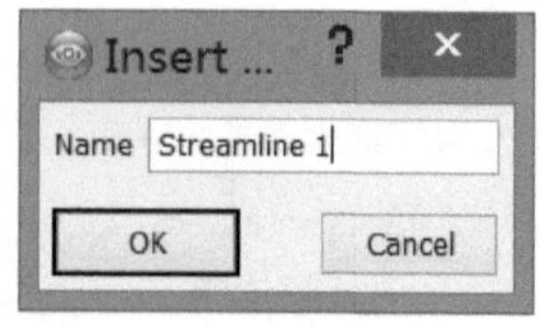

图 12-113　指定流线名称

2）流线的几何设置。如图 12-114 所示，类型选择 3D Streamline，域选择全部域，开始位置为前处理中设置的 Inlet，【Sampling】选择 Equally Spaced（下拉菜单中还有其他选择），点数输入 100，变量为 solid. Superficial Velocity，其他默认，单击【Apply】。

3）生成的流线图如图 12-115 所示。

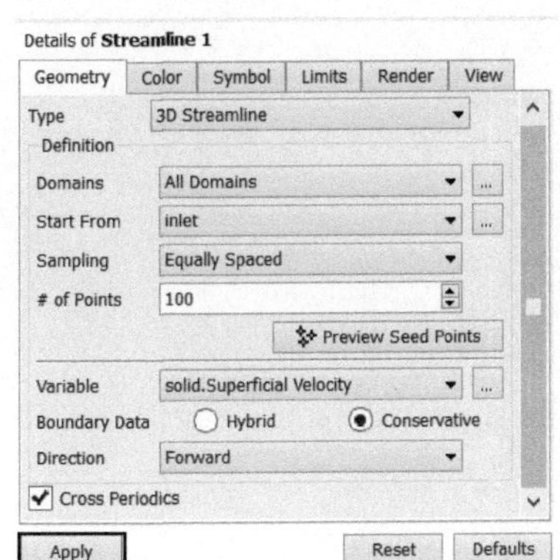

图 12-114　流线设置

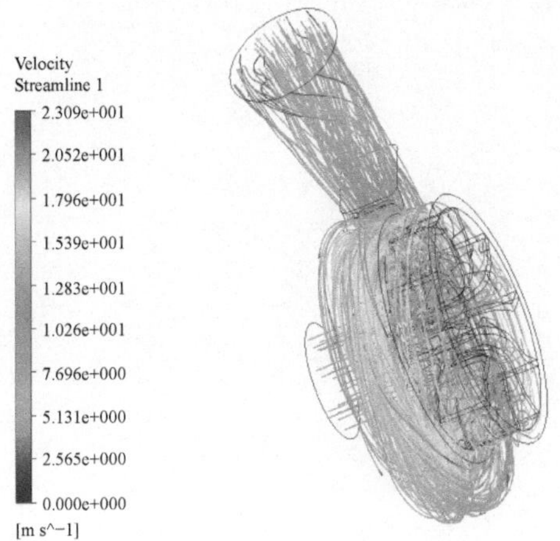

图 12-115　流线图

参考文献

[1]　QUAN H, CHENG J, GUO Y, et al. Influence of screw centrifugal inducer on internal flow structure of vortex pump [J]. ASME Journal of Fluids Engineering, 2020, 142 (9): 1-13.

[2]　QUAN H, LI R N, HAN W, et al. Research on energy conversion mechanism of screw centrifugal pump under the water [J]. IOP Conference Series: Materials Science and Engineering, 2013, 52 (3): 1-9 .

[3]　QUAN H, LI R N, HAN W, et al. Energy performance prediction and numerical simulation analysis for screw centrifugal pump [J]. Applied Mechanics and Materials. 2014, 444-445: 1007-1014.

[4]　权辉, 李仁年, 韩伟, 等. 基于型线的螺旋离心泵叶轮做功能力研究 [J]. 机械工程学报, 2013, 49 (10): 156-162.

[5]　权辉, 李仁年, 韩伟, 等. 单介质螺旋离心泵叶轮能量转换机理的研究 [J]. 排灌机械工程学报, 2014, 32 (2): 130-135.

[6]　权辉, 李仁年, 韩伟, 等. 螺旋离心泵固液流体分层效应的涡旋形成机理 [J]. 兰州理工大学学报, 2014, 40 (3): 54-58.

[7]　权辉, 李仁年. 含沙水下螺旋离心泵磨蚀效应数值分析 [J]. 西华大学学报 (自然科学版), 2014, 33 (3): 91-94.

[8]　权辉, 傅百恒, 李仁年. 基于叶片翼型负荷的螺旋离心泵叶轮域能量转换机理 [J]. 机械工程学报, 2015, 51 (3): 45-51